武汉现代都市农业实用技术

吴大志　主编

《武汉现代都市农业实用技术》
编　委　会

序

科学技术是推动经济社会发展的主要力量，科技兴则农村兴，科技强则农业强，科技入农户，农民则富裕。由武汉市农科院主编的《武汉现代都市农业实用技术》一书经过反复修改，终于与广大农业工作者和农民朋友见面了。

该书包括都市农业产业发展综合技术、名优新特品种种养技术、大棚设施高效利用技术、绿色农产品生产及病虫害防控技术、农业气象灾害应对技术五大部分。全面、系统地阐述了都市农业的基本理论和生产实用技术，涵盖蔬菜、畜牧、水产、林果、农机等各个领域。书中作者结合实践经验，列举了不少生动的操作实例，具有较强的科学性、实用性和可操作性。对于普及农业科技知识，提升农业发展水平，促进农业增效、农民增收具有十分重要的现实意义。

农业的发展要靠科技，发展现代都市农业更要用现代科学技术改造农业，用现代管理方法提升农业，用现代社会化服务体系支持农业。科学技术可以改善农业生产结构、投入结构、劳动力结构、资源结构、劳动方式以及劳动者素质。本书是践行科技驱动农业现代化发展的重要读本，是武汉市农科院科技人员的心血结晶，可供从事农业方面的技术人员、创业人员、科技示范户、家庭农场主、合作社和企业经营人员阅读，也可作为农业院校师生的参考读物和补充教材。

在本书付梓之际，衷心希望农科院同志们的心血和成果能在武汉广袤的农村土地上生根发芽，促进我市现代都市农业快速发展，希望科技之火能够点燃广大农民朋友致富的梦想。

武汉市人民政府副市长 [signature]

目　录

第一部分

都市农业产业发展综合技术

第一篇　都市农业的发展现状与趋势及武汉市都市农业发展对策建议

林育敏
（武汉市农业科学技术研究院，武汉现代都市农业规划设计院）

第一节　都市农业的概念与特征

（一）概　念

“都市农业”作为学术名字最早见著于日本学者青鹿四郎1935年所著的《农业经济地理学》一书中。他对都市农业的定义为“是指分布在都市工商业区、住宅区等区域内或者分布在都市外围的特殊形态的农业及这些区域内的农业组织依附于都市经济，直接受都市经济势力的影响，主要经营专业化程度很高的鲜菜、果树、观赏植物，同时包括水稻、小麦、畜牧、水产等的复合经营。”此后，都市农业的概念也随着世界农业经济的发展不断的演进。

1950年，美国农业经济与城市环境学者欧文·霍克使用了“都市农业区域”这个词，指出必须在都市周边地区的都市楔形农田上进行绿地建设和发展园艺业、果林业。

20世纪60、70年代，日本出现了“都市农业”这样一个词语，来替代长期以来一直使用的“城市近郊农业”，它是指与城市地区相邻的大面积的农业地带，这也是农业的一种形态。

1969年，美国经济学家约翰斯顿·布鲁斯提出了“都市农业生产方式”一词。1977年，美国农业经济学家艾伦·尼斯在其撰写的《日本农业模式》一文中，正式提出了“都市农业”的概念（Urban Agriculture）。

1992年，国际都市农业组织、世界粮农组织和联合国计划开发署对都市农业进行了权威定义：“即都市农业是位于城市内部和城市周边的农业，是一种包括从生产、加工、运输、消费到为城市提供农产品和服务的完整经济过程，它与乡村农业的重要区别在于它是城市经济和城市生态系统中的组成部分。”

不同时期都市农业的内涵各具侧重点，但是都市农业的内涵归纳起来主要由以下几点：

1. 都市农业是指地处都市及其延伸地带，紧密依托并服务于都市的农业。

2. 它是大都市中、都市郊区和大都市经济圈以内，以适应现代化都市生存与发展需要而形成的现代农业。

3. 都市农业是为满足城市多方面需求服务，尤以生产性、生活性、生态性功能为主，是多功能农业，发展水平较高，位置在大城市地区，可以环绕在市区周围的近郊，也可能镶嵌在市区内部。

4. 利用田园景观、自然生态及环境资源，结合农林牧渔生产、农业经营活动、农村文化及农家生活，为人们休闲旅游、体验农业、了解农村提供场所，换言之，都市农业是将农业的生产、生活、生态等“三生”功能结合于一体的产业。

综上所述，我们将都市农业界定为：地处都市及其延伸地带，紧密依托城市的科技、人才、资金、市场优势，进行集约化农业生产，为国内外市场提供名、特、优、新农副产品和为城市居民提供良好的生态环境，并具有休闲娱乐、旅游观光、教育和创新功能的现代农业。

（二）特　征

1. 不同于一般城郊型农业，都市农业是无城乡边界的农业。都市农业的生产、流通和消费，农业的空间布局和结构安排，农业与其他产业的关系必须首先服从城市的需要并为此服务，体现了大都市对农业的依赖性，进而实现相互依存、相互补充、相互促进的一体化关系。

2. 都市农业通过区域内自然子系统、社会子系统、经济子系统三大子系统的相互作用、相互影响、分工协作、能量以及信息的传输形成了一个开放的、复杂的、自组织能力的城乡动态协调发展系统，表现为高度的城乡融合性和和谐性。

3. 都市农业是以生态绿色农业、观光休闲农业、市场创汇农业、高科技现代农业为标志的高度集约化农业，实现生产、加工、销售一体化经营，将农业发展的市场需求与农业自身可持续发展的内涵相结合，发挥了都市农业的经济、社会、生态等三大效益的有机统一，表现为现代集约性、综合性、可持续性和规模性。

4. 都市农业是融合生产、生活、生态等“三生”功能于一体的新型的综合性产业，具有市场一体化农业集聚特征，表现为高度开放性、多功能性和耦合性。

5. 都市农业是把第一产业、第二产业和第三产业结合在一起的新型交叉产业，它主要是利用农业资源，农业景观吸引游客前来观光、品尝、体验、娱乐、购物等一种文化性强、有大自然情趣很浓的新的农业生产方式，体现了“城郊合一”“农游合一”的基本特点和发展方向。

第二节　都市农业的功能与作用

（一）功　能

1. 生产与经济功能　都市农业的生产功能主要体现在生产粮食、蔬菜、肉禽蛋奶等常规农副产品，和开发名特优、鲜活嫩农副产品；调整并优化种植业结构和养殖业结构；提供新鲜、卫生、安全的蔬菜、水果、花卉来满足大都市居民不同层次的农产品需求。国际化大都市因其人口密集，对农副产品的需求也十分巨大，因而迫切需要发展都市农业。

都市农业的经济功能主要体现在：利用现代工业技术装备，优化资源配置，提高农业生产力水平；依托大城市对外开放和良好的口岸等自然优越条件，冲破地域界限，实行与国际大市场相接轨的大流通、大贸易经济格局；加快农副产品国内、国际间的流转创汇增值，提高农业附加值；依托先进的农产品加工业和开放农业的创汇功能，大力发展出口创汇农副产品的生产，开拓国外市场。

2. 社会与文化功能　都市农业为农业生产经营者带来丰厚的收益，同时还带动了涉农产业的迅猛发展，为社会创造了大量工作机会，因而现代都市农业的社会功能对于社会的稳定发展、城乡居民就业和全面发展都有着重要作用。

农业观光、旅游休闲是现代都市农业的重要组成部分，是区别于传统农业和现代农业的重要标志，它调节人与自然的平衡，改善居住环境和休息环境，提高城市居民提高生活质量的生活服务功能。在都市开辟景观绿地，花卉公园等方式，为都市居民提供接触自然、体验农业以及观光、休闲与游憩的场所与机会，减轻了他们工作及生活上的压力，提高了他们的生活品质。

都市农业的蓬勃发展为现代农业融入了更多的文化内涵，主要表现在：增强了人们对现代农业和文化内涵的认知；为市民由物质满足转向较高层次的精神文化追求创造了条件，拓展了农业的功能；在城市化迅速发展，农村人口不断减少的情况下，为保留中华民族传统的农耕文明提供了便利；通过对市民及青少年进行农技、农知、农情、农俗、农事教育，推动市民及青少年接触农业、体验农业生产和农业文化，促进城乡文化交流。

3. 生态与环保功能　农业作为绿色植物产业，是城市生态系统的组织部分，它对保育自然生态，涵养水源，调节微气候，改善人们生存环境起重要作用。现代都市农业的生态功能主要体现在：充分发挥都市农业洁、净、美、绿的特色，营造优美宜人的生态景观，改善自然环境，维护生态平衡，提高生活环境质量；充当都市的绿化隔离带，为城市改善空气、水源、景观等生态环境质量，防治城市环境污染以保持清新、宁静的生活环境，并有利于防止城市过度扩张；合理利用都市农业资源，维护生态平衡，营造优美宜人的绿色景观、改善自然环境、维护生态平衡；充当都市的绿化隔离带，防止城市环境污染以保持清新、宁静的生活环境；通过在都市开辟城市森林，创立公用绿地，建设环城绿化，开设观光景点，建立起人与自然、都市与农业高度统一和谐的生态环境，为城市人创造一个优美的生存环境，提高市民生活质量，使整个都市充满生机和活力；通过发展景观绿地，增加绿色植被以及创立农业公园，减轻“水泥的丛林”和“柏油的沙漠”对都市人带来的烦躁与不安，真正起到“城市之肺”的作用，为市民制造氧气，还可以成为城市的“空调”，为城市降温净气。

4. 示范与教育功能　都市郊区农业具有“窗口农业”的作用，由于现代化程度高，对其他地区起到样板、示范作用。作为城郊高科技农业园和农业教育园，可为城市居民进行农业知识教育。以满足城市居民精神文化生活及青少年了解农业知识的要求为目标，赋予都市农业一定的文化内涵，使其承担起相应的文化科普功能。如开放部分高科技农业示范园、设施农业项目和农业庄园，为学生和市民亲近自然、接触农业文化、了解农艺知识等提供基地和平台。

总之，都市农业的功能主要是：充当城市的藩篱和绿化隔离带，防止市区无限制地扩张和摊大饼式地连成一片；作为“都市之肺”，防治城市环境污染，营造绿色景观，保持清新、宁静的生活环境；为城市提供新鲜、卫生、无污染的农产品，满足城市居民的消费需要，并增加农业劳动者的就业机会及收入；为市民与农村交流、接触农业提供场所和机会；保持和继承农业和农村的文化与传统，特别是发挥教育功能。

（二）引领作用

20世纪90年代以来，随着农业现代化进程和城市化进程的加快，现代都市农业在我国一些发达地区和城市陆续出现。以北京、上海为代表，这些城市率先进行了理论方面的创新和实践方面的探索，此后，武汉、郑州、长沙、成都等城市也相继开始了都市农业的发展。虽然中国的都市农业发展时间不长，但在一些大城市已经取得了一定的效果，对于促进现代农业的发展具有积极地作用。

实践证明，大力发展现代都市农业是落实科学发展观的具体体现，是促进现代农业建设，提高现代农业综合生产能力，推动农民向居民的转变，推动传统农业向第三产业及现代农业迈进的重要举措，是实现“三次产业互动、城乡经济社会相融”的重要措施，对于改造传统农业、推进农业转型升级起着重要的引领作用。主要表现在以下几个方面：

1. 用现代科学技术改造农业，引领农业增长方式转型升级　现代工业提供的生产资料的应用，弥补了我国农业发展中自然资源相对不足的劣势，很大程度缓解了人口增长带来的农产品供给压力，实现了农产品供给由长期短缺向基本平衡、丰年有余的历史性转变。然而，农业发展中一味追求经济效益、忽视资源环境保护的行为，如水土资源的过度开发、化肥和农药的过量施用甚至滥用、畜禽养殖废弃物的任意排放，一方面导致农业资源迅速退化，另一方面催生了严重的农业污染，使自然生态环境遭受到了巨大的损害和破坏。这种资源环境置换型的农业增长方式，与可持续发展要求是背道而驰的。克服这一问题，必须依靠科技进步，加快推进农业增长方式转变，促进资源的节约和综合利用，加强生态环境的保护和保育。

都市农业依托城市丰富的科研资源，积极开展品种繁育改良、作物高效栽培与病虫害防治、动物疫病防控、农业资源节约利用、农业生产废弃物循环利用、生物肥药等一系列增产、增效、增值、节水、节地、环保的新品种、新技术与新工艺的研发，取得了一批例如双低油菜、转基因水稻、优质瘦肉猪、鱼类转基因工程育种、植物组织培养及快速繁殖的标志性成果。并通过建设农业科技示范园、培育农业科技示范户，实践和应用这些优良品种和高新农业实用技术，产生的良好社会、经济、生态效益，使其他地区可以直观认知，并渴望学习和引入这些农用科技，从而能够发挥引导高新农业技术向广大农区渗透和扩散的作用，为缓解人地矛盾，破解资源环境约束，加强农业生态环境建设，全面发展高产、优质、高效、生态、安全的现代农业奠定了基础。

2. 用现代物质条件装备农业，引领农业生产方式转型升级　长期以来，我国农业主要依赖自然，采用人力、畜力、手工工具、铁器等为主的手工劳动方式，靠世代积累下来的传统经验进行生产，生产的主要目的是满足自家基本生活的需要。与这种落后的生产方式相对应的是农业生产力和劳动生产率低下、土地产出率不高、抵御自然灾害能力弱等问题。为适应市场经济发展的要求，必须有效转变传统的农业生产方式，将现代工业提供的设施装备应用于农业，为实现农业现代化创造重要的物质保障和支撑。

都市农业充分发挥城市对资本、技术的聚集作用，将设施化、机械化、电气化、智能化为特征农业工业化作为农业发展的重要方向，积极转变人力手工为主的传统生产方式，一方面，大力应用现代机械装备和扩大机械化作业范围，不断提升农业机械综合运用水平，有力促进了劳动生产率、土地产出率和农产品商品率的提高，大幅度降低了农业生产成本，显著提高和增强了农业综合生产能力与农业素质；另一方面，大力应用不受自然条件限制和季节气候影响的现代化农业设施，在相对可控的环境下，按照人类意愿进行谷物、水果、花卉、蔬菜等农产品新型、高效的工业化生产。如从半设施化的地膜覆盖到日光温室（塑料大棚、玻璃温室），再到先进的规模化植物工厂、自控环境室等技术的不断进步及其推广应用和普及，极大地提高了农业的产量、产值和抗御自然灾害、风险的能力，也使水土资源得到了高效利用。

3. 用现代组织经营形式推进农业，引领农业经营方式转型升级　从现阶段看，农业受自然条件和经济、社会条件影响，发展还比较缓慢。主要表现在：一是农业综合生产能力低而不稳，大灾大减产，小灾小减产，没有完全摆脱“靠天吃饭”的被动局面；二是农业市场化程度低，农民不能按照准确、及时的市场信息安排生产；三是农业产业化程度低，龙头企业实力较弱，牵动力差，产加销脱节，贸工农分离，产业链短，农村合作经济组织处于起步阶段，管理、运作不规范，作用也不十分明显。这些问题的存在，究其深层次的原因，归根结底是一个生产关系和发展思路的问题，要解决好这些问题，必须转变传统农业经营方式，以提升农产品质量效益为目标，以提高农产品市场竞争力为核心，逐步形成现代农业产业化发展格局。

都市农业突破了农业就是农产品生产的传统观念，以市场需求为导向，利用城市对产品、要素的集聚功能和对农村的辐射功能，从专业化、社会化、生态化的高度，通过构建都市农业物流、信息网络和产业链接机制，把农产品生产、加工和销售有机结合起来，带动农业产前、产中、产后多环节联动发展。主要体现在：一通过实施农产品加工专项、对企业贷款给予财政贴息等措施，培育和扶持一批市场竞争力强、科技含量高、产品附加值高的农业种养和加工龙头企业做大做强，重点推进农产品加工园区建设，着力打造蔬菜、油脂、乳制品、肉制品、禽类产品、饲料、水产等加工产业集群，形成了具有规模化、优质化特点的农产品生产发展格局；二通过加大财政支持力度，促进农民专业合作组织发展，并推广政府主导下的“企业＋农户”“基地＋农户”“企业＋合作组织+农户”“生产基地联超市”“生产基地联居民小区”等多种规模化、产业化经营模式，建立农户、企业、中介组织、批发市场等不同经营主体“利益共享、风险共担”经营机制，有效解决了农户小规模生产与现代农业规模经营要求等深层次矛盾；三通过互联网重点收集、整理和发布优势农产品供求和市场价格信息，提高了科学生产决策和抵御市场风险的能力；四通过设立政府奖励资金支持农产品绿色品牌创建，推进农业标准化生产、严把农资生产经营主体资质关和开展农产品流通环节的质量安全例行抽检，切实加强农产品生产经营等各环节的监管，确保了农产品质量安全。综合来看，充分发挥了提高农业组织化程度、提升农产品市场竞争力，实现农业产加销、农工商一体化经营的先锋作用。

4. 用现代产业体系提升农业，引领农业结构优化升级　农业的产业结构、产品结构、区域结构趋同，已成为许多农产品“卖难”、价格下跌的重要原因。以市场需求为导向、质量效益为目标，发挥地区特色农业资源优势，大力发展特色农业，积极开发名特优新农产品，深入推进农业结构战略性调整，形成具有鲜明区域特色和先进生产条件的农业主导产品和支柱产业，是现代农业结构升级的重点要求。

都市农业以提升农业产业质量效益为目标，以现代产业体系建设要求为依据，立足地区自然资源优势和特点，利用先进的设施装备武装农业，引领着布局合理化、生产集约化和设施化、产品特色化的现代农业全面发展。在优化农业区域结构方面，通过制定都市农业区域布局规划，因地制宜地引导优势特色农产品向优势产区集中，并按照“种植业建板块、畜禽业建小区、水产业建片带”的思路，形成优势特色农业的区域化布局，避免了区域农业的同质化竞争；在优化农业产业结构方面，通过压减传统低效的大宗农作物生产，积极发展特色的种养业，尤其是大力发展现代种苗业和园艺业，有效提升了农业产业结构的合理化水平；在优化农业产品结构方面，以地区资源和市场需求为导向，坚持有所为有所不为，积极发展和重点推进优势特色农产品生产，有效提升了农业产品结构的优质化水平。

5. 用培养新型农民发展农业，引领农业生产经营主体转型升级　农业生产经营主体是应用现代科学技术、实践现代经营管理方式的基本载体，其农业科技素质、职业技能、经营管理能力等专业素质是决定农业发展水平高低的关键性因素。由于我国从事农业种养的效益比较低，农村大量具备较高文化素质的劳动力外出务工，留守从事农业生产经营的劳动力素质普遍不高，难以适应现代农业发展对高素质人才的需要，迫切需要通过专业培训，培养掌握现代农业种养技术、经营管理以及能够从事农产品市场化运作的新型农民。

都市农业以整合城市丰富的教育培训资源为基础，以强化培训机构水平和质量为抓手，按照政府指导和市场引导相结合、公益服务和有偿服务相结合的原则，构建具有周期性、时效性、针对性特点的先进农业技术和农业经营管理等方面的培训机制，逐步建立多层次、高效率的农业培训体系，为新型农民的培养提供了有效保障。其一，以加强先进实用农业技术技能培训为导向，通过扶持有潜力的培训院校，大力提高教师队伍的综合素质，打造农业职业教育的名牌院校，提高农业职业技能培训院校的办学水平和质量；通过整合各种社会资源，充分调动企业、民间资本的积极性，共同发展农业职业教育，形成多元化的培训格局；通过建立系统的农村劳动力培训档案，使农村劳动力参加培训规范化制度化。其二，以地区优势、特色农业产业发展为依托，发挥各种农业协会的组织、协调和指导作用，大力开展农民的专业技能培训，通过实施绿色证书工程、新型农民科技培训工程等一系列多渠道、多层次、多形式的农民教育和培训，努力提高他们的科技致富能力、市场竞争能力和自主发展能力。其三，以促进农业现代化经营管理和市场化运作为导向，重点加强对农业专业大户、专业合作组织、农业龙头、农村经纪人等生产经营者的经营管理、市场营销、法规法律知识等培训力度，不断提高他们经营管理能力和市场化运作能力。为培育具有新理念、掌握现代农业新技能、适应市场化运作的新型农业生产经营主体，提供了强而有力的支撑。

6. 用现代发展理念指导农业，引领农业功能拓展升级　从人类农业发展的轨迹看，目前农业发展已经进入了第四个阶段。第一阶段是原始农业阶段，人类通过渔猎、采集，从自然获得自己所需的的食品；第二阶段是传统农业阶段，人类利用人力、畜力和简单的工具，进行耕作养殖，凭借自然生产力获得人们所需的农产品；第三阶段是石油农业阶段，人类依靠石化能源和工业文明提供的机械、工具、工程设施，进行土地开发、集约经营、规模养殖，从自然界获得了自己所需要的各种农产品。在这个阶段，人对自然掠夺加剧，对生态环境的破坏加速，以致发生了生态危机和一系列难以抗拒的自然灾害。因此，人们开始对自己的行为反思，农业开始进入第四个阶段，以保护生态环境为中心的生态农业、有机农业、绿色农业、旅游农业、休闲农业应运而生，要求农业不仅要为人类提供生活消费所需的农产品，还要提供舒适的环境、清新的空气，即发展旅游、休闲农业，为人们提供休闲旅游的场所。

都市农业紧邻城市或者处于城市内部的区位特性，决定了它所面临的资源争夺与生态环境保护形势更为严峻，为城市居民提供综合性休闲服务的需要更为迫切，因而使一系列诸如生态农业、循环农业、观光农业、休闲农业、会展农业的新型农业得到了更好的探索与实践。这些新型农业都将可持续发展的理念贯彻始终，多方位拓展了农业的服务功能。具体来讲：其一，都市农业通过积极推广农业生态经济模式和循环经济模式，进行绿色生产，有效拓展了农业的生态功能，为居民提供了良好的生活环境；其二，都市农业大力发展会展农业、科普教育农业，通过定期组织举办农业博览会、农产品交易会和各种农耕文化节，有效拓展了农业教育普及、农业科技交流、农业文化传承的功能。其三，都市农业通过加快乡村休闲旅游发展步伐，重点建设生态旅游、都市城郊休闲和农业旅游等休闲板块，着力推进乡村休闲游专业村建设，充分拓展了农业的休闲服务功能。使农业的社会生态效益得到了显著提升。

第三节　都市农业的类型划分

都市农业是以生态绿色农业、观光休闲农业、市场创汇农业、高科技现代农业为标志，以农业高科技武装的园艺化、设施化、工厂化生产为主要手段，以大都市市场需求为导向，融生产性、生活性和生态性于一体，高质高效和可持续发展相结合的现代农业，包含观光农业、休闲农业、旅游农业等形式，依据上述内涵可以按照都市农业的功能和区域进行以下两种划分：

（一）按都市农业功能划分

1. 农业公园　这种类型的特点是把公园与农业生产场所、消费场所和休闲场所结合起来建设，利用农业生产基地来吸引市民游览，主要是供观赏和旅游，面积比较大。一般选择依山傍水，有林草的地方，以地形和农产品种类而成自己的风格特色。农业公园分专业性农业公园和综合性农业公园。

2. 观光农园　这种类型的特点是：开放农业园地，让市民观赏、采摘或购置。有的主要是供观赏农村景观或生产过程，有的可以购买新鲜产品（如花卉），有的还可以参加采摘果实。有的农户开放自家的花卉种植温室，有的观光农园集中区建立了展览室，让游人在观赏之余还能增长知识。

3. 市民农园　这种类型特点是，让没有土地所有权的市民承租农地，直接参与农业植栽，亲身体验农业劳动过程。市民家园一般设在市区较近、交通、停车都便利的地方。农园经营者把整个园地划分若干块，分别租给不同的市民，供他们进行耕作体验，有的可以解决一些吃菜或就业问题。

4. 休闲农场　这是一种综合性休闲农业区，以吸引旅客住宿为特点。农场以生产果、菜、茶等农作物为主，经过规划设计，充分利用农场原有的多种自然景观资源，如溪流、山坡、水塘，以及植物、动物、昆虫，引进一些游乐项目，开发为休闲农场（或度假农庄），把市民的观赏景观、采摘果实、体验耕作、住宿餐饮和娱乐等多种活动结合在一起，适应他们度假游乐的需要。如日本的“民宿农场”，澳大利亚的“度假休闲农场”。

5. 教育农园　这是兼顾农业生产与科普教育功能的农业经营形态，即利用农园中所栽植的作物、饲养的动物以及配备的设施，如特色植物、热带植物、农耕设施栽培、传统农具展示等，进行农业科技示范、生态农业示范，传授游客农业知识。代表性的有法国的教育农场，日本的学童农园，中国台湾的自然生态教室，北京的少儿农庄。

6. 高科技农业园区　这是采用新技术生产手段和管理方式，形成集生产加工、营销、科研、推广、功能等于一体，高投入、高产出、高效益的农业种植区或养殖区。这些园区有的可以对外开放，接受游人的观赏，有的属于封闭型，不接待游客。

7. 森林公园　这是一个以林木为主，具有多变的地形，开阔的林地，优美的林相和山谷、奇石、溪流等多景观的大农业复合生态群体。以森林风光与其他自然景观为主体，在适当位置建设狩猎场、游泳池、垂钓区、露营地、野炊区等，是人们回归自然、休闲、度假、旅游、野营、避暑、科学考察和进行森林浴的理想场所。

8. 民俗观光园　选择具有地方或民族特色的村庄，稍加整修提供可过夜的农舍或乡村旅店之类的游憩场所，让游客充分享受农村浓郁的乡土风情和浓重的泥土气息以及别居一格的民间文化和地方习俗。

9. 民宿农庄　主要是已退休或将退休的城里人租住农村房屋，迁居农家。这些人中有教授、导演、设计师、工程师等，他们在城里均有较好的楼房，但非常向往农村的风光，游览田园景观，希望在林间散步，呼吸着农村新鲜空气，过着宁静淡泊、无噪声、无污染的世外桃园式生活。

（二）按都市农业区位划分

1. 中心区农业　本类型位于城市中心地区，人口和建筑密度高，土地利用的混合程度和集约程度最高，通常以公务和商业零售活动为主。这里的农业主要分布于屋缘（屋顶、阳台、宅院）、闲置地、院区和园区，具有较高价值和需要较多投资的农业。其中很多采用小型温室农业系统的形式。这类农业最容易受到城市改造的吞噬。

2. 走廊区农业　本类型是位于高速公路或铁路两侧的交通地带的农业，属于高集约发展地区。这类农业处在交通设施发达、与市场联系便捷、居民密度较高的有利环境；走廊地区的农业结构，可以经营观赏性园艺、温室蔬菜和花卉、放牧、家禽、微型动物，以农家产品集贸市场和批发市场为主。这类农业容易被城市和交通设施的建设所取代。

3. 隔离区农业　本类型农业地处交通走廊之间，呈楔形分布，是都市农业土地、就业、产出集中地区之一。在城市化迅速成长的时期，这里往往是城市住宅、工业、绿化等建设发展的主要区域，土地利用类型有可能从农业用地大量转为建设用地，所以要注意保护农业。

4. 外缘区农业　本类型是相对稳定的农业区，也是都市农业土地、就业、产出集中地区之一。外缘农业区的大小，在很大程度上取决于交通运输效率和自然条件特征。外缘区农业的特点是以大量中小型农场的形式，按照都市区市场的需要，要以生产鲜活农产品为主；这一带的农业家庭比一般农区有更多的非农业就业机会和收入。

第四节 我国都市农业发展现状与趋势

（一）发展现状

中国都市农业的提出与实践探索始于20世纪90年代初期，以地处长江三角洲的上海、珠江三角洲的深圳、环渤海湾地区的北京等地开展较早。随着工业化和城镇化的快速推进，农业发展环境发生重大变化，北京、上海等大型城市逐步认识到都市农业在城市经济社会发展中的重要地位，并顺应形势需要，及时明确发展思路，出台支持政策，探索推进都市农业发展。北京提出都市农业“少数不等于小数”，谋划形成都市农业产业布局的五个“圈层”；上海将三个“丝毫不能”作为都市农业发展基本思想，加快推动农业发展方式转变；武汉市率先出台一系列都市农业发展意见和规划，致力打造都市农业“六大区域、四大中心、三大体系”；成都把建设“世界生态田园城市”作为都市农业发展目标，出台“五大倍增计划”；西安围绕“服务城市、富裕农民”的都市农业发展理念，提出了发展休闲、生态、加工等“六种”农业。经过多年的理论和实践探索，各地都市农业发展取得了显著成效，突出表现在以下6个方面：

1. 城市“菜篮子”产品保障功能不断增强　各地始终把保障“菜篮子”产品有效供给作为发展都市农业的首要任务，通过建设“菜篮子”基地、搞好产销衔接、强化质量安全监管，保证城市居民生活所需，稳定城市物价水平。北京突出“三率一能力”（自给率、控制率、合格率和应急保障能力）建设，确保70万亩蔬菜生产用地最低保有量。上海出台了主要农产品最低保有量制度、“菜篮子”区县长负责制，常年蔬菜面积稳定在50万亩以上，蔬菜自给率达到55%、绿叶菜自给率达90%。武汉主要“菜篮子”产品自给率达到68%，其中淡水产品和蔬菜产量分别在全国36个大中城市中居第一和第二位。同时，各调研城市均建立了比较完善的农产品流通体系，“菜篮子”产品保障能力日益增强；形成了完善的质量安全检验检测和追溯体系，农产品质量安全保持较高水平。

2. 农业多功能性不断拓展　都市农业价值不仅体现在保障城市供给等生产层面，在生态涵养、休闲体验、文化传承等方面的综合效益也日益彰显。北京、南京等地都提出把满足人们“胃”“肺”“眼”“脑”“心”的需求作为都市农业发展的重要依据，北京在全国率先建立了农业生态补贴制度，南京则将休闲农业作为都市农业的一个主导产业和引领产业。据两地有关部门统计，目前北京大农业生态服务价值达1万亿元，南京休闲农业在市民中的知名度已达94.6%。成都通过建设田园化、景观化现代农业园区（基地），带动休闲农业发展，形成休闲观光农业基地220个，年接待游客超过5 000万人次。

3. 先进生产要素不断聚集　各地充分发挥大城市需求旺盛、资本充足、科技领先、人才密集等优势，不断加大政策支持和财政投入力度，引导各类资源要素向都市农业聚集，取得了良好效果。北京以种业为突破口，充分发挥中国农业科大学、中国农业科学院等科研院校的技术和人才优势，着力打造“种业之都”，初步确立了“三中心一平台”（全国种业科技创新中心、国内外种业企业聚集中心、全国种业交易交流中心、种业发展服务平台）地位。上海借助实施“三支一扶”计划，“十一五”期间共安排1 297名高校毕业生赴9个郊区县的95个乡镇从事支农工作。武汉积极开展农村产权抵押融资，累计发放产权抵押贷款3.08亿元，并建立了首期规模达2亿元的农业产业投资基金。

4. 统筹城乡发展水平不断提高　各地把都市农业纳入城市经济社会发展整体规划，有效提升了农业产业化和服务社会化的水平，促进了城乡相互融合、协调发展。北京着力推进农业和第二、三产业融合发展，农产品加工业资本化、园区化、规模化发展水平显著提升，2011年新增农村劳动力转移就业 8.17 万人，全市农民人均纯收入 14 736元，收入增幅连续三年高于城镇居民。上海为加快建设与国际化大城市相适应的现代农业，制定了四部有关城乡统筹发展的布局规划，明确了城乡经济、社会、空间和制度的一体化发展思路，目前已初步形成城乡一体化的劳动就业服务体系，2011 年仅农业旅游就解决当地农民就业 2.58 万人。南京 2011 年休闲农业全年季节性用工达 12.99 万人次，帮助增收 707 万元，带动农户数 5 597户，帮助带动当地农产品销售额达 1.2 亿元以上。广州以“美丽乡村建设”为主题，出台“1+12”政策体系，形成城乡一体化发展格局。

5. 体制机制不断创新　各地积极开展土地流转、教育培训、资金投入等方面的试点探索，增强都市农业发展活力。北京 91.4% 的村级集体经济组织完成产权制度改革，实现了“资产变股权、农民变股东”，2011 年620 个村股份分红总金额 20.6 亿元，人均 3 525元。成都积极探索实践土地股份合作社、家庭适度规模经营等 7 种土地流转规模经营形式，让不少农民过上了“拿着产权收租金、坐在门口搞经营、进入农业园挣工资”的好日子。广州创新农民培训模式，实施“有文化、懂技术、会经营”新型农民科技培训工程，每年培训 1.1 万多名农民，其中 99% 获得了农民绿色证书。上海探索财政投入的长效机制，出台了地产绿叶菜上市量与市对区县财政转移支付挂钩制度，建立了绿叶菜淡季成本价格保险机制。

6. 理论建设不断深化　各地在加快探索都市农业实践的同时，不断加强都市农业定义内涵、特征功能、发展模式等方面的理论研究，逐步形成了符合地域特色的都市农业发展理论。北京、武汉成立了都市农业研究院和规划设计院，武汉还创办了研究都市农业的理论刊物和专业网站。武汉、西安等地先后举办了全国都市农业可持续发展论坛、全国副省级城市农业高层论坛等会议，开展都市农业建设经验交流和问题研讨，西安还发布了有 12 个城市参与的《发展都市农业西安宣言》。中国农学会专门成立了都市农业与休闲农业分会，已组织各地分会连续召开了十届全国性的都市农业学术会议。我部于 2008 年分别在北京和上海设立了农业部都市农业北方重点实验室和南方重点实验室，为都市农业发展提供理论基础、政策依据、技术支撑和人才储备。目前，国际都市农业基金会已将北京、上海、成都和武汉定为国际都市农业试点示范城市。

（二）先进案例

国内发达地区都市农业发展的成功案例对于其他区域都市农业的发展具有很好的借鉴意义，目前上海、北京、广州等城市都市农业的发展走在了全国前列，积累了大量的经验。

1. 上海

第一，确保地产主要农产品有效供给。实施主要农产品最低保有量制度，稳定地产农产品自给水平，确保地产农产品质量安全可控，始终是都市现代农业发展的头等大事。为此，上海主要采取两方面措施：一方面，严格落实“米袋子”“菜篮子”区县长责任制。郊区实行“菜园子”工程，确保蔬菜生产和质量安全；中心城区实行“菜市场”工程，完善产销对接方式，确保蔬菜市场供应和价格基本稳定（另外，市级层面全力抓好货源组织，切实做好大市场、大流通，确保主副产品市场供应）。另一方面，加大对农民的补贴力度。在率先实行农业零税费基础上，不断扩大对农民直补的范围和标准，特别是推出绿叶菜淡季价格保险制度等一系列措施，有效避免“菜贱伤农”，调动了农民生产积极性。由于措施得力，尽管上海是全国消费水平最高地区之一，但近几年上海蔬菜价格指数在全国 36 个大城市从高到低排列中，居 20 位之后。

第二，大力提升农业组织化程度。上海采取多种措施，着力解决“千变万化大市场”与“千家万户小生产”的矛盾，提高农业应对市场竞争的能力。一是实行政策聚焦，积极培育一批经营规模大、服务能力强、产品质量优、民主管理好、社员得实惠的农民专业合作社。同时，稳步推进家庭农场、集体农场等新型农业组织发展。目前，上海已组建各类农业专业合作社 2 700多家，带动农户 22.88 万户。二是按照扶优、扶大、扶强的原则，培育壮大一批起点高、规模大、带动能力强的农业龙头企业。目前，市级以上农业龙头企业已达470家。三是鼓励农民专业合作社与超市、标准化市场、社区、企业、学校等对接，逐步建成产加销一体化经营体系。

第三，不断提升农业科技水平。农业科技创新和应用能力是都市现代农业的生命所在，是推动都市现代农业发展的核心动力。上海高度重视重大农业科技项目攻关，促进适用农业科技成果转化，加快农业技术推广，使一大批农业科技成果在国内具有较大的影响力和辐射力。突出表现在两方面：一方面，大力发展种源农业。重点是以生物技术为支撑，通过现代育种技术和常规育种技术相结合，开发优质水稻、节水稻和双低、杂交油菜新品种。另一方面，强化现代农业技术体系建设。重点是整合科技力量，组织攻关，实施水稻、绿叶蔬菜、西甜瓜等产业技术体系建设；同时，围绕区域特色农产品生产，成立草莓研究所、葡萄研究所、桃研究所等十余个区域特色农产品研发机构。

第四，持续加大强农惠农富农力度。上海不断加大工业反哺农业、城市支持农村的力度，为促进农业增产、农民增收提供政策支持。一是健全农业投入保障制度。按照中央要求，确保财政对农业投入增长幅度高于经常性收入增长幅度，确保财政支农资金占全市财政支出的比重逐年提高。二是健全农业补贴制度。重点是建立主要农产品生产大区县奖励补助机制，实施农资综合补贴与农资价格上涨相挂钩的动态调整机制。三是建立农业生态补偿机制，形成了有利于保护基本农田、水源地、公益林等自然资源和农业物种资源的激励机制。

第五，着力加强农业设施建设。推进设施化，是发展都市现代农业的基础。上海不断加大力度，加强与都市现代农业相匹配的灌溉、防洪、除涝等保障体系建设，切实增强农业抗御自然灾害的能力。一是积极推进设施粮田和设施菜田建设，目前上海累计建成130万亩设施粮田和21.8万亩设施菜田。二是推进区域特色农产品生产基地建设，现已建成果林、花卉、食用菌等区域特色的农产品基地74个。三是加强农田水利建设，不断完善配套齐全、灌排通畅、安全高效的农田水利体系。同时，积极推进主要农作物生产全程机械化，着力提高农业综合机械化水平。

第六，深化农村改革创新。大力推进体制机制创新，强化都市现代农业发展的制度保障。重点有两方面：一方面，稳定和完善农村基本经营制度。上海积极开展稳定完善土地承包关系各项工作，推进土地规范有序流转。目前，全市承包合同签订率为99.68%，权证发放率达99.44%；农村承包地流转率59.3%，其中约71%为农户委托村统一流转，为促进农业适度规模经营提供了支撑。另一方面，统筹城乡发展规划布局。主要是制定城乡一体化发展规划、土地利用总体规划、农业布局规划、主体功能区规划，为形成合理的城镇建设、农田保护、产业聚集、村落分布、生态涵养等空间格局奠定基础。

2. 北京

第一，不断优化农业发展布局。坚持在首都城市发展全局中定位都市农业，提出了北京都市农业发展的“五区”布局。在城市农业区，重点发展家庭农业、社区农业等城市农业；在近郊农业区，重点发展农业高新技术研发、会展农业、休闲观光农业；在平原农业区，重点发展加工农业、设施农业、现代种业与景观农业；在山区农业区，重点发展循环农业、低碳农业和休闲观光农业；在京外合作区，重点发展外埠农产品基地，形成外埠供应基地网络。

第二，不断创新工作体制机制。全市农村工作会议成为市委市政府安排的两个全市性会议之一，主要领导倡导建立了“部门联动、政策集成、资金聚焦、资源整合”的工作机制，形成了横向联动、纵向互动、合力推进的工作格局。如整合农业、水务、国土等部门资金项目，每年完成30万亩农业基础建设和综合开发工程；聚集金融、财政等部门资源，打造“北京农业上市板块”，农业上市企业达到10家；汇集科技、农业等部门力量，建设国家现代农业科技城。

第三，不断完善农业政策体系。着眼全面统筹，制订实施了都市型现代农业发展意见、促进农民增收行动计划，出台了一系列强农惠农富农政策，“城市带动农村、工业反哺农业”的机制进一步巩固。坚持分类推进，近年来每年安排8亿元推进菜篮子生产，安排1亿元支持种业发展，安排1亿元支持农加工业发展；率先建立了农田生态补偿制度；政策性农业保险险种增加到19个，基本涵盖了主要农产品。

第四，不断强化服务体系支撑。围绕农技推广、农产品质量安全、动植物防疫、农资、农机、农业信息化、农村金融、农产品流通、农业用水，推进都市农业九大服务体系建设。全市农民专业合作社辐射带动一产农户比例达到72%；搭建了农民田间学校、农村实用人才培养等农民培训平台；形成了全科农技员、村级防疫员、管水员、护林员等政府购买公共服务队伍；初步建立了农业信贷、农险、农投、农业基金、农担、农村信用、涉农企业上市培育、农村要素市场、农村金融改革等“九农”金融服务体系。

第五，不断深化农村体制改革。推进农村土地确权流转，农地流转率达到46.7%；实施产权制度改革，91.4%的村集体经济组织完成改革任务，2011年620个村人均股份分红3 525元。通过深化改革，让土地流转起来、资产运营起来、农民组织起来，增强了都市农业发展的内生动力。

3. 广州

第一，加强机制体制保障，确保“菜篮子”工作落实

一是着力健全工作机构。广州市根据农业部的要求，早在1990年就成立了“菜篮子”工作领导小组，虽历经多次机构改革，但市和各区（县）始终保留相应的工作机构。二是着力加强规章制度建设。尤其是对于蔬菜生产，制定了菜田建设基金征收办法等规章，建立了菜田建设专项基金，确保了蔬菜常年生产面积54万亩、复种面积238万亩（年均复种4~5造）的保有量。三是着力加大财政投入。“十一五”期间市本级财政涉农投入250亿元，比“十五”期间增长1.3倍，其中每年直接投入1亿元以上扶持“菜篮子”产业化生产、投入约5 000万元用于菜田基本建设、投入5 000万元担保本金和3 000万元贷款贴息资金引导社会资本参与“菜篮子”工程建设。

第二，加强基地设施建设，确保“菜篮子”生产能力

一是强化农业载体建设。高标准规划建设了15个千亩蔬菜生产基地和20个蔬菜专业村、10个水产基地、31个万头猪场、96个年出栏10万只以上的家禽场。二是强化农业设施建设。已完成70%的农田（鱼塘）标准化改造，建成温室大棚、喷滴溉等设施栽培面积15万亩。三是强化产业化建设。大力扶持农业龙头企业、农民专业合作社发展，扶持品牌化经营，基本实现了主要生产基地、专业村都由农业企业或农民专业合作社经营，主要产品都有注册商标。目前，全市年均蔬菜产量340万吨、水产品产量45万吨、家禽出栏量1亿只，基本满足广州市蔬菜、水产、家禽的总量自给；年均生猪出栏数260万头、禽蛋产量3万吨、牛奶产量5万吨，自给率均达到30%以上。

第三，加强流通体系建设，确保均衡供应和价格稳定

一是完善市场体系。建成江南果菜等6个大型农产品批发市场（年交易额合计350亿元以上），建成覆盖主要生产基地的产地批发市场，实施“万村千乡市场工程”，建设了12个市级配送中心以及各镇（村）农家店、农贸市场，形成“大市场、大流通”的格局。二是发展现代流通方式。扶持“农超对接”、“农商对接”，60%的农业企业、农民专业合作社都与超市、高校、企事业单位进行了有效的配送对接；率先实施网上“菜篮子”工程，建成全国首家网上”菜篮子”绿色样板市场（东川新街市），建成华南农产品交易网等多家网上选购农产品交易平台。三是落实储备制度。重点落实蔬菜和冻肉储备制度，将新增1万吨蔬菜、3 000吨猪肉储备冷库，增强应急能力。四是完善价格调控机制。严格落实“菜篮子”价格监测报告制度，建立价格监测网络，涉及品种500多个。

第四，加强质量监管，确保“菜篮子”产品安全

一是建成以市级机构为龙头、区（县）机构为骨干、批发市场和生产企业为基础，覆盖全市的农产品质量安全监测体系。监测体系由106个监测站点组成，每年例行检测样本量近100万份。二是推进标准化生产，积极制定农业地方标准与技术规范，建设标准化示范区，推进无公害农产品基地、无公害农产品、绿色食品和有机食品的认证认可。三是全面建立生产记录档案制度，主要生产基地、专业村初步实施了“生产登记、产品检测、标识管理、基地准出、市场准入”的质量溯源机制。

结合上述三个城市都市农业发展的案例，可以总结出都市农业发展中主要经验和普遍做法有以下几个方面：

1. 都突出了农业的基础地位　没有因为抓城市建设和工业发展而放松和弱化农业的基础功能。

2. 都突出了城市对要素的聚集优势　通过多种途径和形式，引导城市的资金、技术、人才等要素向农业、农村聚集。

3. 都突出了农业布局的优化　通过制定实施发展规划和指导意见，促进工农城乡合理布局、协调发展。

4. 都突出了农业功能的融合　在保障农产品供给的同时，拓展农业社会服务、生态涵养、休闲观光、文化传承等多种功能。

5. 都突出了体制机制创新　通过体制机制创新，不断提高都市农业的专业化、标准化、规模化、集约化水平。

6. 都突出了政策支持保护　积极实施“工业反哺农业、城市支持农村”的方针，加大农业的支持保护力度，改造传统农业、发展现代农业。

（三）发展趋势

我国经济的持续高速发展使城市化进程快速推进，大量农村人口涌入城市。据国家统计局统计，截至2008年年末，中国城镇人口达6.07亿，城镇化率为45.7%。有专家预测，我国城镇人口将在2010年首次超过总人口一半；到2020年，城镇人口约有六成；到2030年约占七成。因城市规模不断扩大而引发的经济、社会、环境等一系列问题使中国都市农业的发展显得尤为重要。中国都市农业如何发展才能与城市化发展相协调，实现城乡和谐发展是实现中国可持续发展必须探索的问题之一。

1. 功能多元化　如今都市农业发展走在前列的国家均形成了各自不同的发展模式，以生产、经济功能为主的美国模式，以生态、社会功能为主的欧洲模式，以生产、经济功能和生态、社会功能兼顾的日本模式。从这些经验可以看到，他们都不约而同地在拓展都市农业的功能多元化。同样，结合我国目前快速城市化的进程和都市农业发展的实际情况，发展都市农业的多功能性是我国都市农业发展与进步的必然趋势，是促进农业产业结构不断优化升级，形成高投入、高产出、高效益的新的农业发展形态的重要战略，同时，对推动我国城乡一体化进程，促进城乡可持续发展都是不无裨益的。

2. 高度产业化　发达国家的都市农业属于技术和资金密集型产业，发展纯熟，具有较好的规模效益。我国的都市农业不论在资本还是技术投入方面与发达国家差距较大，产业之间的前相关联和后相关联效应不明显。目前，北京、上海等大城市的都市农业在产业链延伸，农业产业结构优化，农产品加工与流通、农产品市场体系完善等方面已经取得了成效，为其他城市都市农业产业化发展起到了示范作用。

3. 手段科技化、智能化、信息化　都市农业是以适应现代化都市生存与发展需要而形成的现代农业，是融生产、生活和生态等多功能于一体的现代农业模式。如何实现都市农业的多功能性，关键要靠科技创新水平。以农业高科技武装的园艺化、设施化、工厂化生产是都市农业发展的强大动力，这自然是我国都市农业发展的必然趋势。

农业高度智能化和信息化是现代农业发展的标志和客观要求。纵观发达国家的都市农业，无不在农业智能化和信息化发展上投入了巨大的人力和物力，如美国和日本，智能化信息网络在其都市农业中的应用已是非常普遍和成熟。面对全球化和信息化的巨大浪潮，我国都市农业的发展也必须要重视农业智能化和信息化的建设。只有具备良好的农业信息系统，才能使农民在农业生产过程中真正得到实惠和方便。

4. 农产品质量安全化、标准化、精品化　都市农业为城市提供食品或食品原料，而食品是人类赖以生存和发展的物质基础，也是关系到人们健康、社会稳定和经济发展的重要因素，所以在都市农业发展中农产品质量是否安全可靠非常重要。在我国的农产品国际贸易中，经常会因为农产品质量安全问题使得经济利益和国家形象受到损害。在都市农业发展过程中，制定标准化生产技术操作规则，实行农产品质量安全市场准入制度，建立农产品质量安全追溯制度，加快农业标准化示范区和生产基地建设等环节是提升农产品质量安全化和标准化的重要途径。另外，在农产品质量达到安全化和标准化之后，应该朝着精品化方向发展，实施农产品品牌化战略，提高农产品的附加值，从而使农产品综合品质达到更高的层次。

5. 农民高素质化、职业化　农民是农业生产的主体，都市农业的高新技术最终要由农民来完成。当前，我国农业面临着劳动力转移和劳动力素质较低等问题，而代表现代化农业前沿的都市农业生产技术更加迫切的要求大批掌握现代技术的农民。在都市农业发展的过程中，从事农业的农民成为了“农业从业者”，农民已成为职业意义上的农民，他们需要获得良好的受教育机会和系统的职业培训。所以，如何提高农民科学文化素质，培养职业化农民是我国都市农业人力资源开发的重要课题。

6. 经营国际化、市场化　都市农业具有高度的开放性，其生产、加工和流通必须以市场需求为导向，实行全方位开放。为此，都市农业的发展需要充分利用对外开放的优势，依托国内外的大资源和大市场，通过多种市场网络把农业生产与国内国际市场紧密联系在一起，依靠市场来实现农业资源和生产要素的优化配置，实现产品的大流通、大贸易，从而提高都市农业的外向化程度。

7. 风险保障体制化　都市农业在其发展过程中，会遭遇到自然灾害、经营管理、劳动力转移等各种风险。为了降低风险，达到自身效用最大化，作为经营主体的农民往往被迫选择以前的传统农业生产模式。因此，建立一个有效的分类风险保障体制对都市农业的发展十分重要，它可以降低农户风险，促使他们以都市农业模式作为自身最优选择。

第五节　武汉市都市农业发展现状与问题

（一）武汉市都市农业发展现状

1. 武汉市现代都市农业发展历程　武汉市现代都市农业的发展历程，实质上就是武汉市农业从传统小农业逐步向现代大农业变迁的过程，这个过程大致可以分为4个阶段：

第一阶段，城郊型农业酝酿期（1978—1984年）

这个时期的农业发展是“以粮为纲”，其主要目标就尽可能地提高农产品特别是粮食的产量，尽快解决城乡居民的温饱问题。从1978年开始试点并逐步全面推行农村家庭联产承包责任制，极大地解放了农村生产力，武汉市郊的农、林、牧、渔业开始走上全面发展轨道。到1982年，市政府根据当时市场粮食供应现状逐步调整生产结构，适时提出了“以生产鲜活副食品为主，农牧渔全面发展”的农业发展新战略，这时城郊型农业开始萌芽。但在实践中，以“粮食为纲”的生产方针仍然无法动摇。

第二阶段，城郊型农业的发展期（1985—1994 年）

这个时期农业发展的基本方针是“服务城市，富裕农民”。针对当时初级的农产品供应紧缺情况，武汉市开始调整农业生产结构，林牧渔和种植业中的经济作物得到了较大的发展，农业生产效益逐步提高。在发展战略上，市政府要求将市郊农村建成“四地”，即城市副食品生产和加工基地、出口创汇农业的生产基地、环境优美的旅游度假胜地等，发展“城郊型农业”的思路逐步成熟。1988 年武汉市全面实施“菜篮子”工程，市郊进一步加大蔬菜副食品的生产力度。1992 年 2 月，武汉市政府全面放开粮棉油生产计划，农民由此获得了依据市场需求安排生产的完全经营权，农业结构调整不断深化。

第三阶段，城郊型农业向都市农业转变的过渡期（1995—2001 年）

自 1995 年开始，武汉市以实施新一轮“菜篮子”工程为重点，进一步深化农业结构调整，并逐步推进农业产业化经营。1997 年 10 月武汉市政府出台了《关于农业产业化经营的意见》，提出农业产业化要“突出城郊型经济、都市农业特点”，这是武汉市委、市政府第一次正式在文件中明确提出建设“都市农业”的要求。2000 年 3 月武汉市全市农村工作会议提出要全面推进农业结构的战略性调整，重点是在发展体现都市农业特色的“六种农业”，即设施农业、工程农业、品牌农业、加工农业、创汇农业和旅游休闲农业。由此，武汉市发展现代都市农业的思路基本形成。

第四阶段，全面推进现代都市农业发展的时期（2002 年至今）

随着农业结构战略性调整的不断深入，一些体现现代都市农业特色的新型产业如观光农业、休闲农业等逐步成为农业发展的热点。以农业增效为目标，以农民增收为核心，集经济、生态、社会效益于一体的现代都市农业发展思想逐步完善。武汉市政府于 2001 年 12 月正式出台了《加快都市农业发展的意见》，对全市都市农业工作进一步明确，标志着武汉市步入全面推进现代都市农业发展时期。

2. 武汉市现代都市农业发展成效　一是产业结构调整成效显著。大力压减传统低效农作物生产，积极推进优势特色农产品基地建设，不断提升优质安全农产品供给能力。2011 年，全市优势特色农产品产值占农业总产值比重达到 81%，畜牧水产业产值占农业总产值比重达到 45.3%，主要“菜篮子”产品自给率达到 68%。其中，蔬菜总产量 627 万吨，水产品产量 46 万吨，生猪出栏 278 万头，家禽出笼5 164.9万只，肉牛出栏 4.2 万头，禽蛋产量 20.3 万吨，奶牛存栏 1.2 万头、奶产量 6 万吨。淡水产品、蔬菜总产量分别在全国 36 个大中城市中名列第 1 位、第 2 位。

二是产业布局向优势区域集中。因地制宜地引导特色农产品向优势产区聚集，全市建成优势农产品正规化基地 137 万亩，林果花卉基地 125 万亩，初步形成近郊以农业科技、设施栽培、休闲观光和体验农业为主的精品农业园区，中郊以蔬菜、食用菌、生猪、蛋鸡、名特水产、林果苗木花卉等为主的优势特色生产基地和加工园区，远郊以林果特色产业和山体、森林、湿地为主的生态旅游区的区域化布局。2011 年已建成蔬菜常年园 40 万亩、水生菜 30 万亩，精养鱼池 46 万亩，规模化畜禽养殖小区 254 个，林业花卉产业基地 125 万亩。

三是农业产业化进程明显加快。以农业产业化龙头企业为主导，培植规模经营主体，建基地带农户，延伸产业链，发展农产品加工园区，提高农业组织化程度和产业化经营水平。2011 年，市级以上农业龙头企业发展到 249 家、其中国家级 9 家，农产品加工业年产值达到 1 230亿元，农民专业合作社发展到 1 087家，农业产业化农户覆盖率达到 63.3%。农村土地流转成效显著，累计流转土地 117.5 万亩，占耕地总面积的 36.7%。

四是农业基础设施不断改善。加大投入力度，重点实施了农田水利骨干工程除险加固及更新改造、灌区续建配套与节水改造、高产农田建设等一批重点项目，农业生产条件得到明显改善。2011 年，全市旱涝保收面积达到 200 万亩以上，农田灌溉保证率达到 77.6%，农业灌溉水利用系数达到0.54，全市建成高产农田60万亩，设施农业面积达到23.6万亩。

五是农产品质量安全水平稳步提高。大力推进农业标准化生产，积极探索完善农产品质量安全监管体系，建立健全监管制度，持续加大农产品质量安全检测执法力度，全力确保农产品质量安全。全市建立农业标准化生产示范区42个，标准化生产面积达到80万亩，32个畜禽标准化养殖示范场、21个水产健康养殖示范场获得部、省认定，累计发展“三品”（无公害农产品、绿色食品、有机食品）508个，拥有中国驰名商标农产品3个，国家地理标志保护产品10个、省级名牌产品42个。武汉市农产品质量安全水平稳居全国大中城市前列，多年来没有发生重大农产品质量安全事故。

六是农业可持续发展能力增强。稳步拓展农业功能，大力发展两型农业，切实加强农业农村生态环境建设。全市建立循环经济示范点51处，循环农业示范推广面积达到35万亩；乡村休闲游经营单位发展到1 047家，2011年接待游客1 300万人次，实现旅游综合收入22.6亿元；湖泊珍珠养殖、三环线以内畜禽养殖和中心城区湖泊“三网”养殖全部退出，畜禽规模化养殖小区粪便综合利用率达到95%，农作物秸秆综合利用率达到85%；森林覆盖率达到26.9%，农村道路绿化率、农田林网覆盖率超过80%。

（二）武汉市与其他城市都市农业发展水平比较

为直观把握武汉市与国内其他地区都市农业发展水平之间的差距，我们专门采用2009年的数据，运用构建的都市农业发展指标体系及评价方法步骤，对武汉市与东部、南部、西部、北部、中部的主要省会城市以及北京市和上海市共12个评价单元，进行都市农业发展水平评价和对比分析。东部城市包括济南和南京，南部城市包括广州，西部城市包括成都和贵阳，北部城市包括哈尔滨和沈阳，中部城市包括合肥和长沙。

根据指标体系的构建原则，本研究将都市农业发展系统分为社会、经济和生态3个子系统，在深入研究国内外有关都市农业发展指标体系相关文献的基础上，结合武汉市远城区都市农业发展的实际，构建了能够充分反映都市农业发展水平和态势的指标体系。主要包括下几个方面：一是反映远城区都市农业的社会基础条件、社会化服务水平和城乡一体化发展状态的指标：人口密度、农业劳动力占总人口比重、城市化率、城乡收入差距、粮食单产；二是反映远城区都市农业的经济效益、生产能力和产业经济融合发展状况的指标：农业劳动生产率、耕地生产率、规模化经营水平、农业中间消耗率、单位耕地面积农业机械总动力、有效灌溉面积占耕地比重、农民人均纯收入、农产品加工业产值与农业产值之比、休闲农业收入；三是反映远城区都市农业发展的资源条件、生态环境和污染源状况的指标：人均耕地面积、森林覆盖率、单位播种面积化肥施用量、单位播种面积农药使用量。

各项指标说明：

1. 人口密度，由总人口除以土地总面积表示　该指标体现区域农业生产供给的压力大小，人口密度越高反映单位国土面积居民的农产品需求越多，都市农业的食品供给任务越重，供给安全存在一定隐患。

2. 农业劳动力占总人口比重，由第一产业从业人数占总人口的比重表示　该指标体现区域从事农业生产的人口比例，反映区域都市农业发展中农业劳动力转移情况。这个比例越小，说明都市农业产业融合和产业链延伸发展效果良好，能够使更多的农业富余劳动力转向二、三产业，社会效益显著。

3. 城市化率，由非农业人口占总人口的比重表示　都市农业是伴随着城市化水平的发展而发展的，农村人口涌入城市推动了城市化的进程，也为都市农业的集约化经营提供了便利条件。城市化水平越高，反映地区的社会、科技、文化水平的越高，都市农业发展的社会条件越优越。

4. 城乡收入比，由城市居民人均可支配收入除以农村居民人均纯收入表示　都市农业发展目标之一就是不断提高农民收入水平，缩小城乡收入差距，维护社会和谐稳定。收入比越小，说明都市农业发展对城乡一体化发展的贡献越显著。

5. 粮食单产，由粮食总产量除以粮食播种面积得到　该指标反映的是单位耕地面积上农业科技含量的高低。粮食单产高，表示农业科技推广应用水平和抗灾防灾水平高，农业生产的社会化技术服务到位，都市农业发展的科技带动作用明显。

6. 农业劳动生产率，由农业增加值除以第一产业从业人数得到　劳动生产率是衡量一个行业发展技术经济效益的指标。农业劳动生产率能够直接凸显都市农业发展的绩效水平。

7. 耕地生产率，由农业增加值除以耕地面积得到。同农业劳动生产率不同，该指标从耕地的产出效率反映都市农业发展的绩效水平，也可以反映农林牧渔业产业结构调整的绩效。

8. 规模化经营水平，由耕地面积除以第一产业从业人数得到　耕地作为农业生产的基本要素，其规模化集中利用，有利于克服小农经济的各种弊端，提高农业经营效率。都市农业是高度集约化的农业，注重农业生产的规模化经营，规模化程度越高，则发展水平越高。

9. 农业中间消耗率，由农业中间消耗值除以农业增加值的比率表示　该指标反映都市农业生产经营的投入产出效率。农业中间消耗率越高，表明获得一定农业产出所付出的投入成本越高，都市农业的生产效率水平越低。

10. 单位耕地面积农业机械总动力，由农业机械总动力除以耕地面积得到　现代都市农业讲求的是农业生产手段的现代化与否，机械化程度越高所反映的农业现代化水平就越高。

11. 有效灌溉面积占耕地面积比重　该指标直接反映的是区域农田水利基础设施建设的绩效，也是反映都市农业生产投入水平的重要指标。该比重越高，则都市农业发展的基础条件越优。

12. 农民人均纯收入　都市农业是现代化农业，是不断提高农业生产经营效益，促进农民收入增长的农业。农民收入持续提高，才能有效体现都市农业的发展建设水平。

13. 农产品加工业总产值与农业总产值之比　农产品加工业主要包括农副食品加工、食品制造业、饮料制造业、烟草加工业、纺织业、服装及其他纤维制品制造业、皮革毛皮羽绒及其制品业、木材加工及竹藤棕草制品业、家具制造业、造纸及纸制品业、印刷业记录媒介的复制和橡胶制品业。该产值比例越大，说明都市农业横向拓展产业方面的经济发展水平越高。

14. 休闲旅游农业收入与农业总产值之比　休闲旅游农业是都市农业发展中的新兴产业，该产业的营业收入与农业总产值之比越高，反映都市农业在纵向拓展产业方面的经济发展水平越高。

15. 人均耕地面积，由耕地面积除以总人口得到　耕地是都市农业发展的基本生产要素，也是城市生态系统得以维护的载体之一。人均耕地面积越少，表明社会经济发展过程中对耕地占用的程度越激烈，都市农业发展的资源和生态约束越强，生态效益和可持续发展水平越低。

16. 森林覆盖率。该指标是反映区域生态环境水平的普适性指标　森林覆盖率越高，说明都市农业营造的生态环境越好，农业发展受大气污染、酸雨、水土流失等自然灾害的威胁也越小，而这正是都市农业强调的生态效益的展现。

17. 单位播种面积化肥施用量，由化肥施用折纯量除以农作物总播种面积得到　该指标反映化肥施用的密度。由于我国化肥利用效率普遍较低，化肥施用密度越高就意味着未被利用的化肥流失而形成的农业污染越严重，环境威胁越大，都市农业发展强调的良好生态效益水平就越低。反之，采用测土配方、缓施、深施等合理施肥技术提高化肥养分的利用效率，降低化肥施用密度，则表明都市农业发展的生态效益显著。

18. 单位播种面积农药使用量，由农药使用量除以农作物总播种面积得到　该指标反映农药使用的密度。同化肥一样，农药使用密度越高就意味着农业污染越严重，环境威胁越大，都市农业发展强调的良好生态效益水平就越低，反之亦然。

对主要城市都市农业社会子系统（表1）发展评价结果进行比较可以发现，武汉市都市农业社会子系统发展指数在12个城市中居第5位，高于济南、广州、成都、贵阳、合肥、长沙和哈尔滨的发展水平，但与北京、上海、南京等城市相比仍然存在较大的差距（图1）。从单项指标来看，武汉市农业劳动力占总人口的比重仅高于北京、上海和南京，说明农村劳动力转移步伐相对较快；人口密度高于除上海和广州以外的其他城市，反映都市农业的食品供给任务较重，供给安全存在隐患；粮食单产水平低于除北京、广州、贵阳以外的其他城市，反映农业技术服务水平较低；城市化率高于中部和北部城市，但低于北京、上海、南京和广州等城市；城乡收入比在12个城市中处于中游水平，反映城乡收入差距相对较大，都市农业对统筹城乡发展的作用还不强。

表1　主要城市都市农业发展水平评价指标体系

系统层	指标层	单位	指标性质
B_1社会子系统	C_{11}人口密度	人/平方千米	负向指标
	C_{12}农业劳动力占总人口的比重	%	负向指标
	C_{13}城市化率	%	正向指标
	C_{14}城乡收入比	—	负向指标
	C_{15}粮食单产	千克/公顷	正向指标
B_2经济子系统	C_{21}农业劳动生产率	元/人	正向指标
	C_{22}耕地生产率	元/公顷	正向指标
	C_{23}规模化经营水平	公顷/人	正向指标
	C_{24}农业中间消耗率	%	负向指标
	C_{25}单位耕地面积农业机械总动力	千瓦/公顷	正向指标
	C_{26}有效灌溉面积占耕地面积比重	%	正向指标
	C_{27}农民人均纯收入	元/人	正向指标
	C_{28}农产品加工业产值与农业总产值之比	—	正向指标
	C_{29}休闲旅游农业收入与农业总产值之比	—	正向指标
B_3生态子系统	C_{31}人均耕地面积	公顷/人	正向指标
	C_{32}森林覆盖率	%	正向指标
	C_{33}单位播种面积化肥施用量	千克/公顷	负向指标
	C_{34}单位播种面积农药使用量	千克/公顷	负向指标

对主要城市都市农业经济子系统发展评价结果进行比较可以发现，武汉市都市农业经济子系统发展指数高于贵阳、合肥、哈尔滨和沈阳，与北京、成都、济南基本持平，但明显低于广州、南京、上海和长沙（图2）。从单项指标来看，武汉市耕地生产率在12个城市中处于较高水平，仅次于广州和成都；农业中间消耗率反映的投入产出效率较高，仅低于成都和长沙；但农业劳动生产率、规模化经营水平、农机应用、农田水利设施建设、农产品加工业和休闲农业发展均处于中游水平；而农民人均纯收入很低，在12个城市中排名倒数第4位，仅为农民收入最高的上海市的58%。

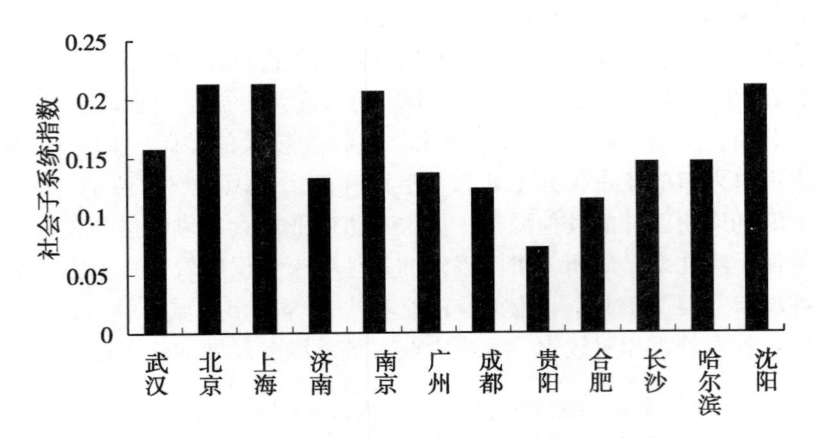

图1　主要城市都市农业社会子系统发展指数比较

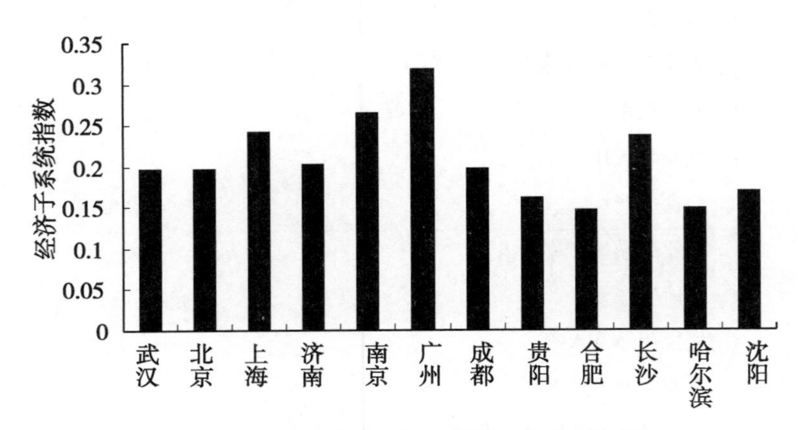

图2　主要城市都市农业经济子系统发展指数比较

对主要城市都市农业生态子系统发展评价结果进行比较可以发现，武汉市都市农业生态子系统发展在12个城市中处于末游水平（图3）。从单项指标来看，武汉市人均耕地面积低于除北京、上海和广州以外的其他城市；森林覆盖率低于除上海、南京、合肥和沈阳以外的其他城市；单位播种面积的农药使用量颇高，仅次于上海和合肥；单位播种面积的化肥施用量相对较低，但仍高于南京、成都、贵阳、长沙和哈尔滨。综合反映武汉都市农业发展的生态水平相对较低，都市农业的可持续发展能力亟待加强。

对主要城市都市农业综合发展评价指数结果进行比较可以发现，武汉市都市农业综合发展水平在全国各个地区的12个城市中处于第10位，不仅低于北京、上海、南京、广州等沿海发达城市，与同属中部地区的长沙市之间也存在较大的差距（图4）。

（三）武汉市都市农业发展中存在的问题

武汉市都市农业在取得了不少的成绩，但是其整体发展依然面临着不少的困境：武汉市都市农业的发展尚未真正发挥区域联动优势，形成优势互补；都市农业产业体系尚未细分，产业雷同建设，重复投资严重，尚未形成差异化发展体系；都市农业的建设上，并未依托当地优势资源，因地制宜选择发展策略，特色不够突出。此外，大型农产品加工企业较少，产业链条不够长，分工协作并不明显，缺乏具有文化内涵的高质量特色精品品牌。主要表现在以下方面：

1. 都市农业规划工作本身滞后　受传统的城市优先、农村附从的发展理念的影响，都市农业规划工作严重滞后。究其原因，有以下四种：第一，部分政府管理者往往未能站在乡村的角度，从

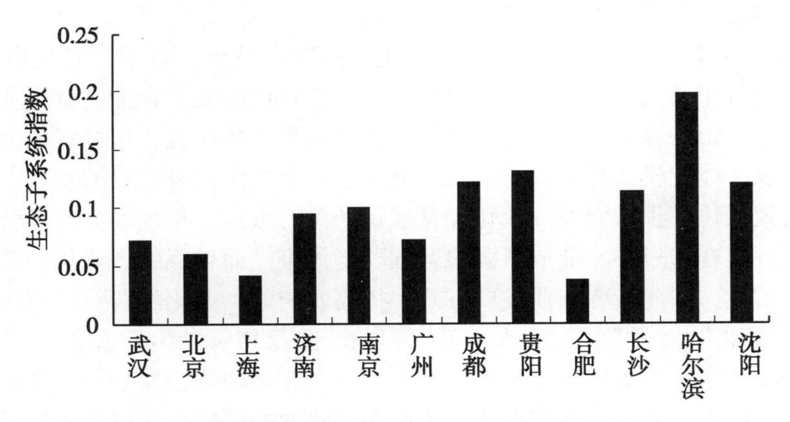

图3　主要城市都市农业生态子系统发展指数比较

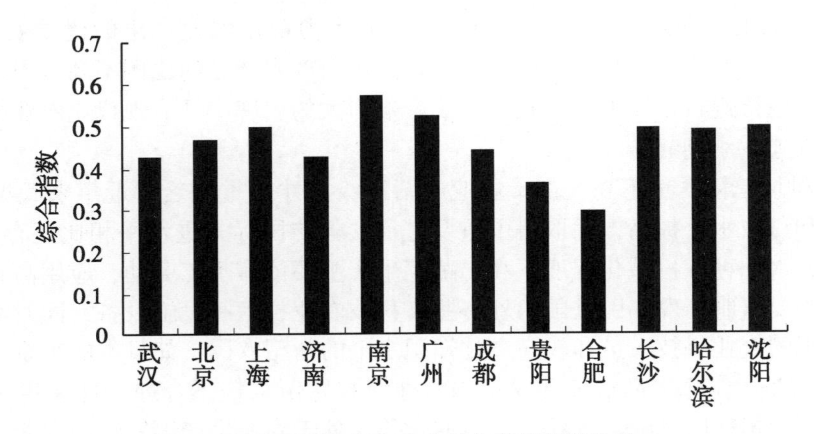

图4　主要城市都市农业综合发展指数比较

思想上来重视都市农业的发展，都市农业往往就显得可有可无。第二，在评价农业发展的同时，往往只是简单强调产业、规模、产出、税供的评价模式，部分城市未成规模的都市农业对于GDP的贡献贫弱，导致其不受重视。第三，城市所属区县对城市化的过度向往，未能认识到都市也需要与之匹配的都市农业的支撑。第四，对都市农业的生产、生活、生态、就业、教育及生活方式等功能认识不到位，与都市农业所要求的生产功能、生态功能、示范与教育功能还有一定的差距。

2. 都市农业经营方式较落后，规模化程度较低　目前，武汉市农业生产仍以一家一户的分散经营为主，农民专业合作社虽然发展较快，但总体上，仍处于初级阶段，规模普遍较小、管理不规范，市场竞争力和服务能力低下；且分散型的生产经营方式与技术推广、装备设施应用、服务体系建设不相适应，难以实现设施化、标准化生产和品牌化经营，这种状况很难适应农产品市场全球化的激烈竞争。

3. 产业链条较短，尚未形成完整的都市农业产业体系　产业链条不长也是造成都市农业发展的经济效益相对偏低的重要原因之一。目前有些有特色的农副产品生产基地仅仅只是停留在单单生产的阶段，缺乏对农产品的深加工。为此，武汉市应以发展都市农业为目标，推动集种植、交易、观光旅游等多产业为一体的深化发展。以特色农产品生产交易中心为依托，在中部建成了一批具有龙头拉动作用的都市农业发展基地，大力推进特色农产品的规模化种植及特色种植，着力打造精品农业；此外，围绕特色农产品的生产，进一步通过土地流转建成大规模的农产品观光休闲园，让游客体验休闲农业和旅游观光，打造新的旅游景区。同时依托产地优势，加大招商力度，引进大型农产品加工企业，完善农产品产业链条，提高产品附加值。

4. 加工业总体规模小，大型骨干龙头企业和优质品牌产品少　目前，武汉市都市农业加工业总体规模较小，大型骨干龙头企业和优质品牌较少。虽然在已有龙头企业进行产业开发，但总体上数量偏少，规模偏小，市场竞争力弱，初级经营模式仍占据主体位置，市场竞争力弱、带动能力不强，产加销、贸工农一体化模式尚未真正形成。此外，中介组织没有很好的发育，龙头企业与农户之间的连接缺乏有效载体，都市农业产业化经营意识还没有形成。传统的分散经营模式和粗放生产方式，造成了农业规模普遍过小，造成资源浪费和环境污染。而较低的产业化经营意识又严重抑制了农业经营规模的扩大，因此转变农业发展方式，提高农户的产业化经营意识相当紧迫。

5. 无公害化、标准化、规模化生产水平低　目前，武汉市劳动力资源丰富，人均耕地面积较少，农业生产还是以一家一户的传统小农式经营为主，农业结构调整处于一种农民自发状态，规模小、效率低、产品流通难。武汉市现代农业种植业和养殖业的标准化、规模化和无公害化生产水平较低，尚未真正形成特色鲜明、优势突出的板块。

6. 农产品附加值低，深加工不足　目前，武汉城市内都市农业产出的优质农产品比例偏低，缺少精深加工，无公害农产品、绿色食品和有机食品占全部农产品的比例不高。农产品还处于自产自销的原始状态，亟待进行精深加工，缺乏市场影响力大的名牌产品。现代化农业的生产手段和经营理念的推广和实施才刚刚起步。

7. 都市农业科技总体含量不高，都市农业经营高级人才严重缺乏　近年来武汉市内部农业在装备设施现代化和科技水平提高方面取得了重要进展，但与国际先进水平相比还存在较大的差距。如部分设施老化，水稻种收机械化程度不高，蔬菜生产主要依靠手工劳动，应用高新农业技术能力较差。由此，就需要研制开发和引进国内外一些高科技农业技术和设施设备，同时需要一大批掌握先进科学技术知识的农业科技人员和较高文化知识水平的新型农民，如日本的东京、大阪的专业农民中就有40%左右是大学生。而目前武汉市内农业科技队伍结构不合理，且有些科技人员掌握的技术陈旧老化，更为担忧的是随着青壮劳动力的转移，处于农业生产第一线的农业劳动力很大一部分是老年人和妇女，农业劳动者的科技水平和素质相对不高，这样，势必会阻碍农业科技的运用和农业生产向深度和广度的发展，不利于都市设施农业和农业产业化的发展。此外，目前城市内的都市农业经营管理和服务人员基本上是农家乐模式的农民就地出身，大多仅仅只能从事小规模的种、养产业经营和低档次的农业观光旅游服务，且小农经营意识明显。

8. 都市农业尚未形成“金融同城”体系，资金扶持力度不够　近年来，城市都逐步加大了对都市农业的投入，但与都市农业的地位功能，与都市农业对社会做出的贡献不相适应。况且农民自身积累不足，加之农业比较效益偏低，仅仅依靠自身能力，难以快速发展。同时，扶持政策到位率不高的问题也困扰着都市农业的发展。都市农业是资本有机构成较高的产业，单纯依靠农民很难完成资本积累的过程，因此迫切需要动员各方力量，逐步建立起政府投入为先导、企业和农民投入为主体、信贷投入为驱动力、外资投入为补充的多渠道、多层次、多元化的都市农业投资、融资体系。

第六节　武汉市都市农业发展的对策建议

（一）高起点制定都市农业发展规划，抓好都市农业示范园区的规划和建设

武汉市发展现代化都市农业系统，必须要有科学的发展规划来引导。要从武汉市的功能、需求、发展战略和实际情况出发，借鉴先进城市的经验，坚持“高起点、高标准”“统一规划、分步实施”和“系统、科学、指导、可行”的原则，搞好武汉市都市农业的发展规划，明确一定时期

内武汉城市圈都市农业的功能定位和区域定位。通过制定统筹工农城乡的规划，或将都市农业列入城市规划、土地利用规划之中，划定永久基本农田，并严格落实规划，确保农用地的面积和质量，避免农业基地“今天建、明天拆”的现象发生，为真正实现“四化同步”“四化协调”奠定基础。规划一经制定，就要按年度、分阶段组织实施，并维护规划的严肃性、权威性，做到“一个规划抓到底、一届接着一届干”。

坚持“高起点规划、高标准建设、高效能管理”的原则，贯彻“因地制宜、突出重点、积极稳妥、务求实效”的方针，按照保障农产品质量安全的要求，加快现代农业示范区建设，做到合理布局、突出优势、讲求特色，形成设施配套化、经营一体化、品种优良化、生产标准化、模式高效化的现代农业示范区。依据农产品品种特性和生产区域大气、土壤、水体中有毒有害物质状况等因素，划定农产品适宜生产区、限制生产区和禁止生产区并严格实施。

（二）加强技术创新和试点工作，引导技术推广应用

各地经验表明，科技进步是发展高产、优质、高效、生态、安全的都市现代农业的基本支撑。当前武汉市都市农业科学技术的研发和推广需要从以下三方面入手：首先，要规划和建设一批高科技农业园区、高科技农业设施和高科技农业产品，并充分发挥其示范带动作用，以点带面，以点促面，不断提高农业的整体科技水平。其次，积极鼓励和引导涉农企业之间、企业与科研院所之间开展农业技术创新合作；加快农业科技交流平台建设，鼓励引导武汉地区的农业科技人员在周边兴建一批农业科技示范基地，使之成为科技研发、企业孵化、技术人才交流的重要载体。最后，武汉市要整合丰富的科研资源，以企业为主体，培育产学研相结合的技术创新平台，重点在生物技术、良种培育、设施栽培、机械化作业等领域，进行科技研发，通过培育农业龙头企业、规划建设农业科技示范园区，实践和应用这些高新农业技术、优良品种和装备设施等，并利用农业会展、展销平台，让农民可以直观认知技术产生的社会经济高效益，使他们渴望学习和引入这些农用科技，从而能够发挥引导高新农业技术向广大农区渗透和扩散的作用，加快传统农业向现代农业转变的步伐。

（三）转变农业生产方式，以高效生态理念经营都市农业

武汉市农业生产手工劳动仍然普遍，机械化程度不高，多数农民仍未从繁重的体力劳动中解脱出来，农业发展中肥药高投入、高排放、高污染的问题还比较突出，严重影响着都市农业的经济效益和生态效益。应学习借鉴先进地区的经验，以高效生产和保护生态为基本理念，构建资金多元化投入机制，把握重点，大力发展高性能、多功能、智能化的农业机械，提高机械化作业水平，积极推广应用钢架大棚、智能温室、控污型标准化种养生产工艺，加快推进园艺作物、畜禽、水产品的机械化、设施化、标准化生产，在提高劳动生产效率的同时，实现保护生态环境的目标。

（四）积极调整都市农业产业结构，提高农产品市场竞争力

武汉城市圈都市农业的发展必须按照国际、国内市场的需求，发挥资源的比较优势，结合武汉城市圈的实际来调整农业结构，全面推进良种化，以提高农产品质量为中线调整优化农产品品种结构，加速优良新品种的引进、培育和推广，提高农产品品质，尤其要在提高农产品营养价值、适口性、安全性、供给均衡性和加工专用性等方面下功夫。充分发挥水资源优势的潜力，大力发展水禽产业；巩固提高蔬菜园艺业，在巩固提高现有种植面积基础上，重点在提高农田生产设施化水平，突出特色品种的调整，形成特色精品；加快名特水产业的发展，尤其是名特鱼苗产业的发展；跨越式发展绿化产业，绿化苗木，花卉的发展，为城市提供生态环境，为农民增加收入。武汉城市圈都市农业应按照比较优势抓调整、建基地、上设施、提高科技含量，形成特色品牌，以特色农业为重点实行区域化开发，坚持因地制宜，积极发展各具特色、优势互补的特色农业，优化种植结构，扩大优质粮和高附加值经济作物的生产，增加农产品市场竞争力。应学习借鉴先进地区的经验，让市农业专项资金向农民合作社倾斜，落实用地、用电和税收等优惠政策，实行贷款担保和贴息，扶持农民专业合作社发展，同时，大力培育家庭农场和合作农场，推进农业适度规模经营。并以名特优新农产品为重点，加大品牌整合力度，积极创建国家级、省市级名牌农产品，提高农产品的市场知名度和竞争力。

（五）加快发展一批有竞争优势和带动力强的龙头企业，实现规模化经营

都市农业的发展在一定程度上取决于农业龙头企业发展的程度，而龙头企业是推进农业产业化经营的关键。大力发展农业龙头企业，推动农业经营方式转变，实行专业化生产，一体化经营。武汉市应依托区域优势资源，围绕区域优势特色板块，加大农业招商引资力度，引进更多的国内外大型产业化龙头企业，做到提升壮大一批、培育发展一批、引进嫁接一批，实现基地与企业的有效对接，培育农产品加工产业集群。加强基地与农户、基地与企业之间的联合与合作，充分发挥龙头企业在引进、示范、推广新品种、新技术等方面示范作用，不断进行技术创新，形成以农户为主体，以基地为载体，以市场为导向，以龙头企业为核心，以经济效益为纽带的利益共享、风险共担的组织形式和经营机制，实行产供销一条龙、贸工农一体化、种养加工相结合，全面提高农业产业化经营水平，创立一批品牌，形成品牌优势，促进农业向效益型、集约化、规模化发展。

在政策上要制定相应的优惠政策，帮助龙头企业解决流动（收购）资金不足的困难，采取贴息减少企业经营压力，实行以奖带补，支持企业技改和技术研发，鼓励企业创品牌，上标准，提高企业竞争力，对品牌宣传予以奖励。加大金融部门对农业产业化龙头企业的信贷扶持力度，积极争取国家和省级财政参股农业产业化龙头企业扩大规模，多途径扶持农业产业化龙头企业做大做强，增强辐射带动能力。同时，各级政府在法定权限范围内尽可能给予税负减缓，在企业用地基础设施建设等方面，作到统筹规划，完善配套，给予优先、优惠。

在产业布局上，围绕龙头企业的加工和市场需求，组织农产品的生产，调整结构，实行标准化、规模化、无公害化，为龙头企业提供质优价廉充足的农产品原料，使其成为品牌规模优势。为龙头企业集群建立农产品的加工园区，提供基础设施配套，建立专业市场及相关产业，减少企业经营成本，形成集群规模效应。

（六）建设一支高素质的农村科技队伍

建立一支具有较高学术水平研究，开发推广能力的农业科技队伍；一支善于指导农民，加强农业生产经营，应用先进适用技术的农业技术队伍；一支由农业高等教育、农村普通教育和职业教育相配合的农业科技队伍，实行产、学、研、推相结合，形成一个农业科教推广体系网络。有了农业科技队伍和适用技术，如果没有提高劳动者的素质也是达不到应用的目的，因此，必须建立多层次的人才市场，鼓励农业科技人员在创办农业企业、应用农业新技术上起示范带头作用。大胆培养乡土人才、科技示范户。搞好多种形式的农业专业技术培训班，提高农业劳动者的整体素质。

在人才创新体系上，建立以农业科技人员为主体的科技服务组织，实施与科研院所技术对接、科技成果应用推广、技术培训等项目活动，提升农业科技含量；在办好各种层次学校的同时，积极整合社会教育培训资源，开展以提高农业劳动者综合素质和职业技能为重点的职业培训，使农业劳动者从体能型向技能型、智能型转变；要引进、构建一支具备现代农业知识与现代农业经营管理知识的专业人才团队，形成良好的农业科技推广服务人才体系；建立人才培养创新体系，促进形成新的人才培养机制、人才使用和人才资源优化配置的新机制。

（七）加大政府对都市农业的投资力度

都市农业是一种高投入、高产出的产业，投资大，周期长，仅仅依靠市场的力量是不够的。这就迫使政府必须对都市农业的发展进行有力的金融支持。一方面政府要加大对都市农业的投资力度，继续做好国家出台的各种补贴工作，把国家惠农补贴真正发到种田人的手中，使种田人得到真正的实惠。根据国家产业政策，争取国家对武汉市农业的更大投入，加大农业项目的争取力度，确保财政对农业的投入增长比例不低于同级财政的增长速度。在投资上应主要投资于农业基础设施建设，如农业道路、农业排灌系统、农作物育种、农产品加工、环保设施及农业规模经营所涉及的有关土地整合方面的调整，等等。需要注意的是，政府的投资不应仅限于对国营和集体经营单位，而应该排除所有制方面的限制，只要有利于都市农业的发展，不论何种性质的经营主体都应予以同等对待；另一方面根据农村发展需要，探索建立农村投融资平台，创建农村土地确权发证制度，试行利用土地使用权证进行融资抵押的农民贷款新机制。解决农户无质押贷款难的问题，使土地经营者有足够的资金发展生产。鼓励社会资金和民营资本从事农业生产经营，在“依法、自愿、有偿”的原则下搞好农村土地流转，支持企业家对农村土地实行规模化经营，帮助农业产业化龙头企业根据自身发展需要，到农村去建立各种基地，或对农户实行订单生产，有计划地组织农民生产。允许农民采取资金入股、土地入股、设备入股、科技入股等多种形式发展农村经济合作组织，搞活农业生产经营。同时，政府也要加快对支农资金管理机制的创新，提高资金的使用效率，使资金产生良好的效益。

第二篇 湖北省蔬菜产业现状

袁尚勇
（湖北省蔬菜办公室）

第一节 湖北蔬菜产业发展状况

湖北是全国重要的蔬菜生产基地之一，是长江流域冬春蔬菜优势区域和云贵高原夏秋蔬菜优势区域。红菜薹、莲藕、大蒜、莼菜、蕨菜、薇菜等名特优蔬菜享誉国内外，产业综合能力一直稳居全国6~7位，产品辐射全国及国外市场。

（一）长江、汉江沿线水生蔬菜：全国第一

“千湖之省”是发展莲藕、茭白等水生菜的理想场所。主要产区有：蔡甸、江夏、东西湖、汉川、仙桃、洪湖、嘉鱼、赤壁、团风等县市区。全省现有水生蔬菜面积近150万亩（生产统计），产量290多万吨，产值达70亿元。鲜品和加工品大量出口到东南亚、日韩、欧美等国家和地区。

（二）鄂西山区高山蔬菜：全国第一

分布鄂西部山区（宜昌、恩施、十堰 、神农架林区）。规模150万亩，总产量超过690万吨，产值过70亿元。每年外销100多万吨，是山区农民增收支柱产业。部分产品出口到东南亚、韩国以及俄罗斯。

（三）鄂西山区魔芋：全国第一

重点包括恩施市、建始、巴东、咸丰、秭归、长阳、竹溪、竹山等鄂西8个魔芋主产县。规模56万亩，产量88万吨，产值34亿元。

（四）食用菌出口创汇：全国第一

2013年全省食用菌出口创汇9.03亿美元，占全省农产品出口创汇总额的48%，再次居全国第一。(2009—2011连续三年居全国第一位。2012年，由于国家出口退税政策调整对食用菌产业的影响，全省食用菌出口总额3.11亿美元，较2011年7.04亿美元下降55.81%。居全国第2)

1. 江汉平原草腐菌基地 分布在新洲、应城、公安、广水、安陆等5个县市区，重点发展双孢蘑菇、平菇、鸡腿菇、草菇、白灵菇等草腐菌。

2. 大洪山周围香菇基地 分布在随县、曾都、钟祥、京山、东宝等5个县市区，重点发展香菇。

3. 鄂西北木耳、香菇基地 分布在恩施市、建始、房县、远安、保康、南漳等6个县市，重点发展黑木耳、香菇干鲜制品。

在全省：蔬菜经济已成为湖北省农村经济的重要组织部分，成为湖北省农民增收的亮点和农业新的经济支柱。

2013年，全省瓜菜播种面积达1 869.66万亩，总产量达3 929.35万吨，加上食用菌总产值1 061.9亿元，实现历史性过千亿大关，占全省农业总产值的20.5%，占种植业产值过39.65%。

（五）主要发展成就

近年来，湖北省蔬菜基地规模扩大，生产专业化程度提高，标准化生产水平提升，产业化发展快速，蔬菜产业的整体素质得到了较大的提高。

1. 蔬菜基地规模扩大　2003 年，全省蔬菜板块建设率先启动以来，共建设江夏、新洲、鄂州、仙桃、樊城、来凤、团风等蔬菜板块基地。

尤其重点加强了武嘉百里蔬菜长廊（江夏—嘉鱼）、东汉线（东西湖—蔡甸—汉川）、新麻线（新洲—团风—麻城）蔬菜板块连接建设。

当前，已经形成了城郊蔬菜、露地越冬蔬菜、高山蔬菜、水生蔬菜、西甜瓜、食用菌、魔芋等 7 大类特色板块基地。除保障本省供应外，年净调出蔬菜 800 万吨以上。

2. 蔬菜生产专业化程度增加　湖北省蔬菜产业发展把专业化、特色化作为工作的重点。充分发挥资源优势，突出区域特色，从一村一品起步，向一乡一品、一县一品发展。

如汉川的三瓜（黄瓜、丝瓜、苦瓜），新洲、团风的豆角、雪里蕻，云梦的花菜和藜蒿，孝南的小香葱、毛豆和莲藕，麻城的大棚早春菜和延秋菜，嘉鱼的两瓜两菜（冬瓜、南瓜、包菜、大白菜），鄂西的高山反季节菜（萝卜、大白菜、包菜等），广水、当阳的蒜薹等成规模发展，形成一方特色，蔬菜专业化生产水平得到了有效的提高。

3. 蔬菜标准化生产水平提升　截至目前，重点创建了 91 个国家级蔬菜标准园；建设完善了云梦、郧县、汉川、新洲、嘉鱼等 5 个全国无公害蔬菜生产示范基地县和东西湖、潜江、曾都、长阳、黄梅、恩施、巴东、枝江、麻城、老河口等 10 个省级无公害蔬菜生产示范基地。

无公害生产示范基地按照规模化种植、标准化生产、商品化处理、品牌化销售、产业化经营等“五化”标准组织生产，提高了蔬菜安全生产水平。

2013 年农业部对湖北省蔬菜产品抽检合格率为 98.4%；食用菌为 100%。

4. 蔬菜产业化发展加快　通过省级蔬菜板块资金引导，湖北省培植了一系列蔬菜龙头企业，倾力打造了一系列品牌。

2012 年 3 月 20 日，我厅召开了“首届湖北名优蔬菜”新闻发布会暨授牌仪式，认定了 20 个蔬菜品牌。其中鲜菜 10 个，如洪山菜薹、蔡甸莲藕、佛手山药等；加工菜 10 个，如隆中大头菜、唐宋白花菜、凤头姜等。

第二节　当前湖北蔬菜产业面临大好发展机遇

蔬菜是农业生产和人民的日常生活中最受关注、最受欢迎、最有市场、最具优势的高效经济作物，是绿色产业，也是朝阳产业。面对国内外大市场、大流通的格局，湖北省蔬菜生产面临着极大的发展机遇。

（一）具有良好的产业发展环境

1. 国家启动了新一轮“菜篮子”工程建设。在政策推动、项目扶持等方面为蔬菜产业注入了动力；

2. 湖北省蔬菜区位优势明显，生态环境好，2011 年，《全国蔬菜产业发展规划（2011—2020）》已将湖北列入长江中上游冬春蔬菜优势区域以及云贵高原夏秋蔬菜优势区域；

3. 2010 年，省政府下发了《省人民政府关于推进新一轮“菜篮子”工程建设的意见》（鄂政发〔2010〕57 号），并在“十二五”期间，每年安排蔬菜生产建设资金 2 000万元，巩固蔬菜产业的发展。

（二）具有优良的地理气候优势

湖北地处长江中游，光热水气资源丰富，土质肥沃，四季分明，适宜300多种蔬菜生产。“靠山靠水”发展湖北特色蔬菜有着得天独厚的条件，“千湖之省”是发展莲藕、茭白等水生菜的理想场所；山区幅员辽阔，资源丰富，加上独特的立体气候是发展高山反季节菜和山野菜的理想地方。已经形成了全国最大的高山反季节蔬菜集中产地。

1. 大中城市周围基础好、市场近，有利于设施精细蔬菜生产。

2. “千湖之省”是发展莲藕、茭白等水生菜的理想场所。

3. 西部山区气候冷凉，适合越夏高山菜、山野菜生产。

另一方面湖北承东启西，南北交汇，四通八达，是蔬菜产品理想的集散地和中转站，为湖北蔬菜内外辐射提供了交通保障。

（三）具有坚实的发展基础

通过“十五”“十一五”的发展，全省形成了一批有规模、有档次的基地；产生了一支懂技术、能吃苦耐劳的干部技术队伍；培养了成千上万的种菜能人和科技示范户；引进推广了数十个新品种、20多项新技术，为今后蔬菜生产发展和产业升级奠定了基础。

有雄厚的科研力量。以华中农业大学、湖北省农科院、武汉市菜科所为代表的科研单位选育出了华黄瓜4号、鄂西瓜11号、雪单1号春萝卜、鄂莲系列等30多个在省内外有影响的新品种，并且还有许多待审定品种将陆续面市，为蔬菜品种的更新，品质的提高提供了有力的支撑。

1. 华中农业大学园林学院　向国内外输送大量的蔬菜专业人才，选育了一系列蔬菜新品种。(华黄瓜系列、华番系列、华红系列等)

2. 湖北省农科院蔬菜科技中心　建立了蔬菜种子资源中心和引种中心，近年来选育了大量的瓜菜类、果菜类新品种。(雪单1、2号，佳美辣椒，楚椒108，鄂红系列)

3. 武汉蔬菜科学研究所　建有亚洲最大的水生蔬菜资源圃，培育的鄂莲系列新品种享誉国内外。(鄂莲系列，鄂茭1、2、3号，鄂茄子2、3号等)

（四）具有广阔的营销市场

蔬菜属于劳动密集型产业，我国劳动力资源比较廉价，生产成本低，产品价格有一定竞争优势，作为全球的蔬菜生产基地，湖北省蔬菜出口潜力大。

随着蔬菜加工设施的发展，加工设备和技术的更新，蔬菜需求量将增加。

随着人们物质生活需求的提高，蔬菜需求量逐渐增加，“民以食为天，食以菜为先”，尤其是绿色蔬菜、有机蔬菜等产品的消费量将大幅度增加。

有强大的销售网络。武汉白沙洲、四季美、鄂州蟠龙、宜昌金桥等大中型批发市场龙头作用越来越大，蔬菜产地批发市场及零售市场网络逐步完善，为蔬菜物流提供了市场保障。

第三节　发展湖北蔬菜产业的措施

（一）发展思路

发展“两型产业”，实现“三个确保”。(两型产业：环境友好型、资源节约型；三个确保：确保蔬菜产品质量安全、确保蔬菜产品有效供给、确保蔬菜产业增效与农民增收。)

（二）发展目标

到2017年，围绕湖北省蔬菜7个优势和特色资源（城郊菜、高山菜、水生菜、露地越冬菜、食用菌、西甜瓜、魔芋)，创立10个蔬菜知名品牌；蔬菜生产领域重点创建一批标准化核心示范基地、培植一批蔬菜龙头企业和专业合作经济组织、建设一批蔬菜产地批发市场；蔬菜产业总产值超过1 200亿元，蔬菜为农民人均纯收入贡献超过1 200元。

(三) 各级政府抓手

强化“菜篮子”市（县）长负责制。

建立健全“菜篮子”市（县）长负责制考核评价体系，合理确定城市郊区蔬菜保有数量，将常年菜地保有量、新菜地开发建设基金征收与使用、重要蔬菜产品自给率、调节稳定蔬菜价格、蔬菜产品质量合格率等重要指标进行量化，加强蔬菜生产、流通、质量安全体系等各环节的综合考核。各级人民政府和有关部门要围绕规划目标任务，强化协作配合，完善工作机制，确保规划落到实处。(条件成熟的地方先行先试)

(四) 农业部门抓手

1. 加强基础设施建设，创建一批标准化的核心示范基地，重点推进设施蔬菜发展　通过政府资金引导，地方和民间资本加大投入，切实改善基地水、电、路、沟、渠等建设。主要建设50万亩城郊设施蔬菜标准示范片、50万亩露地蔬菜标准示范片、50万亩高山蔬菜标准示范片、30万亩水生蔬菜标准示范片、10万亩食用菌标准示范片 、10万亩魔芋标准示范片。(200万亩)

设施蔬菜大力实施“5515工程”。到2017年，全省建设500万个设施蔬菜大棚，设施蔬菜产值达500亿元，产量达1 000万吨，为农民人均纯收入贡献500元。

2. 发挥资源优势，推进特色产业健康稳定发展　突出湖北省优势和特色，加快发展具有区位优势和产业特色的魔芋、食用菌、高山蔬菜、水生蔬菜等优质特色蔬菜产业。魔芋产业发展按照《湖北省魔芋产业现代化发展规划》要求，实施种芋繁育工程，推进魔芋种子有性繁殖研发、标准化种芋良繁基地建设和魔芋标准化生产基地创建。

稳定食用菌生产规模，引进示范珍稀菇种，丰富食用菌种类，推进工厂化设施栽培，提升食用菌产能。

高山蔬菜发展要兼顾生态环境保护，丰富种植品种，着力解决连作病害，推动冷链设施建设。

水生蔬菜稳步发展，大力推广“三新”技术，有效补充淡季市场供应缺口，保障蔬菜市场稳定。

3. 努力提高蔬菜产业化经营水平，提高组织化程度　培植龙头企业。转变蔬菜产业发展方式，坚持用抓工业的方法抓农业，由抓“田头”向抓“龙头”转变，做强龙头企业；

培育专业合作组织。坚持“先抓组织，后抓生产”的思路，把蔬菜专业合作组织当作新产业来经营，当作新资源来开发；

打造蔬菜精品名牌。到“十二五”末，培育10个以上湖北名牌蔬菜产品品牌，其中有5个以上品牌成为中国名牌农产品品牌。

4. 强化科技支撑，推进蔬菜技术创新与服务　一是加大产学研结合，联合华中农大、省蔬菜研究所、省水生蔬菜研究所等科研院所，加快科技成果转化与创新。

二是依托阳光工程培训项目，举办蔬菜知识更新专题培训班。

三是举办蔬菜新优品种展示，促进蔬菜品种更新换代、优化升级。

四是加大科技抗灾救灾指导与服务，将灾害损失降到最低。

5. 建立健全质量检测与监管体系，提高标准化安全生产水平　健全检测监管体系。

建立全程质量追溯体系。即产地有准出制度、销地有准入制度、产品有标识和身份证明，信息可得，风险可控。

建立质量安全风险预案。加强部门协作，实现质量安全信息共享，共同应对重大突发安全事件。

6. 坚持信息引导，增强蔬菜产业发展后劲　针对蔬菜产销信息不对称的难题，继续加强信息监测与生产指导，建立生产形势和信息分析联席会议机制，加大信息分析、形势研判及信息发布指导，并强化各信息监测重点县蔬菜信息监测工作，引导农民合理安排生产，促进蔬菜有序流通。

第三篇 蔬菜产业现状与可持续发展技术

邱正明

第一章 蔬菜的分类

蔬菜是农业生产中不可缺少的组成部分。凡是一、二年生的草本植物，有多汁的产器官，作为副食品的，都可以列为蔬菜植物的范围。据初步统计，我国食用蔬菜有56科229种，为适应生产上的要求，这些蔬菜共分如下11类：

(一) 根菜类

包括萝卜、胡萝卜、大头菜、芜菁、辣根、牛蒡、黄花蓟等。以膨大的肉质根为食用部分，生长期间好冷凉的气候，均用种子繁殖，要求疏松而深厚的土壤。

(二) 白菜类

包括大白菜、小白菜、雪里蕻、紫菜薹、菜心、榨菜、独行菜、甘蓝、紫甘蓝、花椰菜、绿花菜等。又可细分为白菜、芥菜、甘蓝三类，均用种子繁殖，以柔嫩的叶丛或叶球为食用。适宜于湿润季节及冷凉的气候中生长。为2年生植物，在栽培上除采收花球及花台外，要避免先期抽苔。

(三) 茄果类

包括茄子、番茄、辣椒。三种蔬菜均要求须、肥沃的土壤及较高的温度，不耐寒冷，对日照长短要求不严格，是春夏季节的主要蔬菜。

(四) 瓜类型

包括南瓜、黄瓜、冬瓜、西瓜、甜瓜、瓠瓜、丝瓜、苦瓜、节瓜、蛇瓜、佛手瓜等。茎为蔓性，雌雄异花而同株，有一定的开花结果习性，要求较高的温度及充足的阳光，适于昼热夜凉的大陆性气候及排水好的土壤。在栽培上，可利用摘心、整蔓来控制其营养生长与结果。

(五) 豆类

包括菜豆、豇豆、毛豆、刀豆、扁豆、豌豆、蚕豆、绿豆、饭豆等，除豌豆及蚕豆需冷凉的气候外，其他的豆类都需要温暖的环境，为夏季主要蔬菜之一。大都食用其新鲜的种子及豆夹。豆类的根有根瘤，可以固定空气中的氮素，对氮肥的需要量相对较少。

(六) 绿叶蔬菜类

包括菠菜、芹菜、莴苣、茼蒿、苋菜、蕹菜、冬寒菜、落葵、芫荽、荠菜、茴香、薄荷、紫苏、荆芥等。这类蔬菜一般生长迅速，以幼嫩的绿叶或嫩茎为食用部分。其中蕹菜、落葵等能耐炎热气候，而莴苣、芹菜则好冷凉气候。由于它们植株矮小，常作为高秆蔬菜的间作物或套作物，对土壤水分及氮肥要求较高。

（七）葱蒜类

包括洋葱、大蒜、大葱、韭菜、荠头、细香葱等。这些蔬菜性耐寒，除韭菜、大葱、四季葱外，其他种类到了炎热的夏天地上部都会枯萎。可用种子繁殖（如洋葱、大葱、韭菜等），亦可行营养繁殖（如大蒜、分葱及韭菜），以秋季及春季为主要栽培季节。

（八）薯芋类

包括一些地下根及地下茎蔬菜，如马铃薯、山药、芋、姜、凉薯、葛、菊芋、草石蚕、甘薯等。富含淀粉，耐贮藏，均用营养繁殖。除马铃薯生长期较短，有耐过高的温度外，其他的薯芋类大都能耐热，生长期也较长。

（九）水生蔬菜类

包括莲藕、茭白、慈菇、荸荠、菱、水芹、豆瓣菜、芡实、莼菜、蒲菜等。是一类生长在沼泽地区的蔬菜，在生态上要求在浅水中生长除菱和芡实外，都用营养繁殖。生长期间要求热的气候及肥沃的土壤。

（十）多年生蔬菜

包括竹笋、金针菜、石刁柏、食用大黄、百合、香椿、草莓、朝鲜蓟、蕨菜、天门冬等。一次繁殖后，可以连续性采收数年。除竹笋外，地上部每年枯死，以地下根或茎越冬。

（十一）食用菌类

包括蘑菇、草菇、香菇、木耳、猴头、竹荪、平菇、凤尾菇、鸡油菌等。其中有的是人工栽培，有的是野生或半野生状态。

此外还有藻类（包括发菜、海带、紫菜、海藻、葛仙米等）、木本香料（如花椒、八角、胡椒、桂皮、桂花等）、杂菜类（黄秋葵、甜玉米、马齿苋等）三类蔬菜。由于本地很少大量栽培，故在本书中未作详细介绍。

第二章　主要蔬菜种植茬口安排表

序号 / 月	3　4　5	6　7　8	9　10　11	12　1　2
1	大棚辣椒	秋豇豆	小白菜	番茄育苗
2	大棚辣椒	早大白菜	大棚芹菜	
3	大棚辣椒	棚架丝瓜	茄子早熟育苗	
4	大棚辣椒	早熟大蒜	早熟茄果类育苗	
5	大棚番茄	秋四季豆	大棚芹菜	
6	大棚番茄	早大白菜	大蒜套菠菜	
7	大棚番茄	秋黄瓜	小白菜	早熟辣椒育苗
8	大棚黄瓜	秋莴笋	早椒、早茄子育苗	
9	大棚黄瓜	热萝卜	小白菜	大棚芹菜
10	大棚黄瓜	早花菜	大蒜套芫菜	
11	大棚黄瓜	秋豇豆	茼蒿、芫荽等	
12	大棚西葫芦	早大白菜	小白菜	棚栽芹菜
13	大棚西葫芦	夏豇豆	早大白菜	早椒、茄子育苗
14	大棚茄子	早大白菜	大棚芹菜、菠菜	
15	大棚茄子	秋黄瓜	小白菜	早熟茄子育苗
16	大棚竹叶菜	套种丝瓜	早大蒜	菠菜
17	小棚辣椒	早大白菜	茼蒿	菠菜
18	小棚黄瓜	秋番茄	大蒜套芫荽（菠菜）	
19	小棚茄子	秋莴苣	小棚芹菜	
20	小棚番茄	秋豇豆	红菜薹	
21	小棚西葫芦	热白菜	大白菜	茼蒿或菠菜
22	小棚辣椒	秋黄瓜	小白菜	莴笋
23	小棚黄瓜	早花菜	迟大白菜	菠菜
24	小棚黄瓜	热萝卜	红菜薹	
25	地膜豇豆	秋黄瓜	大蒜套芫荽（菠菜）	
26	地膜豇豆	秋莴笋	红菜薹	
27	地膜豇豆	早大白菜	萝卜	小白菜
28	地膜四季豆	早花菜	早菠菜	栽黑油菜
29	地膜四季豆	热萝卜	小白菜	栽芹菜
30	地膜黄瓜	早萝卜	大蒜或葱套菠菜	
31	地膜黄瓜	秋茄子	茼蒿、芫荽	
32	地膜黄瓜	早白菜	迟萝卜	
33	春花菜	夏豇豆	大白菜（萝卜）	芫荽（茼蒿）
34	矮菜豆	夏黄瓜	大白菜（包菜）	菠菜

（续表）

序号 月	3 4 5	6 7 8	9 10 11	12 1 2
35	栽小白菜	夏包菜	大蒜（套芫荽、菠菜）	
36	春莴笋	竹叶菜	萝卜	芹菜
37	春萝卜	早大白菜	大蒜	菠菜
38	春包菜	热萝卜	大葱	
39	春大白菜	夏豇豆	包菜	茼蒿
40	矮豇豆	早花菜	大蒜（套小白菜）	
41	越冬包菜	夏黄瓜	大白菜	越冬包菜
42	春土豆	早大白菜	早蒜苗	春土豆
43	洋葱	夏茄子	小白菜	洋葱
44	冬白菜	夏豇豆	萝卜	越冬白菜
45	白菜薹	晚熟辣椒	早菠菜	白菜薹
46	大蒜	早熟大白菜	大蒜	
47	冬莴笋	晚熟茄子	小白菜	越冬莴笋
48	腊菜	竹叶菜	中熟大白菜	腊菜（雪里蕻）
49	莲藕	栽黑油菜		
50	早熟莲藕	晚稻	冬萝卜	
51	落葵	大白菜	栽小白菜	
52	晚熟番茄	大白菜	越冬芹菜	
53	瓠子	夏包菜	大蒜	
54	黄瓜	小白菜	胡萝卜	菠菜
55	豇豆	小白菜	早红菜薹	茼蒿
56	芹菜	豇豆	小白菜	雪里蕻
57	豇豆	秋黄瓜	豌豆（龙头菜）子	
58	毛豆	竹叶菜	雪里蕻	菠菜
59	苋菜	秋茄子	京丰包菜	
60	夏黄瓜	大白菜	蚕豆角	
61	牛皮菜	夏豇豆	花菜	牛皮菜
62	甜瓜	早大白菜	茼蒿	春包菜
63	西瓜	大白菜	春莴笋	
64	西瓜或黄瓜	秋土豆	芫荽	

第三章　产业概况

(一) 国内外发展态势

我国是世界蔬菜生产第一大国，湖北是蔬菜生产大省。据联合国粮农组织（FAO）统计，中国蔬菜播种面积和产量分别占世界的43%、49%，均居世界第一。截至2012年，我国蔬菜播种面积达3.05亿亩，蔬菜总产量高达7.02亿吨，产值超过14 000亿元，约占种植业总产值的1/3。2012年我国蔬菜收获面积是澳大利亚的329.83倍，印度的3.2倍，日本的60.44倍，美国的22.56倍，蔬菜产量是澳大利亚的313.33倍，印度的5.31倍，日本的51.73倍，美国的16.30倍。由于蔬菜是劳动密集型产业，机械化程度低，且产品为倚重人口数量的鲜活农产品，世界蔬菜产销重点正进一步逐步向人口密集的第三世界国家转移。湖北是蔬菜的适宜产区，13大类560多个品种蔬菜能四季生长，周年供应。湖北是我国八大蔬菜主产省之一，2012年全省蔬菜（含菜、瓜、菌、芋）播种面积1 862万亩左右，总产量3 890万吨左右，蔬菜总产值965亿元，对全省农民人均纯收入的贡献超过850元。以城郊蔬菜、露地越冬蔬菜、高山蔬菜、水生蔬菜、食用菌为主的产业链条区位优势和区域特色明显。

蔬菜（包括魔芋、食用菌、西甜瓜）已超过粮食作物成为我国及湖北省第一大农产品，是农民增收的重要经济支柱。自1988年实施"菜篮子"工程以来，我国蔬菜产业得到了快速发展，蔬菜产业已由原来单纯的保障大中城市蔬菜供应拓展到"保供，增收，就业，创汇"四大功能，成了保障城乡居民蔬菜供给，增加农民收入，拉动城乡就业和扩大出口创汇的朝阳产业。据统计，蔬菜亩产为粮食的5.31倍，棉花的3.11倍，油料的4.84倍；净利润为粮食的10.2倍，油料的6.88倍，蔬菜产业对农民人均纯收入贡献840元；成本利润率为粮食的2.71倍，油料的1.78倍，蔬菜种植的经济效益明显优于粮、棉、油的经济效益；2012年，我国蔬菜出口934.9万吨，出口创汇100.1亿美元，进出口贸易顺差95.9亿美元，对于平衡491.9亿美元农产品贸易逆差起到了至关重要的作用；蔬菜产业是典型的劳动密集型产业，单位面积用工量是粮食生产的数倍，按照目前的蔬菜用工情况，露地栽培4亩一个劳动力、设施栽培一亩一个劳动力测算，每增加蔬菜生产面积10万亩，至少可增加就业机会2.5万~10万个，蔬菜产销年吸纳城乡劳动力就业1.8亿。

保障蔬菜产业的健康发展关乎国计民生。自1984年蔬菜产品销售率先从农产品供应计划经济框架中走出来，1998年全国实施"菜篮子"工程建设以来，蔬菜产业一直是各地农业产业结构调整和发展现代农业的急先锋，广大消费者和各级政府高度关注的热点产业。不管是阶段性区域性的"卖菜难"菜贱伤农，还是时时牵动市场敏感神经的"买菜贵"引发IP指数上升，物价上涨，或是偶发的某地蔬菜农残超标引发的市民紧张，蔬菜产业的方方面面无不和我们的日常生活息息相关。

蔬菜还是湖北省实现效益倍增和转变农业经济发展方式的重要支撑产业。一方面，蔬菜由于在农产品中是比较效益最好的产业（经济收益早已达到一亩园十亩田标准），是最能体现农业从传统型到现代型，从粗放型到集约型，从数量型到效益型转型的朝阳产业；另一方面，蔬菜生产在湖北省节能减排中发挥着重大节点作用。湖北省大力发展家禽家畜业，排污是难点，但发展绿色有机蔬菜种植将猪粪、鸡粪、牛羊粪变废为宝，生产沼液沼渣（优质有机肥）和沼气（清洁能源），吸纳了60%以上的动物排泄物；发展食用菌（包括木腐菌和草腐菌）能使湖北省广大农村的农田废弃物（棉壳、稻壳、秸秆）变废为宝，实现秸秆还田，改善农村生存环境，发展循环农业；发展魔芋产业，魔芋产品也是难得的环保产品原料；发展生态型高山蔬菜产业使湖北省武陵山区和大别山区等边远老区、贫困区变为可持续的高山生态屏障；发展水生蔬菜使湖北省湿地得以保护性开发利用。显然，蔬菜产业是湖北省实现生态种养和发展清洁能源的重要支撑性节点产业。

（二）区域布局

2009 年农业部于公布并实施了《全国蔬菜重点区域发展规划（2009—2015 年）》，2010 年 3 月 9 日国务院办公厅下发《关于统筹推进新一轮菜篮子工程建设的意见》（国办发〔2010〕18 号），促使了我国蔬菜生产进一步集中、优势产区的竞争优势进一步优化。“近郊为主、远郊为辅、农区补充”的生产格局已逐步向“农区为主，郊区为辅”的生产格局转变。实现了蔬菜生产的区域性、季节性、结构性的协调发展，有效缓解了蔬菜淡旺季均衡供给的矛盾。目前，已初步形成华南与西南热区冬春蔬菜、长江流域冬春蔬菜、黄土高原夏秋蔬菜、云贵高原夏秋蔬菜、北部高纬度夏秋蔬菜、黄淮海与环渤海设施蔬菜等六大优势区域。从各省的情况看，2011 年山东、河南、江苏、广东、四川、湖南、河北、湖北、广西九省区种植面积均超过 1 000千公顷，种植面积依次位居全国前九。其中，山东、河南蔬菜种植面积均达到 1 700千公顷以上，约占全国蔬菜种植总面积的 9%，江苏、广东、四川、湖南、河北、湖北、广西等省蔬菜种植面积均在 1 000千公顷到 1 200千公顷之间，约占全国蔬菜种植总面积的 6% 左右，九省合计种植面积共计 11 640. 55千公顷，占全国蔬菜种植总面积的约 58%。西藏、青海、北京、天津、宁夏、上海、陕西、吉林、黑龙江等省区种植规模较小，9 省蔬菜种植总面积与江苏、广东、四川、湖南、河北、湖北、广西等省区种植面积相近。

此外，全国设施蔬菜面积 270 万公顷，主要分布在我国北方，十二五以来长江流域设施蔬菜发展迅速。如上海、江苏南京、湖北武汉、湖南长沙等大中城市均投入大量资金建立以钢架大棚为主的设施蔬菜。

湖北省食用菌主要竞争省份包括山东、江苏、河南、福建、黑龙江和四川等省，福建是我国食用菌产业发展的发源地之一，栽培种类多，技术水准高，但受劳动力和栽培料资源限制，近年来规模有所下降，湖北省在农业人口、原材料资源、农作物种植规模和国土面积方面处于中上水平，在产业基础、科技力量和地理区位上具有相对的优势，在未来的产业竞争中依然大有所为。

中国魔芋产业兴起仅 20 余年，发展迅速，现在全国已有魔芋生产企业 300 多家，魔芋加工产业的快速壮大，拉动了魔芋种植产业的发展，魔芋产业正成为我国西部经济发展中最具增长潜力与竞争优势的地方特色资源产业。

我国蔬菜加工产业逐步向布局集中、产业集聚的方向发展，已形成了西北番茄酱加工基地，东部及东南沿海干制、罐头、速冻和腌制蔬菜加工基地。在原料主产区重点发展浓缩蔬菜汁（浆）、脱水蔬菜、速冻蔬菜、罐藏蔬菜等加工产业及贮运保鲜；在大中城市等主销区，重点发展蔬菜汁饮料、酱腌制蔬菜等终端产品。

（三）国内蔬菜产业发展趋势

随着《全国蔬菜重点区域发展规划（2009—2015 年）》进一步实施，我国蔬菜产业在未来的 5 ~ 10 年内仍将保持一定的发展速度，并且在呈现出以下发展趋势。第一，大市场、大流通的格局将进一步完善，生产进一步向优势产区集中。由于相较于其他农业项目，蔬菜种植效益较高，近年来各省无论是农民还是地方政府均加大了对蔬菜产业的支持力度，势必会造成蔬菜生产进一步向优势产区集中。据了解，河北计划平均年新增设施蔬菜 100 万亩，到“十二五”末使设施蔬菜面积达到 1 500万亩；山西近年设施蔬菜面积增幅持续在 10% 以上；全国最大的秋冬蔬菜供应基地广西 2012 年的秋冬菜种植面积达 1 400万亩，计划到 2014 年达到 1 700多万亩。在蔬菜区域布局演变的过程中，各优势产区能否抢抓机遇、发挥优势、做大做强产业是保持和增强产业竞争力的关键。第二，社会资本进军蔬菜生产领域的脚步加快。近些年来，随着宏观经济条件的变化，特别是2008年以来，随着国际金融危机对我国影响的加大，部分资本从股票、房产和传统加工业中撤离，需要寻找新的投资场所，农业是一个非常不错的选择。从农业各个领域的具体情况看，投资蔬菜同投资其他领域相比，具有相对较高的比较收益，各级政府也出台多种措施鼓励社会资本进入蔬菜领域，因此社会资本进入蔬菜产业成为蔬菜产业发展的一个重要特点，据报道，仅2011年上半年，湖南省新增蔬菜生产企业300多家。第三，安全蔬菜生产将成为未来蔬菜生产的主流。随着人们生活水平的提高，人们对蔬菜质量安全的要求将越来越高，而随着社会资本的进入，蔬菜生产经营过程中必将会引入一些先进的经营理念，竞争会进一步加剧，竞争的重点也会从价格转移到质量安全上来，安全蔬菜生产将真正的成为社会共识。

第四篇 武汉蔬菜产业发展的思考

汪志红
（武汉市农业科学技术研究院，武汉市蔬菜科学研究所）

第一节 武汉蔬菜产业发展成就

（一）加强了蔬菜基地建设

1. 保障了基地面积有增长　过去10年，我国加快推进工业化和城镇化，城市近郊大量成熟菜地被征用，菜地被挤占；城市人口增加，供应得扩大。在这种双重困难的背景下，武汉市高度重视蔬菜基地的建设，蔬菜面积和产量都在增加。从2002至2011年，全市蔬菜播种面积和产量，虽然不同年份有增减，但从10年整体趋势来看，面积和产量都在增长。蔬菜（含菜用瓜）播种面积由246万亩扩大到271万亩，增长10.4%；总产量由537万吨扩大到627万吨；增长16.76%。

2. 生产基地布局进一步优化　基地逐步向城外移建，降低了近郊菜地被工业污染的几率，避免了近郊菜地刚刚建成，就被占用的问题。从2008—2011年统计资料看，江岸、硚口、汉阳、洪山等近郊蔬菜生产减少。而黄陂、东西湖、蔡甸、新洲生产的蔬菜增加。黄陂增加最多。在2010年底，蔡甸、新洲、黄陂、江夏等新城区有常年园49.84万亩、水生菜园29.3万亩，分别占全市的83%、89%。占总面积的85%

3. 设施规模加速扩大　建设了维尔福、种都、洪北、如意、维农、维民等育苗中心，全市蔬菜工厂化育苗能力达到3亿株，满足了本市蔬菜生产需要。2103年，在原有3万亩的基础上，作为市政府十大惠民工程之一，再建7万亩蔬菜钢架大棚，加速提升了武汉市蔬菜设施化水平。

（二）保障了充足的市场供应

2010年，武汉市蔬菜人均占有量714千克，是全国人均占有量（485千克）的1.47倍。全市蔬菜总消费量为505万吨。其中：企业加工、出口和用于饲料等200万吨；城乡居民消费305万吨，居民人均年消费蔬菜305千克，是全国居民人均消费量（260.7千克/年）的1.17倍。总体上做到了自给有余。

（三）保障了质量安全放心

严格禁止高毒、高残留农药生产、流通和使用。进一步健全了“两级三层”农产品质量安全监管体系，在全市建立了750个农产品质量检测室（点），配备了40多台监测车和千人以上的监测队伍，强化了从田头到餐桌的全程监管，加强了重点时段、重点品种的监测，完善了曝光制，严格了对不合格产品的处理与处罚，在白沙洲、四季美等大型批发市场实行逢进必检制，织就了安全监管网。

市政府2009年出台净菜上市工程实施办法，对生产、销售企业提出了“八无八有”的净菜标准，经过3年多的培育，建成净菜专区100个，超市净菜上市率达60%以上。近年来，武汉市未发生一起蔬菜残留农药中毒事件。农业部抽检，质量安全水平处于全国大中城市前列。武汉蔬菜质量安全管理经验在《人民日报》头版头条报道。

（四）促进了品种花色更加丰富

前几年很多市民希望吃到传统风味浓厚的“大股子洪山菜薹”，目前已经复归，市民如愿以偿。过去武汉本地少有的西兰花、菜心、生菜、紫背天葵、芦笋、西芹、迷你黄瓜、樱桃番茄等已成为超市的平常商品。蒌蒿、水芹等以前只是野生，季节性少量食用的品种，15 年来蒌蒿已成为家常菜，水芹在餐馆和部分市场都能见到。

5～6 年前开始试种推广油菜菜薹和叶用薯，现在叶用薯以为本地市民广泛接受。原来只在秋冬季节食用包好心的大白菜，近年不包心的“大白菜秧”也大量食用，有些市民还当做是小白菜新品种。

（五）取得了显著的产值和效益

从 2011 年农林牧渔业产值来看，蔬菜的产值达到 110 亿元，处于首位，并且超出第 2 位的牧业 20 亿元，比林业、渔业、谷物、棉花、油料产值的总和还多。根据《武汉年鉴》的数据分析，2011 年全市蔬菜播种面积占农作物播种面积的 33.9%；总产值占农业总产值的 63.0%。大约是 1/3的面积创造 2/3 的产值，比较效益特别突出。蔬菜效益的增长也非常明显。2007 年全市总体水平，按播种面积，每亩产值是 2 636元，2011 年达到 4 057元，增长 53.9%。

第二节　武汉蔬菜产业发展的新要求和差距

新一轮“菜篮子”工程提出了新要求

《国务院办公厅关于统筹推进新一轮“菜篮子”工程建设的意见》提出，通过 5 年左右的努力，实现生产布局合理、总量满足需求，品种更加丰富、季节供应均衡；直辖市、省会城市、计划单列市等大城市“菜篮子”产品的自给水平保持稳定并逐步提高；产区和销区的利益联结机制基本建立，现代流通体系基本形成；“菜篮子”产品基本实现可追溯，质量安全水平显著提高；市长负责制进一步落实，供应保障、应急调控、质量监管能力明显增强。

新“菜篮子”对大城市蔬菜提出的要求。稳定和提高蔬菜自给能力。强化城市蔬菜供给应急能力。城市人民政府要抓紧制定和完善本地区蔬菜市场供应的应急预案，保障本城市居民的基本生活和社会稳定。要根据消费需求和季节变化，建立适合本地区的蔬菜储备制度，确保重要的耐贮存蔬菜品种 5～7 天消费量的动态库存；制定异常情况下保障城市低收入居民蔬菜基本消费需求的救济办法，保证其基本生活水平在蔬菜价格大幅上涨时不降低。提高质量安全能力。

武汉蔬菜产业离新的要求还有差距。

1. 自产蔬菜人均占有量呈下滑趋势　全市自产蔬菜人均占有量从 2002 年的 704 千克下降到 2011 年的 633 千克。10 年来，蔬菜产量增长了，但没有人口增长快。这会降低蔬菜自给能力，削弱菜价稳定的基础。

2. 新基地发展跟不上需要　工业化、城镇化迅速推进，导致成熟的菜地迅速被征用，即使未被征用，周边的排灌体系被破坏，水源被污染，原有熟练劳动力转行。新的基地建设落实、调整种植结构、学习种菜技术需要一定的时间，跟不上老菜地减少的速度。

3. 生产技术进步缓慢　从单产来看：2002 年到 2011 年只提高了 6.25%。而全国 1990 年到 2000 年提高了 11%。大棚蔬菜栽培技术水平普遍不高，管理使用大棚的方式较为粗放，大棚并未完全发挥应有的作用。

4. 基地农田水利建设薄弱　蔬菜生产基础建设还比较薄弱，农田水利设施老化、毁损、缺乏现象严重，灌溉沟渠和塘堰淤塞，排放标准较低，布局结构不合理，全市1/3左右耕地易涝易旱抗灾能力低。

5. 熟练劳动力紧缺　规模化生产基地普遍难以找到熟练的蔬菜种植劳动力。越来越多的菜地租赁给市外、省外的农户种植。这些农户多数只是临时打算，打一枪换一个地方，长期生产设施设备投入有顾虑，学习应用新技术，为长远准备积累经验的积极性不高，难以提高本地生产技术。蔬菜生产劳动繁重、条件差、收入不稳定，青壮年劳力严重缺乏。

第三节　促进武汉蔬菜产业进一步发展的思考

（一）加强基地建设

1. 要尽快建设稳定的长期发展的蔬菜基地　要重视人均蔬菜占有量下滑的趋势，按照已经制订的空间布局规划，加快在“适宜发展区”内的蔬菜基地建设，加大这类地区的投入，充分考虑新基地的建设和技术培育期，做好“征旧”与“建新”之间的衔接。转换期间，避免蔬菜基地面积出现大的减少，避免武汉市蔬菜自给能力和应急能力下降。新建的基地及其周边环境要在较长时间内保持稳定，避免短期内再次征用。要维护规划的严肃性和政策的连续性。

2. 要改善基地农田水利设施　在一批生产基地内，完善路、电、水的建设。完善进出道路、机耕道路，配套电网，增施有机肥，逐步建成能排能灌、土壤肥沃、通行便利、抗灾能力较强的高产稳产蔬菜生产基地，切实提高综合生产能力。

（二）突出品种重点

武汉“九省通衢”，全国各地的蔬菜均可便捷运到武汉，这是武汉的一大优势。为保障本地蔬菜供应，应该对这一优势大加利用，大路菜品种可以依靠周边和国内，有成本优势的区域运进来的蔬菜，来解决本市供应问题。武汉市要减少本地生产成本较高的蔬菜品种生产，而集中生产运不来、武汉市要的蔬菜品种。

生产品种结构中要突出：绿叶蔬菜品种，“夏淡”蔬菜品种，地方传统蔬菜品种。

绿叶蔬菜不耐运输，外地绿叶蔬菜进入，要保持较高的商品性，技术难度大，成本也较高。大城市、特别是特大城市不能依赖外来绿叶蔬菜，必须要保持应有的绿叶蔬菜的自给能力。武汉有“三天不吃青，头上就冒金”的谚语，这里的“青”更多的是指小白菜、菠菜、茼蒿等绿叶蔬菜。说明武汉蔬菜消费品种结构中要有更多的叶菜。武汉应更加重视绿叶蔬菜生产。

武汉抓好绿叶蔬菜生产，可借鉴上海的经验。将绿叶蔬菜面积、上市量、安全质量单列，作为区县长考核目标。绿叶蔬菜专项补贴。2011年开始，夏季绿叶蔬菜80元/亩（1亩约为667平方米，全书同）。绿叶蔬菜价格保险。补贴50%成本价格保费。绿叶蔬菜产业技术体系。500万元/年，连续5年。

武汉夏季高温多雨，生产蔬菜困难多、风险大、病虫害多，一般产量不高，用药增加，增加了农残药毒几率。同时，外来蔬菜也因高温保鲜困难，成本价格居高，一有风吹草动，菜价就猛涨。因此要重点抓好夏季蔬菜品种。

稳定和巩固传统度淡品种。瓜类（冬瓜、丝瓜、苦瓜、南瓜）。水生蔬菜类（莲藕、鸡头苞梗、竹叶菜）。热水白菜 丰富种类。叶用薯、木耳菜（汤菜、落葵）、萝卜叶、南瓜尖。优化品种。杂交抗热的小白菜 传统特色蔬菜品种。红菜薹、莲藕、条形茄子、大红番茄、黄州萝卜。

（三）提高技术水平

1. 要促进优良新品种应用　“种好一半收”，种子是决定农业收入最基础、最关键的因素，也是最易于推广应用的物化技术。要紧跟国内外新品种的前沿，不断地推动优质、高产、高效、抗病、抗逆性强，具有特殊功用的蔬菜优良品种在生产上的应用。要针对特大城市蔬菜产供特点，重点搜集适应本地气候的快生菜、叶类蔬菜。要对地方特色蔬菜，如武汉的红菜薹、莲藕等进行复壮提纯和改良。

2. 要推动工厂化种苗的应用　从种到苗这个过程中，需要很多技术，一般农户不易掌握。健壮种苗可以有效提高产量和收益。完善现有育苗基地的装备、提高生产和运营水平。推动蔬菜育苗向专业化、商品化、产业化方向发展。重点推广瓜类、茄果类、甘蓝类等蔬菜穴盘集约化育苗技术，提高蔬菜育苗安全性和标准化水平 优良新品种种子价格高，农户育苗成苗率不高。可以把新品种育成苗后再推广，通过种苗的推广，带动优良新品种的推广。加强售后服务，提供栽培技术和销售等方面的服务。

3. 要集成模式化综合技术提高大棚效率　要针对武汉的气候特点，对温、光、水、气的调节技术，茬口安排，专用品种等多种单项技术，进行集成、综合、配套，成为模式化便于推行的技术。

4. 要稳固和提高质量安全生产水平　大力推广绿色栽培技术，大面积采用防虫网、黏虫板、色板、杀虫灯、性诱剂、膜下滴灌等物理、生物防控病虫害措施，减少化学农药使用量。推进病虫害统防统治。

5. 要加快推进机械化　加快推广适合我国蔬菜生产的小型机械和设施设备。如小型耕整机械、滴（渗）灌系统、施肥器、遮阳网及其卷放设备、放闭风设备等。加快全程机械化生产和轻简栽培技术集成和推广应用步伐。

（四）建设服务体系

1. 生产、技术服务（农机、植保，技术推广）　引导单家独户农民组建专业合作社，协调专业大户、专业服务公司开展适度规模的工厂化育苗、农机、灌溉、植保服务。促进生产环节社会化分工，专业的组织做专业的事，成本可降低，效率能提高、质量会更优。农业推广、科研部门应进村入户提供公益性的技术服务。气象服务。极端性、灾害性天气预报。

2. 保险、金融服务（保险、借贷周转）　尽快探索建立蔬菜生产灾害保险。支持蔬菜大户小额贷款，在市场价格好的时候，能够扩大生产。

3. 市场、流通服务（冷藏、运输）　大型板块基地建立冷库。巩固现有绿色通道政策，尽快帮助新基地建立产地市场。大力发展基地直达消费终端的配送直销、电子菜箱等。加强生产信息监测预警。政府部门要跟踪收集本市信息，综合农业部发布的全国产销信息，及时进行专业分析，适时发布，指导合理安排蔬菜生产。

第五篇　甜蜜的事业——武汉市西甜瓜产业发展趋势及思考

李其友
（武汉市农业科学技术研究院，武汉市农业科学研究所）

我国唯一的西甜瓜院士，已83岁高龄的新疆省农科院哈密瓜研究中心的吴明珠女士，把西甜瓜产业称为“甜蜜的事业”。但如今大家都不怎么吃瓜了。西瓜甜瓜怎么了？

2011年5月，江苏省丹阳市700多亩现代高效设施农业示范园里，2/3未熟西瓜开裂，引发西瓜爆炸的传闻。5月18日《扬子晚报》登载专家解读“旱后强降雨是西瓜“爆炸”主因，部分瓜农使用膨大增甜剂不当又加剧了西瓜“爆炸”的发生。届时，西甜瓜产业技术体系岗位专家、华中农业大学别之龙教授，在“首届全国西甜瓜之乡产业联盟大会”上作专题报告《植物生长调节剂与西瓜生产》，澄清事实。

植物生长调节剂是指人工合成的与植物激素具有类似生理和生物学效应的物质，主要包括生长素类、赤霉素类、细胞分裂素类、脱落酸类、乙烯类和油菜素内酯等。而在西瓜定植到田间后应用最多的是促进西瓜坐果的植物生长调节剂，主要是细胞分裂素类物质；目前在生产上使用最多的就是氯吡脲，它属于人工合成的细胞分裂素类物质，化学名称为1-（2-氯-4-吡啶）-3-苯基脲，也叫吡效隆、CPPU、KT-30等。

西瓜是典型的异花授粉作物，必须授粉后才能坐果。在早春设施栽培时，部分省份由于阴雨天比较多，气温低和光照不足时西瓜植株雄花开放少，花粉生活力低，采用人工授粉存在授粉困难、无法坐果的突出问题，而使用含有CPPU等物质的生长调节剂处理具有成本低、坐果率高的优点，因此在西瓜生产中得到一定程度应用，一般都是在雌花开花前后施用，而且主要应用在设施西瓜的早春生产中，露地西瓜生产无需施用生长调节剂即可实现正常坐果。

有媒体报道称“有时一个瓜果从小到大，会用上十几类激素”，这与实际事实是不相符的。西瓜全生育期可能会使用到植物生长调节剂的环节、为何使用、主要化学成分如表1：

表1　西瓜生育期调节剂的使用

西瓜生育期	使用的前提	调节剂的作用	主要种类
播种	种子质量不好	种子引发	赤霉素、激动素
育苗	低温弱光	控制徒长	多效唑，矮壮素
坐果	虫媒受限	促进结实	乙烯利，比久
膨瓜	生长受阻	促进膨大	氯吡脲

所以，植物生长调节剂对人、畜无毒或低毒，应严格按照规定浓度和操作方法使用。

第一章　西瓜、甜瓜的起源与传播

第一节　西瓜、甜瓜的起源和传播

(一) 西瓜的起源与分类

西瓜原产在非洲撒哈拉沙漠的热带干旱地区。大约公元前一世纪，西瓜从陆路经“丝绸之路”传到古代波斯和西域（我国新疆）一带。《前汉书・地理志》记载：“敦煌，中部都尉治部广侯官杜林以为古瓜州，地生美瓜。师古曰即春秋左氏传所云允姓之戎居瓜州者也。其地今犹出大瓜，长着狐入瓜中食之，首尾不出”。资料表明，早在2000年前，在我国新疆、甘肃敦煌等地即以“地生美瓜”著称于世。

西瓜能够在中原百姓间得以普遍种植，是从五代时的契丹国（公元916—1115年）开始。然后，从北方传到宋朝，到了南宋时（公元1127—1273年），已是“年年处处食西瓜”了。宋、元、明、清各朝代，都有对西瓜 的专门描述。可见，西瓜在我国种植至少有2 000年的历史，最先在我国北方地区种植，也有1 000年的历史。

西瓜的植物学分类，①毛西瓜亚种，其中有3个“变种”，即：卡费尔西瓜变种，开普西瓜和饲用西瓜；②普通西瓜亚种，其中又有3个变种，即栽培西瓜、科尔多凡西瓜及籽瓜变种；③黏籽西瓜亚种。西瓜的近缘野生种主要有药西瓜、缺须西瓜及罗典西瓜。我们食用的西瓜，主要是属于普通西瓜亚种中的栽培西瓜。西瓜的野生种或变种品质极差，或有苦味，不能直接食用，但其中有些具有极强的抗病性，可用作育种材料。

按瓜皮颜色，可分为：花皮（瓜皮浅绿和深绿相间）、黑皮、黄皮。

按瓜瓤颜色，可分为：红瓤、黄瓤。

按是否有子，可分为：有子、无子。

那么，无子西瓜为什么没有种子？是转基因的吗？实际上，无子西瓜是四倍体西瓜与二倍体西瓜的杂交一代西瓜。由于三倍体西瓜的同源染色体为三组，在进行减数分裂的后期，染色体无法完成均衡分配，造成生殖细胞的高度败育，产生西瓜无子现象。而得到四倍体西瓜的方法有：物理方法、化学方法和生物学方法诱导等，最常用秋水仙素诱导（属于化学方法），所以无子西瓜是非转基因产品，市民可以放心食用。

无子西瓜具有十分显著的优势，体现在以下几个方面：

1. 果实中无种子，只有小、薄而且白嫩的种皮，食用方便、卫生和安全，老少皆宜；
2. 含糖量高，糖分均匀，瓤质脆、风味好、品质优；
3. 具果实大、1株多果和多次结果习性，丰产稳产性好；
4. 植株生长旺盛，分枝力强，易管理；
5. 对多种病害有较强的抗性；
6. 对不良环境，特别是对较大的土壤湿度有较强的忍耐性（我国南方暖湿地区无籽西瓜比有籽西瓜发展快的重要原因）；
7. 耐贮藏运输能力强，货架期长。

(二) 甜瓜的起源与分类

甜瓜的起源中心在非洲。种内栽培亚种及变种广泛分布于亚欧大陆的西亚（土耳其）、地中海沿岸的北非和南欧，中亚的伊朗、乌兹别克斯坦、土库曼斯坦和中国（新疆），东亚的中国（黄河和长江流域）、朝鲜、日本，南亚的印度以及美洲新大陆。

早在2000多年前的秦汉时期，已在帝都长安近郊邵平店和湖南长沙马王堆发现了薄皮甜瓜的踪迹。中国的黄淮及长江流域种植薄皮甜瓜历史久远，是甜瓜植物的次生起源地之一。

又据《太平广记》载，东汉明帝（公元58年）的阴贵人，梦食瓜，时有敦煌献异瓜种叫“穹窿”。这与突厥语现代甜瓜发音“可洪”相近，说明当时新疆—甘肃一带的厚皮甜瓜已经颇有影响，我国西北也是甜瓜植物的次生起源地之一。

中国起源的栽培甜瓜分布在薄皮甜瓜亚种中的越瓜变种和梨瓜变种，及厚皮甜瓜亚种中的瓜蛋变种、夏甜瓜变种和冬甜瓜变种。

第二节　西瓜、甜瓜的营养价值

西瓜皮性凉，味甘，有清热解暑、润肺止咳、滋养胃阴、利尿止泻等功能。

番茄红素是一种抗氧化剂对癌症有预防作用。尤其是利尿，对前列腺癌有独特疗效；但患肾病者应少吃。红色无籽西瓜的番茄红素含量最高。

夏季甜瓜大量上市，人们在享用甜瓜的美妙口感时，往往忽略甜瓜的营养价值。其实，甜瓜营养并不输给其他瓜类，甚至可以说，它还是瓜类中的“实力派”。每100克甜瓜中含维生素C为15毫克，是西瓜的近3倍；其钙、磷、硒的含量分别为14毫克、17毫克和0.4毫克，均是西瓜的两倍左右。

第二章　西瓜甜瓜的产业地位及湖北省、武汉市发展概况

第一节　西瓜、甜瓜的产业地位

西瓜、甜瓜均是世界农业中的重要水果作物，其播种面积和产量在十大水果中分别居第4和第8位。我国是世界西瓜、甜瓜最大生产国，人均年消费量是世界人均量的2~3倍，约占全国夏季果品市场总量的50%以上。在农村种植业中，西、甜瓜是农民快速实现经济增收的高效园艺作物。

第二节　湖北省、武汉市西瓜、甜瓜产业发展概况

湖北省西瓜甜瓜常年种植面积120万~180万亩（1亩约为667平方米，全书同），全国排名第6。主要有三大生产区：1. 鄂东南早熟西瓜区。以武汉、黄冈、咸宁、鄂州等为主的鄂东南早熟西瓜主产区，20万~25万亩。主要是利用春季气温回升快的优势，以早熟有籽西瓜为主，无籽西瓜为辅，产品在6月上中旬上市。武汉周边有部分大中棚早熟栽培的小果型西瓜，产品在5月中下旬至6月初上市。供应武汉及本地市场。2. 鄂西北中晚熟西甜瓜区。以襄樊、荆门、随州、十堰等为主的鄂西北中晚熟西瓜主产区，30万~40万亩。中晚熟大果型有籽西瓜和无籽西瓜均有，也有少量黑美人类型西瓜，栽培方式多数为棉田套种，少数为西瓜单作。外销为主。3. 江汉平原无籽西瓜区。以荆州、仙桃、潜江、天门、宜昌等为主的江汉平原无籽西瓜主产区，以无籽西瓜为主，

40 万～50 万亩。主要栽培方式为棉田套种，产品在 6 月下旬至 7 月上旬上市。2012 年湖北省西甜瓜种植面积 153.7 万亩，其中无籽西瓜 40.6 万亩，有籽西瓜 90.8 万亩，甜瓜种植面积 22.3 万亩。

湖北省西瓜优势产区如表 2：

表 2　湖北省西瓜产区及产量

排名	县名	播种面积（亩）	产量（吨）
1	宜城	141 500	316 900
2	钟祥	75 000	148 020
3	蔡甸	60 000	116 850
4	潜江	58 000	127 400
5	枣阳	53 000	206 600
6	松滋	51 000	124 500
7	公安	40 000	139 000
8	江陵	40 000	145 000
9	荆州区	33 820	99 846
10	洪湖	33 000	82 500
11	监利	30 500	67 660
12	京山	28 500	107 010
13	仙桃	27 800	69 338
14	江夏	24 000	50 300
15	枝江	22 300	67 950
16	天门	21 000	52 400
17	当阳	19 000	59 000
18	东西湖	18 900	46 220
19	石首	17 900	32 620
20	汉南	13 550	48 730

湖北省甜瓜优势产区如表 3：

表 3　湖北省甜瓜产区及播种面积

排名	县名	播种面积（亩）
1	荆州区	27 800
2	枝江	18 000
3	枣阳	15 000
4	蔡甸	12 000
5	监利	10 000
6	仙桃	8 935
7	石首	8 300
8	江陵	8 000
9	江夏	7 000
10	京山	5 500
11	东西湖	5 000
12	潜江	5 000
13	公安	5 000

第三章　武汉市西瓜甜瓜产业发展现状

第一节　品种结构

传统的西甜瓜是作为消暑解渴的主要瓜果，消费季节集中在夏季，随着生活水平的提高，对西甜瓜的需求发生了变化，突出表现在由原来单一的大果型向现在的大果型、中果型和小果型并重的多元化方向发展。其中小果型的西甜瓜在大中城市上备受青睐，异型西瓜（如方型西瓜）等作为礼品西瓜也开始占据一定市场；无籽西瓜发展迅速，特别是小果型的无籽西瓜有很大的市场需求空间。

市场上主要西瓜、甜瓜品种有：黑蜜二号、黑蜜五号、墨宝、洞庭一号、特小凤、早春红玉、黑美人、黄小玉、伊丽莎白、西薄洛托。

武汉市农科所引进选育出的优质西瓜、甜瓜品种有鄂西瓜 9 号、14 号、16 号、裕农新和平、鄂甜瓜 3 号、4 号，武甜瓜 1 号、武农青玉。还有特色礼品西瓜——方形西瓜和近年引进的高档甜瓜系列品种——风味甜瓜也在进一步引种适应阶段，该品种果肉细嫩微香，酸甜可口。

第二节　种植模式

西甜瓜生产由传统的露地生产转向由设施生产为主，由于设施生产可以达到春季提前上市、夏季避雨栽培、秋季延后栽培的效果，生产效益突出，因而在西甜瓜生产中得到了广泛应用。呈现露地栽培向大中小棚栽培发展、竹木结构中棚多层覆盖生产模式、“瓜—蒿”“瓜—棉”等间作套种高效栽培模式、春夏栽培向春提早和秋延后等多种茬口发展，而且由一季生产发展为双季栽培。武汉市的蔡甸区被评为“国家西甜瓜标准化栽培示范区”。

第三节　育苗技术

由于西甜瓜生产中容易受到枯萎病等病害的危害，而嫁接是提高西甜瓜抗病性的有效措施，因而在生产上得到了广泛应用。目前，武汉市工厂化育苗的大型企业有武汉维尔福生物科技股份有限公司、东西湖维农公司、蔡甸洪北育苗中心、如意集团，商业化生产西甜瓜嫁接苗，供应武汉市及省内其他地区。

由武汉市维尔福生物科技股份有限公司牵头成立的“全国瓜菜工厂化育苗产业技术创新战略联盟”和“湖北省种子种苗创新战略联盟 ”均已启动。而且武汉市农业科学研究所还参与 2013 年科技部公益性行业科研专项“设施农业高效育苗标准化生产工艺与配套设备研究与示范 ”的研究（图 1）。

第四节　产品质量

相关研究单位已制定一系列西甜瓜无公害生产技术规程，以保证西甜瓜的产品质量。如有品牌包装的蔡甸“早春红玉” 和汉南“乌金西瓜” 都是在相关技术过程下生产出的高品质产品。

图1　瓜类种植设施

第四章　武汉市西甜瓜产业发展存在的问题

第一节　种子市场比较混乱

尽管西甜瓜品种应该是通过正规渠道审定后的品种，但在生产中发现，目前，武汉市西甜瓜的种子市场比较混乱，同一品种的种子有多家在进行生产，种子质量良莠不齐，让生产者无所适从，如武汉市广泛栽培的小西瓜品种“早春红玉”就有多家公司在供种。

第二节　新品种引进和选育工作比较滞后

相对于近年来国内西甜瓜新品种不断涌现的格局，武汉市的新品种引进和选育比较滞后。在蔡甸、东西湖、汉南等地的调查发现，武汉市栽培的小西瓜主要以早春红玉、万福来为主，厚皮甜瓜主要以伊丽莎白、银蜜为主，品种比较单一。从武汉市西甜瓜产业的现状来看，甜瓜特别是改良厚皮甜瓜的种植面积比较小。

第三节　栽培技术不够科学

调查表明，武汉市西甜瓜生产中大量施用化肥，而有机肥的施用严重不足，长期单一施用化肥后导致土壤酸化严重板结，果实产量和品质都受到了严重影响，市民反映西甜瓜不如过去的香甜。此外，西瓜是忌连作的作物，在一些老产区，连作障碍也从根本上制约了西甜瓜生产的发展。另外种苗供应、定植时期、病虫害防治等技术规程也需要进一步科学化和规范化。

第四节　栽培茬口较单一

武汉市夏西瓜比重较大，占种植面积的65%以上，使采收上市的时间比较集中，在武汉市多集中在6月中下旬到7月，导致瓜价和市场供应时间均受到影响。而早春大棚和延秋西瓜的比例不够，满足不了市场需求，不能增加瓜农经济效益，与浙江推出的“温岭西瓜”栽培长季节生产方式相比有很大差距。

第五节　生产模式较单一

尽管武汉市西甜瓜产业在有关部门的扶持下得到了快速发展，武汉市蔡甸区被评为“国家西甜瓜标准化栽培示范区”。在西甜瓜生产中提出了“竹木结构中棚多层覆盖”的小西瓜生产模式，以及“瓜—蒿”“瓜—棉”栽培模式。但从整体上来看，武汉市露地西甜瓜生产的比重过大，设施栽培尽管已经得到应用，但在设施中基本是沿用露地的爬蔓种植方式，采用立架栽培的很少，设施生产的效益未能得到充分体现。

第六节　品牌意识较薄弱

近年来，在武汉市农业局的精心组织下，武汉市农产品的品牌建设得到进一步加强和提升，特别是通过武汉市优势农产品的推动工作，形成了“洪山菜薹”“蔡甸莲藕”等一批在国内具有影响的农产品品牌。相比之下，武汉市的西甜瓜产业还缺乏品牌推动，高档优质精品的西甜瓜还非常缺乏，如何培育和形成武汉市的西甜瓜产业品牌建设是今后必须要考虑的重要问题。同时在武汉市西甜瓜产区的营销中发现，企业参与武汉市西甜瓜种植、流通领域的程度比较低，导致品牌包装意识强，影响了武汉市西甜瓜产业的发展。

第七节　运销渠道不够畅通

由于西甜瓜产品的特殊性，决定了西甜瓜不耐长期贮运，必须以鲜销为主。而小生产与大市场、大流通之间存在的对接问题没有良好解决，导致近年来西甜瓜大量上市后都不同程度存在瓜价大幅下跌问题，“瓜贱伤农”不仅损伤了瓜农的利益，而且也使西甜瓜产业发展不稳定，容易出现播种面积的大起大落。需要一定的西甜瓜产销合作组织如协会，通过他们的桥梁作用，将小规模生产有效组织起来，及时将产品销售出去。

第五章　对武汉市西甜瓜产业发展的思考

第一节　进一步加强对武汉市西甜瓜产业的扶持力度

西甜瓜是武汉市农业产业结构中的重要组成成分，也是深受消费者喜爱的重要瓜果，经过多年的发展，已经形成独具特色的西甜瓜产业，因此希望各级政府部门进一步加强对武汉市西甜瓜产业的扶持力度，把经济效益相对较高的西甜瓜产业列入重点扶持对象，引导做好产业布局规划，对武汉市主要的西甜瓜产区加强农田基本条件建设，对发展设施栽培适当给予优惠政策。

第二节　加强科技攻关、栽培模式推广和安全标准化生产普及

目前，武汉市从事西甜瓜研究的单位有华中农业大学、武汉市农科所、湖北省农科院等单位。应组织上述单位对武汉市西甜瓜产业发展的关键技术进行联合攻关，包括西甜瓜新品种引进、筛选与育种，西甜瓜高效安全标准化生产技术，设施高效栽培技术，西甜瓜嫁接苗的健康种苗培育技术，西甜瓜高效种植模式等相关研究内容，为武汉市西甜瓜产业发展提供关键技术支撑。加强新品种引进、筛选与育种，形成有影响力的武汉品牌。将研究形成的技术标准、操作规范和高效栽培模式，在项目示范区进行相关技术的推广示范。同时还要注重对瓜农的培训与指导，培养新型农民，使科技进村入户落到实处。此外应积极邀请国内外从事西甜瓜研究的专家来武汉市考察指导。

第三节　加强西甜瓜产业的开发力度

在利用武汉市已有的大型育苗单位基础上，进行资源整合，打造育苗航母，进行集约化发展，为西甜瓜生产提供优良种苗。在武汉市西甜瓜产业发展具有良好基础的区县进行西甜瓜产业化试点工作，组织相关龙头企业、西甜瓜产销合作组织、大型经销商、农业局、高校、研究机构、推广机构等建立西甜瓜从种植到销售的完整产业链。与乡村休闲游结合，推出西瓜甜瓜采摘节

进行组织化发展，重点解决品牌建设和销售问题，联合武汉市大型连锁超市和批发市场，根据市场需求确定种植方案，以提高西甜瓜生产的种植效益为核心，以增加瓜农经济效益为目标，打造西甜瓜种植精品示范基地，形成全国驰名品牌，同时加强西甜瓜深加工力度，促进武汉市西甜瓜产业的健康可持续发展。

第六章　对武汉市西甜瓜产业发展的展望

充分利用武汉市区位优势和资源优势，发挥出产业优势和经济优势，创建武汉品牌、形成武汉特色，取得经济社会生态效益。

第六篇　西甜瓜产业现状与发展

戴照义
（国家西甜瓜产业技术体系武汉综合试验站，湖北省农业科学院经济作物研究所）

第一节　西甜瓜产业现状

（一）世界和中国的西甜瓜概况

西瓜、甜瓜是世界范围内普遍消费的主要水果，据联合国粮农组织（FAO）统计，全球西瓜播种面积3 900万亩，甜瓜总播种面积1 450万亩，面积超过15万亩的国家就有34个，分布在除南极洲外的6大洲；西甜瓜在热季冷食水果市场上占据着统治性地位。

我国是世界上西甜瓜生产规模最大的国家，年种植面积稳定在1 800万亩以上，总产值约为165亿元。《中华人民共和国种子法》及其配套办法实施以来，已有包括湖北在内的12个省（自治区、直辖市）把西瓜列为主要农作物，西瓜、甜瓜生产在几次大的农业产业结构调整中都起到先锋作用，是促进农民增收的重要经济作物之一，西甜瓜生产已经成为在我国大多省份优势产业。

我国的西瓜年进口量大于出口量，而甜瓜正好相反。2010年，我国西瓜进口31.3万吨，出口5.1万吨，同期甜瓜进口2.0万吨，出口则达到5.6万吨；按金额计算，西瓜进口3 493.3万美元，出口仅1 247.7万美元，甜瓜进口仅花费118.5万美元，出口创汇则达到2 857.1万美元。

（二）湖北省西甜瓜产业现状

1. 面积、产量、效益　西甜瓜产业是湖北省农业主导产业之一，一直是湖北省农民增收、农业增效的重要途径之一。2012年湖北省西甜瓜种植面积153.69万亩，其中有子西瓜90.83万亩，无子西瓜40.60万亩，甜瓜种植面积22.26万亩。西甜瓜总产395.35万吨，其中有子西瓜总产约235.31万吨，平均亩产2 590.7千克；无子西瓜总产约108.35万吨，平均亩产2 268.7千克；甜瓜总产约51.69万吨，亩产2 322.1千克。

2. 品种结构　从品种结构来看，有子西瓜的小果型品种以万福来、早春红玉等为主，早熟中果型品种以荆杂18、超级2011、京抗2号、极品京欣、红虎、8424等为主，中晚熟品种主要是花皮长椭圆类型如西农8号、白皮长椭圆类型如特大新红宝等为主，黑皮类型较为少见。无子西瓜主要是黑皮圆果类型，如洞庭1号、黑蜜5号、黑冰二号、鄂西瓜12号等。薄皮甜瓜以绿皮绿肉的甜宝类型和白皮白肉的梨瓜类型为主，其次是中甜1号类型；厚皮甜瓜基本都是光皮类型，品种较多，以黄皮圆果、白皮椭圆形为主。

3. 地区分布　湖北省南北气候相差较大，各地土壤、耕作制度互不相同，西甜瓜产业在政府引导、市场调节下，经过多年的发展，逐步形成了三个主产区：一是以武汉、黄冈、咸宁、鄂州等为主的鄂东南早熟西瓜主产区，主要是利用春季气温回升快的优势，以早熟有籽西瓜为主，无籽西瓜为辅，产品在6月上中旬上市武汉周边有部分大中棚早熟栽培的小果型西瓜，产品在5月下旬至6月初上市；二是以荆州、仙桃、潜江、天门、宜昌等为主的江汉平原无籽西瓜主产区，以无籽西瓜为主，主要栽培方式为棉田套种，产品在6月下旬至7月上旬上市；三是以襄樊、荆门、随州、十堰等为主的鄂西北中晚熟西甜瓜主产区，中晚熟大果型有籽西瓜和无籽西瓜均有，也有少量黑美人类型西瓜，栽培方式多数为棉田套种，少数为西瓜单作。全省西甜瓜生产规模化水平日益提高，西甜瓜种植面积在5万亩以上的有仙桃、江夏、蔡甸、监利、宜城、公安、洪湖等15个县市，万亩以上的乡镇有石首东升镇、潜江浩口镇、宜城流水镇、枣阳七方镇等20多个。

4. 流通现状　湖北地处华中，交通便捷，是全国西甜瓜主要集散地之一。市场基本全年都有西甜瓜产品供应。每年1~3月，本地市场销售的主要是海南的反季节西甜瓜，3~4月是两广的西瓜和山东的日光温室西瓜，5月上中旬本省的大棚早熟栽培西瓜开始上市，6月中旬至7月中旬为本地的露地西甜瓜，7月中下旬主要是河南等地的西瓜，8~9月为北方的西瓜如宁夏的“石头瓜”，10月上中旬是本地的秋西瓜，11~12月市场西甜瓜较少。

湖北省西甜瓜销售遍及全国，除西北的新疆、西藏、东北三省和海南外，各地均有湖北省西甜瓜销售，但销量最大的是湖南和河南。

5. 种苗生产现状　近几年西甜瓜种苗工厂化生产发展迅速。根据设施的不同，可分为2大类，一是以武汉为代表的大型育苗工厂，其育苗设施主要是现代化日光温室和连栋大棚，单体面积5 000平方米以上，总体3万平方米以上，如武汉维尔福种苗科技有限公司、武汉维农种苗有限公司、武汉洪北种苗有限公司、武汉如意集团种苗公司等，仅这4家年育苗数量合计在2 500万株以上。二是以宜城为代表的小型育苗企业，其育苗设施多为竹架大中棚，单体面积300~500平方米，总体面积数千平方米，年育苗量30万~100万株。

第二节　发展趋势及规划

（一）西甜瓜产业发展趋势

1. 品种　西瓜向无子化、优质化，甜瓜由薄皮向中皮（露地）和厚皮（大中棚）发展。

2. 嫁接栽培发展迅速，尤其是嫁接稀植栽培。

3. 轻简化　劳动力减少，免耕、免整枝，肥水一体化、昆虫辅助授粉。

4. 合作社　各级各类专业合作社快速发展，统一供种、统一生产资料、统一技术、统一销售渠道等。

5. 维权　农户的法律知识提高，维权意识增强。

6. 科技　农民的科技需求前所未有的迫切。

（二）存在的问题

1. 土地资源的约束更加明显　随着工业化和城镇化进程的加快，人增地减的矛盾将更加突出。在耕地资源约束趋紧的情况下，西甜瓜种植与粮食作物、棉油糖作物、其他园艺作物之间，争地的矛盾将长期存在。

2. 极端天气及病虫害影响更加严重　冬春季待续低温阴雨寡照和夏季高温多雨天气，推迟了西甜瓜的上市时间及导致“空心瓜”、“脱水瓜”等事件发生以及病虫害发生严重，对西甜瓜生产构成极大威胁。

3. 产业比较效益下降趋势更加突出　化肥、农药、农膜等农业生产资料价格上涨，农业人工费用不断增加，生产成本逐年提高，比较效益下滑将是长期的趋势。

4. 农业劳动力结构变化更加紧迫。

5. 质量安全事件等外部因素冲击更加剧烈　2011年的“爆炸瓜”、2012年“打针西瓜”等。

（三）发展规划

表 1　全国露地栽培西瓜产业重点县

区域	个数	名单
湖北	11	宜城、钟祥、松滋、枣阳、潜江、江陵、洪湖、监利、荆州区、仙桃、公安
全国	102	—

表 2　全国设施栽培西瓜产业重点县

区域	总数	名单
湖北	5	蔡甸、潜江、东西湖、公安、汉南
全国	104	—

第三节　西甜瓜的分类

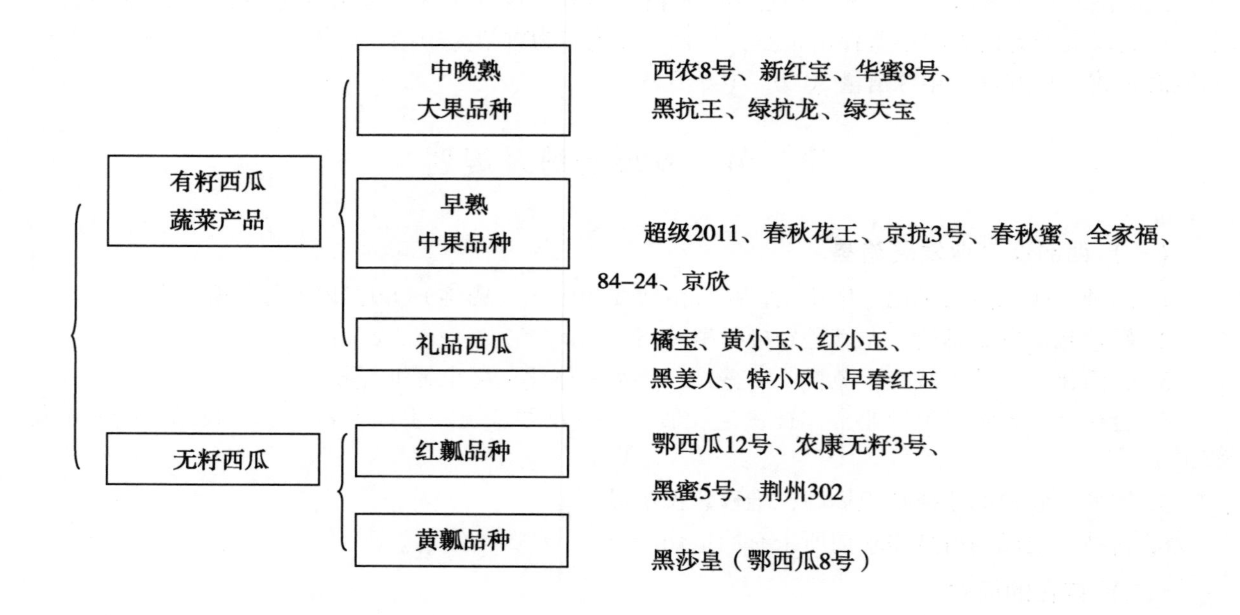

第四节　西甜瓜栽培新技术

（一）嫁接栽培技术

1. 常用砧木类型　葫芦、瓠瓜、南瓜、西瓜本砧。

2. 几个常用的主要砧木品种　超丰 F1、京欣砧 1 号、京欣砧 2 号、京欣砧优、京欣砧冠、甬砧 1 号、甬砧 3 号、相生、勇士、新土佐南瓜、长瓠瓜、圆瓠瓜、长颈葫芦。

3. 嫁接用具　嫁接需要的用具有：刀片、竹签、嫁接夹或塑料薄膜等。

4. 砧木与接穗的播种期　砧木的播种期根据嫁接苗的计划出圃期确定。以潜江为例，1 ~ 2 月份出圃的嫁接苗，砧木应提前45~50天播种；3月份出圃的嫁接苗，砧木应提前35天播种；4月份出圃的嫁接苗，砧木应提前25天播种。

5. 嫁接方法　按照接穗与砧木的接合方式，嫁接方法可分为插接、劈接、靠接、单叶切接等。

6. 嫁接苗管理

（1）温度、湿度、光照管理；

（2）通风换气；

（3）去除砧木萌芽。

7. 嫁接栽培技术要点

（1）适当稀植：一般小果型品种以每亩350~400株，中大果型品种每亩250~300株为宜。

（2）减少施肥：比自根栽培减少30%~40%。

（3）防止接穗自根。

（4）采用多蔓双果。

（二）蜜蜂授粉技术

1. 蜂群的选择　选择蜂王产卵好、无病虫害、群内饲料充足的作为授粉蜂群，主要有意大利蜜蜂和中华蜜蜂。北京地区有的使用无王群蜜蜂进行授粉。

2. 授粉蜂群的运输　运输时要做好蜂群的通风透气工作。温度在15~20℃左右为宜。注意蜂群防寒、防蜂群受闷。中途停歇时，防止蜂群在露天暴晒。

3. 安装纱网　蜜蜂进入大棚前2~3天，在设施通风口处安装纱网，防止设施通风降温时蜜蜂飞出温室大棚冻伤或丢失。

4. 蜂群进棚　雌花开放前1~2天傍晚，放置授粉蜂箱。蜂箱放在棚室中央位置，放置时避免震动，不可倾斜或倒置。授粉蜂箱放置在距离地面0.5~1米，在粉蜂上方0.5米处加遮阳网，巢门向南或北。进棚后静置半个小时，再打开蜂箱小门，开度在1/3大小，待蜜蜂熟悉路径后将蜂门全部打开。

5. 饲喂　蜜蜂授粉期间要按时饲喂糖、水和盐。

（三）肥水一体化施用技术

1. 滴灌　重力滴灌、微喷管滴灌、膜下畦沟微灌。

2. 微灌施肥技术　差压式施肥、文丘里式施肥、微喷管施肥。

（四）有机生态型无土栽培技术

不用天然土壤，而使用基质，不用传统的营养液灌溉植物根系，而使用有机固态肥并直接用清水灌溉作物的一种无土栽培技术。

1. 基质　其中有机基质包括各种农副产品，如玉米、向日葵的秸秆；农产品加工后的废弃物，如椰糠、蔗渣、酒糟、菇渣、花生壳、谷壳；木材加工的副产品，如锯末、树皮、刨花，等等，都可按一定配比混合使用。为了调整基质的物理性能，可加入一定量的无机物质，如蛭石、珍珠岩、沙子、炉渣、岩棉、沸石、陶粒等，加入量依调整需要而定。

2. 栽培槽　采用基质槽培的形式，在底部铺一层塑料薄膜，以防止渗漏和土壤病虫传染。

3. 施肥管理　基肥按每1立方米基质加入15千克消毒鸡粪和3千克蛭石复合肥，或10千克消毒鸡粪+3千克豆饼+2千克蛭石复合肥。追肥每15~20天1次，或根据植株长势确定追肥时间，一般每次按每立方米基质加入1~2千克复合肥的用量。坐果后可适当加大用量。

4. 水分管理　定植前一天，将基质灌水直至饱和。作物定植以后，一般每天灌溉补水1次，以保持基质含水量达60%~85%（占干基质计）即可。

第七篇　武汉市果树产业发展现状与趋势

杨守坤，金　莉
（武汉市林业果树科学研究所）

果树产业是技术密集型和劳动密集型相结合的产业。随着我国宏观经济结构及农业产业结构的调整，果业以其较大的经济生态效益，较为广泛的从业人数和深远的产业开发前景以及对社会需要和人民生活不可替代的必要性，成为农业经济增长、农村建设发展和农民致富的主要支柱性产业。特别是随着武汉现代都市农业发展，武汉果树产业经过新一轮的建设、发展、调整和提高，正在为经济建设、人民生活水平的提高以及郊区农村经济发展和农民致富发挥着积极的作用。

第一节　果树产业发展现状

（一）果树栽培生产现状

1. 主要栽培果树面积、产量及变化　根据武汉统计年鉴，武汉市的果树（干果不计）栽培面积在03年至06年间处于持续大量减少阶段，由03年的近15万亩下降到06年不足12万亩，07年开始缓慢增加，之后上下浮动，基本维持在13万亩左右，至2011年为13.5万亩，产量达到7.9万吨如图1。

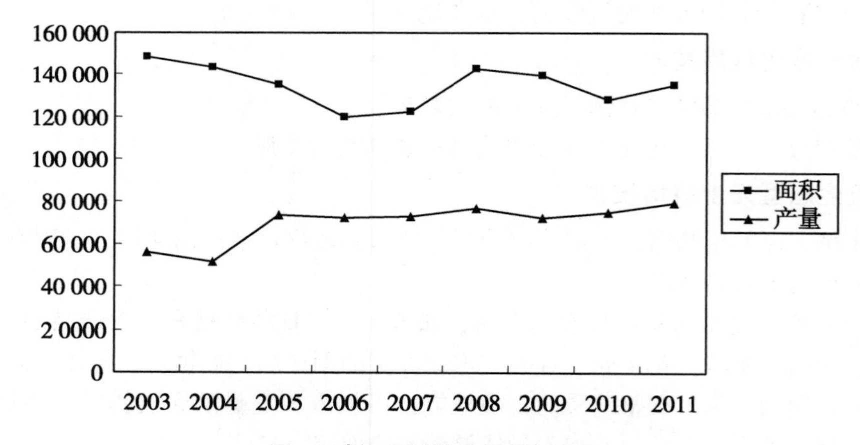

图1　武汉果树种植面积与产量

结合市林业局、地方林业部门及基地考察情况来看，截至2012年武汉果树种植面积共24.16亩，产量15.61万吨，其中板栗干果10.2万亩。分布情况见表1和表2。

2. 主要栽培果树种类和品种　目前，武汉地区主要栽培果树种类有板栗、柑橘、桃、梨、葡萄，少量种植有猕猴桃、杨梅、枇杷、枣等。板栗基本沿用传统的老品种：大果中迟板栗、桂花香板栗、浅刺板栗等；柑橘主要有龟井、兴津，中熟品种尾张在逐步淘汰中，大力推广极早熟新品种：鄂柑二号、日南一号等以及杂柑类和纽荷尔脐橙及柚类品种；桃树品种主要有红冠桃、早凤王及曙光等早熟油桃品种。梨品种主要有翠冠、香南、黄花等；葡萄以藤稔和夏黑面积最大，近年来，新增醉金香、巨玫瑰、金手指等新优品种繁多。

表1　各区果树面积及产量

地区	林地面积（万亩）	果树面积（万亩）	比重	产量（万吨）
新洲区	53.2	8	15.04%	4.08
黄陂区	104	6.35	6.11%	0.65
江夏区	61.85	6.2	10.02%	6.8
蔡甸区	27.7	2.28	9.24%	2.02
东西湖区	11.7	0.63	5.38%	0.756
汉南区	5.7	0.4	7.02%	0.4
洪山区		0.3		0.3
合计	264.15	24.16		15.61

表2　主要果树种类种植面积

种类	面积（万亩）
板栗	10.2
柑橘	6.2
桃	2.5
梨	1.2
葡萄	0.9

3. 果品市场现状

（1）市场主要果品种类及供货时期（表3）

表3　武汉市场主要水果种类及供货时期表

种类＼月份	1	2	3	4	5	6	7	8	9	10	11	12
苹果	√	√	√	√	√	√	√	√	√	√	√	√
椪柑	√	√	√	√	√							√
枇杷				√	√							
李						√	√	√				
桃					√	√	√	√	√			
梨							√	√				
葡萄					√	√	√	√	√			
柑橘								√	√	√		
石榴									√			
柿										√	√	
枣							√	√				
猕猴桃								√	√	√		

（2）主要来源及批发价格（表4）

表4　武汉市主要水果的来源及批发价格表

种类	来源	批发价（元/斤）	销量（万吨）
柑橘	陕西 甘肃等		20
椪柑	湖南、江西、福建等		0. 8
桃	随州	2～3	2. 4
	东西湖	5～6	
梨	天门、钟祥	1～2	1. 6
葡萄	公安	4～5	1. 6
	东西湖	3	
柑橘	湖南（8月底）	1～2	16
	赣南（8月底）	2～3	
	宜昌、江夏	1	
柿	山西、江苏		1. 9
枣	山东	6～7	0. 3
其他			5
总计			49. 6

（3）小宗精品果种类及价格（表5）

表5　小宗精品果种类及价格

种类	批发价
李	48元/斤
枇杷	16元/6个
猕猴桃	4. 5元/个
金钱橘	12. 8元/斤
桑葚	9. 8元/小盒

4. 果品流通现状　武汉地区生产果品仍然以华南果批市场为果农们的主要销售渠道。东西湖果农与果批市场建立了比较稳固的销售关系，采取形式为农户早上将果品运到果批市场，租用市场的摊位，现货现销，摊位的租金由买方支付，以葡萄为例，一般按照8元/箱（50斤）。相较公安等外地来的果品，本地果品具有明显的价格优势。以葡萄为例，公安进来的葡萄批发价为7元/斤左右，而东西湖的葡萄3～5元/斤，其差价并非让公安的果农收益，而是由中间果品经纪人谋得，据我们了解，公安当地果农的地价也是3～4元/斤。但值得一提的是，公安的葡萄尽管价格高，但批发商也能挣钱，就是因为公安葡萄的品质更好，特别是外观品质，基本能做到果穗、果粒大小一致、着色整齐。

近年来，随着国家地区对“三农”的重视与支持，特别是沟路渠等硬件设施的加强，江夏的柑橘产业又迎来一次新的机遇——观光采摘农业正在这里兴起。据称，近三年来，宁冈、乌龙泉等柑橘主产地每年高峰期接待采摘游玩的游客5 000人次/天，从种植效益来看，2008年以来售价最好的时候是1. 8元/千克，最差的是0. 6元/千克，去年生产园平均地头价为1. 2元/千克；自2006

年开始发展观光采摘，采摘门票为 10 元/人，采摘售价为 4 元/千克，销售紧俏，这样一来，种植效益提高了 2 000元/亩。据不完全统计，宁冈产区 60% 是采摘，40% 根据橘园情况批发出去。在这种良好效益的带动下，五里界、梁湖大道等地都开始发展柑橘为主的果树采摘产业。

（二）观赏果树发展现状

观赏果树，指从传统栽培果树中派生出来的，在叶、花、果、枝的观赏价值或株型、抗逆性等一个或多个方面能够满足现代园林绿化和观光旅游等功能需求的果树。观赏果树在武汉市的应用形式较多，丰富了绿化树种，满足了市民多样化需求，提升了城市品位。

1. 城市公园栽植　观赏果树在武汉市公园中的应用形式主要有 3 种：①与其他绿化树种有机组合配置，营造出优美的群落景观；②片植自成一景，成为景区的视觉焦点，如汤逊湖旁的大湖第公园，就建成武汉首个桃花园，成为市民踏春汤逊湖的首选；③与建筑相得益彰，互相映衬。如汉阳公园的石榴花塔，在一座塔后和两侧，簇拥四排数十株石榴树，花果秀茂，细细品味，耐人寻味。栽植品种主要是碧桃、红叶李、石榴、银杏、枇杷。

2. 社区庭园绿化配置　在有限面积的庭园中，点缀几株观赏果树能构成自然宜人的风景。在武汉，社区庭园中常用的果树品种有：柑橘、石榴、枇杷等。在徐家棚街二道社区，就有武昌区园林局尝试种植的枇杷、枣树、柿树和梨树。并通过认养方式，专人负责修剪、打药等；在中山社区，市民自发种植巨峰葡萄。

3. 道路绿化列植　目前，武汉市东湖高新区和洪山区种植观赏果树较多，比如珞瑜路上种植的有石榴、碧桃、银杏等；在大学园路种植的有枇杷行道树；在华师园路种植的既有碧桃、银杏，又有柑橘、桃树等。

4. 果树盆栽　盆栽果树因其树姿优美，既能观花又可观果，近年来颇受消费者的喜爱。市场上，主要的盆栽果树种类有柑橘类的柚子、温州蜜柑、金钱橘、柠檬、佛手等，石榴类，枣类，海棠类。价格在 200 元左右，市场前景较大。

总的来说，武汉市观赏果树应用处于起步阶段，但近年来，显现出好的发展趋势。但由于起步晚，存在：一是观赏树种少、单一，主要是限于一些普通碧桃、西俯海棠以及红叶李等等，无论是观花，还是观叶效果比较单调；二是景观配置特色不鲜明；三是配套栽培技术相对落后，如根据应用不同，修剪的树形、肥水管理等都应有对应的措施，而相应的研究却几乎没有。

第二节　结论与讨论

武汉具有发展果树产业的巨大潜力。主要体现在：一是从武汉的自然条件来看，适宜种植的果树种类和品种有可拓展的空间，除了可以引进常规的柑橘、桃等的大量新优品种外，还可以适度种植山楂、猕猴桃、枣等小宗果树；二是从武汉土地利用情况来看，武汉尚有大量荒坡低效农地，尽管肥力、灌溉等条件有限，但通过适度改造，完全能通过种植果树、发展都市型果业，提高土地利用率，增收增效；三是从目前果品消费量来看，至少有 10 万吨果品的市场潜力，武汉市果品的种植面积可增加至 40 万亩，即武汉都市果树面积还有 10 万亩的发展空间；四是观光采摘和观赏果树发展来看，市场需求量大，根据目前江夏采摘可达 5 000人次/天，按照柑橘采摘期 15 天计算，估算柑橘采摘的客流量达 7. 5 万人次/年，如果再发展桃、梨等采摘产业，结合张公山寨采摘接待量 20 万人次，估算武汉观光采摘的总需求量至少 40 多万人次/年，以人均消费 80 元来算，该项产值将达 3 200万元/年。

（一）取得成效

1. 果树成为现代农业结构调整的重要内容　随着国家对“三农”支持力度不断加大以及人们

生活水平的提高，越来越多的人看好果树产业的发展。尽管城市化进程加快，农业用地在减少，但较统计年鉴上中2011年果树（干果不计）面积13万亩，2013年增加到13.96万亩（总面积24.26万亩扣除板栗干果10.2万亩），增加了近1万亩。果树有望成为武汉地区现代农业发展过程中调结构、增效益的一项重要内容。

2. 面向市场调整品种结构，满足消费者个性化需求　随着生活水平的提高，人们对果品的消费需求越来越趋于多样化。近年来，武汉地区引进夏黑、黑色甜菜、红冠桃、金塘李、奶橘、杂柑、翠冠等国内外新优品种20多种，逐步满足武汉消费市场对高档、精品、特色、唯一、多样等果品的需求，提高了武汉果品的市场竞争能力。

3. 休闲观光果园建设取得良好的社会效益和经济效益　休闲观光农业是武汉的特色和优势，果树是其中的重要内容。坐落于武汉城郊，青山区白玉山街严西湖北岸的张公山寨旅游景区，开展果品采摘活动，到果实成熟季，每年采摘果实的游客有20万人次，采摘的游客占到总游客的4成。武汉地区最大栽培面积的果树种类，江夏柑橘产业的发展就得益于观光采摘。江夏区自2006年开始大力推行柑橘休闲游，售价由以前的最高时1.8元/千克提高到现在的采摘价4元/千克，并辐射带动门票收入、餐饮收入等。在此推动下，江夏柑橘产业呈现健康发展趋势，2013年在宜昌举办的全省柑橘评比会上，江夏柑橘获得综合第三、第六的好成绩，其中可固含量第一。

果园的社会功能得到进一步拓展，从单纯提供果品变为提供休闲、观光、采摘、娱乐等生活和文化服务，果园变成了天然氧吧和游乐园。果园观光采摘的创意使其内涵变丰富，形象变时尚，不仅为消费者提供了安全、健康、美味的果品，促进了一、二、三产业的融合发展，满足了对果园创意文化和自然生态的向往，提高了市民生活的幸福指数，更使果树产业的效应倍增促进了农民增收。

4. 科技在果树栽培中的贡献率越来越高　在武汉市委市政府的大力支持下，多年来，武汉市农科院坚持开展财政示范、区院对接、小康帮扶等项目，给贫困地区或果树产区建言献策、科技帮扶，建立示范基地，先后推广鄂柑二号等优良新品种，及低丘岗地改造、高接换种、病虫害防治、设施栽培等现代技术10多项，为增效、增收发挥了重要作用。

5. 政府重视、民间资本大量涌入，果树发展呈现良好发展势头　近年来，政府相关部门不断出台农业设施建设补贴、市政道路建设财政补贴等措施，极大地调动了民间积极性。不完全估计，近五年投资在果树上的民间资本达到（蔡甸洪北近2 000万 + 东西湖七彩龙珠1 000万元左右 + 黄陂木兰列那3 000万左右 + 黄陂奶橘600万左右）亿元以上，并且在政府的宣传引导下，部分已经打造出来品牌，产生了效益。

（二）面临问题

1. 果树种植面积远远满足不了本地市场需求　近年来，随着人们生活水平提高，新鲜水果已成为人们生活的必需品，果树的种植面积也迅速扩大，果品产量急剧增加。尽管物流、保鲜技术在不断发展，武汉市民一年四季都可吃到各地时令水果，但果品具有时令性，不易保存，成熟度与果实品质密切相关，外地果品无法满足本地人们对果品新鲜、完熟、采摘、科普等需求。上海市农业用地面积280万亩，武汉市耕地面积350万亩，而上海已发展果树面积35万亩，武汉现有果树面积23万多亩，远远满足不了本地新鲜果品市场需求，至少有10万亩的发展空间。发展武汉本地果树产业大有前景。

2. 产量、收入远未达到应有水平，低效果园比例较大　近几年，武汉地区果树种植呈现良好发展势头，但与国内其他果品产区及国外果品产区相比，还存在很大差距。另外，各地方之间的果树产业发展差异较大（除黄陂外，各地均有柑橘种植，但唯江夏的柑橘独树一帜；各地均有果树种植，唯有江夏、蔡甸仍保留有专门的推广人员，并对引导当地产业健康发展作出了重要贡献），果农与果农之间的经营效益差异大，发展不平衡。种植同样的品种，果农之间的亩收入差距能够达到三四倍。

分析原因在于，第一是政府对果树重视程度不一。江夏近年来，加大宁岗等产区的道路等基础设施建设，加大柑橘观光采摘的宣传力度，打造江夏柑橘品牌，并不断引进新优品种调整结构、举办技术培训，为当地农户的增收增效奠定了良好的基础。而在蔡甸，经过多年的发展，引进新优品种，梨面积已达到7 000亩，但少有市场宣传，仅有一些负面报道，农户信心不足，越来越不重视，进入一个恶性循环。第二是果树种植者对果树管理重视程度不一。随着武汉城市化进程不断推进，城市功能向郊区延伸，郊区果农收入渠道越来越多，一部分果农不以果树种植为主业，对果树重视程度不足，疏忽了对果园的管理和持续投入，形成了一批低效果园，成为果树产量和产值增长的短板。如黄陂木兰列那公司流转的1 000亩葡萄园分转给各农户种植，农户积极性不高导致4年后才有少量结果。第三是果品产后商品化处理率低，难以实现农超对接，实现精品增值。从世界发达国家农产品产值的构成来看，农产品产值的70%以上是通过采后商品化处理、贮藏、运输和销售环节来实现的，而武汉果品采后商品化处理还未起步，严重影响效益。有专家估计，如果蔡甸的梨果品能配套产后分级处理，农户亩产值可由现在的5 250元增加到9 000元，亩收益至少增加2 000元。第四是销售环节薄弱。从调查来看，武汉地区还未有进入高端市场果品的，未有进入超市的，观光采摘的，主要以柑橘为主，有少量葡萄，通过合作组织销售的占0.1%。城市高端消费人群对安全、风味浓郁的果品需求也日趋旺盛，但在种植者与消费者之间没有建立起一个交易平台，造成果农生产出的高档果品找不到目标消费群而不能实现优质优价，严重影响种植积极性，制约了果树产业的高水平发展。

3. 基础设施相对薄弱　果园基础设施薄弱，设施装备水平低，突出表现在灌溉条件差，果园机械化程度低，果品采后现代化分选贮藏冷链运输能力弱，减灾防灾设施不具备，多数果园土地肥力低下，与建成现代都市农业，融合第一、二、三产业的要求有较大差距。

果园灌溉条件差。仅有3%的果园（全部是葡萄种植区）安装有简易滴灌设施，还难以摆脱靠天吃饭的局面。如2013年发生的严重干旱导致部分柑橘园减产一半，成熟期推迟，有新建园果苗死亡率达60%。

果园肥力水平低，难以满足果实及树体生长需求，果品产量和质量达不到应有水平。据分析，全市果园土壤有机质含量一般在1.0%左右，缺大量元素和微量元素的现象较普遍。

减灾防灾设施不具备。近年来极端灾害天气明显增加，如暴雨、冰雪、干旱等灾害天气都可能导致毁园或绝收。尽管可以在建园时进行加固或增加园区的强排系统，但因这些设施的费用较高，绝大多数农民无法承担。

4. 品种结构种植模式有待进一步调整　武汉果树品种结构还不尽合理，还不能适应果品市场对品种多样性和特色性的需求。如武汉鲜果面积占比例最多的柑橘主要还是龟井、兴津等老品种，且供应期集中，满足不了市场变化，可以引进一些早熟优良新品种进行高接换种，并增加晚熟的杂柑类、柚类等品种；近年发展最快的葡萄主要集中在藤稔、夏黑等品种，主要在7月中下旬上市，供应期集中，导致生产效益较低，应加大对中晚熟品种的引选。

种植模式也需进一步调整。实践证明，果树保护地栽培的效益显著，是露地栽培的2倍左右。但因受到技术及投资成本的限制，目前全市保护地栽培果树规模偏小。应扶持在技术成熟的地区选择适宜树种如桃、葡萄等适度发展。

5. 产业服务体系及市场体系建设亟待加强　技术推广体系不完善。技术推广，一般是指通过试验、示范、培训指导及咨询服务等，把农业技术普及应用于农业生产产前、产中、产后全过程的活动。尽管每个区的林业局都下设有林业推广站，而由于主观和客观上的多种原因，有相当一些农机推广站处于"网破、线断、人散"的状况，特别是各推广站都面临着"后继无人"的问题，活跃在生产一线的技术人员都是一批临近退休的老同志，新进的一批年轻人员普遍对农业生产不积极、不热情、不主动。而且在农技推广中，重视产前、产中技术的推广，很少涉及包装、储运等技术，这是传统推广体系的短处。另外，近些年通过农业结构调整和退耕还林，许多从未接触过种植的人加入了果树生产行业。由于自身对果树的生长发育规律不了解，对其生产管理技术不掌握，同时，果树生产技术服务体系匮乏，导致一些农民因不懂技术而生产的果品产量低、质量差、效益不高。

物料投入服务体系缺乏。肥料、农药的优质投入品供应缺乏固定渠道，农民盲目购买，质量没有保证且不方便，最终导致其所生产的果品安全难以保证。目前，食品安全问题还很严峻。

市场体系建设缺位。现代农业的本质是农业的产业化、农产品的商品化。商品化的农业要求建立起与之相适应的统一开放、竞争有序的现代市场体系，其内容主要包含：一是有一个畅通的农产品流通渠道，可以实现从田头到餐桌、从生产环节到消费终端的连接直通。二是农产品生产、加工、储存、运输、消费、废品回收的产业链条配套而健全，整个产业链的服务质量高效而成本低廉。三是农产品生产、运输、销售的组织化程度高，生产、运输、流通的主体多元化、实体化、组织化。四是农产品交易市场发达，市场供求信息共享、及时而快捷。武汉市的板栗和柑橘分别占到全部果树种植面积的41.73%和26%，江夏已有40多年的柑橘种植历史，果实品质堪比宜昌蜜橘；新洲、黄陂的野生板栗漫山遍野，是传统特色果品。这些都有很好的产业基础，而市场上却知之甚少，一方面种植户的产品愁销、种植效益低；另一方面市场上往往从外地采购。农产品"卖难"折射出的实质是农村市场体系的制度性缺陷，反映在市场上是农产品流通不畅顺、价格低廉。反思农业、农村的出路问题，当前最缺的不是产品、资金、科技、劳力，而是与农业产业发展水平相适应、相配套的现代市场体系，尤其是把鲜活农产品便捷、快速地销往消费终端的通道、网络。建设现代市场体系，重点不在于建多少个流通、批发的有形市场，搞多少个生产基地，而是构建畅顺高效、便捷安全的农产品流通体系。

6. 观光果园功能没有得到充分发挥　多数观光果园功能单一，园区的功能没有充分发挥，果园的多功能性和综合服务功体现不足。近几年武汉观光果园出现了迅猛发展的势头。但是，通过果园休闲带动的附加消费低，人均消费不足50元。观光果园的旅游休闲功能还没有充分发挥，如体验、科普、餐饮等服务接待功能较弱，难以满足城市居民的大量多功能性需求。

7. 果树多功能性开发不足　果树是一种具有生产、生态、生活多功能的高效园艺作物。武汉地区的果树栽培仍然主要是单一的生产功能，观光体验功能在逐渐显现，但在丰富城市景观、满足市民美化家居的需求等方面却涉及甚少。果树进城的种类少、品种单一、结构单调，盆栽果树全部来源于上东、浙江等地，相关研究也严重滞后。

（三）建议

随着武汉市向现代化、国际化大都市的迈进，武汉农业也由传统农业向都市农业转型，现代都市果业随之应运而生，并呈现出良好的发展势头。面对各种机遇与挑战，武汉现代都市果树产业发展该如何发展？值得我们深思和探讨。笔者认为，可以从以下几个方面着手：

1. 规划布局，积极发展武汉市现代都市果树产业　尽管武汉市在2006年出台武汉都市农业发展规划（2006—2020），但较少涉及果树产业。为引导武汉市现代都市果树产业发展，发挥区域果树特色优势，形成区域化结构布局，应当加紧根据中央、省、市关于现代都市农业的文件精神，以及武汉地区资源优势和发展现状，制定科学切实可行的总体规划。积极进行结构调整，在果树产业区域布局的基础上，不断引进新种类、新品种，发展适应市场需求的优质果品、拓展果树多功能特性，发展不同成熟期、不同用途、有特色的优良品种，形成早中晚熟合理搭配，生产、生态、生活功能于一体的可持续现代都市果树产业。

2. 加大财政投入，完善硬件和软件配套　都市果业的特点就是紧紧依靠大都市的优越条件、紧紧围绕都市市民需求。因此，发展都市果业首先就是要拉近与市民的距离，打造耳熟能详的品牌、便捷畅通的交通、满足多样化需求的保障，即要让市民知道，知道了方便到达，到达了能满意而归。这就需要政府加大对都市果业的投入，一是在政策引导上的投入，鼓励种植户、合作社或企业向都市型果业发展；二是在品牌打造上的投入，通过组织各种评鉴会、展销会等活动，加强产品与市场的距离，提高产品的知名度，扶持一批本地有市场、有潜力的果业组织和果品品牌；三是在硬件建设上的投入，围绕都市果业发展规划布局和市场需求，构建产业群，建设主要道路、园区、农田及基本农业设施，为产业发展奠定良好的发展基础；四是在市场流通上的投入，建立市场信息平台和发达的果品流通市场，把鲜活农产品便捷、快速地销往消费终端的通道、网络，构建畅顺高效、便捷安全的农产品流通体系；五是在科研攻关上的投入，充分调动本地科技人才的作用，支持他们开发、引进和推广适合本地的果业新品种、新技术和新模式，委托科研单位和人员研究本地亟须的关键技术和高新技术，借鉴他们的智力提高本地种植人员的素质。

3. 构建积极的农技推广体系和市场体系　加强农技推广体系建设，调整充实基层科技服务人员。武汉地区从事林果业相关技术研究的高校、科研院所有5家，虽然侧重点不同，但是可以各取所长。利用武汉科技优势，鼓励在汉科研单位实行区院对接、区校对接等，鼓励科技人员进村入户，开展技术推广和技术服务，在所有村镇组织建立农民技术骨干服务队。建立健全科技示范网络，引导合作社、龙头企业开展科技示范；加快新型服务方式的普及，充分利用广播电视、热线咨询电话、互联网等手段，随时向果农传播新技术、新信息，切实解决生产经营中遇到的问题。

建设现代市场体系，重点不在于建多少个流通、批发的有形市场，搞多少个生产基地，而是构建畅顺高效、便捷安全的农产品流通体系。一要大力发展适应现代都市农业要求的物流产业，培育多元化、多层次的市场流通主体。要大力培育农产品经纪人，扶持农产品专业流通经济组织，扶持具有带动能力的生产、流通、销售一体化的龙头企业。二要发展新型流通业态，鼓励和引导农产品直接进入零售市场；鼓励连锁超市、供销合作经济组织在农村建立农产品生产基地，实行订单生产、合同生产；四是完善农产品流通领域的标准体系和监测体系，实行采购、储存、加工、运输、销售等全过程质量安全控制，规范农产品流通秩序。

4. 开展省力化栽培研究　主要包括：①选择抗性强、树体矮化的品种；②利用矮化砧木、宽行密株栽植；③合理使用激素、控制树体生长；④简化土壤管理、放弃清耕作业；⑤“预防为主，综合防治”防病治虫；⑥采取无袋化栽培；⑦开发简易机械、实施节水灌溉；⑧施肥方法创新，利用缓释肥技术，变一年四次为一年两次。

5. 建设绿色安全精品果品标准化生产体系　实施标准化生产是提高果品品质、打造精品果品、促进果业升级的重要途径，结合国家通行标准，因地制宜，抓紧制定完善武汉市果园建设标准、果品生产标准、果品分级标准等，并强化组织实施。通过测土配方施肥、调整修剪方式、推广生物防控技术、节水灌溉、果园生草等综合配套技术，全面提高果品品质。

同时，严格控制源头污染，把投入品监管与果品质量安全管理有机结合起落，对化肥、农药、种苗质量、产品品质及有害残留、有害生物等进行全面检测。建立武汉地区果园土壤资源信息库及专家决策系统。

第八篇　我国畜牧业发展概况及武汉市畜牧业发展的思考

高其双
（武汉市农业科学技术研究院，武汉市畜牧兽医科学研究所）

自20世纪90年代以来，我国畜牧业进入了产业结构调整的阶段，畜牧生产增长速度大幅提高。特别是近些年来，随着惠农政策的实施，畜牧业呈现出加快发展的势头。部分养殖企业已经实现了规模化、标准化的养殖。这大大提高了畜产品的产量和质量。与此同时，也暴露出来一系列的问题，比如污染和防疫等方面的欠缺。因此，优化与调整产业结构、增加社会与经济效益、改善生态环境已成为新时期我国畜牧业发展的主要目标。在此形势下，武汉市也紧跟全国的发展步伐，积极探索新的畜牧业发展之路。2007年12月，国务院批准湖北省武汉城市圈为全国两型社会建设综合配套改革试验区；2009年，武汉市委、市政府提出对畜禽养殖场污染实行综合治理，力争用3年时间使所有规模化畜禽养殖场废弃物达标排放；“湖北省畜牧业发展‘十二五’规划”指出，武汉城市圈要建设“两型”社会，转变畜牧业粗放型的增长方式，形成饲料的高效利用，形成标准化清洁生产零污染零排放的生产方式，形成畜禽养殖过程中废弃物的循环利用系统，提升畜牧业可持续发展能力。目前，武汉市畜牧业在调整产业结构、污染治理和疾病防控等方面取得了一些成效，基本实现了农业的持续、稳定和健康发展。

第一节　国内畜牧业发展现状与趋势

（一）我国畜牧业发展现状

1. 畜禽养殖总量已名列世界前茅　2010年，我国肉类产量7 925万吨，连续21年居世界第1位；禽蛋产量2 765万吨，连续26年居世界第1位；奶类产量3 780万吨，居世界第3位；饲料产量1.58亿吨，居世界第2位。2011年公布的统计资料显示：我国生猪存栏4.67亿头，占世界存栏总数的50.1%，居世界第1位；绵羊1.4亿只，占世界存栏总数的16.52%，居世界第1位；山羊1.4亿只，占世界存栏总数的22.14%，居世界第1位；牛1.03亿头，占世界存栏总数的9.2%，居世界第3位。

2. 人均畜禽产品拥有量已超过世界平均水平　1980年，我国人均动物蛋白日摄取量只有7.6克，约为世界平均水平的1/3。到2010年，我国肉、蛋、奶人均占有量分别达到59.1千克、20.6千克和28.2千克，基本满足了13亿人口对动物营养的基本需要。据统计分析，1980—2010年30年间，我国肉类产量增加了5.57倍。

3. 畜牧业生产总值占农业生产总值比例不断增加　近些年来，我国畜牧业呈现出加快发展势头。畜牧业生产总值在农业生产总值中的比例已由1985年的不足10%上升到2009年的34%。畜牧业收入也占到农民收入的40%以上。许多地方畜牧业已经成为农村经济的支柱产业，成为增加农民收入的主要来源。

4. 规模化、集约化养殖正成为畜牧生产的主要方式　过去的30年里，我国养殖业从小规模散养户为主体的养殖模式逐渐过渡到规模化、标准化的养殖。2008年，我国万头（只）以上的畜禽养殖场占到畜牧场总数的30%，比10年前翻了2倍。目前，70%以上的肉鸡由规模化鸡场（年出栏万只以上）生产，60%以上的肉猪由万头以上规模的猪场提供。

5. 关联产业发展迅速　畜牧业的发展也带动了饲料、兽药行业的发展。我国的饲料生产量由1991年的不足5千万吨到2007年的近22千万吨，增长4倍有余；2008年，万吨规模以上的饲料生产企业的总产量占到全部饲料产量的80%；2009年，全球动物保健品销售额达186.45亿元；2009年我国畜产品加工总产值201 824万元，其中畜禽屠宰加工全年产值130 402万元，肉制品加工产值68 276万元，乳制品加工产值1 657万元；全国现有的兽药生产企业超过800家，其中具备研发能力的企业达到186家。

6. 畜牧科技人才培养体系健全　国内已经形成支撑学科齐全、层次多元化的畜牧科技人才培养体系。截至2011年，全国开设动物科学专业的大学共有79所。2012年，农学相关专业毕业硕士13 948人，博士2 365人，本科生（普招）53 789人，农林牧渔类大学专科生58 308人（普招），成教生超过33 392人。

7. 畜牧科技成果推广体系正在健全　随着产学研模式在畜牧科技成果推广中的健全，大量高科技成果在畜牧生产中得到应用。生猪的外三元杂交种、蛋鸡的专用化品种、黑白花奶牛等优良品种等在我国畜禽产品中占据绝对优势；PCR技术与设备、酶标技术与设备等高端技术与设备已在规模化养殖小区普遍得到应用；高端饲料技术与产品（如各种代乳料）成为规模化养殖场必须使用的产品；高端兽用生物制品大有取代传统治疗类药物的趋势。

8. 畜牧业领域的研究已与世界接轨　随着技术交流和人才引进等的深入开展，我国的畜牧研究已与国际接轨，各方面的研究正在向世界先进水平看齐。与畜禽生产性能密切相关的生命科学理论、基因网络关系正在逐步阐明；优秀动物克隆、分子标记与筛选、转基因等高端育种技术已赶上世界先进水平；新型、突发性病原体分离鉴定、新型疫苗的研发手段等领域中的理论与技术研究正在缩小与先进国家的差距。

（二）畜牧业发展趋势

1. 畜禽产品需求和满足方式多样化　我国畜牧业将由出口型转变为进口与自产并存的态势。除了本国生产的畜禽产品之外，一些外来的畜禽产品也将进入国内，比如美国的猪肉，澳大利亚的牛肉和羊肉。此外，符合保健原则与消费习惯的畜禽产品需求量将会逐步增加。

2. 养殖规模的增长速度将放缓　由于人们对畜禽产品的需求量还会进一步增加，畜禽养殖总体规模还将继续处于增长期，但增长速度将逐步放缓，呈现稳中有升态势。

3. 新的畜禽品种将被开发利用　随着人们对肉食需求的多样化发展，具有独特风味的地方优良畜禽品种养殖及其配套的养殖方式将被重新认识并得到适度发展。

4. 草食畜禽（牛、羊、鹅等）养殖将会加速发展　据报道，我国牛羊肉价格已连续12年呈上行趋势。从2000年到2012年，我国牛肉产量由513.1万吨增加到662万吨；羊肉产量由264.1万吨增加到401万吨。我国已是世界第3大牛肉生产国、第一大羊肉生产国。近些年，牛肉、羊肉的消费量快速增加，相应的肉产品价格也一路上扬。2012年牛肉价格达到30元每市斤（1市斤=0.5千克，全书同），羊肉均价在30元每市斤以上，鹅肉的价格在30~60元每市斤之间。

5. 养殖环保问题将会受到高度重视　人们已经意识到，养殖业的规模化发展带来了越来越严重的污染。各种能够彻底而经济的解决畜禽养殖污染问题的方式，例如种养结合、循环农业模式将会被广泛推介。

6. 养殖的设施化程度将会越来越高　设施化的养殖能提高养殖效率，节约人力、物力成本。

因此，设施化的养殖在未来养殖业中的比重会越来越大，各种养殖设施的使用前景会越来越宽广。

7. 饲料工业的增长速度将放缓　随着畜禽养殖业发展速度的放缓，与之配套的饲料工业的增长速度也将放缓。

8. 畜禽产品加工业在今后一定时期内将会超常规发展　随着国家资源节约型环境友好型社会建设的不断深入，畜禽产品尤其是畜禽副产品的有效利用将会越来越受到重视。禽产品加工能够方便产品的保存，增加产品附加值。同时新型加工产品将会涌现，例如血液、骨粉、内脏等副产品的开发利用能带来新的经济增长。此外，风味型、即食型、方便型产品将会成为畜禽加工产品主流。我国有长达3 000多年的畜产品加工历史，尤其是在菜肴加工，中式肉、蛋、乳产品加工方面具有得天独厚的优势。

9. 疫病防控技术与产品将不断高技术化　新型技术，如转基因技术、基因重组技术等在疫苗制备中的应用给疫病防控带来了极大的方便。目前，畜禽疫苗正朝着新型化、安全化与免疫高效化的方向发展。

10. 一批与畜禽养殖有关的生命科学理论与技术将会取得突破，他们将会给畜禽品种选育、疫病防控、饲料生产技术等带来革命性改进。基于分子选育、转基因等技术手段培育的新型畜禽品种正在开发之中，有望应用于生产；基于新型生命科学原理的疫病防控产品将会不断出现并应用于生产。

第二节　我国畜牧业发展遇到的主要问题

（一）具有自主知识产权的畜禽品种较少，优良遗传资源未能充分挖掘

长期以来，我国使用的畜禽品种绝大多数引自国外，例如荷斯坦奶牛、杜洛克猪、波尔山羊、樱桃谷鸭、朗德鹅等。而本国具有优良遗传的品种没有得到开发，本土品种极度萎缩，许多地方品种甚至绝迹或处于灭绝边沿。

（二）疫病防控的技术与产品始终落后于疫病的变化

目前的疫病防控技术路线是“奴才式”或“肉搏式”，只有新的病原体出现并给养殖业带来严重损失甚至严重威胁到人类生命安全后，人们才“姗姗来迟”地分离出病原体，然后以此为依据分离出防控措施与产品，沿着这样的技术路线，病原体的不断变异是我们在新药研发上“疲于奔命”，永远处于与病原体搏斗的状态。到目前为止人们尚未找到能够跳出这种模式，防病原体于未然的真正“预防”的途径。

（三）养殖废弃物处理不力，污染问题已严重阻碍畜禽养殖业的继续发展

目前处理畜禽养殖污染的技术——沼气工程、有机肥、污水处理工程、种养结合的循环农业工程等都是有用的技术，但由于这些技术零碎，集成度低、技术使用者组织化程度低政府在该方面的产业发展支持方式也出现偏差，政府的扶持政策往往加剧了规模化种植业与集约化养殖业的分离，所有这些使得现有技术在解决畜禽养殖污染方面所起作用有限，集约化养殖业对环境污染严重，导致畜禽养殖业正在成为“万人嫌”产业。

第三节　武汉市畜禽产业发展特点与趋势

（一）区域特色明显，畜禽板块化经营格局已初步形成

经多年规划，武汉市的养殖业形成了区域特色，例如新洲的蛋鸡养殖、江夏和黄陂的生猪、东

西湖的奶牛、蔡甸和江夏的肉鸭、丘陵地区的肉牛、山羊等。今后这种格局还有可能被进一步强化。

(二) 大型企业的大量进驻使规模化经营所占比例更大，经营主体正在向少数企业集中

随着中粮、大型乳制品企业、饲料加工企业等的扩张，当地的散养户逐渐被淘汰，取而代之的是有大企业背景的规模化养殖场。

(三) 加工产业发展迅速，今后还将成为武汉市发展的主要方向

随着市场经济迅猛发展，人们生活水平的提高，畜禽加工产品的试产需求量越来越大，大中城市有着极强的发展畜禽加工产业的优势，因此，武汉市在今后一段时间内，畜禽产品加工业还将会以较高速度发展。

(四) 配套产业与服务体系建设更加健全

与养殖业配套的产业与服务体系，例如兽药、疾病检测和食品安全检测等越来越完善。今后这些配套产业还将扩展产业方向，并不断创新服务方式，更好的为养殖业服务。

(五) 围绕都市农业特点，发展形式多样化

武汉市的养殖业以郊区为依托，服务于都市生活，具有多样化的特点，养殖品种、养殖方式和经营方式均呈现出多样化的发展。

第四节　存在的问题

(一) 城市化进程

使畜禽与人的“距离”，养殖业与其他产业的“距离”越来越近，畜禽养殖业的发展空间已越来越小。居民用地、工业用地大量挤占了农业用地。旺盛的养殖用地需求与稀缺的土地资源存在着突出矛盾，制约了畜牧养殖业发展。

(二) 疫病引起社会恐慌

一方面，禽流感、猪流感等疾病不断发生，威胁了居民的健康，使得人们“谈禽色变”；另一方面，疫病的流行也给从事养殖的人带来了恐惧。

(三) 养殖污染

已成为养殖业继续发展的第一桎梏。农业污染超过工业污染，畜禽养殖业成为农业最大污染源，养殖业成为水体最大的污染源之一。而污染的主要原因就是布局不合理、产品与产污关系失调、规模超环境负荷、生产方式粗放低效、科技支撑能力弱等。

第五节　发展建议

(一) 下大力解决好畜禽养殖污染问题，用良好型养殖模式挖掘畜禽养殖业进一步发展的空间

科学研究早已证明：养殖废弃物的最终归宿只能是种植业。因此，在技术上要创新养殖业与种植业互促式发展的模式。

要高度重视畜牧业发展带来的环境污染问题，把保护环境和维护生态平衡放在突出位置，正确处理经济效益、社会效益、生态效益三者之间的关系。进一步加强养殖环保的法律规范。积极推行“猪—沼—果”等生态养殖模式，促进资源的循环利用。推广清洁养殖技术，严格控制养殖及生物环境，合理利用粪污等资源。新建、改建、扩建畜禽规模养殖场（小区）必须配套建设对畜禽粪便、废水和其他固体废弃物进行综合利用的沼气池等设施或者其他无害化处理设施；坚持人畜分离，尽快改变散养的生产方式，引进农民进入养殖小区饲养，从根本上改善农民的生活居住环境，提高动物防疫水平。

“工程化”应该成为都市畜牧业以及都市农业下一步改造升级的主要方式，特别需要政府资源高度集结。政府加大对畜牧业的投入，积极引导社会资本投入畜牧业生产，建立多元化投入机制。扶持畜禽规模养殖场（小区）的粪污处理和资源化利用设施的建设，进一步改善畜牧业基础设施和生产条件，不断提高养殖业的环保水平，把畜牧业建成资源节约型、环境友好型的优质高效产业，实现畜牧业持续健康发展。

（二）下大力解决好畜禽疫病防控问题，为养殖业的深度发展保驾护航

改变疫病防控技术路线，建立更合适的动物疫病防控体系是养殖业持续发展的重要保证。着力构建动物防疫的应急机制和长效机制，不断完善组织指挥系统、预警预报系统、防疫监督系统、疫情控制系统，狠抓以疫情监测、强制免疫、消毒灭源、检疫监督和疫情处置等为重点的防控措施的落实，全面提高科学防控水平，保障畜牧业健康发展。此外，还应注重技术与防控药品的革命性创新。

（三）促进畜禽养殖行业的技术进步，挖掘有限养殖空间的生产潜力

将先进的养殖技术，例如设施养殖、发酵床养殖等应用于规模化养殖场，提高单位养殖面积内的生产效率，节约成本。同时，要打破以往传统的养殖模式，推广生态养殖模式、休闲观光养殖模式、粪污综合治理与利用模式、工程化循环农业模式等资源多层次利用的养殖模式，变废为宝，变“万人嫌”为“小甜甜”。政府也应尽快出台政策支持这些新型养殖模式，促进养殖业的健康持续发展。

（四）加强畜禽产品质量的监控，为食品安全提供保障

加大畜产品质量安全检验检测体系建设力度，尽快建立和完善上下联结、设备配套先进、高效运转的畜产品质量监管网络体系。加强畜产品质量安全管理，建立畜产品质量可追溯制度。强化畜禽养殖档案管理，确保上市畜产品的质量安全符合国家有关标准和规范要求，保障人民群众的身体健康。充分发挥我国的生态资源优势，积极鼓励和支持畜牧业龙头企业重点培育有一定市场基础和品牌优势的特色品种，着力打造一批畜产品绿色品牌。积极引导有条件的畜牧企业申报产地、产品认证，培育一批无公害、绿色、有机食品品牌，争创著名商标和名牌产品，提高我国畜产品的知名度和竞争力。

（五）加速畜禽产品加工产业的发展，为未来畜禽产业发展谋出路

《国家中长期科学和技术发展规划纲要（2006—2020）》明确指出：发展农产品精深加工、产后减损和绿色供应链产业化关键技术。要注重畜禽产品加工业和服务业的发展，引进新技术，拓展其发展空间和增收空间。

第九篇　我国水产业发展现状与趋势及武汉市水产业发展对策建议

朱思华
（武汉市农业科学技术研究院，武汉市水产科研所）

第一节　我国水产业发展现状

50多年来，尤其是改革开放的30多年来，我国水产养殖业飞速发展，取得了举世瞩目的成就，主要表现在：

（一）创造了同期世界最高发展速度

我国是渔业大国，水产品养殖产量占世界总产量的比重从1978年6.3%提高到目前的70%以上，自1989年起至今连续20多年居世界首位。

（二）改变了传统的水产资源开发模式

在世界上，水产品的增长绝大部分依靠海洋，而我国大力发展养殖业，形成了我国渔业生产的特色。即水产品产量以养殖为主。2012年全国水产品总产量5 907.68万吨，而当年全国水产品养殖产量4 288.36万吨，占比73%。

基本概念是：世界生产3条“鱼”，有1条是中国产。中国生产3条“鱼”，其中超2条是养殖生产的。养殖生产5条“鱼”，其中3条是淡水生产的，2条是海水生产的。淡水产品中70%是由池塘小水体生产的。海水产品中80%是贝类，绝大部分都不能出口。

（三）水产品市场供应品种多，数量足，彻底解决国人“吃鱼难”问题

1. 改革开放前，国人平均水产品占有量仅4.3千克；
2. 1985年国务院提出了用3～5年时间解决人民的“吃鱼难”问题；
3. 1995年我国水产品人均占有量超过世界平均水平；
4. 2012年水产品人均占有量达43.63千克，超出世界平均水平。

（四）水产养殖业已从过去的农村副业，转变成为农村经济的重要产业和农民增收的重要增长点

1. 2011年全国渔业产值为7 883.9亿元，其中淡水养殖和水产种苗产值合计达到4 145亿元，占到渔业产值的52.5%。现在渔业从业人员有2 060万人，其中约70%是从事水产养殖业。2011年渔民人均纯收入达10 012元，高出农民人均收入近3 000元。

2. 水产养殖业的发展还带动了水产饲料，渔药、养殖设施和水产品加工，休闲渔业，储运物流等相关产业的发展，不仅形成了完整的产业链，也创造了大量的就业机会。2012年水产品加工业产值3 147.68亿元，休闲渔业产值297.88亿元。

（五）水产养殖发挥重要作用

在中国人口免于饥荒、保证健康与社会发展中，发挥了关键作用。世界著名未来学家莱斯特·布朗：谁来养活中国人？计划生育与淡水渔业！

（六）淡水养殖业在改善水域生态环境方面发挥了不可替代的作用

1. 我国大宗淡水鱼类养殖是节粮型渔业的典范，因其食性大部分是草食性和杂食性鱼类，甚至以藻类为食，食物链短，饲料效率高，是环境友好型渔业。

2. 鱼类养殖多采用多品种混养的综合生态养殖模式，通过搭配鲢、鳙等以浮游生物为食的鱼类，来稳定生态群落，平衡生态区系。通过鲢、鳙的滤食作用，一方面可在不投喂人工饲料的情况下生产动物蛋白，另一方面可直接消耗水体中过剩的藻类，从而降低水体的氮、磷总含量，达到修复营养的水体目的。

（七）水产养殖产品对外贸易稳定增长，加快了我国渔业经济全球化的进程

2012 年，我国水产品出口量380. 12 万吨，出口额189. 83 亿美元，水产品出口额占我国农产品出口总额比重达到30%，连续13 年位居国内大宗农产品出口首位。

第二节　我国水产业发展面临的矛盾、挑战及主要问题

（一）良种选育研究滞后，良种的覆盖率低。主要表现：

1. 种质混杂现象严重　苗种场保护意识淡薄，亲本来源不清，近亲繁殖严重，导致生产的苗种质量差。

2. 良种少　“四大家鱼”中青、草、鳙还没有1 个人工选育的良种，仅白鲢长江所选育“长丰鲢”。鲤、鲫、鲂虽有良种，但良种筛选复杂更新慢，特别是高产抗病的新品种极少。

3. 保种和选种技术缺乏。

4. 育种周期长，保种难度大。

（二）养殖病害频发，引发较大经济损失

1. 淡水养殖鱼类病病害种类达100 余种，养殖过程中极易发生细菌性、病毒性疾病，给养殖鱼类造成经济损失。

2. 病害严重导致渔药滥用，危害食品安全。

（三）养殖模式落后，集约化程度急待提高

1. 池塘布局仅具有提供鱼类生长和基本的进排水功能，池塘现代化、工程化、设施化水平较低，根本不具备废水处理、循环利用、水质检测等功能。

2. 养殖池塘多建于20 世纪70 ~80 年代，基本上处于坍塌、池浅、设施陈旧老化状态，变得越来越不符合现代渔业生产的要求。

3. 水产养殖业劳动条件差，劳动强度大的情况没有改变。

（四）产业发展与资源、环境的矛盾加剧，水产养殖生态环境不断恶化

近15 年来，虽然我国的池塘养殖总产量增加了1 146万吨，但同时养殖面积也增加了近1 665万亩，这种增长模式以增加养殖面积为代价来开展的，而不是以通过增加单位产量。传统池塘养殖改善水质的方式主要采用换水的方法，将有大量的养殖废水排放到周围环境中，对养殖周围环境造成了很大的压力。随着养殖面积的扩大，单位面积产量的提升，水产养殖生态环境不断恶化，产业发展面临严重的生态压力。

（五）产业链发展不平衡，效益提升乏力

1. 淡水养殖产量提升与饲料需求供应矛盾突出

饲料产量较低，饲料原料大多数依赖进口。每年大约有3 000万吨以饲料原料的方式投喂。这

种粗放式水产养殖方式不仅导致饲料资源的浪费，还会对环境造成较大的影响。

2. 淡水产品加工技术水平不高，在一定程度上制约了淡水养殖的发展速度。

3. 水产品质量标准与国际接轨，水产品质量可追溯性机制不健全，使水产品优质不优价，影响了养殖业从事无公害养殖的积极性。

（六）行业经营体制与运行机制阻碍了生产力的提高。主要表现在：

1. 小生产、家庭的经营；

2. 个人承包，社会化分工不明细；

3. 缺乏行业组织或行业协会不健全；

4. 还有一些单位在吃大锅饭。

（七）科技成果转化率低

主要表现为科研、教学、推广各自为政，缺乏转化机制，大量科研成果没有进入中试、转化。

（八）水产食品安全问题凸显

第三节　我国水产业的发展趋势与展望

（一）推广普及健康养殖模式，转变产业增长方式

1. 推广普及池塘循环水模式　“鱼—稻”复合生态养殖模式，生物浮床池塘原位净化技术。

采用弹性生物填料为人工基质，以土著微生物及外源微生物为菌源构建的池塘固定化微生物菌膜系统，可改善不同水层微生物群落的分布，有效地实现养殖水体的原位修复。在池塘水体中构建以空心菜为试验植物的浮床植物系统，实现了不同生理类群的微生物在水体同一水层的共存，促进氮的循环，加强水体的自净功能。在池塘中构建沉水植物蓖齿眼子菜修复系统，能够有效降低浮游藻类水平、改善水体富营养化状况。

2. 利用多级生物系统修复池塘养殖环境　固定化微生物技术、浮床植物系统和沉水植物系统三者共同作用的多级生物系统，能够进一步优化池塘环境，达到了池塘养殖节能减排的要求。养殖池塘在实施多级生物系统修复技术后，养殖产量有所提高，鱼病发生率降低，水产投入品的使用量减少，具有较好的经济效益。

（二）创新育种技术，培育优良品种

成功推广的有异育银鲫“中科三号”、松浦镜鲤、芙蓉银鲤、长丰鲢、福瑞鲤。

（三）加强主要疾病技术研发，建立防控模型，加强药物开发，建立疾控平台

1. 加强开发疫苗和禁用渔药的替代产品。

2. 加强重大疫病的监测、预警、诊断与检测技术研究，建立快速检测技术，开发建立远程诊断专家系统。

（四）饲料营养与投喂模式改进

中科院水生所建立的异育银鲫动态投喂模型与摄食数据库，可以通过合理投喂，每生产 1 吨异育银鲫可减少少 0. 86 吨饲料的投入，降低 3 千克氨氮排放。

（五）发展渔业机械

1. 传统水产养殖是一个苦力活，在劳动力成本升高的现在，发展机械化才是规模化、工厂化的道路。

2. 远程集中投饵系统、机械化捕鱼、池塘起鱼输送设备，施药渔船等。

（六）建立合适的产业模式，提高抗风险力

1. 大力推行“龙头企业 + 专业合作经济组织 + 农户”的经营模式和“利益共享、风险共担”的经营机制，着力提高水产养殖业应对市场风险的能力。

2. 大力推行水产保险业务。

第四节　武汉市水产业发展现状

（一）武汉市水产业资源及产业基本概况

1. 武汉市按照“区域化布局、标准化生产、规模化推进、市场化运作、产业化经营”的要求，全面发展“优质、高产、高效、生态、安全”渔业，全市渔业经济取得了平衡较快发展，实现了渔业增效、渔民增收。

2. 2012 年全市养殖水面 160 万亩，其中精养鱼池 46 万亩，湖泊 84. 24 万亩；

水产品总产量 46. 5 万吨，渔业产值 80 亿元，占全市大农业比重达 18%。以河蟹、鳜鱼、黄颡鱼、小龙虾、胭脂鱼、鮰鱼、青鱼等为主的名特优新水产品种多模式养殖面积达 112. 5 万亩，名特优水产品养殖产量比重达 68. 84%。

3. 全市现有水产苗种繁育场（企业）46 家，其中部、省级良种场 4 家，年繁育苗种超过 100 亿尾。

4. 有各类水产品加工企业 28 家，年加工能力 19 万吨，年加工转化达到 12 万余吨，年出口创汇达到 2 388万美元。

5. 全市有大中型水产品批发市场 3 家，年交易量达 60 多万吨，是华中地区最大的水产品集散中心。

6. 有各类休闲渔业场所 600 多处，年接待市民达 200 余万人次。有“三品”认证食品 140 多个。

（二）武汉市“十二五”水产发展规划

1. 围绕“一个转变”　转变渔业发展方式。

2. 着力“二个推动”　推动健康养殖、推动标准化基地建设。

3. 把握“三个重点”　即结构调整、质量安全及渔业资源和环境保护。

4. 实现“四个目标”　即提高设施水平、提高科技含量、提高产业链整合、提高养殖效益和产业素质。

第五节　关于加快武汉市水产业发展的思考与建议

（一）加强渔业基础设施建设，夯实水产业发展基础

1. 根据武汉市城市发展和都市农业发展整体规划，做好水产业发展顶层设计。

2. 根据武汉市渔业设施的现状和客观需要，着力抓好水产板块基地建设和精养鱼池改造。

3. 按照规模化、区域化、产业化、生态化、集约化建设要求，实现基地标准化建设。

（二）瞄准市场需求，深化水产养殖结构调整

1. 继续扩大河蟹、鳜鱼、黄颡鱼、鮰鱼、黄鳝、胭脂鱼等名特优水产品养殖比例。

2. 大力推广普及适合武汉市水产业发展的健康养殖模式。

（1）池塘蟹—鳜生态养殖模式（汉南湘口）

（2）池塘鳜—麦鲮一鱼种混养模式（江夏鲁湖）

（3）池塘鳜—水生菜种养结合生态养殖模式

（4）池塘鳝—鱼混养模式（江南银莲湖）

（5）池塘黄颡鱼—鳖生态养殖模式

（6）小龙虾（泥鳅）（黄鳝）—稻复合生态养殖模式（潜江、监利）

（三）整合全市水产科技资源优势，加大育种投入，建设中国中部水产种苗种都

在全市现有水产种苗研发基础上，加大投入，整合资源，在鳜鱼、鲌鱼、黄颡鱼、鳊鱼、鲂鱼、鲢鱼、鳙鱼、青鱼、鲫鱼、胭脂鱼、鲟鱼等方面，选育新品种，通过苗种规模繁育，建成华中地区最大的淡水苗种“种都”。

（四）加快科技创新，推进传统渔业向现代都市渔业转型

1. 大力推进“产、学、研”联姻，重点加强对资源节约、环境友好型渔业技术的开发研究，形成武汉市在鳜、鲌、胭脂鱼、河蟹、小龙虾、泥鳅、黄颡鱼等特色水产品的科研和产业发展优势。

2. 探索社会资本，有关企业参与水产科技开发推广和服务的有效方式，着力提高渔业生产的科技贡献率。

3. 加快水产信息平台和网络建设。

4. 按照现代数字化、智慧化系统建设提高渔业设施化水平。

（五）强化质量监督，大力推进水产健康养殖和品牌创建，将水产品质量安全作为产业发展的第一环节来抓

1. 加强对水产品生产全过程的监督。

2. 大力推进水产健康养殖和标准化生产。

3. 培育武汉市水产品牌。

（六）大力发展“两型渔业”，努力实现渔业可持续发展

1. 大力探索循环渔业发展模式；

2. 养护好渔业资源环境；

3. 拓展渔业发展空间。

（七）从金融、风险控制、经营模式等政策上进行大胆探索，提高水产业抗风险能力

1. 大力推进“龙头企业 + 专业合作 经济组织 + 农户”的经营模式和“利益共享、风险共担”的经营机制。

2. 进行金融创新，研发出台支持水产业发展的融、贷款政策。

3. 探索建立水产保险模式。

参考文献

[1] 贾敬德 . 21 世纪我国淡水渔业展望［J］. 淡水渔业 . 2000，30（1）：3 –6.

[2] 戈贤平 . 我国大宗淡水鱼产业现状与发展方向［J］. 渔业致富指南 . 2013，14：17 –21.

[3] 王武，陆伟民，吴嘉敏，等 . 鱼类增养殖学［M］. 北京：中国农业出版社，2000.

[4] 陈家长 . 淡水池塘养殖环境优化调控 PPT，2010.

[5] 徐皓，刘晃 . 水产养殖生产条件改造与技术装备提升战略研究 PPT，2010.

[6] 毛汉奇，祝松青 . 关于武汉市水产业发展情况的汇报 . 武汉市农业局，内部资料，2012.

第 二 部 分

名优新特品种种养技术

第一篇　武汉地区秋冬萝卜种植技术

贺从安
（武汉市农业科学技术研究院，武汉市蔬菜科学研究所）

第一节　秋冬萝卜价值高，种植面积大

一般地，萝卜维生素 C 含量是西瓜的 10 倍，番茄的 3 倍，萝卜可生食，将其制成泡萝卜或萝卜干则别有风味。民间有谚语“晚吃萝卜早吃姜，不需医生开药方”。话虽有点夸大，但常吃萝卜对人体却有益处。《本草纲目》中说，萝卜能下气，定喘气，治痰，消食除胀，利大便，止气痛。据分析，萝卜含芥子油，芥子油有促进胃肠蠕动、增进食欲，帮助消化等功能。古有谚语：“十月萝卜赛人参”“萝卜上汤大夫还乡”“冬吃萝卜夏吃姜，不用医生开药方”“萝卜进城，药铺关门”“上床萝卜下床姜，一年四季保健康”。这些谚语生动地描述了萝卜的保健功效。萝卜食疗方法也多，据《中国萝卜》（王隆植，2008）记载，萝卜按不同配方食疗，可预防和治疗 30 种疾病（上呼吸道感染、咳嗽、支气管炎、哮喘、结核、猩红热、恶心、呕吐、痢疾、麻疹、吐血、高血压、头晕、水肿、胆结石、食物中毒、矽肺、食积、疳积、腹胀、偏头痛、胃痛、腹痛、扁桃体炎、单纯性甲状腺肿大、喉疾、糖尿病急性病、毒性肝炎、便秘、乙型脑炎、抑癌、抗癌、防中暑、防晕车晕船、皮肤裂口）；此外，在配方作用下，萝卜还具有美容、戒烟之功效（鲜白萝卜一小碟，每天晨起口服，会使人吸烟时感觉无味）。

秋冬萝卜品质好，营养食疗价值更高。秋季萝卜水分含量较少，营养成分含量更高，食疗或加工的萝卜原材料多用秋季萝卜。谚语“十月萝卜赛人参”中的萝卜就是秋季种出来的；而“冬吃萝卜夏吃姜，不用医生开药方”中的萝卜也是在秋季种出来，然后进行窖藏或土藏，冬季再拿出来食用。此外，当今市场上出现的腌制、泡制、干制出的萝卜加工产品所使用的萝卜大多也是在秋季种出来的。

我国萝卜适宜秋季种植。我国萝卜栽培历史悠久，栽培面积大，当代萝卜仍然是我国骨干蔬菜品种之一，其中秋季萝卜占有较大份额。20 世纪 90 年代以前，我国萝卜种植的季节绝大多数在秋季，很少在其他季节种植。

第二节　萝卜对温度、水分、土壤的要求

（一）最适宜萝卜生长的温度

萝卜属于半耐寒蔬菜，喜温，适宜在昼夜温差大的气候下生长。萌动的种子能在 2～4℃条件下发芽，发芽最适宜温度为 20～25℃，幼苗期可耐 30℃左右高温和短时间零度左右的低温，叶片生长适宜温度 15～20℃，肉质根膨大最适宜温度为 13～18℃。

（二）最适萝卜生长的水分

萝卜食用肥大的肉质根，虽然根系较深，但须根较少，而地上部叶片较大，故不耐旱。土壤湿

度以最大持水量为65% ~80%、空气湿度80% ~90% 为宜。土壤水分过多，造成土壤中空气不足，影响肉质根对水肥的吸收，严重影响萝卜的生长。

（三）萝卜营养生长阶段需水机理

萝卜发芽期、幼苗期需水不多，夏秋和秋季栽培，适时浇水不仅有利于出苗整齐，而且可以降低地表温度，避免高温造成灼伤而感染病毒。肉质根膨大前期需水量增加，可适当浇水。第二叶序的叶片大部分展出时适当控制浇水，以利于植株转入肉质根膨大盛期。肉质根膨大盛期是需水最多的时期，应及时供水。据试验，在肉质根膨大盛期，使土壤含水量保持在20%左右（指绝对含水量），有利于提高产量和质量，而且肉质根皮色光亮、新鲜。如果土壤含水量偏高，则土壤通气不良，肉质根的皮孔加大，侧根处形成不规则突起，影响商品品质；土壤长期偏干燥，肉质根生长缓慢，皮厚且粗糙，肉质粗，辣味，品质和产量均降低。在肉质根膨大盛期，土壤干、湿聚变，还易造成肉质根裂口。

（四）土壤与矿质营养

萝卜适宜在沙质壤土、壤土、轻黏质壤土中栽培。萝卜肉质根土壤周围无硬的障碍物。矿质中不含重金属和有毒物质。

第三节　秋冬萝卜种植技术要点

（一）熟悉秋冬萝卜特征特性

秋冬萝卜一般在秋季播种，冬季收获，是适宜萝卜生长的主要季节。长江中下游地区于8月中旬至9月中旬播种，11月上旬至12月下旬收获。这类萝卜品种多在选择品种和安排生产面积时要根据市场需求，进行品种选择和排开播种，达到均均衡上市。武汉地处长江中游地区，秋冬萝卜栽培也在这个时节播种比较适合。秋冬萝卜茬口以瓜类、茄果类、豆类为宜，其中尤以西瓜、黄瓜、甜瓜等较好。如：春辣椒—夏早熟花椰菜—秋冬萝卜。

（二）选择适宜秋冬萝卜品种

选择的品种应有抗病虫能力强、不易糠心、品质好、外观美等特点，加工类品种还要求肉质根干物质含量相对较高。播种后同时配合科学管理，才能获得丰收。目前武汉本地种植的加工类萝卜品种有武青一号、武溃一号、中秋白、黄州萝卜，其他品种还有南畔洲、扇子白等。

扇子白

1. 武青一号　花叶，叶片绿色，主脉淡绿色，每株叶片数27 ~27 片，株高40 ~45 厘米，开展度60～70厘米。肉质根圆柱形，长约28厘米，径粗8～9厘米，出土部分4厘米，肩翠绿色，入土部分白色，品质好，熟食腌制兼用。抗逆性强，较耐病毒病，产量高，每亩达4 000千克以上。

2. 武渍一号　中晚熟，F1。生育期80天，花叶，叶色浅绿，肉质根圆柱形，株高50厘米，开展度51厘米，叶片数26，根长50厘米，横径4.5厘米，出土部分20厘米，皮白色，肉质白色致密含水量少，加工专用型品种。也可鲜食。

3. 中秋白萝卜　该品种是武汉市蔬菜所最近研究出来的早中熟白皮杂交一代萝卜新品种，叶为间型，肉质根长圆柱型，根长30～35厘米，根粗8厘米，单根重1千克左右，株行距23×50厘米，亩栽5 000株左右，生育期50～60天。

4. 南畔洲萝卜　汕头市白沙蔬菜原种研究所选育而成，中晚熟，适应性广，播种至收获80天左右，亩产4 000千克，品质优良，熟食或腌制加工均可，株距23厘米，行距40厘米，单根重0.5～1千克。

5. 黄州萝卜　黄冈农家品种，花叶，肉质根长圆台形，底部平，长20～24厘米，根粗5～7厘米，根肩淡绿色，入土部分白色，耐寒性较强，耐贮运，肉质紧脆、水分中等。

6. 扇子白萝卜　武汉地方品种，以圆形或长圆形居多，单个重350克，主色白色，根肩稍带浅绿，多在武汉黄陂种植，尤以黄陂脉地湾扇子白萝卜营养价值为最佳。脉地湾扇子白萝卜有600多年的种植史，曾为皇家御用供品，表皮光滑，肉质细腻，汁多味甜。它无论是用于熟食还是腌制均口感极好，特别是作为煨汤食用，其汤汁香中带甜，萝卜入口即化。它富含芥子油、淀粉酶和粗纤维，有促进消化、增强食欲，加强胃蠕动和止咳化痰的作用。

（三）播种前准备

土壤选择：萝卜适应土层深厚、土质疏松、排水良好的中性或弱酸性的砂质壤土。一般播应选择地势平坦、水源条件好、土壤疏松、透气性好的田块；在播种前15天，清理前茬作物的叶梗等物，然后深翻炕地，随后三犁三耙，充分碎土，因为过硬的土块会使萝卜分杈。播种前施足底肥，底肥应选择以农家肥为主，农家肥充分腐熟后每亩施3 000～5 000千克，其次是饼肥和活性有机菌肥，因为这些肥可提高产品质量，而产品质量是生命线。施农家肥必须在二犁二耙前施下，充分与土壤拌匀，施菜饼肥和生物有机菌肥时，应条施在畦田中央，深度为20厘米以下处。

前茬作物：萝卜不宜连作，前茬作物应实行轮作，蔬菜地区可以用秋豇豆、秋黄瓜、丝瓜、苦瓜等为前茬。粮棉作物地区可安排中稻、早熟棉花、芝麻、黄豆等为前茬，必须深翻耙细，播种前7～10天掩沟整畦。

整地作畦：施足底肥，前茬作物收获后，清理田园，播种前7～10天一次性施足底肥，每666.7平方米施腐熟农家肥3 000千克或100千克菜饼肥25千克复合肥。农家肥捣碎撒施，随后三犁三耙，深15～17厘米，菜饼肥粉碎后与复合肥条施，施在畦中央，畦长宽为400厘米×100厘米，畦高为12厘米左右，畦活土层25～30厘米。必须根据地势、水源而定，地势平坦水源好的田块，应采用深沟高畦，这种方式既能灌又能排，而且活土层比平畦高一倍，透气性好。因为萝卜主要靠发达的主根吸收水分，如果土壤深厚、水分适宜、透气性好的条件下，萝卜就会表皮光滑，肉质细腻，侧根少，反之表皮粗糙，侧根多、杈根多，大大降低了商品品质。开厢应根据不同季节和不同品种而定，品种区分为大型品种、中型品种和小型品种，大型品种亩定植5 500株左右（单根重2斤，亩产8 000～10 000斤），株行距25厘米×50厘米；中型品种亩定植6 600株左右（单根重1～1.5斤，亩产6 000～8 000斤），株行距20厘米×50厘米；小型品种亩定植8 000株左右（单根重0.5～1.0斤，亩产4 000～6 000斤），株行距16.6厘米×50厘米。

（四）播种

种子质量要求：要求品种对路，种子纯度好，发芽率高，对存种子应先做发芽率后再播种。对发芽率较低的种子应加大播种量，以免造成缺苗。即种子质量要求达国家二级质量标准，纯度不低于95%，发芽率不低于90%，净度不小于98%，发芽势不小于98%。

播种方式：有撒播、条播和穴播，以穴播为好。但目前很多地方，仍以撒播为主，许多人认为萝卜易种，撒播省事，当时播种的确要快一点，但给以后栽培管理带来一系列的麻烦，导致产量低，品质差，首先是要多浪费一倍以上的种子；二是天旱不利打底水、出苗没有保障；三是间苗、定苗时多花工时，容易苗挤苗；四是不利中耕除草，浇水追肥、萝卜大小不均匀；五是不利于防治病虫害，喷药时容易漏喷、少喷。提倡点播（穴播），点播是根据萝卜的特征特性，合理安排株行距，使萝卜在个体发育和整体数量上有一个最合理的配置，在吸纳光照、吸收水分肥料一致的情况下，商品性才能达到一致。武汉秋冬萝卜一般8月15日至9月20日播种，播种密度，视品种而定，一般行距50厘米（每畦播2行），株距23厘米。穴播，每穴播5粒种子，用腐熟渣子肥盖种。用种量每666.7平方米0.5千克。点播每穴点5粒左右，需种子0.8斤；条播每亩1.2斤左右；撒播1.5斤以上。一般每畦播两行，行距40~50厘米，中秋白萝卜株距24厘米，扇子白株距16厘米，南畔洲株距22厘米，黄州株距20厘米，武青一号株距23厘米。

（五）田间管理

1. 适时间苗　为了保证萝卜生长整齐、健壮，应适时进行间苗和定苗。萝卜整个生长期分二次间苗，一次定苗，也有的间苗三次。萝卜播种后5~7天出全苗，当苗出齐后，应进行第一次间苗，每穴留苗三株，第二次是真叶长到3~4片时留苗二株，第三次是等真叶第到5~6片叶时（破肚期）进行定苗。现一般采用两次间苗，一次定苗。第一片真叶展开时进行第一次间苗，3~4片真叶期进行第二次间苗，每穴留苗2株，当苗生长到5~6片真叶时进行定苗，按上述株距留苗，每次间苗和定苗都要精心选留具有品种特征、生长健壮、无病虫害的壮苗，淘汰杂苗、小苗、弱苗、病苗。

2. 合理排灌　秋冬萝卜整个生长期气候适宜，有利于萝卜正常生长。但武汉秋季有时干燥，灌好出苗水是田间管理第一关，为了保证出好苗，要注意听天气预报，看播种后几天有无暴雨发生，灌出苗水的方法是在下午进行小水浸灌，待厢面潮湿后将水放掉，水不能灌上厢面，否则容易烂种，若有个别地方没有灌到，可以每天挑水补浇，直至苗出齐为止，秋冬萝卜3~4天出齐苗。出苗后灌水要根据天气情况和萝卜生长情况而定，必须讲究科学灌溉方法，既不能让萝卜受旱，又要防土壤过湿，因为高温高湿常造成烂种、倒苗和萝卜黑心，灌水时间一般要求在下午五时后进行。应掌握三凉（天凉、地凉、水凉），使灌的水经过一夜的回潮，均匀分布，有利于萝卜生长，从灌水量上，小苗以小水浸灌为主，萝卜到露肩期后应灌跑马水为主，快进快出。遇到大雨天气同时注意清沟排渍。

3. 分期追肥　第一次追肥在幼苗长出2片真叶时结合松土施下，每公顷施15 000千克（折合每666.7平方米施1 000千克）薄人粪尿，第二次在大破肚时，每公顷施22 500千克（折合每666.7平方米1 500千克）人粪尿加磷酸钙和硫酸铵各75千克（折合每666.7平方米5千克），第三次施肥在萝卜进入露肩期方法同第二次（以亩计，第一次为每亩施20担稀薄人粪尿，第二次每亩每亩增施磷酸钙和硫酸钾各5千克）。

4. 中耕除草　因为萝卜是好气性作物，应经常进行中耕除草，保持疏松、透气，一般中耕与灌水、间苗、定苗、追肥相结合起来，要求下雨或灌水后一定要中耕一次。秋季仍然高温，雨后土壤易板结，杂草生长仍然较快，应结合中耕除净杂草，中耕除草宜在灌水后3~4天较湿润的下午进行。通常中耕与间苗定苗灌水、施肥结合起来，幼苗期中耕宜浅，莲座期后适当中耕，肉质根膨大盛期适当加深，每次中耕，要防止伤根，以免引起萝卜肉质根分杈、裂口、腐烂。

5. 病虫防治

（1）虫害：萝卜主要害虫有蚜虫、菜青虫、小菜蛾、黄曲跳甲等。防治蚜虫用10%吡虫啉3 000～5 000倍、25%唑蚜威2 000～3 000倍、蚜螨净。防治菜青虫用48%乐斯本1 000倍、20%甲氰菊脂2 000倍。防治小菜蛾用3 000倍菜喜、5%卡死壳或5%抑太保乳油4 000倍液。防治黄曲跳甲用48%乐斯本1 000倍、米乐尔每666.7平方平方米～3千克等。

（2）病害：萝卜病害有病毒病、黑腐病、霜霉病。病毒病以防治蚜虫为主，同时防止干旱，因为高温干旱易引起病毒病的发生。防治霜霉病可用58%瑞毒霉500倍，防治黑腐病主要是加强土壤的通气性、水分调节，增强植株抗性。

6. 防止秋冬萝卜岔根、分叉、裂根、变形、糠心　武汉地区秋季有时多雨，有时长期干燥，导致萝卜地里水分供应不均匀，此外，土层质量、施肥机械伤害、地下害虫危害等均能引起萝卜肉质根变形，导致秋季萝卜岔根、分叉、裂根、变形、糠心等。糠心就是萝卜的肉质根到生长后期，中心部分时常发生空洞的现象，这种现象又叫空心。糠心的结果，不但重量减轻，而且糖分减少、质量差，影响其食用、加工及贮藏性能。糠心与品种、栽培条件、温度及光照有关。总的来讲，预防萝卜生理障碍，选好品种是前提，适期播种是关键，田间管理应到位，鲜货储藏有诀窍。

防止萝卜岔根、分叉、裂根、变形办法：

（1）保持土壤水分，防止土壤干燥或忽干忽湿。

（2）应选土层深厚，排水良好的沙质壤土，深耕细耙，消除废旧农膜、砾石、砖瓦等硬物。

（3）施肥应均匀，有机肥要充分腐熟，追施化肥应适量。

（4）间苗、中耕、除草等操作时不要给幼苗造成机械伤害。

（5）要及时防止土壤地下害虫，可在播种前施用土壤杀虫剂。

防止萝卜糠（空）心办法：具体如下：

（1）适期播种，合理密植

（2）田间管理注意平衡供水。卜生长发育阶段对土壤含水量的要求一般在60%～80%，尤其是在萝卜肉质根膨大期，土壤供水不足或时旱时涝，很容易造成空心，所以应保持平衡供水，当土壤含水量低于上述要求时，就要适当浇水。

（3）科学施用硼肥。硼肥能促进萝卜心实个大。从萝卜苗长出2～3片真叶开始到收获前半个月左右，每隔20天喷施1次硼肥，每亩每次用硼砂150克或硼酸100克，先用少量温水溶解后对水60～75千克均匀喷施，喷施时间以傍晚为宜。

（4）适当施用多效唑。多效唑具有控制植物生长过旺、合理调节植物体内光合产物的分配和运转的功能。在萝卜植株生长期，亩用15克15%多效唑可湿性粉剂，对水50千克均匀喷洒，非生长过旺的田块一般用药1次即可。

（5）鲜货低温（1～2℃）储藏时削去根顶部，环境里有较适宜的相对湿度。

（六）及时收获

秋冬萝卜收获期一般不再超过10天，成熟后应即时采收，特别是采收期期间要注意水份的管理，往往是要采收的萝卜不注重管理，造成萝卜糠心、黑心和病害的蔓延。

（七）秋冬萝卜安全生产注意事项

1. 正确选择无公害萝卜种植地块　首先是萝卜产地空气质量要好。其次要远离公路、国道（1 000米以外）、工矿企业（2 000米以外）、医院和其他污染源（3 000米以外）；农田灌溉水质中不含氰化物、重金属和其他有毒性的物质，水质pH值范围以在5.5～8.5最好；空气清新污染少，栽培土质中无有毒金属和重金属，更没有药害残留的农用。相应具体指标应符合GB18407.1—2001农产品安全质量—无公害蔬菜产地环境要求

2. 挑选适合本地种植的适宜品种　选用抗病、优质、丰产、抗逆性强、适应性与商品性好的品种，选用优质种子，剔除霉籽、瘪籽、虫籽后，晒种，用干籽穴播。

3. 整地高畦商品好　基地选择严格参照GB18407.1—2001标准要求。以地势平坦、排灌方便、土层深厚、土质疏松、肥沃，富含有机质，呈弱酸性至中性，保水，保肥性好的沙质土壤为宜；二年内未种过十字花科类作物。播前15天左右，在前茬清理完毕的基础上，施入充分腐熟的农家肥3 000～4 000千克/667平方米，然后机械翻耕，深度30厘米以上。播前5～7天左右施入氮磷钾复合肥30～40千克/667平方米，进行一次机械旋耕，旋耕后立即进行平整。按一定规格做畦。大型品种多起垄栽培，垄高15～20厘米，垄宽50～60厘米，垄上种两行；中型品种，垄高10～15厘米，垄宽35～40厘米；小型品种多采用平畦栽培。播种前2～3天，每66.7平方米用50%辛硫磷0.3千克加50%多菌灵0.6千克，均匀喷施畦（垄）面进行土壤处理，喷施后用人工耙细平整畦（垄）面，播前3～5天畦面浇透底水。

4. 田间管理无害化　保持土壤田间持水量在60%～80%，播后2～3天即可出苗。如有缺株应及时补播。在子叶平展与2～3片真叶期进行间苗，结合间苗进行中耕除草，中耕时要避免伤根。5～6片真叶期定苗，定苗后进行一次深翻，并把垄沟的土壤培于垄面，以防止倒苗。施肥按照无公害蔬菜生产技术要求，针对萝卜生长特性及其需肥规律，原则按NY/T394—2000标准执行。不使用工业废弃物、城市垃圾和污泥；不使用未经发酵腐熟、未达到无害化指标、重金属超标的人畜粪尿等有机肥料。萝卜对氮磷钾的吸收量较大，是一种需肥量较高的作物，每生产4 000千克萝卜，大约需要从土壤中吸收氮8.5千克，五氧化二磷3.3千克，氧化钾11.3千克，氧化钙3.84千克，其比例大致是2.5∶1∶3.4∶1.2。施足基肥是萝卜优质高产的基础。追肥应掌握前轻后重的原则。第一次追肥在幼苗长出2片真叶时，在行间每666.7平方米追施硫酸铵10～15千克；第二次追肥在定苗后，当萝卜“破肚”时，每666.7平方米追施氮磷钾复合肥15～20千克。对生长期短的中小型萝卜，经2次追肥后，萝卜肉质根会迅速膨大，可不再追肥；而对大型的萝卜，生长期长，待萝卜露肩时，还应该每666.7平方米追施施氮磷钾复合肥10～25千克。收获前20天内不应施用速效氮肥。提倡科学平衡施肥。根据萝卜生长规律、土壤养分状况、肥料的特性，在施用有机肥的前提下，提出氮磷钾及钙、镁元素的适宜配比和相应的施肥技术。开展测土配方施肥，根据土壤原有营养元素的含量和作物生长发育的需要量，按比例增施肥料。配方施肥既能保证丰产丰收，又不会施肥过量造成硝酸盐污染。

5. 化学防治不超规　坚持“预防为主，综合防治”的原则。药剂防治参照表4、表5、表6，禁止使用国家明令禁止的高毒、剧毒、高残留的农药极其混配农药品种。禁止使用的高毒剧毒农药

品种有：甲胺磷、甲基对硫磷、对硫磷、久效磷、磷胺、甲拌磷、甲基异硫磷、特丁硫磷、甲基硫环磷、治螟磷、内吸磷、克百威、涕灭磷、灭线磷、硫环磷、蝇毒磷、地虫硫磷、氯唑磷、苯线磷、六六六、滴滴涕、毒杀芬、二溴氯丙烷、杀虫脒、二溴乙烷、除草醚、艾氏剂、狄氏剂、汞制剂、砷、铅类、敌枯双、氟乙酰胺、甘氟、毒鼠强、氟乙酸钠等农药。使用化学农药，应执行GB4286—89 和 GB/8321（所有部分）、NY/393—2000 标准要求，并注意合理混用、轮换、交替用药，防止或推迟病原物和害虫抗药性的产生与发展。

6. 品质达标有要求　应符合 GB18406. 1—2001 农产品安全质量—无公害蔬菜安全要求。其中砷残留≤0. 5（毫克/千克），汞残留≤0. 01（毫克/千克），镉残留≤0. 05（毫克/千克），亚硝酸盐残留≤4. 0（毫克/千克）等。

参考文献

[1] 汪隆植，何启伟主编．中国萝卜．北京：科学技术文献出版社．2008.

第二篇　甘薯栽培技术

王　萍
（武汉市农业科学技术研究院，武汉市农业科学研究所）

第一节　甘薯的概述

（一）甘薯生产的重要意义

1. 甘薯是我国主要的粮食作物之一　甘薯又称番薯、红薯、白薯、地瓜。其之所以称番薯，大抵是因为它是“舶来品”之故。相传番薯最早由印第安人培育，后来传入菲律宾，被当地统治者视为珍品。16世纪时，有两个在菲律宾经商的中国人，设法将一些番薯藤编进竹篮和缆绳内，瞒天过海，运回了福建老家，遂种植遍及中华大地。甘薯是我国主要的粮食作物之一，在我国和世界都居第四位，产量高，增产潜力大。

2. 甘薯具有较高的营养价值　甘薯富含淀粉、糖类、蛋白质、维生素、纤维素以及各种氨基酸，是非常好的营养食品。“生理碱性”食物，维生素C也很丰富，维生素A原含量接近于胡萝卜的含量。常吃甘薯能降胆固醇，减少皮下脂肪，补虚乏，益气力，健脾胃，益肾阳，从而有助于护肤美容。

3. 是发展畜牧业的好饲料　甘薯茎叶中含有较丰富的营养成分，蛋白质（1.62%）、碳水化合物（7.33%）、脂肪（0.46%）是牲畜的上好饲料。茎蔓的嫩尖也含丰富的蛋白质（1.62%）、胡萝卜素、维生素B_1、维生素C和铁、铝等。

4. 做为轻工业原料，加工利用价值高　甘薯可制作糖（饴糖、葡萄糖、果葡糖浆、软糖）；制工业产品（酒精、麦芽糖醇、柠檬酸、糊精）；制淀粉、制方便食品（加工粉条、粉丝、红薯脯、香酥红薯饼、速冻红薯制品、红薯糕、红薯乳发酵饮料、红薯罐头、红薯脆片、红薯点心）；制发酵和调味品（白酒、黄酒、醋、酱油、酱色、味精）。

5. 甘薯也具有保健作用　1995年生物学家发现，甘薯中含有一种化学物质叫氢表雄酮，可以用于预防结肠癌和乳腺癌；1996年日本国立癌症预防研究所对26万人饮食生活与癌的关系统计调查，证明了蔬菜的防癌作用。通过对40多种蔬菜抗癌成分的分析与实验性抑癌的实验结果，从高到低排列出20种对癌有显著抑制效应的蔬菜，其顺序是：熟甘薯98.7%，生甘薯94.4%，芦笋93.7%，花椰菜92.8%，卷心菜91.4%，菜花90.8%，欧芹83.7%，茄子皮74%，甜椒55.5%等科学的实验分析证明，在蔬菜王国里，熟、生甘薯的抗癌性，高居于蔬菜抗癌之首，超过了人参的抗癌功效。

（二）甘薯的生物学特性

1. 根　甘薯是旋花科，甘薯属，甘薯种，蔓生草本植物。甘薯的根可分为3种类型：

（1）纤维根：须根，细长分支多，有根毛，营养吸收功能；

（2）柴根：梗根，消耗营养，无价值；

（3）块根（图1）：贮藏根，贮藏营养，又叫贮藏根。

图1　甘薯

2. 甘薯的生长时期　甘薯根据营养器官的各时期生长状况可分3个时期

（1）发根分枝结薯期（前期）：栽插—封垄始期，生长中心是根系。此期末薯块的数量已基本确定，根数占总根数的70%～90%，分枝数占总数的80%～90%。

（2）薯蔓并长期（中期）：封垄始期至茎叶生长高峰期为薯蔓并长期，茎叶是生长中心，生长速度达到最高峰，地上干重达到最大。

（3）薯块盛长期（后期）：茎叶生长高峰期至收获为薯块盛长期，生长中心为薯块。

（三）甘薯生长与环境条件

1. 温度　喜温作物，茎叶生长的适宜温度25～28℃，地温22～24℃有利于块根形成，20～25℃最适于块根膨大，18℃以下停止膨大。昼夜温差有利于块根膨大。温差12～14℃时，块根膨大最快，同时温差有利提高块根质量，生产上起垄目的就在于扩大温差。

2. 光照　喜光短日照作物，强光有利于甘薯的生长，长日照有利于茎叶生长和块根膨大，短日照有利于开花结实。

3. 水分　耐旱作物，土壤水分过少（50%左右）易形成梗根，水分过多（90%左右）纤维根较多。适宜的土壤水分为65%～70%左右。

4. 矿质营养　钾延长叶龄，加速块根的膨大，提高含糖量，增强抗旱性，氮增大绿叶面积，提高光合能力，磷促进根系生长，块根变长，改善品质，提高耐贮性。

（四）甘薯的产量形成与品质

构成因素：产量（千克/公顷）＝每公顷株数×单株薯块数×单薯重

株数取决于栽秧的密度（合理密植）

单株薯块数取决于甘薯生长前期植株的生长状况（与品种、环境条件也有关）

单薯重取决于甘薯生长中、后期植株的生长状况（与品种、环境条件有关）

第二节　甘薯的栽培技术

（一）育苗

1. 壮苗标准　叶片肥厚、叶色深绿、顶叶平齐（头大），茎粗节短、组织充实、剪口白浆多，基部根少，无气生根，苗高6～7寸（1寸约为3.33厘米，全书同）。

2. 甘薯的繁殖特性

（1）有性繁殖：异花授粉作物，用种子繁殖会产生严重分离，除育种外，一般生产上不用种子。

（2）无性繁殖：甘薯的块根和茎蔓具有较强的再生能力，因此可进行无性繁殖。可分为：薯块繁殖、茎蔓繁殖、薯叶繁殖。

3. 种薯处理和排放

（1）选择品种和种薯：徐薯18、徐薯34，鄂薯2号、鄂薯8号。

（2）种薯处理：温汤浸种和药剂浸种。

（3）排薯：采用斜排法，四周排小薯，中间排大薯，排好后沙土灌缝、覆盖有机肥。

4. 烂种的原因及防治方法

（1）原因：①病烂，黑斑病、软腐病等，种薯、床土带病。②热伤，床温长期高于40℃以上，种薯肉色发暗。③水烂，床土水多，缺氧，有酒精味。

（2）防治办法：第一，精选无病害种薯；第二，进行种薯消毒；第三加强苗床管理。

（3）烂床后的补救措施根据烂床的发生时期和程度采取不同措施：①出苗前后烂床，若零星发生，则带土挖去，更换新土，并用500倍50%的托布津消毒。若床温过高，要扒出种薯和床土散热，切忌冷水降温。②出苗（一段时间）后烂床，则加强管理，争取多出几茬苗，多采苗。

（二）甘薯的大田栽培

1. 改土整地

（1）改良土壤：适宜于沙质壤土，可以进行沙土掺黏，黏土掺沙盐碱压砂等办法改良。

（2）深耕：一般不超过33厘米，不打乱土层。

（3）起垄：垄要求高而宽，垄距70～80厘米，南北走向。

（4）轮作倒茬：减轻病虫害。

2. 施肥　需肥规律：对K要求最多，其次是N，P最少，施肥技术：原则：基肥为主（占80%），追肥为辅。

3. 栽插

（1）适时早栽：早栽可以增产，改善品质。春薯的适栽期一般气温15℃以上，地温达17～18℃。夏薯越早越好，一般在5月中下旬，生长期应有110天。

（2）合理密植

①原则：土壤肥力：肥地宜稀，瘦地宜密；品种：短蔓密，长蔓稀；时间：早栽稀晚栽密。

②密度，春薯3 000～4 000株/亩，夏薯4 000～5 000株/亩。

③配置方式，小垄单行，大垄双行。

（3）提高栽插质量。

①栽插方法：A. 直栽、斜栽、水平栽。

②栽插技术：A. 薯苗消毒　高剪苗，50%辛硫磷200倍、25%托布津1 000倍浸基部；B. 选择壮苗，大小苗分栽；C. 科学栽插，浅栽，浇窝水 D. 使用生长调节剂，甘薯膨大素，ABT生根粉。

4. 田间管理

（1）查苗补苗：栽后4～5天内进行，选壮苗补栽。

（2）中耕培土：栽后10天到封垄，一般中耕2～3遍。

（3）早追肥：集中于前期，栽后15天施苗肥，硫酸铵2.5～5千克/亩，20～30天后施株肥。收前40天可根外追肥。磷酸二氢钾200g/亩，叶面喷施，2～3次。

（4）灌溉及排水：沟灌，并注意排涝。

5. 整枝与翻蔓　保护茎叶不翻蔓、提蔓 、翻蔓减产，原因：损伤茎叶；破坏群体结构；打乱植株养分分配。提蔓也不增产，只有旺长时才进行。

6. 科学收获　甘薯没有明显的成熟期，因收获期不同，产量、薯块品质、淀粉含量、耐藏性都有明显的差异。一般在气温 15℃时开始收获，10℃前收完；留种用可在 10 月下旬霜降前收获，以便安全贮藏；收获过晚容易造成烂窖。

第三节　叶用薯栽培技术

（一）叶用甘薯品种（图 2）

甘薯是世界上主要粮食作物之一，长期以来，人们都把它作为粮食和饲料用，而忽略了其叶的菜用价值。菜用甘薯茎叶作为蔬菜新品种，因其宜炒食，煮熟后食味清淡、适口性好，具有保健功效，又是无污染的保健蔬菜，深受人们喜爱，成为人们追求营养、保健和时尚的市场新宠。

叶用甘薯常用品种主要有：福薯 18 号，福建省农业科学院选育、福薯 7 ~ 6，福建省农业科学院选育、广菜薯 3 号，广东省农业科学院选育、台农 71，台农 71 是台湾地区菜用型甘薯。

（二）培育壮苗（图 3）

蔓尖温室越冬育苗法：在秋末冬初、甘薯还能生长时，在大田剪下藤蔓，留两个节位扦插在基质穴盘，使茎基部重新长芽，培育薯苗。此种育苗方法特别适合于茎尖菜用甘薯育苗，一是可节约种薯，降低生产成本；二是因其出苗较早，从而采苗也较早。可适当提早大田移栽期。增加茎尖的采摘次数与产量。

图 2　叶用薯大田栽培

图 3　甘薯脱毒苗

（三）合理密植适时早插

茎尖菜用型甘薯品种专用于生产嫩梢时，适宜在 水肥条件较好的田块平畦种植。3 月上旬即可插栽。也可采用塑料大棚培。实行保护地反季节生产。平畦种植畦宽（包沟）120 厘米，畦高 15 ~ 20 厘米，行距 25 厘米，株距 15 厘米。每 667 平方米插植5 000 ~ 6 000株。

（四）打顶摘心，促进分枝

通过打顶摘心，能有效控制甘薯蔓长，促进分枝发生，松散株型。改善植株群体受光条件，增强群体光合效能。具体作法为：在薯苗移栽成活后，摘去植株顶心，促进地上部发芽分枝。

（五）茎尖采摘与摘后管理

薯苗定植后 30 天左右，即可开始采摘长 15 厘米以 内的嫩茎叶，每条分枝采摘时保留 1 ~ 2 个节。每隔 10 天左右采摘一次，收获期可一直到 10 月份，每亩产鲜嫩茎叶3 000 ~ 4 000千克，盛长期平均每次每亩可采嫩茎叶 500 千克以上。

第四节 甘薯的贮藏

（一）贮藏生理

1. 呼吸作用 可进行有氧和无氧呼吸，且呼吸强度较大；呼吸强度与温度有关，与氧气和二氧化碳浓度有关。

2. 愈伤组织的形成 薯皮的木栓化可防止病菌侵入和水分的散失，增加耐贮性。在高温高湿条件下，薯块的伤口数层细胞失去淀粉，木栓化为周皮，形成愈伤组织，有利甘薯的贮藏。

3. 薯块物质的变化

（1）水分：薯块含水量65% ~75%，贮藏时间越长、温度越高水分损失越多。

（2）淀粉和糖类：贮藏一段时间后部分淀粉会转化为糖和糊精，维生素C、蛋白质、脂肪都会减少。

（二）烂窖的原因

1. 温度 冻害，长期低于10℃，原生质活动停止，低于－2℃形成冻害，受冻害的薯块温度上升时呼吸加强，新陈代谢紊乱，抗病力减弱，氯原酸增多，遇氧变褐，黑筋、硬心，一般受冻害后20天左右开始腐烂。高温：长期16℃高温，也会造成糠心腐烂。保持10 ~15℃。

2. 病害 薯块带菌或带伤，条件适合时就会发病。

（三）甘薯的病害

1. 甘薯软腐病 贮藏期的主要病害之一，由黑根霉菌引起，发病后薯块变软，内部腐烂，薯肉变黄褐色或浅褐色。薯面最初生有白色绒毛（菌丝体），后期产生黑色小颗粒。

2. 甘薯干腐病 贮藏期的主要病害之一，由甘薯尖镰孢菌引起，发病初期，薯皮不规则收缩，皮下组织呈海绵状，淡褐色，后期薯皮表面产生圆形病斑，黑褐色，稍凹陷，轮廓有数层，边缘清晰。剖视病斑组织，上层为褐色，下层为淡褐色糠腐。

3. 湿害和干害 一般适宜RH 8% ~90%，过高产生水珠引起腐烂，低于70%失水过快，易产生糠心和干腐。

4. 缺氧 氧浓度低于4%转为无氧呼吸，会发生酒精中毒烂窖。所以装窖不能太满。

第三篇　紫薯丰产栽培技术要点

周争明
（武汉市农业科学技术研究院，武汉市农业科学研究所）

第一节　定义与用途

（一）甘薯的地位和作用

甘薯是块根作物，用途很广，可以做粮食、饲料和工业原料作物，种植于世界上 100 多个国家。在世界粮食生产中甘薯总产排列第 7 位。甘薯是我国主要粮食作物之一，其栽培面积仅次于水稻、小麦、玉米、大豆，居第 5 位，中国的甘薯种植总面积和总产量分别占世界的 62% 和 84%。甘薯投入少，产出多，单位面积可食用的干物质居各种作物之首。随着中国国民经济的持续增长，农业产业结构的不断调整和优化，甘薯在保障国家粮食安全和能源安全的作用日益突现。甘薯不仅具有增产潜力大的优势，而且保健功能好，转化利用效率高，许多专家认为：甘薯是成为 21 世纪最理想的食物之一，同时，也是最重要的可再生能源原料之一。

（二）紫薯的定义和用途

紫薯又叫黑薯，紫薯薯肉呈紫色至深紫色，它是甘薯的一个种类，属旋花科，20 世纪 90 年代，我国从日本开始引进种植。紫薯具有高产、稳产的特点，抗逆性强，适应性广，受灾后茎叶恢复生长快，仍能获得一定产量。紫薯是新垦地和瘠薄地上的“先锋作物”，尤其适合丘陵岗地种植及茶园、果园间作套种。紫薯除具有普通甘薯的营养成分外，还富含丰富的维生素、多种微量元素及花青素。紫甘薯中抗癌物质硒含量比普通红薯高出 3 倍。经常食用紫甘薯具有明显的润肠通便、防癌抗癌等功效，可明显增强人体免疫能力，对消化道、心脑血管疾病有较高的防效，其抗癌防癌能力居各种食物之首。因此，近几年来，紫薯在国际、国内市场十分走俏，市场发展前景相当广阔，被世界卫生组织推荐为第一健康食品！推荐种植范围：紫薯耐运输，便贮存，种植效益高，适宜远城区丘陵地带种植。

第二节　品种介绍

（一）鲜食型品种：如宁紫薯 1 号，渝紫 263、紫罗兰等（图 1）

1. 渝紫 263　由西南师范大学育成。2012 年参加品比试验，单株结薯达到 9 个，小中薯率高，产量高，亩产可达 2 500千克。该品种在蔡甸区 2009 年开始种植，食用品质尚可，但纤维量多、粗。目前是武汉地区的主打品种。

2. 宁紫薯 1 号　由江苏省农科院粮食作物研究所育成。2005 年通过全国红薯品种鉴定委员会鉴定。绿色带紫边，叶心脏形，叶绿色，叶脉绿色。长蔓，茎绿色，顶叶基部分枝 6 ~ 8 个。单株结薯 5 个左右，薯块长纺锤形，紫红色皮紫肉，薯块萌芽性好，单产 1 500千克左右。

图1 渝紫263

3. 紫罗兰 北京、河北中部部分地区主栽品种之一。叶片心脏形，叶片绿色，叶脉淡紫色，中蔓，生长势强。薯块长纺锤形，薯皮紫色，薯肉紫红，肉质细腻，食味香甜。薯块整齐均匀，大中薯率和商品率高，薯形美观漂亮，薯皮光洁鲜艳。喜沙壤土，产量高。萌芽性好，耐贮存。一般亩产2 000千克左右。

（二）加工型品种（深加工、提取花青素）如烟紫176，日本绫紫等

1. 日本绫紫（图2） 由日本九州冲绳农业研究中心育成。该品种叶心形，紫色，富含花青素，鲜产水平及色素含量均超过知名品种山川紫，最高花青素含量可达到100毫克/100克，色价达到15左右，是提取天然食用色素的理想原料。一般亩产1 500～2 000千克。

图2 日本绫紫

2. 烟紫176：由山东烟台农科院选育的紫甘薯新品种，叶心脏形，深绿色，叶脉紫红，蔓长及分枝中等，薯块长纺锤形，皮紫黑色，肉深紫，一般结薯2～3块，大块率高，薯形纺锤至长纺，薯皮紫色，薯肉紫色，口味干面沙甜，品质优，抗病耐脊，一般亩产2 000千克左右。

（三）兼用型品种：济黑一号、鄂薯8号、京薯6号等

1. 鄂薯8号 由湖北省农科院育成。顶叶绿色，茎绿色，叶尖心形，叶脉绿色，薯皮红色，薯肉紫色；花青苷含量高，产量较高，鲜薯亩产量可达2000千克以上。一般栽植密度为3000株/亩，病虫害抗性较强，适宜在武汉地区种植。

2. 济黑1号（图3、图4） 由山东省农科院作物研究所最新育成，该品种顶叶、叶片均为绿色；叶脉绿色；叶片心形，蔓色绿；地上部生长势中等，属匍匐型；鲜薯平均每亩2 000～2 500千克，薯形比较一致，均为长纺锤，薯皮棕黄，薯肉紫色，色匀，薯块光滑、美观，结薯集中，大中薯率为97. 14%，突出特点为花青素含量高，比日本绫紫色素含量平均高20%，鲜薯蒸煮后粉而糯，口感好，风味独特，有玫瑰清香，适合保健鲜食用甘薯开发及企业提取色素。

3. 京薯6号（图3）　是北京、河北等省市紫色甘薯主栽品种之一。叶片心脏形，顶叶淡紫色，叶片、叶脉全绿色，中蔓，生长势强。薯块纺锤形，薯皮紫色，无条沟。肉色深紫红，肉质细腻，食味优，香甜面沙，有浓郁的栗子香味，是极好的鲜食保健食品，也是提取色素、加工的好品种。该品种薯块整齐均匀，大中薯率和商品率高，薯形美观漂亮，薯皮光洁鲜艳。

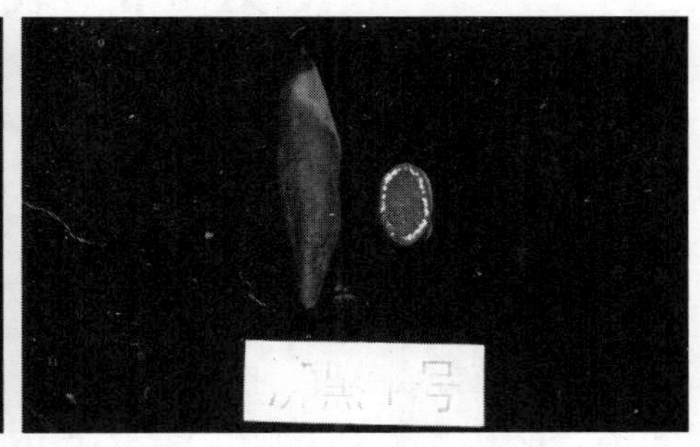

图3　京薯6号和济黑1号

图4　济黑1号

第三节　生育特性

（一）紫薯的生长与环境的关系

1. 温度　紫番薯喜温暖气候环境，茎叶适宜生长温度为18～25℃，温度低于15℃时停止生长。块根最适生长地温为22～24℃，地温低于20℃时停止膨大。

2. 光照　紫番薯属短日照作物，需要光照充足、强度大。

3. 水分　紫番薯生长期间适宜土壤水分为田间最大持水量的60%～80%。肥料：钾 延长叶龄，加速块根的膨大，提高含糖量，增强抗旱性；氮：增大绿叶面积，提高光合能力；磷：促进根系生长，块根变长，改善品质，提高耐贮性。

（二）紫薯的生育期

1. 发根缓苗期　指薯苗栽插后，入土各节发根成活，地上苗开始长出新叶，幼苗能够独立生长，大部分秧苗从叶腋处长出腋芽。

2. 分枝结薯期　根系继续发展，腋芽和主蔓延长，叶数明显增多，主蔓生长最快，茎叶开始覆盖地面并封垄。此时，地下部的不定根分化形成小薯块，后期则成薯数基本稳定，不再增多。

3. 薯蔓同长期　茎叶迅速生长，茎叶生长量约占整个生长期重量的60% ~70%。地下薯块随茎叶的增长，光合产物不断地输送到块根而明显膨大增重，块根总重量的30% ~50%是在这个阶段形成的。

4. 薯块盛长期　指茎叶生长由盛转衰，而以薯块膨大为中心。茎叶开始停长，叶色由浓转淡，下部叶片枯黄脱落。地上部同化物质加快向薯块输送，薯块膨大增重速度加快，增重量相当于总薯重的40% ~50%，高的可达70%，薯块里干物质的积蓄量明显增多，品质显著提高。

第四节　栽培技术要点

（一）选用良种，精选种薯

推荐几个适宜武汉地区栽培的紫薯品种。鲜食品种：渝紫263、紫罗兰等；兼用型品种："鄂薯8号"、"济黑一号" 等。

（二）选择种薯

准备留种的紫薯充分成熟后，挖起来在太阳下晒二天，使得种子干燥，并杀灭病菌，不要分个拉开并成串贮藏，以减少薯块的创伤。一般使用地窖式保温保暖术，保证种薯贮藏质量。种薯要求根痕多、芽原基多，无病虫害，薯块大小为100 ~250克。

（三）盖育苗方式

常规育苗采用小拱棚加地膜覆盖进行2层保温育苗，也可采用大棚 + 小拱棚 + 地膜3层保温育苗，提早出苗后采用地膜覆盖栽培，提早上市。

（四）苗床准备

苗床建在避风向阳、土壤肥沃的地块。苗床宽1米，深15 ~20厘米，床底铺一层腐熟的有机肥后覆土。膜早育，培育壮苗。

（五）排种

以3厘米间隙排种育苗，而后覆盖2 ~3厘米的细土，最后盖上地膜，苗床上种薯密度20 ~25千克/平方米。

（六）苗床管理

前期采用30℃左右高温催芽，60%薯块出芽后揭膜。出苗后保持床温在25℃，床土以见干见湿为宜，气温较高时注意通风，防止烧苗。

（七）剪苗栽种

苗龄30天左右，苗高20 ~25厘米，有6 ~8片完整叶时即可剪苗栽种大田。

（八）、壮苗标准

1. 叶片肥厚、叶色深绿、顶叶平齐；
2. 茎粗节短、组织充实、剪口白浆多；
3. 苗高20 ~25厘米。

第五节　整地作埂，施足底肥

（一）选地

紫薯适合地势较高，排灌方便的地块种植，土壤以疏松肥沃，有机质较高的砂壤为宜。

（二）起垄

武汉地区一般采用小埂栽单行的方式，每埂栽种1行。这样植株分布比较均匀，有利于抗旱保墒。一般南北行起垄，垄距75厘米，垄高20厘米，垄宽40～50厘米。

（三）需肥规律

1 000千克鲜薯需肥量，氮（N）5千克、磷（P_2O_5）4千克、钾（K_2O）10～12千克。尿素（含N 46%）、磷酸氢二铵（含P_2O_5 53%，含N 21%）、硫酸钾（含K_2O 50%）；底肥：结合深耕每亩施腐熟的鸡粪500千克＋复合肥25千克＋硫酸钾l5千克顺沟每亩拌沙施用辛硫磷颗粒3～5千克，防治地下害虫。

（四）起垄后喷施除草剂

氟乐灵 、拉索。

第六节　适时早插，合理密植

（一）栽插时间

选择在日平均气温稳定在20℃以上时为宜，武汉地区一般在5月中旬至6月上旬栽插为佳。栽插前用50%多菌灵500倍液浸苗消毒，最好选择在阴天土壤不干不湿时进行，晴天气温高时宜于午后栽插。

（二）定植密度

栽插株距为30厘米，每亩适宜栽3 000株左右。

（三）栽植方法（图5）

1. 直栽法（加工型）　结薯少、大，在栽培时将薯苗直栽，土层中只埋进去一个叶节，这样会结一两个比较大的紫薯。

2. 水平法（鲜食型）　结薯多、匀，将薯苗斜插平栽，土层中埋入两个叶节，这样紫薯会在两个叶节处结四五个个头相对小而均匀的紫薯。

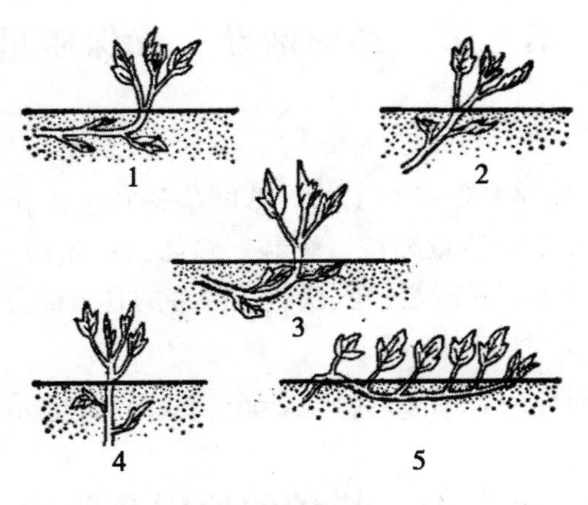

图5　栽植方法

第七节　加强管理，适时控苗

（一）水分管理

幼苗期应适当控制浇水防止徒长，促其根系向下生长。生长中期田间要保持土壤湿润，防止板结、龟裂，如遇旱，10 天左右灌 1 次“跑马水”，遇大雨要及时排干积水，防止渍害。生长后期防止忽干忽湿造成块根开裂，降低商品价值。

（二）追肥

前期早施、中期巧施、后期看苗补施。

1. 长蔓肥　栽后 15 ~20 天，每亩施尿素 10 千克，采用水肥淋施或穴施的方式，促茎叶伸长封行。

2. 促根肥　扦插后 50 天左右，结合提藤和中耕，每亩开沟施入含硫复合肥 30 千克，并进行培土，促进块根形成。

3. 裂缝肥　扦插后 70 天左右每亩施含硫复合肥 25 千克作裂缝肥，促进块根膨大。

4. 根外肥　薯藤长势弱或遇干旱时每亩可用 0. 2% 磷酸二氢钾进行根外追肥，防止早衰。

（三）控苗

1. 打顶　薯蔓长到 80 厘米时要及时打掉主蔓的顶芽，促发侧蔓，使养分下送结薯。

2. 提藤　一般在 7 ~8 月，结合除草可提藤 1 ~2 次，防止结不定薯，确保产量。化控：封垄后，若藤蔓生长过旺，可喷施多效唑，抑制地上藤蔓生长，促进地下部块根膨大。一般每筒水（15 斤）对 25 ~30 克 15% 多效唑，在午后每隔 10 天喷一次，连续 2 ~3 次。注意：只需提藤，不翻藤，甘薯翻蔓减产 10% ~20% 。

3. 防病虫　虫害主要有地老虎、斜纹夜蛾、甘薯天蛾等。紫薯生长期间，发现害虫时，可在下午 4 时以后喷施 4. 5% 高效氯氢菊脂 2 000倍，加 5% 锐劲特 2 000倍或 1. 8% 阿维菌素 2 500倍混合液。紫薯病害一般较少，主要是黑斑病、软腐病，多发于夏季高温多雨季节，在发病初期用大生 M-45、多菌灵等药剂防治。

第八节　适时收获，确保质量

（一）收获时间

在 10 月中下旬，当日平均气温降至 15℃时，茎叶生长和薯块膨大停止，即可开始收获。一般选择晴天无雨的天气收获，收获时注意轻挖、轻装、轻卸，尽量减少薯块损伤。甘薯长期在 10℃以下就会受冷害不易贮存，最迟到霜降之前收获。受冷害的甘薯储存 30 ~40 天左右基本烂掉。

（二）贮藏

空气温度：10 ~13℃；空气相对湿度：85% ~90%；CO_2 浓度 5% 。

第九节　烂种的原因及防治

（一）原因

1. 病烂　黑斑病、软腐病等，种薯、床土带病。

2. 热伤　床温长期高于40℃以上，种薯肉色发暗。

3. 水烂　床土水多，缺氧，有酒精味。

（二）防治办法

1. 精选无病害种薯；

2. 进行种薯消毒；

3. 加强苗床管理。

（三）烂床后的补救措施

根据烂床的发生时期和程度采取不同措施。

1. 出苗前后烂床　若零星发生，则带土挖去，更换新土，并用500倍50%的托布津消毒。若床温过高，要扒出种薯和床土散热，切忌冷水降温。

2. 出苗后烂床　则加强管理，争取多出几茬苗，多采苗。

第十节　烂窖的原因及防治

（一）温度

冷害、冻害。长期低于1 ℃，原生质活动停止，新陈代谢紊乱，抗病力减弱，氯原酸增多，遇氧变褐，黑筋、硬心，一般受冻害后20天左右开始腐烂。应保持10～15℃。

（二）病害

薯块带菌或带伤，条件适合时就会发病。进窖前应剔除破皮、断伤、带病、经霜和水渍的薯块。

1. 甘薯软腐病　贮藏期的主要病害之一，由黑根霉菌引起，发病后薯块变软，内部腐烂，薯肉变黄褐色或浅褐色。薯面最初生有白色绒毛（菌丝体），后期产生黑色小颗粒。

2. 甘薯干腐病　贮藏期的主要病害之一，由甘薯尖镰孢菌引起，发病初期，薯皮不规则收缩，皮下组织呈海绵状，淡褐色，后期薯皮表面产生圆形病斑，黑褐色，稍凹陷，轮廓有数层，边缘清晰。剖视病斑组织，上层为褐色，下层为淡褐色糠腐。

（三）湿害和干害

湿度过高产生水珠引起腐烂，低于70%失水过快，易产生糠心和干腐。一般适宜湿度80%～90%。

（四）缺氧

氧浓度低于4%转为无氧呼吸，会发生酒精中毒烂窖。所以装窖不能太满（2/3）。

第十一节　高效种植模式

（一）甜豌豆——紫薯栽培模式

紫薯于3月上旬双膜覆盖育苗，5月下旬大田起垄栽插，10月下旬采刨。甜豌豆于11月上旬播种，翌年4月底5月初开始采收，时间20天左右。紫薯采用等行距栽培，垄距80厘米，株距25厘米，单行栽插，每亩密度为3 333株，深沟高垄种植。甜豌豆采用宽窄行栽培，大行距80～85厘米，小行距65～70厘米，穴距30厘米，每穴播3～4粒健籽，每亩基本苗1万株左右。

（二）马铃薯—紫薯—萝卜栽培模式

马铃薯在1月下旬至2月上旬播种，4月下旬收获；紫薯在3月下旬进行覆膜育苗，5月上中旬栽插，10月上旬收获；萝卜10月上旬播种，翌年1月底可收获。栽培马铃薯一般垄宽80厘米，垄高25厘米，沟宽20厘米，每垄种两行，行距50厘米，株距30厘米，亩种3 500～4 000穴。马铃薯收后，翻耕做紫薯小垄，垄距75厘米，栽插密度为亩插3 300株。

（三）西瓜间套紫薯栽培模式

畦宽带沟130厘米，畦高20厘米，畦面宽110厘米。西瓜3月下旬用营养钵覆盖地膜育苗，苗龄30天左右，当幼苗长至4～5片真叶时移栽至大田，时间在4月下旬。西瓜定植在畦中间，栽幅为20厘米，每亩定植1 000株左右。紫薯3月下旬地膜覆盖育种，5月下旬间插在西瓜两侧，紫薯栽幅为45厘米，亩插株数3 000株。翻耕做萝卜畦，畦宽1.2米，每畦播4行，亩播1万穴。

第四篇　西瓜高效栽培技术

孙玉宏
（武汉市农业科学技术研究院，武汉市农业科学研究所）

第一章　西甜瓜产业概况

第一节　西瓜产业的地位

我国是西瓜生产与消费的第一大国，其产量和面积在世界水果中居第 5 位（仅次于葡萄、香蕉、柑橘和苹果）。我国西、甜瓜年生产总产值约为 150 亿元以上，鲜西瓜的出口额约占蔬菜出口的 6%。西瓜、甜瓜的消费量占全国城乡 6～8 月夏季上市果品总量的 50%～70%。西瓜生长周期短，有利于提高土地利用率和复种指数，是农民实现增收的高效园艺作物。海南、上海、山东、浙江等省市农民规模化（万亩以上）西瓜种植的平均亩收入可达2 000～3 000元。

我国瓜菜种植面积（2007 年）

作物	面积（万亩）	作物	面积（万亩）
大白菜	3 935	四季豆	893
西瓜	2 677	芹菜	861
萝卜	1 830	油菜	831
黄瓜	1 478	大葱	825
甘蓝	1 406	胡萝卜	651
大蒜	1 256	豇豆	558
番茄	1 252	甜瓜（第 17 位）	529
辣椒	1 233	莲藕	382
茄子	1 054	其他	1 589
菠菜	946		

第二节　西瓜产业发展的总体趋势

（一）品种多元化（果型大小、皮色、花纹、瓤色）
（二）育苗工厂化（老瓜区西瓜 95% 以上采用嫁接苗生产）

（三）栽培周年化（春提早、夏季避雨栽培、秋季延后栽培）

（四）技术标准化

（五）生产规模化

（六）湖北省西瓜发展的总体趋势

1. 全国排名第6（100万亩以上的8个省份之一）；

2. 年种植面积150万亩左右；

3. 西瓜规模　全省西瓜生产规模化水平日益提高，西瓜种植面积在5万亩以上的有仙桃、江夏、蔡甸、监利、宜城、公安、洪湖等15个县市，万亩以上的乡镇有石首东升镇、潜江浩口镇、宜城流水镇、枣阳七方镇等20多个。

第三节　武汉市西瓜发展现状

常年种植面积在27万亩左右，总产值突破6亿元，对武汉市农业经济发展起到了不可替代的作用。武汉市将西瓜列为10大农业产业之一，并作为优势农产品，进行规划与发展。

（一）武汉市西瓜高效栽培模式

1. 以西瓜为主的模式

小麦→西瓜→水稻

油菜→西瓜→水稻

小麦→西瓜→棉花

土豆→西瓜→水稻

2. 几种西瓜高效栽培模式

西瓜→水稻（棉花）→蔬菜

西瓜（一播多收）→蔬菜

西瓜→西瓜→蒿

3. 蔡甸区薛山村“两瓜一蒿”三熟制的种植模式　西瓜→西瓜→蒿

作物	亩产量（千克）	亩产值（元）	成本（元）	纯利润（元）
早春西瓜	2 000	3 500	1 500	2 000
延秋西瓜	1 500	1 500	500	1 000
冬季藜蒿	2 500	3 000	1 000	2 000
合计		8 000	3 000	5 000

4. 汉南区陈登宝大棚西瓜一播多收栽培模式

概念：4个“1”，1次播种—1亩地—1万斤—1万元

背景：随着农村产业结构的调整，武汉市及其周边西瓜保护地栽培特别是大、中棚面积迅速扩大。湖北省大部分地区以春西瓜为主，辅以少量秋西瓜，在生产中面临着一个轮作困难的问题；而且，连年拆迁大棚既不划算也不现实。

产量构成：小果型西瓜每667平方米定植400株，单株连续坐果10个，单果重1.0～1.5千克；中大果型西瓜每667平方米定植300株，单株连续坐果6个，单果重2.5～3.5千克。

(二) 西瓜品种介绍

1. 西瓜有花皮、黑皮、青皮、黄皮之分；有圆球、高圆、椭圆之分；有有籽、无籽之分；有大籽、小籽之分；有早、中、晚熟之分。

2. 有籽、小籽瓜为椭圆形、花皮居多，花皮圆形瓜是目前市场追求的品种类型。

3. 无籽西瓜多为黑皮、圆球形，现在也有花皮、黄皮、圆球形和椭圆形的无籽西瓜。

4. 我国目前生产上应用的西瓜品种均为杂交一代。

目前，西瓜品种市场需求状况：早熟品种：早中求优，早中求高；中晚熟品种：高中求优；无籽品种：优中求高，优中求稳。湖北省及武汉市目前生产上的优良品种有，小型西瓜：早春红玉、拿比特、嘉年华、鄂西瓜14号、万福来；中型西瓜：冰糖瓜（8424）、鄂西瓜16号、千岛花皇等；大西瓜：西农8号等；无籽西瓜：鄂西瓜9号、黑蜜5号等。延秋西瓜品种：裕农超级京欣等。

第二章　西瓜育苗技术（早春自根苗、嫁接育苗）

第一节　常规育苗（针对早熟栽培自根苗）

地热线：功率为400～3 200瓦，长度60～3 200米。南方苗床要求80瓦/平方米，布线时地热线往返次数＝（线长－床宽）/床长，线间距＝床宽/（往返次数＋1）。铺线时应中间稀两边密，使土温均匀。

控温仪：每台负载800瓦地热线3根。

(一) 苗床选择与设置

1. 苗床选择　(a) 6～10年内未种过瓜；(b) 地势较高（排水方便）；(c) 距瓜地较近的地方。

2. 苗床设置　(a) 苗床宽1米；(b) 床底要平实，用药喷洒床底杀菌杀虫；(c) 苗床周围开好排水沟。

(二) 床土配制

1. 营养土配比（不同配方）

(a) 3份猪牛粪、2份土粪、5份表土；

(b) 火土灰100千克、稻田表土150千克、0.3千克尿素、1千克复合肥、猪粪30千克；

(c) 未种过瓜的园土120千克，腐熟堆厩肥180千克、0.5%复合肥、0.5%过磷酸钙；

(d) 稻田或旱地表土260千克、禽畜粪18千克、过磷酸钙1千克、草木灰10千克。

2. 上述配方的各种成份打粹混合拌匀，用40%福尔马林100倍喷洒或其他杀菌剂消毒后堆好用薄膜密封。

(三) 育苗容器

1. 土钵/塑料钵　钵口径不能小于6厘米。将备好的营养土过筛后装钵、制钵。摆入苗床育苗时钵与钵之间要用细土塞满，以利保水保湿。

2. 穴盘

（四）浸种催芽

1. 浸种与消毒

（1）温汤浸种：即用55℃恒温水浸种，并不断搅拌10分钟后，让其自然冷却，再浸泡2～4小时。

（2）药剂消毒浸种：用福尔马林（40%甲醛）100倍或百菌清或多菌灵等药剂浸种30分钟后，清水冲洗，再用55℃温水浸种并自然冷却后浸泡2～4小时。

2. 催芽

（1）28～30℃；

（2）经24～48小时；

（3）种子大部分露白后播种。

（五）播种

1. 芽朝下平放；
2. 覆土2～3厘米；
3. 覆土太薄，戴帽出土；
4. 播种后盖地膜。

（六）播后管理

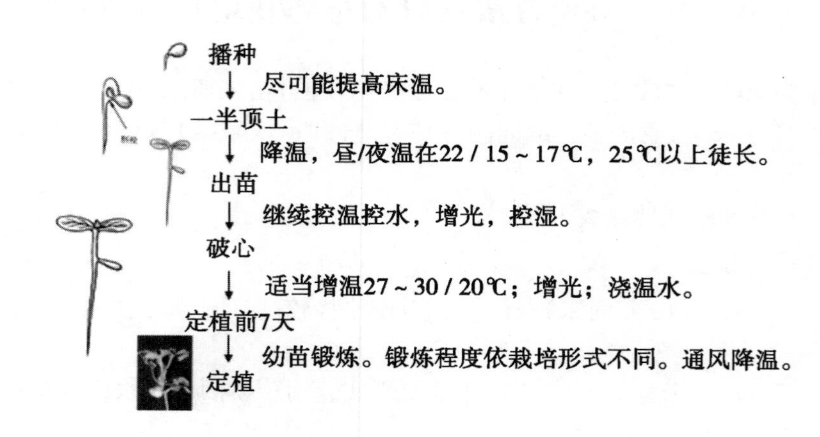

第二节　嫁接育苗技术

（一）嫁接的意义

嫁接主要是为了克服土传病害（枯萎病）和连作障碍，增强生长势，提高抗逆性，增加产量。

（二）嫁接苗的培育

1. 提倡工厂化集中育苗。
2. 瓜农可按实际种植面积预订所需瓜苗数量，由育苗单位按订单统一育苗、供苗。
3. 嫁接方式

（1）顶插接

技术步骤：摘除砧木生长点→插竹签→削接穗→插接穗。嫁接工具为竹签和刀片，事先将竹签一端削成与西瓜苗下胚轴粗度相同的楔形，先端渐尖。

（2）靠接；

（3）贴接；

（4）断根嫁接（北京大兴）；

（5）劈接；

（6）芯长接（利用整枝剪掉的子蔓、孙蔓作接穗）。

4. 接后管理　温度25～28/18～22℃，湿度90%以上，遮光，前3天全天遮光，每天喷雾2～3次。3天后早晚透光，逐渐减少喷雾次数。

第三章　露地西瓜高效栽培技术

第一节　露地西瓜自根苗高效栽培技术

（一）品种选择及壮苗培育（略）

（二）湖北地区西瓜露地栽培形式及其要点

栽培形式	播种期	定植期	收获期	备注
1. 露地春播	3月下旬~4月初	4月下旬~5月初	7月上中旬	育苗移栽
10厘米地温稳定在15℃以上				
2. 露地夏播	5月下旬至6月上旬		8月	直播
麦茬				
抗病、耐湿、耐高温品种				
高畦或高垄银灰地膜覆盖				
防徒长				
3. 露地秋播	6月中下旬	7月上中旬	国庆节前后	育苗移栽
耐高温高湿、抗病性强、耐贮运品种				
生育期短，基肥以速效化肥为主				
后期扣棚保温				

（三）整地施肥

田块选择4原则：要求土质肥沃、耕层深厚、地下水位低、排灌方便。

深沟高畦栽培：既有利于灌溉抗旱，又能防止渍水造成高湿导致病害的发生。

土壤消毒：前作收获后及时耕翻土地，重茬田块在翻耕时667平方米施50~80千克生石灰进行土壤消毒。

重施有机肥（每667平方米基肥施用量）：腐熟农家肥50担或生物有机肥500千克或100千克饼肥+20千克过磷酸钙。目的：促使植株生长稳健和提高西瓜品质。施基肥时可混合沟施米尔乐1~2千克预防根结线虫。

（四）移栽定植

总原则：大小苗分级移栽、定植后分级管理、确保同期授粉坐果。

自根苗定植密度为：大果型西瓜——栽500~700株/667平方米；中果型西瓜——750株/667平方米左右；小果型西瓜——1 000株/667平方米左右。浇足定根水：定植时先浇足底水确保成活（定植时也可用绿亨一号或灭病威800倍液灌根，预防病害发生）。

嫁接苗要适当稀植，一般亩栽350~400株；定植时要避免嫁接口埋入土中，防止接穗产生不定根而影响嫁接效果；定植后要及时除萌，以保证接穗的生长。

无籽西瓜还需配栽有籽西瓜作为授粉品种。

（五）田间管理

1. 及时整枝、授粉、留果

选瓜：每株留 1 个瓜，多选留主蔓第 2、3 雌花坐果。原因：主蔓第 1 雌花虽然较早熟，但因为叶少，易出现果小，畸形或皮厚、空心等问题。第 2 雌花坐果期，植株叶数增多，容易形成大果，且果形整齐端正。

定瓜：西瓜退毛期从主侧蔓上预留的 2 个果实中留一个令其生长。多留主蔓瓜。

垫瓜：在果实拳头大小时，把果实下面的土拍成一个斜坡，果实顺直摆放到斜坡上。使果形周正，保持果面清洁。

翻瓜：在果实定个前后，每隔 3 ~ 4 天将果实翻动一下，共 2 ~ 4 次，利于果实均匀着色，改善阴面品质。翻瓜方法：始终朝一个方向，每次角度不宜过大，在瓜蔓含水量高时不翻。

在田间可用粉碎的棉花秸秆覆盖或在瓜田覆盖稻草。

2. 肥水管理

底肥充足：5 000千克以上。幼苗期：适应能力强，水分适中，一般部追肥。伸蔓期：前期：结合浇水可追施一次肥料，以氮肥为主，配合少量磷钾肥，促茎叶生长。后期：控水控肥。结果期：坐果期：严格控水控肥。膨瓜期：果实坐住后，及时浇膨瓜水施膨瓜肥，以后每隔 7 天左右浇一次水，后期叶面可喷施磷酸二氢钾。成熟期：停水。

施肥原则：轻施提苗肥、巧施伸蔓肥、重施膨瓜肥。提苗肥：定植一周后亩施 3 千克尿素对水或清粪水 15 担。伸蔓肥：亩施 20 千克三元复合肥 + 15 千克硫酸钾 + 10 千克尿素。膨瓜肥：每亩用 20 千克复合肥兑水浇施。必要时可加强叶面喷肥，每隔 7 ~ 10 天喷 1 次。施肥可结合灌水进行。

灌水原则：要看苗浇水，浇水次数视天气情况和田间湿度灵活操作；在无病的情况下，过早的卷叶，表明供水不足，应及时灌水。

3. 病虫害防治

常见病害：苗期病害：猝倒、立枯；中后期病害：霜霉、疫病、菌核、细菌性叶斑、蔓枯、白粉、叶斑；土传病害：根腐、枯萎；根结线虫。

常见虫害：蚜虫、红蜘蛛、白飞虱等。

病害的识别：由病原寄生物侵染引起的植物不正常生长和发育受到干扰破坏所表现的病态，常有发病中心，由点到面。

①真菌病害蔬菜遭到病菌寄生侵染植株、感病部位生有霉状物、菌丝体并产生病斑的症状。

②细菌病害蔬菜感病使组织解体腐烂、溢出菌脓有臭味。

③病毒病害蔬菜感病引起的畸形、丛簇、矮化、花叶皱缩等症并伴有传染扩散现象。

病虫害防治的总原则：预防为主、综合防治。具体防治方法如下：

西瓜猝倒病：58% 甲霜灵 · 锰锌 WP800 ~ 1 000倍液；25% 甲霜灵 WP800 ~ 1 000倍液；64% 噁霜灵锰锌 WP800 ~ 1 000倍液；72% 克露 WP1 000 ~ 1 500倍液；69% 安克锰锌 WP1 500 ~ 2 000倍液。一般 7 ~ 10 天喷 1 次，视病情，连续喷洒 1 ~ 3 次。每次喷药后要结合放风，降低棚内湿度。

西瓜枯萎病：用无病种子或进行种子消毒；营养杯育苗；带药下田；轮作包括不同科属蔬菜之间的轮作和水旱轮作；降低土壤湿度（南方深挖避水沟）；土壤消毒；嫁接防病；药剂防治；清洁田园。发病初期可用：50% 扑海因 WP500 ~ 800 倍液；70% 甲基托布津 WP600 ~ 800 倍液；50% 多菌灵 · 乙霉威 WP1 000 ~ 1 500倍液；10% 苯醚甲环唑水分散颗粒剂3 000 ~ 6 000倍液；50% 咪鲜胺 WP1 000 ~ 1 500倍液；每株灌药液 0. 25 千克，每隔 5 ~ 7 天 1 次，连续防治 2 ~ 3 次。

西瓜白粉病：15%三唑酮 WP1 000～1 500 倍液；40%杜邦福星 EC3 000～5 000倍液；20%腈菌唑 EC1 500～2 000倍液；25%嘧菌酯 EC1 500～2 000倍液；50%醚菌酯 DF EC1 500～2 000倍液。每隔 7～10 天喷一次，连喷 2～3 次。

西瓜霜霉病：58%甲霜灵·锰锌 WP800～1 000倍液；25%甲霜灵 WP800～1 000倍液；64%噁霜灵锰锌 WP800～1 000倍液；72%克露 WP1 000～1 500倍液；69%安克锰锌 WP1 500～2 000倍液。一般 7～10 天喷 1 次，视病情，连续喷洒 1～3 次。每次喷药后要结合放风，降低棚内湿度。

西瓜疫病：58%甲霜灵·锰锌 WP800～1 000倍液；25%甲霜灵 WP800～1 000倍液；64%噁霜灵锰锌 WP800～1 000倍液；72%克露 WP1 000～1 500倍液；69%安克锰锌 WP1 500～2 000倍液。一般 7～10 天喷 1 次，视病情，连续喷洒 1～3 次。每次喷药后要结合放风，降低棚内湿度，或开沟排水。

西瓜叶枯病：50%多菌灵 WP500～800 倍液；70%甲基托布津 WP600～800 倍液；50%多菌灵·乙霉威 WP1 000～1 500倍液；10%苯醚甲环唑水分散颗粒剂3 000～6 000倍液；50%咪鲜胺 WP1 000～1 500倍液。间隔 7 ～10 天喷雾一次，共喷药 2～3 次。

西瓜蔓枯病：采用无病种子或种子消毒；注意整枝时间；50%甲基托布津 WP600～800 倍液；50%多菌灵·乙霉威 WP1 000～1 500倍液；50%扑海因 WP1 000～1 500倍液；50%咪鲜胺 WP 1 000～1 500倍液。间隔 7～10 天一次，共喷药 2～3 次。也可结合病部涂抹药液防治。

西瓜炭疽病：50%扑海因 WP1 000～1 500倍液；70%甲基托布津 WP600～800 倍液；50%多菌灵·乙霉威 WP1 000～1 500倍液；10%苯醚甲环唑水分散颗粒剂3 000～6 000倍液。间隔 7～10 天一次，共喷药 2～3 次。

西瓜菌核病：50%扑海因 WP1 000～1 500倍液；25%咪鲜胺 EC1 500～2 000倍液；40%菌核净 WP1 000～1 500倍液。每隔 7～10 天喷雾一次，连喷 2～ 3 次。

西瓜白绢病：40%菌核净 WP1 000～1 500倍液；50%扑海因 WP1 000～1 500倍液；25%咪鲜胺 EC1 500～2 000倍液。每隔 7～10 天喷一次，连喷 2～ 3 次。

西瓜叶（灰）斑病：50%扑海因 WP1 000～1 500倍液；10%苯醚甲环唑 WG3 000～6 000倍液；50%托布津 WP800～1 000倍液；50%多菌灵·乙霉威 WP1 000～1 500倍液。每隔 7～10 天喷雾一次，连喷 2～ 3 次。

西瓜根结线虫：主要危害西瓜根部，侧根受害较重，根系染病后形成大小不一的瘤状。根结线虫多时，地上瓜蔓生长不良，叶片退绿发黄。西瓜萎焉或枯黄。防治药剂：6%阿维菌素1 000倍液，3%灭线磷 300 倍液，5%辛硫磷 500 倍液，每亩加 500g 盐灌根。

虫害防治：可用爱福丁、四季红、大功臣等交替喷雾。

4. 适时采收

西瓜成熟度的鉴别：标记法：根据授粉时不同颜色油漆标记的日期进行采收。目测法：(1) 根据果实形态特征加以判断。果实表面清晰，具有光泽，手摸光滑，落地面呈深黄色，果脐内凹，果柄基部略有收缩。(2) 根据果柄、卷须判断。果柄上茸毛脱落；果实同节卷须枯萎 1/2 以上，前二节卷须枯萎。手拍打法：发出浊音为熟瓜，清脆音为生瓜。

采收方法：用剪刀剪，不要用手硬拽，以免扭伤瓜蔓；避免雨天采收，以免发生炭疽病；高温季节采收时应待清晨露水干后装运；采收时尽量避免践踏茎叶，以免影响下一批瓜的生长。

分级包装：采瓜时轻拿轻放，按大小分级包装上市，提高品牌效应。本地上市瓜以 9～10 成熟采收、外运瓜以 8～9 成熟采收为佳。

第二节　露地西瓜嫁接栽培应注意的几个问题

（一）嫁接苗不宜定植过深

嫁接口要高出地面 1 ~2 厘米。

（二）适当稀植

由于嫁接西瓜苗生长旺盛，一般应稀植，早熟品种 600 ~800 株，中晚熟品种 300 ~500 株，三蔓或多蔓整枝；每株留 1 ~2 果。整枝压蔓压瓜时，要用铁钩或树枝条插入固定瓜蔓，不可深压或暗压，以免产生不定根。

（三）激素保瓜

生长势稍强的品种，嫁接后生长更旺盛，在开花坐果期应采用坐瓜灵或其他生物调节剂，提高坐果率。

（四）加强病虫害防治

第四章　设施西瓜高效栽培技术

第一节　品种选择及壮苗培育（中小果型）

见前相关章节。

第二节　湖北地区西瓜设施栽培类型

栽培方式	育苗天数	移栽时间		上市期
		嫁接苗	自根苗	
大棚四膜（7 米 +3 米 +1.5 米 + 地膜）	40 天	2 月 11 ~20 日	2 月 21 ~28 日	5 月上旬
大棚三膜（7 米 +2 米 + 地膜）	40 天	2 月 21 ~28 日	3 月 1 ~5 日	5 月中下旬
中棚三膜（3 米 +1.5 米 + 地膜）	35 天	3 月 1 ~10 日	3 月 6 ~15 日	6 月上旬
中棚二膜（3 米 + 地膜）	30 天	3 月 11 ~20 日	3 月 16 ~20 日	6 月中旬
小棚二膜（2 米 + 地膜）	25 天	3 月 25 ~30 日	3 月 25 ~30 日	6 月下旬

双膜覆盖：2 月下旬温室育苗，3 月下至 4 月上定植，6 月上市。

塑料大棚（三层覆盖）：2 月上旬播种，3 月上旬定植，5 月中下旬上市。

日光温室：12 ~1 月播种育苗，2 月定植，4 月中下旬上市。

第三节　适宜播栽期的确定

见前相关章节。

第四节　田间管理（区别于露地）

（一）授粉（蜜蜂授粉技术）
（二）吊蔓、吊瓜（立架）
（三）棚室西瓜环境调控
1. 增光；
2. 降低空气湿度；
3. 提高温度；
4. 二氧化碳施肥。

第五章　西瓜栽培中几种常见问题的成因及防治

第一节　西瓜的生理性障碍

（一）苗期根系差

原因：移栽后土壤水分过多，通风差，容易引发呕根。防治措施：加强通风，同时喷施叶面肥2～3次。

原因：土壤过于干旱，西瓜发新根难。防治措施：用促根液2 000倍液滴灌或灌根2～3次。

（二）冻害

原因：早春受气温影响，瓜苗在移栽前后，受低温影响，幼苗冻害新叶发白；移栽后瓜苗叶片叶缘卷曲，焦枯，似缺钾症状。

防治措施：注意天气变化，低温来临前，做好大棚保温工作，同时喷施叶面肥，做好防冻措施。

（三）徒长（龙头病），坐瓜难

原因：土壤偏施氮肥，通风差，土壤水分多，棚内湿度大，容易造成徒长，坐瓜难。

防治措施：基肥最好选择养分释放慢的条施，同时增施磷钾镁肥；移栽后从西瓜4片叶开始连续喷施叶面肥2～3次；加强通风，降低棚内湿度，在坐瓜前严格控制水分；有条件可施用碳肥促进开花坐瓜。

（四）空心瓜、畸形瓜

1. 空心瓜

原因：水分管理不平衡；西瓜偏施氮肥，西瓜膨大期磷钾钙肥不足。追肥注意供水平衡，防治土壤过于干燥或干旱。

防治措施：坐瓜后，追肥时注意氮磷钾肥及微量元素的施肥比例，增施高钾复合肥

2. 畸形瓜

原因：土壤贫瘠，土壤硼锌含量低；西瓜坐瓜期间气温低，花粉发育不完全，受精能力差；西瓜膨大期磷钾钙肥不足。

防治措施：坐瓜前从4～5节位开始，连续喷施硼锌肥2～3次，同时在这个期间避开喷施、施用钾肥，因为钾会抑制硼的吸收；座瓜后叶面喷施1次硼肥提高座瓜率，减少畸形瓜；从西瓜鸡蛋大小开始对准西瓜喷施硝酸钙1 500倍液2次；同时加强通风。

（五）缺硼坐瓜难

原因：降水比较多的地区或积水的地方，以前种植过油菜、毛豆或其他豆科植物的地方以及土壤偏碱性的土地比较容易出现此类症状，此时西瓜瓜藤丛生，叶片似病毒状，生长点发白（白头），不结瓜。

防治措施：叶面喷施2～3次硼肥。

（六）裂瓜、裂藤

1. 裂瓜（缺钙）

原因：西瓜裂瓜与水分、气温关系密切。西瓜水分管理不平衡，如连续阴雨天，水分突然增多，西瓜吸收水分突增，容易引起裂瓜。温度骤冷骤热，温度起伏大，容易引起裂瓜。西瓜缺钙或钙不足，容易裂瓜。棚内湿度大，影响钙的吸收，容易脐腐裂瓜。

防治措施：加强通风；西瓜坐瓜后喷1次硼肥可提高西瓜果皮的韧性，同时利于钙的吸收，大大降低裂瓜；在西瓜鸡蛋大小时，对准西瓜喷施硝酸钙1 500倍液2次，可提高西瓜果皮厚度强度，减少裂瓜。

2. 裂藤（缺钙）

原因：氮肥过多，西瓜营养生长过旺；或者阴雨天气多，通风差，容易导致裂藤。裂藤会导致主要通过伤口侵染的蔓枯病发生。

防治措施：平衡施肥，坐瓜前严格控制水分，叶面喷施磷酸二氢钾3～4次；加强通风；在裂藤部位用硝酸钙1 500倍＋苯醚甲环唑1 000倍液液喷雾，兼防蔓枯病。

（七）缺镁

衰老（缺镁）

症状：表现老叶失绿，首先叶脉间开始表现黄化，严重时叶片焦枯，似火烧，又像三叶枯，容易引起西瓜倒藤。

防治措施：漏水积水的土地，酸性土地比较容易缺镁。底肥中最好加入15千克的硫酸钾镁肥；缺镁一般伴随缺钾想象，切忌单独施用镁肥，镁肥会抑制钾肥吸收，造成西瓜藤势更加衰弱。

（八）缺钾

衰老（缺钾）

症状：缺钾时老叶叶片边缘开始失绿发黄，严重时叶子边缘焦枯。西瓜早期就表现缺钾时，大棚中间会形成一条明显的黄花带。西瓜中后期缺钾容易导致西瓜早衰，西瓜产量低，且空心瓜增多。酸性土壤容易缺钾，土壤干旱加重缺钾。

防治措施：叶面喷施磷酸二氢钾；伴随有缺镁时，滴灌时每亩加施硫酸钾镁15～20斤。

（九）缺硼钙

衰老（缺硼钙）

症状：西瓜中后期，西瓜坐瓜过多，出现西瓜新叶叶片发白，卷缩，叶片泡斑，不平整。西瓜果实中央出现白色或黄白色果肉，此时西瓜迅速衰老，倒藤。

防治措施：用硝酸钙1 500倍+硼肥叶面喷雾，连续2~3次。

（十）土壤盐渍化障碍

原因：在重茬、连茬、土壤有机肥严重不足及大量、过量施用化肥的地块经常发生西瓜营养不良的现象。土壤盐渍化导致土壤板结和生理病害加重

防治措施：轮作倒茬；改良土壤：增施有机肥，测土配方施肥，尽量不用或少用容易增加土壤盐类浓度的化肥。重症地块灌水洗盐，泡田淋失盐分，及时补充流失的钙、镁等微量元素。利用秸秆还田松化土壤技术，加强土壤通透性和吸肥性能，这是改变盐渍化土壤的根本，还可以有效防止土传病害。

（十一）高温烫伤

原因及症状：在高温强光下不及时放风，附着在棚膜上的水滴会随着棚室温度的升高而升高。棚上落下来的高温水会烫伤西瓜叶片，使叶片成乳黄色白斑。

防治方法：及时放风、揭棚，加强水肥管理，抓紧促秧生长。

第二节　西瓜药害

（一）激素（调节剂）药害

膨大素刺激生长过快造成的裂瓜；生长抑制剂浓度过量造成的枝蔓畸形缩顶。

（二）施药药害

喷施过量的杀虫剂、杀菌剂使西瓜叶片呈白色斑点；大剂量农药混用对西瓜叶片造成的灼伤黑斑；除草剂使用顺序颠倒对西瓜生长的抑制性药害。

（三）漂移性药害

灭生性除草剂漂移药害使西瓜秧蔓灼伤。

（四）熏蒸药害

在密闭的单膜拱棚环境中使用除草剂，在高温高湿条件下药剂受气温升高蒸发成有害气体，并熏蒸西瓜秧苗，使秧苗黄化抑制生长。

（五）西瓜药害的救治方法

1. 使用质量较好、压力大、喷雾雾滴小的喷雾器。尽量将杀菌剂、杀虫剂与除草剂分成两个喷雾器进行操作，避免交叉药害发生。

2. 受药害的秧苗若没伤害到生长点，可加强肥水管理，促进快速生长。小范围的秧苗受害可用赤霉素喷施缓解药害。严重受害的地块，只能拔除、毁种。

3. 谨慎使用多种药剂的混配。

4. 对由有害气体熏蒸产生的药害，应及时放风、透气。

第三节　西瓜“空秧”成因及其防治

“空秧”：没有结果的植株称为“空秧”。西瓜“空秧”不是品种问题，究其原因有以下三大方面：不正常的气候因素、栽培技术措施、栽培管理措施。

（一）引起西瓜“空秧”的不正常气候因素和应对措施

西瓜是喜温作物，其生长发育的适宜温度是15~35℃，以28~30℃为最佳，15℃以下40℃以

上就会抑制生长，发生生育障碍，雌花和子房发育不良导致落果、化瓜，以致引起西瓜“空秧”。

1. 花期低温引起的“空秧”；

2. 高温干旱引起的“空秧”；

3. 花期阴雨引起的“空秧”；

4. 强烈日光和风害导致落花和化瓜引起的“空秧”。

应对措施：

1. 花期遇低温　人工授粉。

2. 对高温干旱引起西瓜“空秧”的植株　用0.5%的磷酸二氢钾水浇根、或大水灌溉；因高温干旱造成瓜蔓长至3～5米时仍无雌花时，就应将三蔓剪掉，促使再发新蔓，在新蔓上留瓜。

3. 花期阴雨引起西瓜“空秧”　开花期遇到阴雨，应采取雌花戴上防雨纸帽进行人工授粉。

4. 强烈日光灼伤和风害引起西瓜“空秧”　为防灼伤幼瓜，可用杂草及整枝时采下的茎蔓遮盖幼瓜；为防止风害，可采用湿泥土培压幼瓜的前后两个茎节，防止因风吹茎叶摇动而造成落瓜“空秧”。

（二）栽培技术措施引起的西瓜“空秧”和应对措施

1. 播种时期不当引起的西瓜“空秧”　西瓜从3～7月份播种，表现出播种期越晚，雌花着生节位越高。特别在6～7月份，月平均气温在25℃以上，主蔓15节以下基本没有雌花，由于雌花着生节位提高，养分及水分供应不均衡或不足而造成落花或化瓜而“空秧”。

2. 栽培密度不当引起的西瓜“空秧”　西瓜栽培密度过大，其营养生长旺盛又正值高温，高温多雨季节，使植株间郁蔽程度加大、不透风，光照不足而产生落花和化瓜“空秧”。

应对措施：

1. 播种时期不当引起西瓜“空秧”　应适时早育苗早栽培，以培育壮苗为目的，错开花芽分化阶段的高温阶段，降低雌花着生节位，以促进提早坐瓜。

2. 栽培密度不当引起的西瓜“空秧”　西瓜栽培密度应根据品种和地力情况来定。避免密度过大，植株间郁蔽程度大，透风、透光能力差而产生落花和化瓜“空秧”。中、晚熟品种西瓜（亩）栽600～800株，超大西瓜（亩）栽350～400株，极早熟小果型礼品西瓜（亩）栽1 000～1 300株，及时掐尖、打水杈，以增强通风透光性能。

（三）栽培管理措施引起的西瓜“空秧”和应对措施

1. 苗期管理不当使幼苗生长势弱，雌花发育不良引起的西瓜“空秧”　伸蔓初期田间管理跟不上，造成营养生长过旺，植株间透光、通风性能降低，导致落花、落果而引起西瓜“空秧”；

2. 水肥不当引起的西瓜“空秧”　氮、磷、钾、钙和有机肥配合比例不当，造成植株徒长；偏施速效氮肥，促使植株生长过旺；西瓜开花及坐果前追肥浇水过勤，使用植株营养生长过旺而产生落花和化瓜“空秧”。

3. 花期喷洒农药影响昆虫活动导致西瓜不能正常传粉引起的西瓜“空秧”。

应对措施：

1. 苗期加强田间管理，通过中耕、施肥以及壮苗，促进花芽分化；

2. 伸蔓后期通过整枝、压蔓来抑制营养生长，促进营养生长向生殖生长转移，提高坐果率，以防西瓜“空秧”。

3. 加强水肥管理，提高坐瓜率。在苗期浇发棵伸蔓水，追施发棵伸蔓肥，加大营养面积，氮、磷、钾、钙及有机肥要比例合理，进行合理的配方施肥，以防氮肥偏重，发生疯秧、跑蔓。一般（亩）施磷酸二铵7.50千克、硫酸钾8千克，旱天追水肥，水天追粒肥。开花后，从褪毛到定个期追一次肥浇一次水，促进坐果。南方露地栽培西瓜，争取“带瓜入梅”。

第五篇　莲藕露地高产栽培技术

傅新发
（武汉市农业科学技术研究院，武汉市蔬菜科学研究所）

第一节　莲藕概要

莲藕是一种古老而又年轻的物种。说它古老是因为它在地球上生存已有1亿多年（现代考古发现了在侏罗纪时代的莲叶和莲花粉化石）。在我国已有3 000多年的栽培历史。说它年轻是因为它在我们现时生产、生活中正发挥出强大的生命力，而且还有许多需要我们去探求的奥密。

莲藕集食用、药用和观赏与一体，相对其他作物来说还有易种、易贮、易运、既可作水果生食，又可作蔬菜，有时还可代替主粮，深受人们喜欢。莲藕在植物分类学上属睡莲科、莲属、大型宿根水生草本植物。具有双子叶和单子叶植物共有的一些特征。在世界上莲藕有美洲黄莲和中国莲两大系统。两大系统间没有生殖隔离，可以自由杂交。中国莲系统中根据食用器官和观赏的作用不同，又分为藕莲、籽莲和花莲3个类别。

第二节　莲藕生长所需的环境条件

（一）水分

年降雨量1 500毫米左右，排灌方便。无污染水源。

（二）温度

常年日平均气温17℃，无霜期200天左右。≥13℃活动积温4 000～5 000℃，有效积温1 000～2 000℃，有一定的昼夜温差和季节温差。

（三）土壤

土质疏松，有机质含量丰富（1.5%以上）土层深厚（25～35厘米），酸碱度适中（pH5.5～7.5）的壤土（砂壤、轻壤、黏壤）。

（四）光照

要求光照充足，年日照时数1 700个小时左右。

（五）气

空气清鲜无污染，风速4级以下。大风不利生长。有条件增施CO_2，光合作用同化养分，增加产量。

第三节　莲藕主要品种介绍

（一）“00—01”

株高180厘米左右，叶片直径75～85厘米，叶片中心角开度较小，呈“V”字形。开较多单瓣白花，中晚熟。田栽8月下旬成熟，9月至翌年4月收获，主藕5～6节，长100～130厘米，节间长度较均匀，一般长15～20厘米，粗径7.5厘米左右，入泥深25～35厘米，单支重2～3千克，表皮白色，煨汤易粉，亩产2 500千克左右。

图1　“00—01”莲藕地上部

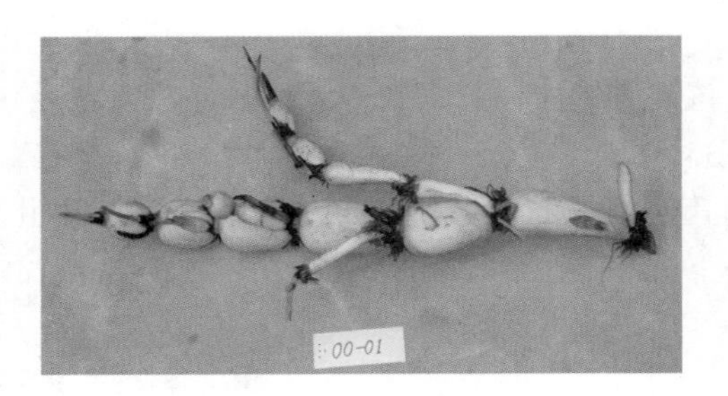

图2　“00—01”莲藕地下部

（二）“00—26”

地上部性状与“00—01”相当，但叶面中心角开度较大，区别于其他所有菜用藕的显著标志是叶面无乳状凸起，因此手感特别光滑。晚熟、田栽9月上中旬成熟，9月下旬至翌年4月收获，主藕5～6节，长100～150厘米，节间长20～25厘米，粗7.5厘米左右，入泥深30～35厘米，单支重2.5～3千克左右，表皮白色，宜炒食。亩产量2 500千克左右。

图3　“00—26”莲藕地上部

图4　“00—26”莲藕地下部

（三）“新一号”

地上部性状与“00—26”接近，但叶面有乳凸，手感较粗糙，中早熟，田栽8月上旬成熟，主藕5～6节，长100～150厘米，节间长20厘米，粗7～8厘米。入泥深30厘米。单支重2.5～3千克，表皮白，宜炒食或煨汤，亩产量2 500千克左右。

（四）“鄂莲五号”

原名“3735”，93年通过湖北省农作物品种审定委员会审定，命名为“鄂莲五号”。早中熟，露地田栽3月下旬至4月上旬定植，7月中下旬每亩可收青荷藕500～800千克。采用大棚等保护措施栽培时3月上旬定植，6月中旬每亩可收青荷藕500千克左右。充分成熟后，亩产2 500千克左

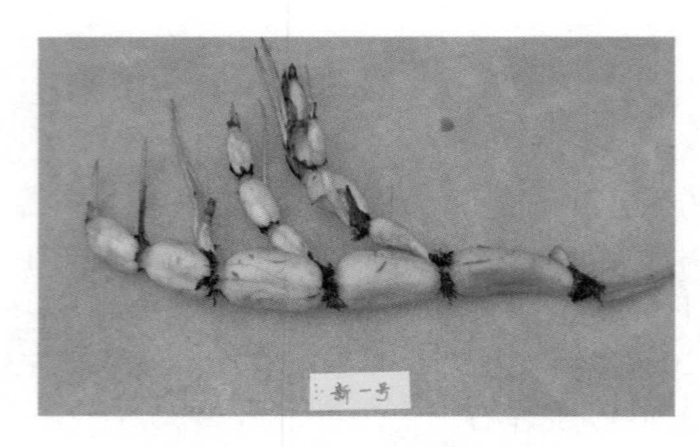

图5 "新一号"莲藕地下部

右。该品种地上部株高160～180厘米，叶径75～80厘米，开较多单瓣白花。地下茎主藕入泥深25～35厘米，主藕5～6节，长120厘米左右，粗7～9厘米，表皮肤白色，宜炒食或煨汤。该品种区别其他品种的主要标记是：地下茎节间短粗，中间通气孔道细小，藕肉厚实，比重较大，在水中容易下沉。适应性较广，抗逆性较强，适合我国水源充足的大部分地区栽种。

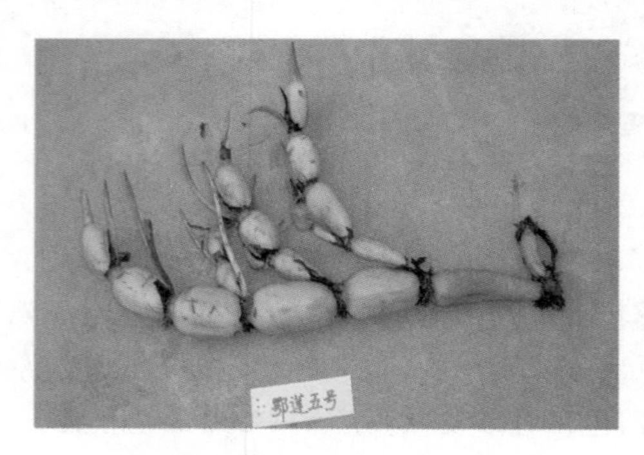

图6 "鄂莲五号"莲藕地下部

（五）"鄂莲一号"

原名为"8135"，该品种极早熟，露地田栽3月下旬至4月上旬定植，7月上中旬每亩可收青荷藕1 000～1 500千克。保护地栽培可提早在3月上旬定植，5月底至6月上旬亩收青荷藕400～600千克。充分成熟后亩产可达2 500千克以上。地上株高130～150厘米，叶径60～70厘米，不开花或开少量白花。地下部主藕入泥深15～20厘米，主藕5～6节，长130厘米左右，节间长10～20厘米，粗6～7厘米，单支重3～5千克，表皮肤白色，在田贮藏期间梢节易萎缩。适宜炒食。成熟后耐贮运。适合作保护地双季藕种植。早熟藕收后可接茬晚稻或荸荠、慈菇等作物，增加复种指数，提高土地利用率。

第四节　莲藕露地高产栽培技术

（一）选地

选择地势平坦排灌水方便、交通便利、土壤耕层深厚、有机质含量丰富、酸碱度适中、无环境污染的地块种藕。

（二）选种

选择抗病、优质、高产的品种（如：鄂莲1号、鄂莲4号、鄂莲5号、新1号、武植2号等）、以及无病、无伤、无杂、新鲜、芽头完整的种藕作种。

(三) 整地

深耕（25 厘米以上）、细耙、田平、泥活。

(四) 施足基肥

结合整地每亩施腐熟粪肥 2 500～3 000千克，或绿肥 3 500～4 000千克，或饼肥 150 千克，或磷肥 50 千克加碳铵 50 千克。

(五) 土壤消毒

结合整地每亩施生石灰 50～100 千克，或 25% 的多菌灵粉剂加 25% 辛硫磷颗粒剂 3 千克，拌干细土 15 千克，均匀地深施入泥土中，杀死地下病虫。

(六) 适时定植

露地栽培莲藕，在 3 月下旬至 4 月上旬，气温稳定在 13℃以上，田边的水草大部分已发青时定植。

(七) 合理密植

早熟栽培每亩栽 200 株左右，每株保证 2～3 个有效芽。中晚熟品种每亩栽 120 株左右。

(八) 藕田除草

在莲藕生长过程中，尤其是浅水藕生长前期，水田内眼子草、牛毛毡、野慈菇、三棱草、四叶萍、黑藻等杂草较多，生长较快，影响莲藕生长，应及时除去。

1. 人工除草　在莲田封行之前及时采用人工除草，结合了耘田，增加了土壤中的氧气含量，有利于莲藕生长。

2. 化学除草　用化学除草要谨慎小心，除草剂的种类、施用浓度、剂量、时间、方法，都要按要求进行，稍有疏忽，会造成不可挽回的损失。常用除草剂与使用方法：

（1）选用 50% 威罗生乳油，在莲藕立叶长高出水面 30 厘米时，取药 100 毫升，先拌 5 千克尿素，再加 5 千克细土，充分拌匀后，于露水已干时撒施田中。施药时，藕田保持水深 7～10 厘米，施药后保持水层一周以上，效果良好，残效期可达 1 个月以上。

（2）选用 12.5% 盖草能或者 35% 精稳杀得 40 毫升，加水 40～50 千克，充分拌匀后，当露水干时对杂草叶面喷洒，经过 4 天，对杀死 3～4 叶期的禾本科杂草效果较显著

（3）发现青苔为害，每亩用硫酸铜 1～2 千克化水浇施。

(九) 转藕头、除老藕、摘老叶、疏花果

在田间封行之前，发现朝向田埂生长的藕苫要及时转向田中间；立叶长出 2～3 片后，将栽种的老藕清除出田外，可减少病虫发生；对失去功能的老叶，及时人工摘除，有利田间通风透光；人工摘除花果，可减少养分消耗，增加莲藕产量。

(十) 追肥

根据莲藕的品种和长势进行追肥，一般早熟品种追 1～2 次，晚熟种追 2～3 次。前期每亩施尿素 5～10 千克，磷肥 50 千克，硼砂、硫酸锌各 1 千克。中后期每亩施复合钾肥 30～50 千克。

(十一) 灌水

在莲藕生长期间，掌握前期浅，中期深，后期浅的原则。

(十二) 病虫防治

主要做好对“三病”“三虫”的综合防治。三病：腐败病、黑斑病、生理病害（包括黑根病、

皮锈病、草筋病），三虫：蚜虫、斜纹夜蛾、地蛆。

第五节 莲藕主要病害防治技术

（一）腐败病（图7～11）

莲藕腐败病又叫莲藕枯萎病，有的农民叫它“火烧病”、“穿心病”、“菊花心”。

1. 病原　一是由好气性由镰刀真菌为害所致，此菌喜欢偏酸环境，在土中可成活7年之久，主要为害浅水田藕。另一种是由厌氧细菌引起，主要为害泥水较深的塘藕。

2. 浸染途径　主要通过伤口浸入或藕种带毒，通过雨水传播，由点到面扩大为害。

3. 为害　破坏莲藕植株的维管束，使养分和水分不能正常的运输，叶片失水枯死，植株不能正常生长，形成的地下茎（藕）细小，中间变褐，不堪食用。严重时造成绝收。

图7　“00－1”莲藕品种植株病害（一）

图8　“00－1”莲藕品种植株病害（二）

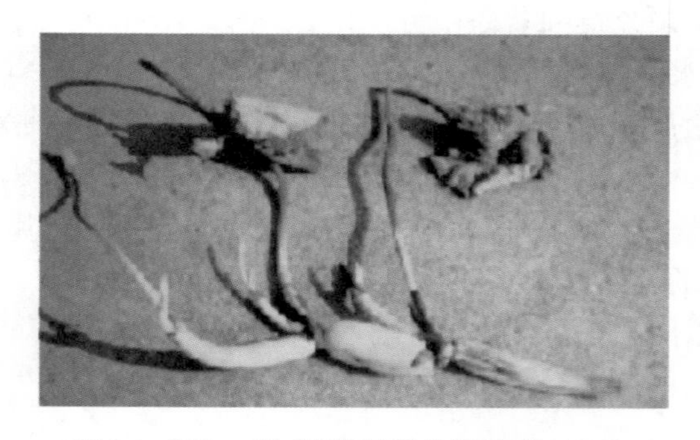

图9　“00－1”莲藕品种植株病害（三）

图10　“00－1”莲藕品种植株病害（四）

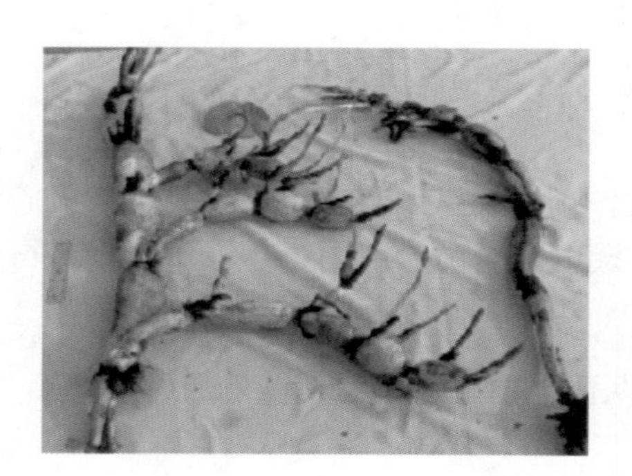

图11　“00－1”莲藕品种正常地下茎和病害地下茎

4. 腐败病的防治方法

（1）进行土壤消毒，杀灭土壤中的病、虫害。

（2）进行藕种消毒，防止病由种带。

（3）防止连作时间过长，进行合理轮作换茬。

（4）选用抗病的品种。

（5）选用小型子、孙藕作种。

（6）增施有机肥，补充微肥，适当减少化肥的施用量。

（7）适时摘除种藕，减少传播源。

（8）适当提早或延后栽植期，错开病害高发期。

（9）科学管水，生长期间前浅、中深、后浅，长年不断水。

（10）发病初期及时拔除病株，并在病株周围进行消毒。

（二）黑斑病（图12）

1. 病原：由交链孢属真菌引起。

2. 传播途径：通过风、雨水、和接触传播。

3. 危害状：主要为害叶片，尤其是初生立叶，感病后叶片发黑，不能正常的开展进行光合作用。严重发生会造成大量减产。

4. 黑斑病的防治方法

（1）保持田间浅水勤灌。

（2）灭除田间龙虾，减少伤口侵入和接触传播。

（3）发病初期及时摘除病叶。

（4）叶面喷施600倍25%代森锰锌或等量式波尔多液。

（三）莲藕生理性病害

1. 莲藕黑根病（图13） 无病原菌危害，由不良环境（土壤低温、缺氧、肥料浓度过高、施入了未经腐熟的有机肥等）造成的莲藕植株根系生长不良，致使地上叶片枯死。初发时地上病征与腐败病相似，区别在于发病普遍，没有传染源，不会传染。

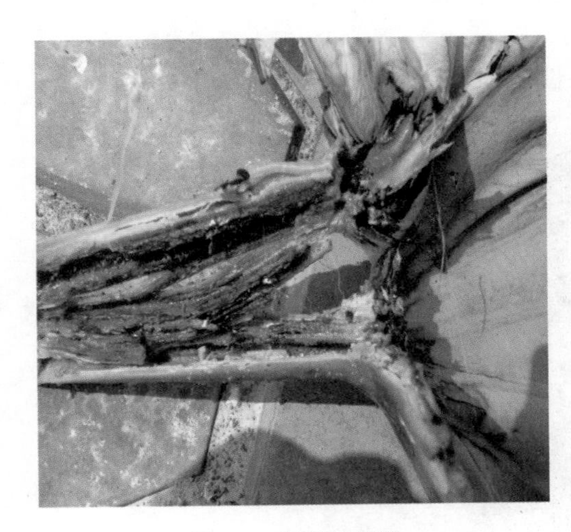

图12 莲藕黑斑病

图13 莲藕黑根病

2. 莲藕皮锈（图 14） 由于土壤偏碱或含钙过高，造成土壤中铁不容易分解被莲藕作物吸收，出现相对过剩而依附在莲藕的表皮上，形成了一层铁锈，影响了莲藕的商品外观。

3. 莲藕草筋病（图 15） 由于连作时间长、田间莲藕残枝败叶积累过多、采用污水灌溉、施用未经腐熟的有机肥、土壤偏酸等都会引起该病的发生。主要表现在莲藕的表皮上出现一条条黄褐色的线条，严重时镶合入藕体内，影响莲藕的外观和品质，不便销售和食用。

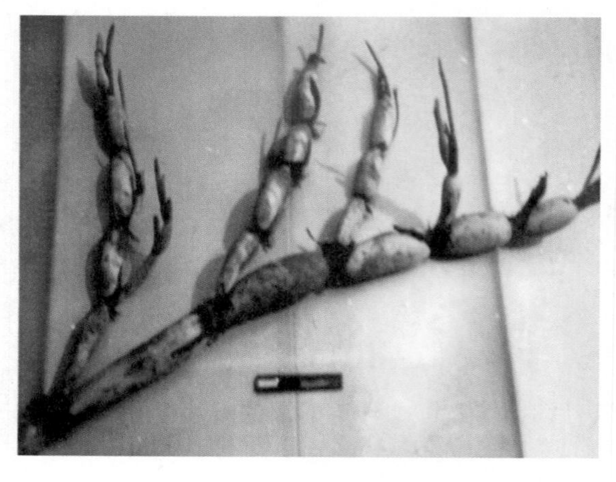

图 14 莲藕锈病

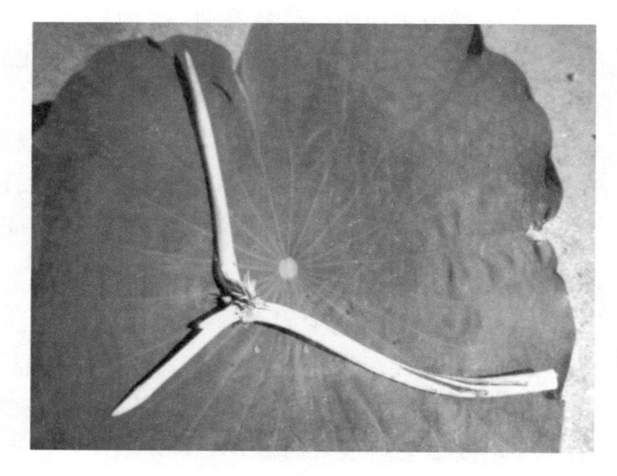

图 15 莲藕草筋病

4. 生理性病害的防治方法 主要是要按照莲藕高产栽培技术要求进行操作，从土、肥、水、种、温、光、气等方面全面考虑，为莲藕生长营造良好的环境。

第六节 莲藕主要虫害防治技术

（一）蚜虫（图 16）

1. 蚜虫危害特点 蚜虫属同翅目蚜虫科昆虫。单性及两性生殖交替，条件适宜时一年四季都可发生，分无翅蚜和有翅蚜，靠刺吸式口器吸取植物汁液，传播病毒。为害莲藕的蚜虫叫莲缢管蚜，主要在莲藕生长前期为害幼叶，发生严重时，莲叶不能正常伸展，影响发棵，导致大量减产。

2. 蚜虫的防治方法

（1）用 40% 乐果乳油 1 500 倍液或 10% 的金大地可湿性粉剂 1 500倍喷雾防治。

图 16 莲藕蚜虫为害

（2）用50%的抗蚜威可湿性粉剂2 000倍液喷施

（3）洗衣粉1份，尿素1份，水400份，制成洗尿合剂，进行叶背喷洒

（4）及时清除田间及周围的杂草，减少蚜虫栖身的场所。

（二）斜纹夜蛾（图17）

1. 危害特点　斜纹夜蛾属鳞翅目夜蛾科昆虫，成虫昼伏夜出，有趋光习性，集中产卵于叶背。幼虫咀嚼式口器，嚼食叶肉，杂食性，为害多科植物，分有5龄，3龄以前集中为害，以后分散为害，严重时可将叶片吃光。一年可发生多代，世代重叠。

2. 斜纹夜蛾防治方法

（1）用黑光灯或糖醋液诱杀成虫。配制方法是：250克红糖，加食用醋250毫升，加清水500毫升，再加少量敌百虫。将混合药液盛于盆中，傍晚放于距地面60厘米高处。

（2）除卵灭幼虫：利用其集中产卵和3龄以前的幼虫集中危害的特点，及时用手将其摘除销毁。

（3）药剂防治：用50%的辛硫磷乳剂1 000倍液喷施。

（4）用90%的晶体敌百虫1 000倍液喷施。

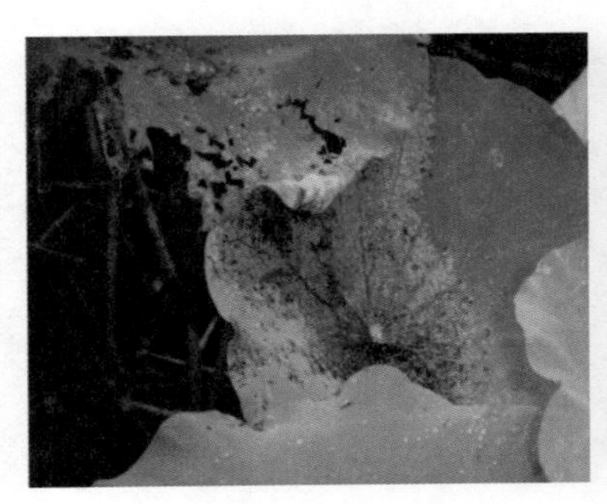
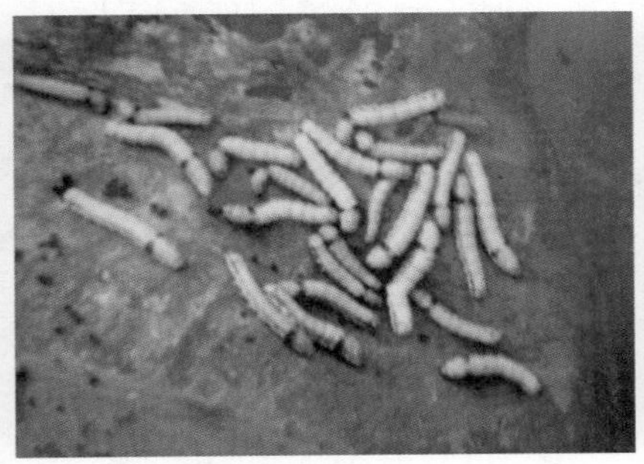
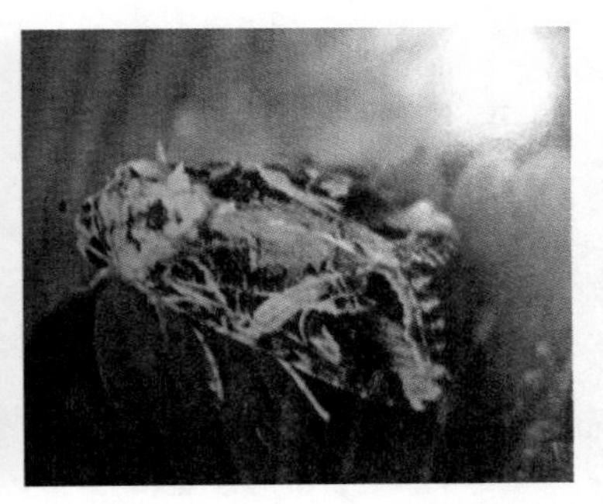

图17　莲藕斜纹夜蛾

（三）食根金花虫（图18）

1. 危害特点　食根金花虫又称稻根叶甲（俗称地蛆），属鞘翅目叶甲科昆虫。成虫为0.5厘米长的甲壳虫，5～6月在杂草间交配产卵，幼虫潜入泥水中为害莲藕根系，使其不能正常吸收肥水，叶片失水而枯死。

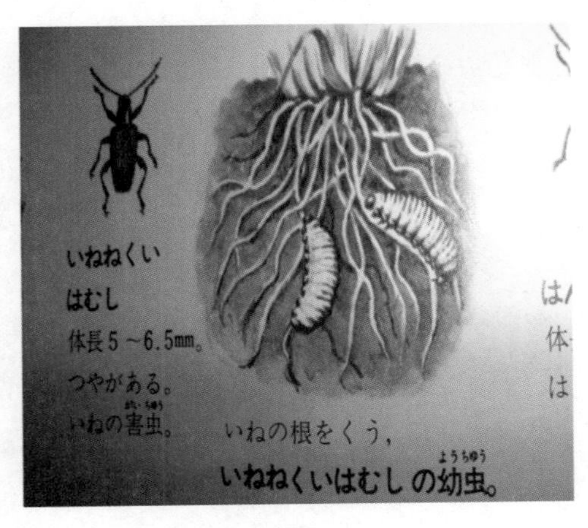

图18　莲藕食根金花虫

2. 食根金花虫防治方法

（1）进行2~3年一次的水旱轮作。

（2）深翻土壤25厘米左右，实行夏炕冬凛，可杀死部分幼虫。

（3）及时除掉田间及周围的杂草，减少成虫活动产卵的场所。

（4）药剂防治：栽前结合整地，每亩深施生石灰50~100千克，或用50%的辛硫磷颗粒剂3千克，拌细土20~30千克，均匀地撒施土壤中，可杀死地蛆；选用90%的晶体敌百虫1 000倍液，或乐果1 000倍液喷施，可治成虫。

第六篇　藕莲栽培技术

钟　兰
（武汉市农业科学技术研究院，武汉市蔬菜科学研究所）

第一节　什么是藕莲

根据莲的用途，分为3个类型：一类是藕莲，主要以采收肥大的地下根状茎为目的，亦称莲藕、莲菜、藕等；一类是籽莲，主要以采收莲子为目的；一类是花莲，主要以观赏为目的。这里介绍的是藕莲。

第二节　品种选择

（一）鄂莲1号

1993年通过湖北省品种审定委员会审定。早熟。株高130厘米，叶径60厘米，花白色，少量。主藕6～7节，长90～110厘米，直径6.5～7厘米，整藕重3～3.5千克，表皮黄白色。入泥浅。长江流域4月上旬定植，7月上中旬每667平方米收青荷藕1 000千克，9～10月份以后收老熟藕2 000～2 500千克，宜炒食。

（二）鄂莲5号（3735）

2003年通过湖北省品种审定委员会审定。早中熟。株高160～180厘米，叶径75～80厘米，花白色。主藕5～6节，长80～100厘米，直径7～8厘米，整藕重3～4千克，藕肉厚实，表皮黄白色。入泥浅。长江中下游地区4月上旬定植，7月中下旬每667平方米收青荷藕500～800千克，8月下旬收老熟藕2 500千克。抗逆性强，稳产，炒食及煨汤风味均佳。

（三）鄂莲6号（0312）

2008年通过湖北省品种审定委员会审定。早中熟。株高160～180厘米，叶径80厘米左右，花白色。主藕6～7节，长90～110厘米，主节直径8厘米左右，整藕重3.5～4千克，藕节间筒形，节间均匀，表皮黄白色。入泥浅。每667平方米产老熟藕2 500～3 000千克，可凉拌、炒食、煨汤。

（四）鄂莲7号（珍珠藕）

2009年通过湖北省品种审定委员会审定。早熟。株高110～130厘米，叶径70厘米左右，花白色。主藕6～7节，藕节间短圆筒形，主节间长10厘米左右，直径8厘米左右，节间均匀，藕肉厚实，表皮黄白色。整藕重2.5千克左右，商品性好。7月上中旬即可采收青荷藕，一般每667平方米产量1 000千克左右，9月以后产枯荷藕2 000千克左右。凉拌、炒食、煨汤皆宜。

（五）鄂莲8号（0313）

2012年通过湖北省品种审定委员会审定。晚熟。株高180～200厘米，叶径80～85厘米，花

选育的8个莲藕新品种

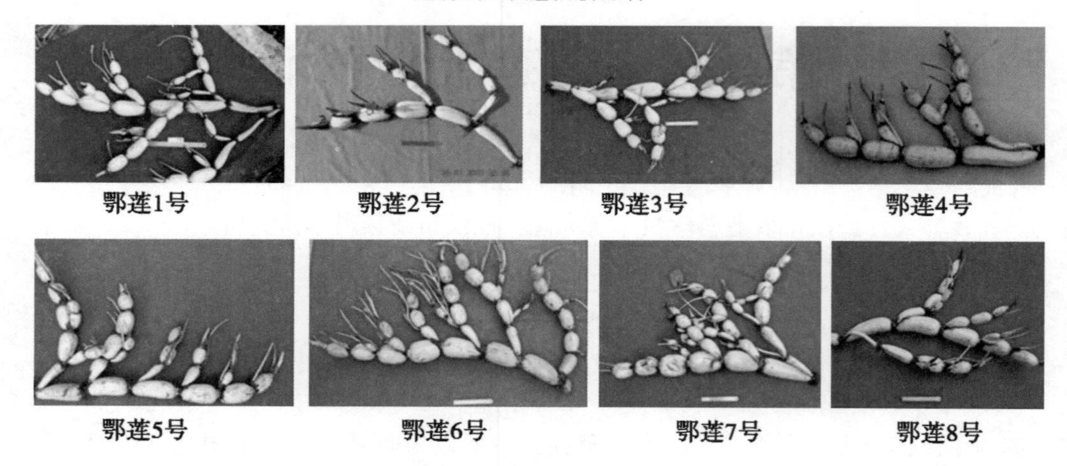

白色，较多。主藕5～6节，主藕长90～100厘米，主节粗8～8.5厘米，整藕重3～4千克，节间均匀，表皮白色。一般每667平方米产枯荷藕2 500千克左右。煨汤粉。且适合采藕带，藕带粗、白、口感脆嫩。

（六）“巨无霸”

武汉市蔬菜科学研究所通过杂交育成。早中熟，藕粗大。株高160～170厘米，叶径80厘米左右，花白色。主藕5～7节，长90～110厘米，粗8.5厘米左右，整藕重4.5～5千克，节间均匀，表皮黄白色。每667平方米产枯荷藕2 500～3 000千克左右。凉拌、炒食、煨汤皆宜。

（七）武植2号

中国科学院武汉植物研究所从江苏地方品种“慢荷”的无性系优良单株选育而成。主藕5～6节，节间长筒形，表皮黄白色，花白色。适于浅水栽培，早中熟，每667平方米产藕2 500～3 000千克。

（八）红泡子

湖北省孝感地区地方品种。株高175～180厘米，花白色。主藕长90～100厘米，粗7～7.5厘米，整藕重2.5～3千克，表皮黄色。中晚熟，适宜浅水田栽培，每667平方米产藕1 500～2 000千克。

（九）巴河藕

湖北省浠水县地方品种。花少，白色，株高170～180厘米。主藕5～6节，长100～110厘米，粗7厘米左右，整藕重2.5～3千克。早熟，适宜浅水栽培，每667平方米产藕2 000千克。

第三节　茬口安排

田间进行合理的茬口配置，是提高单位面积土地利用率的有效措施。莲藕与茬口安排有关的特点，主要有两点：首先，莲藕耐连作能力较强。在实际生产中，绝大多数藕田是实行多年连作的。我们曾在同一块田中连作种植同一个莲藕品种达15年以上，而莲藕植株生长及产量均表现正常。因此，通常情况下，在同一块田中，可以连续数年以莲藕为中心进行茬口配置。再者，藕田配茬空间较大。露地栽培时，一般在3月中下旬至4月上中旬定植，7～8月收青荷藕，9～10月开始收老熟藕；塑料大（中）棚覆盖早熟栽培时，则于3月中旬前后定植，6～7月收青荷藕，8～9月开始收老熟藕。不论露地栽培，还是设施栽培，若以采收青荷藕为目的，大多可在7月腾地；若以采收老熟藕为目的，则可持续采收至翌年4月底。只要合理安排好莲藕采挖期，藕田茬口配置的空间是比较大的。

（一）芥菜—莲藕—稻

11月栽种芥菜，翌年4月收春芥菜后再定植莲藕，7月收早藕，插晚稻，11月收晚稻，一年三收。

（二）荸荠（或慈姑）—莲藕—秋茭—夏茭

第一年荸荠或慈姑留在田里过冬，第二年春季将荸荠或慈姑收获后，4月种莲藕，并在藕田四周种茭白。7月收藕后，将茭秧栽满全田，10月后收秋茭，收后留茭墩越冬，第三年5月收夏茭，夏茭收获后可定植荸荠或慈姑。

（三）莲藕—茭白—水芹

4月栽藕时，四周栽二三行一熟茭白，7月收青荷藕，栽水芹。10月初收完一熟茭，拔去茭白老墩，再补种水芹。

（四）早藕—荸荠（或晚稻、水芹、豆瓣菜）

3月下旬或4月上旬定植莲藕早熟品种，7月上中旬采挖青荷藕，7月中下旬栽荸荠或晚稻等作物。

（五）莲藕、鱼种养结合

4月种藕于塘中，5月底6月初将鱼放于塘内，翌年1月可排水干塘，挖藕的同时收鱼。如鱼过小，可将鱼留在塘中，待藕收完后，再放水养鱼。

（六）莲藕、鱼、茭白三年一换九年一轮

第一年种藕。当年种藕时，采用隔年抽挖办法，即留下1/4藕种，挖掉3/4上市。第二年新藕长出，秋后再次抽挖。第三年秋、冬全部挖净。第四年至第六年鱼塘养鱼。要放养部分草鱼，帮助除掉部分杂草。第七年至第九年种茭白。此种养结合模式可大大减少肥料和农药的使用量。

（七）双季藕间套种慈姑

广西、广东等地区在3月中下旬定植莲藕，7月上旬采挖第一季莲藕。主藕上市，支藕定植于田中作为第二季莲藕的种苗继续生长，8月下旬或9月上旬将慈姑定植藕田中。冬作物成熟后先挖慈姑，再挖莲藕。

（八）莲藕间套种水稻

广西、广东等地区在3月中下旬定植莲藕，在晚稻定植期将藕田种的病老荷叶摘除，再将秧苗定植到莲藕田的荷叶下，待水稻成熟收获后，再采挖莲藕。

第四节　莲藕栽培

（一）露地栽培

1. 大田准备　宜在定植前5～7天，清除田间杂草，耕深20～30厘米，耙平，加固田埂，使田埂高出泥面20厘米以上。在翻耕前施用基肥，一般每667平方米施钙镁磷肥100千克和腐熟粪肥2 500千克；或者氮∶磷∶钾比例为15∶15∶15的复合肥50千克、腐熟饼肥50千克及尿素20

千克。宜每 3 年施生石灰 1 次，每次每 667 平方米施 75 ~ 100 千克。

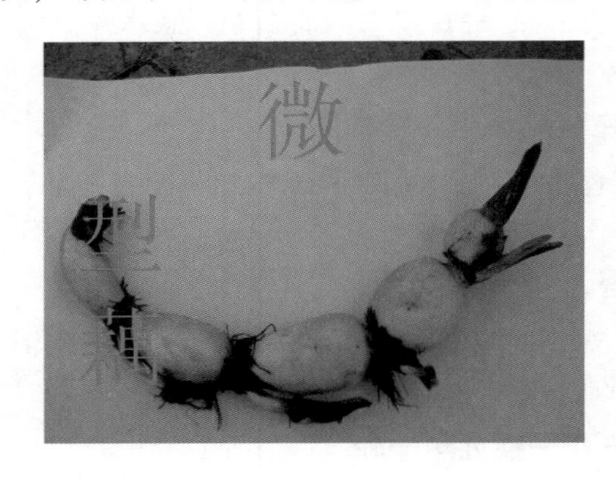

2. 种藕准备

（1）常规藕：种藕纯度不低于 90%，单个藕支的顶芽个数不少于 1、节间个数不少于 2、节数不少于 3，未受病虫害为害、新鲜。早熟品种用种量为每 667 平方米栽植 300 ~ 350 千克，中晚熟品种用种量每 667 平方米栽植 200 ~ 300 千克。

（2）微型藕：种藕纯度不低于 95%，单个藕支重 0.1 ~ 0.4 千克，顶芽个数不少于 1、节间个数不少于 2、节数不少于 3，未受病虫害为害、新鲜。用种量为每 667 平方米栽植 120 ~ 150 支（总重 20 ~ 30 千克）。

3. 大田栽植　长江中下游地区宜于 3 月下旬至 4 月中旬定植。宜采用三角形定植，早熟品种栽培行距 1.5 ~ 2 米、株距 1.5 米，中晚熟品种栽培行距 2 ~ 2.5 米、株距 2 米。定植深度宜 5 ~ 10 厘米，藕梢露出泥面并呈 10 ~ 20 度角斜栽。田块四周定植穴内的种藕藕头朝向田内，对行距离宜加大至 3.5 ~ 4 米。

4. 水深调节　定植期至立叶长出之前水深宜 3 ~ 5 厘米，立叶抽生至开始封行宜 5 ~ 10 厘米，封行后至结藕期宜 10 ~ 20 厘米，越冬期不宜浅于 10 厘米。

5. 追肥　早熟品种宜于定植后 25 ~ 30 天、55 ~ 60 天分别施第 1 次、第 2 次追肥，每次每 667 平方米施氮：磷：钾比例为 15：15：15 的复合肥 25 千克和尿素 15 千克；中晚熟品种宜在早熟品种追肥基础上，于 75 ~ 80 天进行第 3 次追肥，每 667 平方米施硫酸钾和尿素各 10 ~ 15 千克。追肥时，对于溅落于叶片上的肥料，应及时用水浇泼冲洗干净。

6. 除草　宜于定植前结合整地清除杂草，封行之前人工除草。对于浮萍，可撒施碳酸氢铵或者尿素于其表面；对于水绵，可用硫酸铜化水浇泼，晴天进行，3～5 天 1 次，连续 2 次，每次每 667 平方米、每 10 厘米水深 0.5 千克。

7. 折花、打莲蓬　进入花期后，10～15 天巡查一次，摘除花蕾和莲蓬，以利营养向地下部分转移，也可防止莲子老熟后落入田内发芽造成生物学混杂。

8. 采收　莲藕采收，以主藕形成 3～4 个膨大节间时开始采收青荷藕为宜，时间为定植后 100～110 天。叶片开始枯黄时采收老熟枯荷藕。采收时，应保持藕支完整、无明显伤痕。早熟品种、晚熟品种产品均可留地贮存，分期采收至翌年 4 月。

（二）鱼塘种藕

鱼塘种藕与浅水田种藕相似，由于鱼塘有机质丰富、淤泥层厚，更有利于莲藕生长。鱼塘中长出的藕比田中长出的藕肥大，但塘栽莲藕比田栽莲藕晚熟 10～15 天。在养鱼 3 年以上的鱼塘内种藕，当年可不施肥，第二年可适当追肥。塘栽藕一般以晚熟品种为好。

1. 鱼塘选择　选择养鱼 3 年以上、有机质丰富、底部较平的鱼塘。

2. 定植　定植时间在 3 月下旬或 4 月上旬，用种量及种植密度同田藕一样。定植时塘内水层在 15 厘米以下，以利于藕提早发芽。

3. 除草　在莲藕生长封行前应随时拔除塘内杂草。

（三）设施栽培

覆盖设施主要有塑料小棚、中棚、大棚等。小棚投资少，操作简单，但保温效果较差，可覆盖的时间短，其收获期与露地相比只能提前 10 天左右。大棚保温效果好，覆盖时间长，一般提早采收期 30 天以上，但成本较高，不便移动。中棚一般棚宽 3～3.5 米，棚高 1.5～1.6 米，棚长 20～30 米，其保温效果也较好，投资较少，是保护地种藕的一种经济实用的设施。

1. 品种选择　宜选用早熟或早中熟品种，如鄂莲 1 号、鄂莲 5 号、鄂莲 7 号、武植 2 号等。

2. 适时定植　一般比露地提早 15～20 天，如武汉地区在 3 月中旬。

3. 加大用种量　设施栽培的目的主要是获得早期产量，因而相对露地栽培而言，应增加用种量，一般每 667 平方米用种量 300～400 千克。

4. 加大密度　行距 1.2～1.5 米，株距 0.8～1.2 米，每棚 2 行，芽头相对，交错排列。

5. 及时采收　根据采收目的不同，有两种采收方式：一种是收大留小，即采收主藕上市，留下子藕，继续生长第二季藕；第二种是一次性采收，再种植其他作物。

（四）南方两熟栽培

在我国广东、广西、海南等气温较高的南方地区，可进行一年两熟露地栽培。

1. 品种选择　宜选用鄂莲 1 号、鄂莲 5 号、鄂莲 6 号和鄂莲 7 号等早、中熟品种。

2. 栽种时间　在 2 月底至 3 月上中旬定植，7 月上中旬采收第一季藕，挖藕的同时留子藕作秋季种藕。秋季定植宜 7 月中下旬以前。

（五）北方保水栽培

在北方缺水的地区，通过设施建设达到莲藕生产过程中保水的目的。节水莲藕池分两种类型：一种是混凝土砖渣池，又称“硬池”，使用年份长，但一次性造价高，一般每 667 平方米需花费 5 000元左右；一种是塑料薄膜池，又称“软池”，投资小，每 667 平方米需花费2 000元左右，但使用寿命较短，一般为 3 年。

第五节 病虫防治

（一）防治原则

实行“预防为主，综合防治”的方针，优先采用农业防治、物理防治和生物防治措施。

（二）莲藕腐败病（图1）

症状是叶片枯萎翻卷，地下根状茎中心腐烂发黑，严重时减产50%以上。宜选用抗病品种，栽植无病种藕，实行水旱轮作；种藕定植前用50%多菌灵可湿性粉剂800倍液浸泡1分钟，定植后及时挖除病株。

图1 莲藕腐败病

（三）叶斑病（图2）

图2 叶斑病

叶部病害。宜于发病初期用70%甲基托布津可湿性粉剂加百菌清可湿性粉剂800～1 000倍液喷雾防治。

（四）蚜虫

危害是叶片皱缩、黄化等。宜用黄板诱杀有翅成虫；或用10%吡虫啉可湿性粉剂3 000倍液或25%噻虫啉可湿性粉剂5 000倍液喷雾防治。

（五）斜纹夜蛾

危害是幼虫取食叶肉，留下表皮和叶脉，使叶片呈纱网状。宜每20 000平方米（30亩）设置1

台频振式杀虫灯，或每667平方米设置2个性诱器，诱杀成虫；人工摘除卵块或捕杀3龄以前幼虫；转移后的幼虫用5%定虫隆（抑太保）乳油2 000倍液喷雾，或用1%甲氨基阿维菌素甲酸盐3 000～5 000倍液喷雾。

（六）食根金花虫

危害是为害藕的地下茎。宜采用水旱轮作，清除田间和田边杂草；或者放养泥鳅、黄鳝等捕食幼虫；或者每667平方米用15～20千克茶子饼，捣碎后用水浸泡24小时，之后将浸泡后的茶子饼渣液施于田间；或者在初生立叶时每667平方米用米乐尔颗粒剂1千克拌干细土30千克，施入莲藕植株根际。

（七）龙虾（图3）

危害是前期危害新生茎叶。宜在定植前7天，每667平方米用2.5%溴氰菊酯乳油40毫升对水60千克后均匀浇泼1次，田间水深保持3厘米。生长期间，采用人工捕杀。

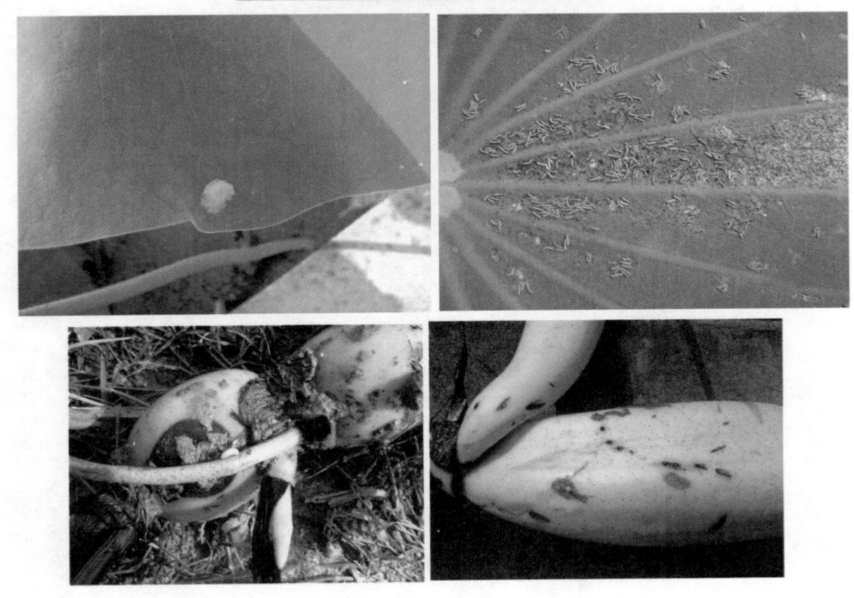

图3　龙虾

第六节　留　　种

栽培者应在生产用种繁殖基地内繁种，繁殖生产用种的种藕应来自于原种或者直接来自原原种。田块之间应采用深1～1.2米、厚0.25米的水泥砖墙或者3米以上的空间隔离。同一田块连续几年用于繁殖时，应繁殖相同品种，如更换品种应先种植其他种类作物 1 ~2 年。进入花期后，10 ~15 天巡查一次，进行去杂、摘除花蕾和莲蓬；进入枯荷期后，挖除田块内仍然保持绿色的个别植株；采挖种藕时，应根据皮色、芽色、藕头形状和藕节形状等性状进行除杂。

参考文献

柯卫东、刘义满、黄新芳主编．水生蔬菜安全生产技术指南（第 2 版）［M］．北京：中国农业出版社．

第七篇　子莲栽培技术

朱红莲
（武汉市农业科学技术研究院，武汉市蔬菜科学研究所）

莲藕（*Nelumbo nucifera* Gaertn.），别名莲菜、荷藕等，英文名（Lotus root），我国是起源中心之一，种植历史3 000多年，其根、茎、叶、花、果皆具经济价值。子莲是以采收莲子为目的的莲藕。

目前，子莲在我国的栽培面积在120万亩左右，主要分布在江西广昌周边、福建建宁周边、浙江建德、武义、龙游、湖南湘潭 、湖北武汉等地。江西、福建、浙江、湖南各地多实行一年一栽，而湖北各地多实行三年一栽，栽植第二、第三年4月初至6月上中旬抽取藕带进行疏苗。近年来，湖北省子莲种植面积逐年增加，已成为全国最大的省份，约40～50万亩，主产区在武汉、仙桃、洪湖、汉川、监利等地。就武汉来讲，子莲种植约十几万亩，主要分布在江夏、蔡甸和黄陂。近年来随着鲜莲和铁莲子价格攀升，子莲种植面积有进一步扩大的趋势，为适应生产发展的需要，现将子莲的特征特性及其高产栽培技术作一总结和介绍。

第一节　生育期

子莲一般以膨大的根状茎（藕）进行无性繁殖，全生育期180～200天左右，按其生长发育规律，一般分为以下几个时期：

（一）幼苗期

从种藕根茎萌动，至第一片立叶长出前。平均气温上升到15℃时，莲开始萌动，此期长出的叶片全部为浮叶。定植5～7天后抽生第1片浮叶，抽生3～4片浮叶后开始抽生立叶。莲萌动长出浮叶，长江中下游地区，一般在3月下旬或4月上旬；在华南及西南的云南地区，3月上旬，莲就开始萌动生长；而华北的河南、山东等地在4月下旬或5月上旬才开始萌动生长；东北地区要到6月上旬开始萌动。一般而言，田间水位越深，浮叶越多；水位越浅，浮叶越少。莲在整个生育时期都有浮叶长出，后期的浮叶主要是根状茎二、三级分枝上长出。莲的萌动期也就是子莲定植的最佳时期。

（二）成株期

从立叶长出至结藕前。此时期是莲营养生长和生殖生长的旺盛时期，长江中下游流域一般为5月上中旬至7月上旬或8月上旬。这一时期的典型特征是立叶数的大量增加，平均5～7天左右根状茎生长一节，并抽生一个叶片；根状茎的每一节抽生出一个新的分枝，从而形成一个庞大的分枝系统。

在叶片不断生长的同时，植株开始现蕾开花。子莲在长出3～4片立叶后，基本上是一叶一花。长江中下游地区一般6月开始现蕾开花，7～8月盛花。

（三）结藕期

子莲生长到一定时期，根状茎开始膨大形成藕，长江中下游流域一般在8月底到9月初。

（四）休眠期

新藕完全形成后，莲地上叶片开始枯黄，进入休眠。在武汉地区一般在1月下旬至翌年3月下旬止。

第二节　开花结实习性

在长江中下游地区，一般从6~9月陆续开花，盛花期在7~8月。一般而言，单花从出水至开放约需15~20天，随花蕾的发育长大，花柄迅速伸长至与荷叶等高或高于荷叶。花开放后，花柄停止生长。单花花期3~4天，第一天微开，花冠开启2~4厘米的小孔，至中午后闭合，第二天盛开，第三天、第四天出现凋谢。

莲是虫媒花，以异花授粉为主，为莲传粉的昆虫有10多种。

雌蕊先熟，开花第一天柱头上即分泌大量黏液，具有接受花粉授精的能力。开花第二天，雄蕊中的花粉散开。初开的花散发浓郁的香味，有利昆虫传粉，田间放蜂有利提高结实率。

开花多少，与光照和温度关系密切。在夏季光照强温度高，花蕾发育快，开花早。平均气温在30℃左右，最利于荷花的开花结实。开花的第1~2天，若遇阴雨，结实率会明显下降。

受精至果实成熟一般需要30~45天，因气温的不同而异。气温高，则成熟快。成熟的果实常自然脱落。

根据果实发育时花托和果皮颜色的变化，将果实的发育分为黄子期、青子期、褐子期和黑子期。

第三节　对环境条件的要求

子莲为喜光、喜温性植物。子莲的萌芽始温15℃，生长最适温度28~30℃，昼夜温差大，利于莲藕膨大形成。莲开花结实的最适气温是25~30℃，开花结实期若骤然降温，刚出水的小花蕾会死亡。连续阴雨，结实率降低。

子莲在整个生育期内不能离水，水深100厘米以下均可生长。子莲对土质要求不严格，在较大范围内都能生长。适宜pH值为6.5~7.5，有机质丰富，耕作层较深（30~50厘米）且保水能力强的黏质土壤都可生长。

第四节　栽培技术

（一）品种选择

选用通过省级农作物品种审（认）定的品种或优良地方品种，如江西的赣莲品种太空3号和太空36号、福建的建莲品种建选17号和建选35号、武汉市蔬菜科学研究所选育的子莲新品种满天星。现将分别介绍如下：

1. 太空3号　江西省广昌县白莲科学研究所通过卫星诱变培育的子莲新品种。株高180~190厘米，花柄高出叶柄约15厘米，花单瓣，红色，蓬面平，着粒较疏，心皮18~26枚，结实率90.7%。鲜果实绿色，单粒重3.5g，长2.2厘米，宽1.8厘米。完熟莲子卵圆形，百粒重167g。

花期6月上旬~9月中下旬，每亩有效蓬数4 800个，产鲜莲蓬450千克，或黄褐子期莲子300千克，或铁莲子160千克，或干通芯莲80千克。鲜食脆甜，亦可采收壳莲。

2. 太空莲36号　江西省广昌县白莲科学研究所通过卫星诱变培育的子莲新品种。花单瓣，红色，心皮18~32枚，莲蓬大且蓬面较平，结实率85%左右。莲子卵圆形，百粒重（干通芯莲）100g，花期130~140天。每667平方米产干通芯白莲80千克左右，品质好。

3. 建选17号　福建省建宁县莲籽科学研究所选育的子莲新品种。株高150~170厘米，花柄高出叶柄约30厘米左右，花单瓣，白色红尖，莲蓬扁圆形，心皮24~35枚，结实率79.1%。鲜果实黄绿色，单粒重3.8克，长2.3厘米，宽1.9厘米。完熟莲子长卵圆形，百粒重180克。花期6月上中旬~9月下旬，每亩有效蓬数4 500个，产鲜莲蓬490千克，或黄褐子期莲子312千克，或铁莲子185千克，或干通心莲80~85千克。可做通心莲、采收壳莲。

4. 满天星（图1）　武汉市蔬菜科学研究所选育的子莲新品种。花单瓣，红色，莲蓬扁平，着粒较密，心皮数27~46枚，结实率82.8%。鲜果实绿色，单粒重4.2克，长2.4厘米，宽1.9厘米。完熟莲子钟形，百粒重183g。花期6月上旬~9月中下旬，每亩有效蓬数4 500个，产鲜莲蓬540千克，或黄褐子期莲子367千克，或铁莲子215千克，或干通芯莲95千克。鲜食脆甜，亦可做通心莲、采收壳莲。

图1　武汉市蔬菜科学研究所选育的子莲新品种——满天星

（二）整地

基本条件：地平、泥活、草净、土肥、水足

具体要求：水源充足、地势平坦、排灌便利；能常年保持10~30厘米水深；大田定植前15天左右整地；耕翻深度25~30厘米；清除杂草，泥面平整、泥层松软。子莲田要重施基肥，每亩施腐熟厩肥2 000~2 500千克，另外加施磷矿粉40千克、硫酸钾10千克；或者复合肥50千克、腐熟饼肥50千克及尿素20千克。子莲第一年种植田块，每亩宜施生石灰50~80千克。子莲连作栽培不宜超过3年。子莲放种前半个月用除草剂。

（三）种苗准备

子莲种藕纯度应不低于90%，单个藕支顶芽个数应不少于1，节间的个数不少于2，节的个数应不少于3，并且未受病虫害为害，藕芽和节间完整，新鲜具有活力。宜每亩用种120支，在种藕采挖后10d内定植大田，定植前用50%多菌灵可湿性粉剂800~1 000倍液浸泡1分钟消毒。

（四）大田定植

子莲应在日平均气温达13℃以上时开始定植。定植时期宜为3月下旬~4月中旬。定植密度宜为行距2.5米、穴距2.2米，每穴排放种藕1支，定植穴在相邻行间呈三角形相间排列。种藕藕支宜按10°~20°角度斜插入泥，藕头入泥5~10厘米，藕梢翘露泥面。将田块四周边行内的种藕藕头全部朝向田块内，田内定植行分别从两边相对排放，至中间两条对行间的距离加大至3~4米。定植期水深宜为5~10厘米。

（五）大田管理

1. 追肥　宜于定植后25~30天，即有3~5片立叶时施第一次追肥，定植后55~60天即封行前施第二次追肥，每次每亩施复合肥和尿素各15千克；进入采收期后，最早6月中旬，每15天追肥1次，每次每亩施复合肥10千克、尿素5千克，硫酸钾3千克。追肥时，对于溅落于叶片上的肥料，应及时用水浇泼冲洗干净以免伤叶。

2. 水深调节　水深调节原则上为“浅—深—浅”即前期浅、后期深、冬季保水，切记整个生长期不可缺水。定植期至萌芽阶段水深宜为5~10厘米，开始抽生立叶至封行前宜为10厘米，封行后宜为10~20厘米，越冬期间宜为5~10厘米。

3. 疏苗　子莲最好是每年种植。而生产实际情况为种植1年，采收3年。所以应从第2年开始进行早期疏苗。方法是宜于6月中旬前按照预设行密度间隔采收藕带；或于6月上旬前按照预设行株距留苗，割除多余荷梗。

4. 去杂　子莲种植过程中，对于混杂的种藕、植株、遗落田间的莲子及其实生苗等应清除。种藕采挖和定植期间，宜根据种藕形状、颜色、大小、藕头形状、顶芽颜色等，剔除混杂者；开花结子期，宜根据莲蓬和莲子的形状、大小、颜色及品质等，人工拔除杂株，或用10%草甘膦（农达）水剂5~10倍液注射杂株荷梗和花柄，杀灭杂株；任何时候，对于遗落田间的枯老莲蓬、莲子及莲子实生苗均宜及时人工清除。

5. 保叶摘叶　在子莲封行时摘除部分枯黄的无花立叶，生长进入盛花期分1~2次摘除无花立叶，包括死蕾的立叶；采摘时，每采摘一个莲蓬，随手摘除同一节上的荷叶，直到8月下旬止。但分布稀疏的荷叶不要摘取。9月份后应保持绿叶，以促进籽粒饱满和新藕形成。

6. 养蜂　子莲田养蜂可使传粉昆虫数量增加，提高子莲结实率，单产可提高15%~20%。子莲宜于花期放蜂，每30~50亩设置1个蜂箱。放蜂时，子莲田及周围谨慎喷药，以防止农药使用对蜂群的影响。

（六）病虫草害防治

子莲常见病害有莲藕腐败病、莲藕褐斑病，虫害有斜纹夜蛾、蚜虫、克氏原螯虾、稻根叶甲等。

1. 莲藕腐败病　选用抗病品种、栽植无病种藕、实行水旱轮作。宜于定植前对种藕消毒，定植后宜及时拔除发病病株。

2. 莲藕褐斑病　宜每667平方米用50%多菌灵可湿性粉剂50g对水60千克，于发病初期喷雾一次，安全间隔期10天；或75%百菌清可湿性粉剂150g对水60千克，于发病初期喷雾1次，安全间隔期20天。

3. 斜纹夜蛾　宜每20 000平方米（30亩）设置1台频振式杀虫灯，或每667平方米设置1个性引诱器（内置诱芯1个），诱杀成虫；人工摘除卵块或捕杀3龄以前幼虫；转移后的幼虫每667平方米用Bt粉剂40g对水喷雾防治，或5%定虫隆（抑太保）1 500倍液喷雾1次，安全间隔期7天。

4. 蚜虫（莲缢管蚜）　宜用黄板诱杀有翅成虫；或每667平方米用40%乐果乳油75g对水60千克喷雾1次，安全间隔期15d；或50%抗蚜威可湿性粉剂20g对水60千克喷雾1次，安全间隔期10天。

5. 克氏原螯虾（龙虾）　宜在定植前7天，每667平方米用2.5%溴氰菊脂乳油40毫升对水60千克，均匀浇泼1次，田间水深保持3厘米。

6. 稻根叶甲（藕蛆、根蛆）　宜采用水旱轮作，清除田间和田边杂草；或放养泥鳅、黄鳝等捕食幼虫；或每667平方米用15~20千克茶子饼，捣碎后用水浸泡24 h，之后将浸泡后的茶子饼渣液施于田间。

7. 杂草　定植前，结合耕翻整地清除杂草或喷施除草剂除草；定植后至封行前，宜人工拔除杂草。

（七）采收

子莲每亩产鲜莲蓬4 000~5 000个（约500千克）或鲜食莲子（图2）350千克或通心莲75~100千克或壳莲（铁莲子）150千克，第二年以后还可采收藕带100~150千克。

福建和江西子莲产品是通心莲，浙江子莲产品是通心莲和磨皮莲，湖南和湖北子莲产品则是磨皮莲，武汉子莲产品是鲜莲和磨皮莲。以鲜食和通心莲为目的者，7~8月期间宜隔日采收1次，即每两天采摘1次，其他时期宜每3天采收1次。以壳莲为目的者，一般采收6~8次。

图2　鲜食莲子

以鲜食为目的者，宜于青绿子期采收，一般于销售当日的早晨或前一天下午5点之后采收。要求莲子饱满、脆嫩、有甜味。以加工通心莲为目的者，宜于紫褐子期采收。加工多为人工。采收后去莲壳（果皮）和种皮，捅除莲心（胚芽），洗净沥干，之后烘干（宜先置80~90℃下烘至莲子发软，后置60℃下烘干至含水量不高于11%）。以采收壳莲为目的者，宜于黑褐子期采收，采收后露晒5~7天。莲壳、种皮及莲心均可采用机械去除。

（八）留种

子莲生产用种宜在生产用种繁育基地内繁殖，繁殖生产用种的种藕应来自于原种或直接来自原原种。子莲不同田块之间宜采用水泥砖墙或空间3米以上隔离，同一田块连续几年用于繁种时，应繁殖同一品种，更换品种时应先种植其他种类作物1~2年。

第八篇　大树移植养护技术

徐冬云
（武汉市农业科学技术研究院，武汉市林业果树研究所）

第一节　一般规定

大树移植应遵循适地适树的原则，符合改善环境、美化景观的目的，必须具备有关部门批准迁移的文件。

移植前必须对大树进行鉴定，有移植价值的方可移植，速生杨、柳树、泡桐等寿命短的大树不宜移植。

大树移植应建立技术档案，包括移植方案、移植时间、地下情况、根部情况、施工记录养护管理技术措施、验收资料、照片或影像资料。

大树移植应做好充分准备，移植操作应严格按照方案施工，移植后加强养护。

第二节　大树移植的概念

大树移植：一般指胸径在20厘米以上的落叶乔木和胸径在15厘米以上的常绿乔木。

胸径：乔木主干离地面1.3米处的直径。

观赏面：树冠具有较美得观赏的一面。

种植土：理化性质良好，适宜于园林植物生长的土壤。

第三节　大树的来源及生长特点

（一）来源于城市绿地

大树很少是从园林苗圃培育的，大多数是园林绿化改造工程中需要调整的种植了几十年的树木。这些苗木大都是苗圃培育而后定植的，经过多次移植，根系比较发达，移植成活率高。栽植基质土壤较好，便于挖掘土球或箱板苗的土台。

（二）来源于乡村山林

为了快速成景，一些园林绿化中要求种大树。于是，农村种植几十年或野生于山林的大树都成寻求的目标。这些绝大部分都是野生的实生苗，大多没有经过移植，只有直根系，侧根很少。这类大树根系分布没有规律，移植断根后容易死亡。

第四节　大树移植基本原理

（一）大树移植养护如同人体手术和护理

移栽养护大树就像医生运用人体医学原理，对移植大树进行输液打吊针，伤口消毒，敷药包扎，切枝，搭配营养，补充养分和水分，治病、防虫、防冻等，同医生对病人作手术和护理的道理相似。

（二）大树水分和养分收支平衡原理

1. 大树收支平衡原理　生长正常的大树，根和叶片吸收养分（收入）与树体生长和蒸腾消耗的养分（支出）基本达到平衡。只有养分收入大于或等于养分支出时，才能维持大树生命或促进其正常生长发育。

2. 起挖移栽对大树收支平衡的影响　大树根被切断后，吸收水分和养分的能力严重减弱，甚至丧失，在移栽成活并长出大量新生根系之前，树体对养分的消耗（支出）远远大于自身对养分的吸收合成（收入）此时，大树养分收支失衡，大树表现为叶片萎蔫，严重时枯缩，最后导致大树死亡。根据大树养分收支平衡原理，利用先进的移植技术和移植养护品来弥补这种不平衡性，从而大大提高成活率。

3. 起挖后满足大树收支平衡的具体方法

（1）增加大树“收入”的措施

①起挖前 3 ~5 天进行充分灌水；

②向树体喷水或叶面肥，增加树体养分；

③运输途中给树体输液，挂输液吊袋（瓶）；

④待移栽和移栽后输液，挂输液吊袋（瓶）。

（2）减少大树“支出”的措施

①操作时，防止损伤树皮和根系，避免切口撕裂，对损伤的树皮和切口进行消毒和对伤口尽快涂膜和敷料，以防止病菌进入，减少水分和养分散失；剪除移栽前的所有新梢嫩枝，合理修剪；主干包裹保湿垫（树干用无纺麻布垫、铺垫、草绳等包扎，对切口罩帽或包扎）

②运输途中和移植后搭建遮阳棚进行遮阳。

③起挖后喷施抑制蒸腾剂，减少水分蒸发。

（3）大树近似生境原理　是指光、气、热等小气候条件和土壤条件（土壤 pH 值、养分状况、土壤类型、干湿度、透气性等）。如果把生长酸性土壤中的大树移植到碱性土壤，把生长在寒冷高山上的大树移入气候温和的平地，其生态环境差异大，影响移植成活率。因此，移植地生境条件最好与原生长地生境条件相似或近似。移植前，如果移植地和原生地太远，海拔高差大，应对大树原生地和定植地的土壤气候条件进行测定，根据测定结果，尽量使定植地满足原生地的生境条件，以提高大树移植成活率。

（4）大树品种影响成活率

①最易成活的大树：悬铃木、柳、杨树、梧桐、刺槐等；

②较易成活的大树：桂花、玉兰、栎、厚朴、榉、樱花、广玉兰、栾树等；

③较难成活的大树：樟树、雪松、圆柏、柏木、侧柏、龙柏、冷杉、云杉、金钱松、桦木、胡桃、山茶、紫杉、马尾松、楠等。

（三）移植大树选择要点

1. 地势好，便于起挖和操作。

2. 树体生长健壮、无病虫，特别是无蛀干虫。

3. 浅根性，实生，再生能力强的乡土树木为佳。

4. 道路方便，吊运车辆能通行。

第五节　大树移植前的准备

（一）操作人员要求

实施大树移植工程必须配备一名园艺工程和两名绿化工。

（二）基础资料及移植方案

1. 掌握待移植大树的基本情况　树种、规格、定植时间、历年养护管理情况，目前生长情况、发枝能力、病虫害情况、根部生长情况。

2. 树木生长地和种植地环境必须掌握下列资料

（1）应掌握大树周围环境及施工、起吊、运输的条件。

（2）种植地的土壤、地下水位、地下管线等环境条件。

（3）对种植地土壤含水量、pH 值及相关理化性状进行分析。

3. 制定移植方案，主要项目。种植季节、切根处理、种植、修剪、挖穴、运输、种植技术、支撑与固定、材料机具准备，养护、管理等。

第六节　移植前处理

（一）起挖大树前的准备

1. 主要工具　（1）铲子和铲刀；（2）锄头或镐；（3）草绳、拉绳、吊绳；（4）树杆护板，软木支垫；（5）手锯等。

2. 车辆准备　（1）吊车；（2）运输车。

如条件允许，对于冠形过大的大树可先进行适当修剪，主要剪去内膛枝、病虫枝和不需要的老枝、弱枝，以减少树冠量，便于吊装运输，减少养分的消耗。

3. 切根

（1）5 年内未移植或切根处理的大树，必须在移植前 1 ~ 2 年内进行切根处理。

（2）切根以树干为中心，分年度环行交替切根，切根范围按照预定其挖土球的规格小 10 厘米，以便促发须根。

（3）切根技术：以树干基部为中心，以切根范围为半径划圆，先在圆形相对的东和西弧或南和北弧向外挖宽 30 ~ 40 厘米，深 50 ~ 70 厘米的沟，对粗 1 厘米以上的根，用枝剪或手锯切断，使根与沟的内壁齐平，粗 5 厘米以上的根，一般不切根，而是在采取环状剥皮并涂抹 20 ~ 50 毫克/千克的 6 号 GGP 植物生长调节剂溶液，促发新根，沟挖好后，填入肥沃土壤并分层夯实，然后浇水，第二年再对其他两侧进行切根处理。

切根时期，可在初春树木萌芽前或秋季落叶前进行。

（二）修剪

落叶树种一般在栽植前修剪，常绿树种如树体较小，可在栽植后修剪。落叶阔叶树在疏枝后进行强截，多留生长枝和萌生的强枝，修剪量可达1/3～1/2。

常绿阔叶树，采取收缩树冠的方法，截去外围的枝条，适当疏稀树冠内部不必要的弱枝，多留强的萌生枝，修剪量可达1/5～2/5。

短截时应选择符合今后树形要求的芽为剪口芽，剪口芽离芽距离0.5～1厘米，剪口呈45度斜面，斜面朝下，剪口应平滑，不得劈裂；疏枝时，对弱枝、枯枝和一年生枝可从枝条的着生部分剪除，对粗壮大枝剪口离主枝0.5～1厘米。凡2厘米以上的剪口应光滑平整，并涂沥青、凡士林、建筑油漆等保护剂。

根据树冠形态和种植后造景的要求，应对树木要作好定方位的记号。

第七节　移植季节与移植方法

（一）移植季节

1. 移植时间应选择移植树种最适宜的种植季节，落叶树应在秋季落叶后到次年春季萌芽前，常绿树应在树木开始萌动的四月上、中旬进行。

2. 不在以上时期移植的树木均应做非季节移植，均应安排非季节移植技术处理。

（二）移植方法

1. 移植方法应根据品种，树木生长情况、土质、移植地的环境条件、季节等因素确定。

2. 生长正常易成活的落叶树木如杨树、柳树、刺槐、合欢、栾树等，在移植季节可用裸根灌浆法移植。

3. 常绿树、生长略差或较难移植的落叶树在移植季节内移植或生长正常的落叶树在非季节移植的均应用带土球的方法移植。

4. 生长较弱，移植难度较大或非季节移植的，必须放大土球范围，并用硬材包装法移植。

第八节　大树的挖掘

（一）裸根树的挖掘

按树木胸径的8～10倍为半径范围向外垂直掘根，深度必须挖到根系分布层以下，挖够深度后再往里掏底，主根长度25～30厘米，粗根用手锯锯断并修剪平整。在挖够深度和掏底后，将植株轻放倒地，不能在根系未挖好时硬推树干，以免拉裂根部。去土时要保护好根系（特别是切根后新萌芽的嫩根）应多带护心土。根系出土后用黄泥浆水加钙镁磷肥及100毫克/升的3号ABT生根剂浸根，使根部完全被黄泥浆水黏附。

（二）带土球树的挖掘

大树挖掘的土球直径按下列公式计算，土球厚度为土球直径的2/3～4/5左右，必须包括多量的根群在内。

$D=J+K(d-3)$

式中　D—土球直径；

J—常数-24；

d—地面处树干直径（地径）；

K—常数，移植大树为常绿树时，K＝4；落叶树种，K＝5。

（三）根系修剪

对裸根、烂根锯掉或剪除，深根系树种主根一般保留 30 ~ 80 厘米，浅根系树种的主根保留 20 ~ 30 厘米，侧根保留 3 ~ 5 个，侧根上的须根全部保留，挖掘时切根处理的根茎剪口大于 2 厘米的必须进行伤口修复和消毒防腐处理。

（四）土球修整

尽量保持土球的完整性，不松散；修到土球一半高度时，向里收至直径的 1/3；削平土球边缘，使之平滑，便于捆扎草绳；最终整个土球应呈“倒圆台”型。

第九节　包装与运输

（一）包装方法

土球直径 2 米以下的，可用草绳软包装；土球直径 2 ~ 3 米的，应采用双层或多层反向网包装并腰箍；土球直径 3 米以上的需采用台形方箱硬包装。

（二）起吊运输

1. 树木挖掘包好后，必须当天吊出树穴。
2. 起吊的机具和装运车辆的承受能力，必须超过树木和泥球的重量（约一倍）。
3. 起吊机具、运输车辆停放位置必须事先踏勘，确定方案。
4. 起吊时起吊绳一头必须兜底通过重心，另一头拴在主干中下部，使大部分重量落在土球一端，严禁起吊结缚树干起吊。
5. 软包装的泥球和起吊绳接触处必须垫木板。
6. 起吊人必须服从地面施工负责人指挥，相互密切配合，慢慢起吊，吊臂下和树周围除工地指挥者外不准留人。
7. 装车时根部必须在车头部位，树冠倒向车尾顺车厢整齐叠放，树冠开张的树木用绳索捆拢树冠，土球要垫稳，树身与车板接触处，必须垫软物，并作固定。
8. 装运时应做到轻装、轻卸、轻放，不得拖拉，确保土球不破碎，根盘不擦伤、撕裂，裸根树木根系不损伤，树干保存完好，不伤干、不折冠。
9. 运输树木做好遮阴保湿、防风、防晒、防雨、防冻等工作。同时符合交通运输规定。

第十节　栽　　植

（一）注意事项

大树移植应做到随挖、随运、随栽，尽量缩短起挖到栽植之间的时间，如遇特殊天气，应采取临时措施保护土球和栽植穴。

（二）栽植穴准备

1. 栽植前根据设计定点、定树、定位。栽植穴的直径应大于根盘或土球直径的 50 厘米以上，比土球高度深 30 厘米以上，栽植穴必须符合上下大小一致的规格。
2. 大树栽植后应保持其在原产地的方位和朝向，注意将丰满完整的树冠朝主观赏面。
3. 对含有建筑垃圾，有害物质均必须扩大栽植穴，清除废土，换上种植土，并及时填好回填土。

4. 栽植穴基部必须施基肥，基肥以施用有机肥为主。

5. 地势较低处种植不耐水湿的树种时，应采取堆土种植法，堆土高度根据树势而定，堆土范围：最高处面积应小于根的范围（或土球大小2倍），并分层夯实。

（三）裸根树木栽植

1. 先在树穴底部中心位置填入20～30厘米厚的细土，然后将大树吊入栽植穴内，扶正，用细土慢慢均匀的填入树穴，特别对根系空隙处，要仔细填满，防止根系中心出现空洞。

2. 土回填到栽植穴的50%时开始灌水，发现冒气泡或快速流水处要及时填土，直到土不再下沉，不冒气泡为止。

3. 待水不渗后再加土，加到高出根部即可做围堰浇水。

4. 栽植深度以树木根颈处的原土痕高出地面10厘米为准。

（四）带土球树木栽植

1. 用软材料包装的，要先去掉包装材料，然后均匀填上细土，分层夯实。

2. 硬材料包装的，先取出包装箱板时防止树木移动，然后均匀填土，分层夯实。

3. 作堰后应及时浇透水，待水渗完后覆土，第2天再作堰浇水，封土，以后视天气、树木生长情况进行浇水。

（五）支撑与固定

1. 大树的支撑宜用扁担桩十字架和三角撑，高度小于4米的树可用扁担桩，高度大于4米的树木可用三角撑，主风口且规格大的树可两种桩结合起来用。

2. 扁担桩的竖桩不得小于2.3米、入土深度1.2米，桩位应在根系和土球范围外，水平桩离地1米以上，两水平桩十字交叉位置应在树干的上风方向，扎缚处应垫软物。

3. 三角撑宜在树干高2/3处结扎，用毛竹或钢丝绳固定，三角撑的一根撑干（绳）必须在主风向上位，其他两根可均匀分布。

4. 发现土面下沉时，必须及时升高扎缚部位，以免吊桩。

第十一节　养　　护

（一）缠干

用草绳、蒲包、苔藓等材料严密包裹树干和比较粗壮的分枝，待大树成活后及时解除绑缚物。

（二）水分管理

1. 移植时第一次浇透水，以后应视天气情况、土壤质地，检查分析，谨慎浇水；在第一次浇透水后即应填平或略高于周围地面，以防下雨或浇水时积水。

2. 气温较高，空气干燥，应对地上部分树干、树冠包杂物及周围环境喷雾，时间早晚各一次，达到湿润即可。喷水时防过多水滴进入根系区域。

3. 久雨或暴雨时造成积水，必须立即开沟排水。

4. 树穴范围内可种地被植物保墒。

5. 将蒸腾抑制剂浓缩液稀释后，用喷雾器喷洒叶面。

6. 大树移植初期或高温干燥季节，要搭制荫棚遮阴减少树体的水分蒸发。

（三）加土扶正

新栽树木下大雨后须全面检查，树干动摇的须松土夯实，树盘土壤下沉的及时覆土填实填平，支撑扶木松动的要重新绑扎加固。

（四）中耕除草

除草结合松土进行，生长季节，15 天左右松土除草一次，松土深度 6 ~ 7 厘米，并切断表土层的浮根。

（五）抹芽除萌

1. 大树移植后应多留芽，抹芽严禁一次完成。

2. 留芽应根据树木生长势及今后树冠发展要求进行，应多留高位壮芽，对留枝过长、枝梢萌芽力弱的，应从有壮芽的部位进行短截。

3. 对切口上萌生的丛生芽必须及时抹除，树干部位的萌芽应全部抹除。树冠部位无萌发芽时，树干部位必须留可供发展树冠的壮芽。

4. 常绿树种，除丛生枝、病虫枝和内膛过弱的枝外，当年可不必抹芽，到第二年修剪时进行。

（六）施肥

大树移植初期，宜采用根外追肥，一般半个月左右一次，用尿素、硫酸铵、磷酸二氢钾等速效性肥料配制成浓度为 0.3% ~ 0.5% 的肥液，选早晚或阴天进行叶面喷洒，遇降雨应重喷一次。根系萌发后，可进行土壤施肥，要求薄肥勤施。

（七）树体保护

新移植大树，必须防范自然灾害、病虫害、人为和禽畜危害。

1. 发现病虫害时，必须及时防除。

2. 树干涂白，冬季进行，涂白高度 1 ~ 1.3 米，涂白剂配方：生石灰 10 份、硫磺粉 1 份、食盐 1 份、水 40 份、油脂少许。

3. 防冻，新植大树在入冬寒潮来临之前，做好树体保温工作，可采取覆土、地面覆盖等措施。

第十二节　管　　理

1. 新移植大树必须有专人负责养护两年，做好现场管理工作。

2. 树冠范围内不得堆物或作影响新移树成活的作业。

3. 建筑工地处的新移大树，应在树冠范围外 2 米，作围栏保护。

4. 大树种植必须专人作好各项的记录。

5. 对大树移植的各项资料均应上报有关部门备案。

6. 大树移植应建立技术档案，其内容应包括：实施方案、施工和竣工记录、图纸、照片或录像资料、养护管理技术措施和验收资料。

第十三节　反季节移植技术

（一）提高返季节移栽大树的成活率

1. 缩短起挖栽植时间，尽量当天挖掘当天栽植；

2. 起挖前 3 ~ 4 天向树体浇一次水，补足树体养分和水分，也利于起挖出完整的土球，尽量保持土球大（10 ~ 12 倍胸径），少伤根；

3. 修剪量适当加大，并将切口尽快涂抹愈伤涂膜剂；

4. 修剪后尽快喷施抑制蒸腾剂，并在运输途中和移栽过程中一直挂上输液袋（瓶），持续不断地补充水分和养分；这是反季节移植尤其是夏季高温的必备措施；

5. 土球起挖后和移栽时向土球喷根动力1号和根腐灵；

6. 夏季应防止土壤过湿和积水，造成烧根和影响根呼吸，并采取保湿遮阳措施，可加强向树体喷水保湿；浇水喷水要避开高温时节；

7. 采取新的移植措施，如板箱移植、容器移植和超大土球移植等方法。

（二）返季节移植——板箱移植法

根据市政规划需要移动一些特大树、名木古树，满足建设需要，为了确保这些名贵大树、具有文化和历史意义的大树100%成活，常采用板箱移植法进行短距离运输到栽植地，常称这种方法为板箱移植法。

1. 掘树　树体根部土台大小的确定是以树冠正投影为标准，取方形（也有按树干胸径的8～10倍确定）。以树干为中心，比应留土台放大10厘米画一正方形。铲去表土，在四周挖宽60～80厘米的沟，沟深与留土台高度相等（80～100厘米），土台下部尺寸比上部尺寸小5～10厘米，土台侧壁略向外突，以便装箱板将土台紧紧卡住。土台挖好后，先上四周侧箱板，然后上底板。土台表面比箱板高出2～5厘米，以便起吊时下沉，固定好方形箱板，用钢绳将树体固定，防止树体偏斜和土球松动，然后起吊、装车、外运（若距离近，地势平，也可采用底部钢管滚动式平移，用卷扬机拉，用推土机或挖掘机在后面推）。

2. 栽植　栽植穴每侧距木箱20～30厘米、穴底比木箱深20～25厘米，穴底放腐熟有机肥、填栽植土，厚约20厘米，中央凸起呈馒头状。树体吊入栽植穴后，扶正树体并用支架支撑。若箱土紧实，可先拆除中间一块底板。入穴后拆底板和下部的四周箱板，填土至1/3深时，拆除上板和上部四周的箱板，填土至满。填土时每填20～30厘米即压实一次，直至夯实填平。箱板常用钢板制作，一般不选用木板，

上底板常用掏空法和顶管法。

（三）返季节移植——容器移植法

移植前生长在事先做好的容器中，连同原生长的容器一起移植到移栽地的方法称容器移植法，此法简单、成活率可达100%，不受季节限制。

第九篇　园林植物整形修剪技术

童　俊
（武汉市农业科学技术研究院，武汉市林业果树研究所）

第一节　园林植物整形修剪的概念及作用

（一）园林植物整形修剪的概念

整形修剪是园林植物综合管理过程中不可缺少的一项重要技术措施。在园林观赏树林修剪过程中，掌握正确合理的修剪方法，可以培养出优美的树形。通过修剪进一步调节营养物质的合理分配，抑制徒长，促进花芽分化，达到幼树提早开花结果，又能延长盛花期、盛果期，也能使老树复壮。因此园林植物整形修剪是一门技术，更是一门艺术。园林植物整形修剪，就是按照不同植物种类的自然生长发育特性和园林生长需要，通过不同的修剪方式获得优美的树形，从而提高园林植物的观赏价值，其中，整形是指将植物体按其习性或人为意愿整理或盘曲成各种优美的形状与姿态，以提高观赏效果。修剪是指将植物器官的某一部分疏除或截去，达到调节树木生长势与更新复壮的目的。

（二）园林植物整形修剪的作用

园林植物修剪，就是采用人工控制其长势、调节控制植物开花结果，防治病虫害，保证园林植物枝叶茂盛、繁花似锦，提高植物的观赏性。要根据园林生产的目的，提高植物移栽的成活率，减轻病虫害的发生，增强植物抗逆性，增加光照，增强树木光合作用，促进花芽分化，确保植物的健康成长。整形修剪的作用主要表现在以下几方面：

1. 通过整形修剪促进和抑制园林植物的生长发育，改变植株形态。

2. 利用整形修剪调整树体结构，促进枝干布局合理，树形美观。

3. 整形修剪可以调节养分和水分的运转与分配，平衡树势，可以调节生长与开花结实，衰老与更新的关系。

4. 经整形修剪，除去枯枝、病虫枝、密生枝改善树冠通风透光条件，植物生长健壮，病虫害减少，树冠外形美观，绿化效果增强。

5. 在城市街道绿化中，由于地上、地下的电缆和管道关系，通常均需应用修剪、整形措施来解决其与植物之间的矛盾，避免不安全隐患。

第二节　园林植物整形修剪的时期及依据

（一）园林植物修剪的时期

根据树木生长的习性及特点，园林植物修剪分为生长期修剪和休眠期修剪两种，生长期修剪也叫夏季修剪，应在春梢生长期进行，此时伤口愈合快，生长势强，植物整体容易恢复。休眠期修剪一般在秋末落叶后，春节萌发前修剪，也称冬季修剪。如过早修剪会使芽萌发，易遭受冻害，过迟修剪植株已萌发，养分损耗较多，影响植株的生长。一般树木在生长期均可视需求进行不同程度的修剪，但要注意以下情况：一年内多次抽梢开花的树木，花后应及时修去花枝；苗木嫁接后的抹芽、除萌、幼树无效徒长枝的疏除，多在生长期内进行；有伤流现象的树种不宜在春季萌芽后、展叶期进行修剪。

（二）园林植物修剪的依据

1. 依据树木的生长习性修剪　树木的生长习性包括分枝习性、萌芽力和成枝力的大小、伤口的愈合能力等。整形修剪应考虑树木的生长习性，利用树木对于修剪的反应，修剪后继续生长所形成的新枝条所带来的改变。遵循去旧留新的基本原理，即去除部分已有的枝条，选留部分符合要求的枝条。

2. 依据植物观赏功能和特点修剪　观花树木以自然式或圆球形为主，使上下花团锦簇、花香满树；绿篱多采取规则式的整形修剪，以各种几何图形为美；庭荫树以自然式树形为宜。游人众多、规则式园林中以精细的各种艺术造型，使园林景观多姿多彩，新颖别致，生气盎然，发挥出最大的观赏功能以吸引游人。游人较少、以古朴自然为主调的园林中，以粗剪的方式，保持粗犷、自然的树形，回归自然。南方地区应加大株行距，重剪以增强树冠的通风和光照条件，保持树木健壮生长。北方地区修剪宜轻，应尽量保持枝叶相互遮阳，减少蒸腾，保持树体水分。

3. 依据树龄树势修剪　生长势旺盛的树宜轻剪；生长势弱的树应进行重短剪，剪口下留饱满芽，恢复树势。幼龄树围绕扩大树冠及形成良好冠形进行修剪；壮年观花树应调节营养生长与生殖生长的关系，防止营养耗废，促使花芽分化；壮年观叶树应注意保持丰满圆润冠形，不偏冠或空缺；老年衰弱树应通过回缩、重剪刺激休眠芽的萌发，以更新复壮。

第三节　园林植物常用的基本树形与修剪方法

（一）园林植物常用的基本树形

园林树木的整形修剪样式包括自然式、规则式和混合式3种，其中自然式整形修剪适用于庭荫树、园景树，规则式整形修剪适用于绿篱植物，混合式整形修剪适用于行道树、园景树。自然式冠形有塔形、圆球形、圆柱形、垂枝形、伞形、匍匐型等，规则式冠形又叫人工整形式冠形，有杯状形、开心形、圆球形、动物、亭台等式以及各种几何图形。

（二）植物修剪常用的方法

1. 短截　短截是指剪去一年生枝条的一部分，按照短截的程度分为轻短截、中短截和重短截。短截的作用：一是改变顶端优势，控制花芽形成和坐果。二是可刺激生长，促进抽枝，改变主枝的长势，刺激的强弱跟修剪的强度成正相关；短截越重抽枝越旺。

2. 疏枝　疏枝是将枝条过密或无生产意义如枯死枝、病虫枝、不能利用的徒长枝、下垂枝、轮生枝、重叠枝、交叉枝等，把这些枝从基部剪除。其作用是：（1）控制强枝，控制增粗生长。（2）疏剪密枝减少枝量，利于通风透光，减少病虫害。（3）疏剪轮生枝，防止掐脖现象。（4）疏剪重叠、交叉枝，为留用枝生长腾出空间。疏枝应遵循枝条分布均匀，角度合理，宁稀勿密的原则。

3. 回缩　回缩是对多年生枝进行的短截，通常在多年生枝的适当部位，选一健壮侧生枝作当头枝在分枝前短截除去上部。其作用是改变主枝的长势与发枝部位以及延伸方向，改善通风透光；

常用于调节多年生枝的长势、更新复壮、转主换头。

4. 改变开张角度

（1）拉枝：为加大开张角度可用绳索等拉开枝条，一般经过一个生长季待枝的开张角基本固定后解除拉绳。一般与主枝角度70°左右为宜。

（2）连三锯法：多用于幼树，在枝大且木质坚硬，用其他方法难以开张角度的情况下采用。其方法是：在枝的基部外侧一定距离处连拉三锯，深度达不超过木质部的1/3，各锯间相距3～5厘米，再行撑拉，这样易开张角度。但影响树木骨架牢固，尽量少用或锯浅些。

（3）撑枝或吊枝：大枝需改变开张角时，可用木棒支撑或借助上枝支撑下枝，以开张角度。如需向上撑抬枝条，缩小角度，可用绳索借助中央主干把枝向上拉。

（4）转主换头：转主时需要注意原头与新头的状况，两者粗细相当可一次剪除；如粗细悬殊应留营养桩分年回缩。

（5）里芽外蹬：可用单芽或双芽外蹬，改变延长枝延伸方向。

5. 抹芽与摘心　抹芽即抹掉树干或嫁接苗砧木上多余的萌芽，以节省养分和整形。如碧桃、龙爪槐的嫁接砧木上的萌芽。摘心是摘去枝条的生长点，达到平衡枝势、控制枝条生长的目的。

6. 环割、环剥　刻伤是在枝条和枝干的某处用刀或剪去掉部分树皮和木质部，从而影响枝条或枝干的生长势的方法。环割是在枝干的横切部位，用刀将韧皮部割断一圈或多圈，阻止有机养分向下输送，养分在环割部位上得到积累，有利于成花和结果。环剥即环状剥皮，按一定的距离用刀环割两圈，剥掉其间树皮的方法。

7. 化学修剪　化学修剪是使用生长促进剂或生长抑制剂、延缓剂对植物的生长与发育进行调控的方法。生长素类有吲哚丁酸（IBA）、萘乙酸（NAA）、赤霉素（GA）、细胞分裂素（BA）。生长抑制剂有比久（B9）、矮壮素（CCC）。

（三）剪口与修剪程序

1. 剪口位置与形状　短截时要注意选留剪口芽，一般多选择外侧芽，尽量少用内侧芽和傍侧芽，防止形成内向枝，交叉枝和重叠枝。剪口可采用平口或斜口，平剪口位于芽的上方0.5～1厘米处，呈水平状态；斜口剪成45°的斜面，从剪口芽的对侧向上剪，斜面上方与剪口芽齐平或稍高，斜面最低部分与芽基部相平。这样剪口伤面较小，易于愈合，芽可得到充足的养分与水分，萌发后生长较快。

2. 修剪的顺序　“一知”，修剪人员必须掌握操作规程及其他特别要求。只有了解操作要求，才可以避免错误。

“二看”，修剪前应对植物进行仔细观察，切忌盲目下剪。具体是指了解植物的生长习性、枝芽的发育特点、植株的生长情况及冠形特点，结合实际进行修剪。

“三剪”，由上而下，由外而里，由粗剪到细剪，从疏剪入手把枯枝、密生枝、重叠枝等不需要的枝条剪去，再对留下的枝条进行短剪。剪口芽留在期望长出枝条的方向。需回缩修剪时，应先修大枝，再修剪中枝，再次修小枝。

“四检查”，检查修剪是否合理，有无漏剪与错剪，以便修正或重剪。整形修剪质量应符合下列规定：剪口应平滑，不得劈裂。枝条短截时应留外芽，剪口应位于留芽位置上方0.5厘米。

“五处理”，对剪口的处理和对剪下的枝叶进行集中处理。对于大的伤口，应用锋利的刀削平伤口，用硫酸铜溶液消毒，再涂保护剂。剪下的枝叶应集中堆放或运走。

3. 大枝的剪除　对于较粗大的枝干，回缩或疏枝时常用锯操作。从上方起锯，锯到一半的时候，往往因为枝干本身重量的压力造成劈裂。从枝干下方起锯，可防止枝干劈裂，但是因枝条的重力作用夹锯。避免劈裂与夹锯的科学操作是：从待剪枝的基部向前约30厘米处自下向上锯切（俗称打反锯），深至枝径的1/2，再向前3~5厘米自上而下锯切，深至枝径的1/2左右，这样大枝便可自然折断，最后把留下的残桩锯掉。

第四节　各种园林用途树木的整剪

（一）行道树修剪

1. 行道树的修剪方法　常绿乔木在整形修剪时一般应注意保持其自然树形，及时疏除过密枝条、干枯枝、病虫枝等。落叶乔木在整形修剪时要注意培养其高大的骨架及扩大树冠，并注重其枝条分布均匀，及时疏除过密枝、零乱的内膛枝，改善光照条件。行道树的修剪定干是基础，一般定干高度在2.8~4米较好。树形的整剪应考虑植物的分枝习性、萌芽力和成枝力的大小、修剪伤口的愈合能力等因素，常见的有：自然型、开心型、杯状型。

行道树修剪首先要确定与路面垂直的冠径大小（纵径），纵径的确定要根据同一道路上各植株单体的生长情况综合考虑，目的是保证修剪后的各单体植株的靠路的一侧位于一个面上。与路面平行的冠径大小不必统一，视树冠情况将其剪成平面或不剪均可。以后每年按此修剪，直至相邻树冠联为一体，再统一进行整剪即可。

2. 举例——悬铃木（法桐）修剪　悬铃木属大型落叶乔木，有世界行道树之王的美誉。传统的修剪方法是“三股六杈十二枝”及树冠“杯状形”。作为行道树定干高度宜为3~3.5米，在其截干顶端均匀地保留三个主枝在壮芽处进行中截，冬季可在每个主枝中选二个侧枝短截作为二级枝；来年冬季，在二级枝上选二个枝条短截为三级枝，则可形成三叉六股十二分枝的杯状型造型。剪口留外向芽，主干延长枝选用角度开张的壮枝。在选留枝条和选取剪口部位时，必须要把握二级枝弱于主枝、三级枝要弱于二级枝。

此外，为减少悬铃木在春末夏初时节漫天飞毛的困扰，各地多采用控果修剪。通过科学的修剪方法不仅可以使树形美观而且能很好地控制悬铃木的结果数。采用抹头重剪法修剪掉果枝，可以有效地减少花果。实践证明，控果修剪后的悬铃木营养生长旺盛，结果量小，能有效控制飘毛。

（二）花灌木修剪

1. 花灌木的修剪方法　首先，要考虑所剪树种的观赏时间、着花部位及花芽的性质。其次，要丰富花灌木的树形。庭院花灌木要重视冬季修剪，剪除枯枝、病虫枝。疏剪密生枝，保持树体通风透光。根据花木开花习性调整营养枝与开花枝结构。根据立地条件与栽培要求控制树体大小。生长期剪除根蘖，短截徒长枝，维持株形。短截老枝，促发新芽，永葆青春。

春季开花的灌木，花芽着生在前一年的枝条上，且花芽在休眠之前已经形成。应该在春季开花后修剪，花谢后立即疏除过密枝、老枝、萌蘖条、徒长枝等，另外要去除残花，如梅花、金缕梅、桃、连翘等。夏秋开花的灌木，花芽着生在当年的新梢上，应当在休眠期修剪，修剪方法同春季开花类，这一类的常见树种有紫薇、木槿、夹竹桃等。像月季等一年多次开花的灌木，除休眠期剪除老枝外，花后也需短截新梢。

2. 举例

（1）梅花的修剪：梅花的萌芽力较强，容易抽枝，如不及时修剪整形，会使树姿杂乱，开花又少。梅花修剪要从幼苗开始，当幼苗长到25~30厘米（盆栽苗10~15厘米）高时，截去顶端，促发侧枝。萌芽后留3~5个枝条作为主枝，当枝条长到20~25厘米（盆栽苗约10厘米）再行去顶。成年树的修剪多在花后进行，一般强枝轻剪，弱枝重剪。开过花的主、侧枝适当疏剪，再将主枝上的侧枝留2~3个芽后短截。病虫枝、徒长枝、纤弱枝、过密枝随时从基部剪除。入秋后将短枝留10厘米短截，长枝留5~6个芽短截，做到植株枝条长短、高矮、疏密相间。修剪时注意剪口芽的方向，一般枝条下垂的品种留内芽，枝条直立或斜生的留外芽，剪口要平。第 3 年以后根据造型要求，每年反复修剪，则树形优美，树冠丰满，开花繁茂。

（2）杜鹃的修剪：杜鹃花萌发新梢和抽生徒长枝的能力很强，要合理修剪，进行控制和调整，一方面保持合理而优美的树形，另一方面还可以防止养分无谓的消耗，使树体生长旺盛。一般多采用抹芽、疏枝和短截。在每一个枝条上留一两个芽，其余的芽要抹去，通过抹芽减少枝条的密度。通过疏枝把过密的枝条、纤细枝、重叠枝、交叉枝、病枝、弱枝剪去。通过短截徒长枝、过旺枝，不让其疯长，从而使树形优美，观赏价值得以提高。

（3）紫薇的修剪：为了使紫薇花繁叶茂，在休眠期应对其整形修剪。因紫薇花序着生在当年新枝的顶端，因此在冬季要对一年生枝进行重剪回缩，使养分集中，发枝健壮，要将徒长枝、干枯枝、下垂枝、病虫枝、纤细枝和内生枝剪掉，幼树期还应及时剪除过密枝和干上的萌蘖枝，以使主干上部能得到充足的养分，形成良好的树冠。

（4）木槿的修剪：木槿是当年生的枝条上现蕾开花的，头年冬天修剪后可以促发新枝多开花。根据木槿枝条开张程度不同，可将木槿分为两类，一是直立形，二是开张形。直立型木槿枝条着生角度小，近直立，萌芽力强，成枝力相对较差，不耐长放；可将其培养改造成有主干不分层树形，主干上配植 3 ~4 个主枝，其余疏除，在每个主枝上可配植 1 ~2 个侧枝，称为有主干开心形。开张型木槿枝条角度大，枝条开张，抽生旺枝和中花枝比直立型强一些，对修剪反应较敏感，可将其培养成丛生灌木状；与有主干开心形相比区别主要是无主干或主干极短，主枝数较多，一般 4 ~6 个，称为丛生形。

（5）月季的修剪：月季是一年多次抽稍，多次开花的花灌木，生长期可多次修剪，休眠期短剪或回缩强枝，剪除交叉枝、病虫枝、并生枝、弱枝及内膛过密枝。月季根据不同的要求可修剪培养成丛状月季和独干月季，丛状月季一般在秋季落叶后进行强修剪，自地面以上 6 ~10 厘米处将上面的枝条全部剪掉；在南方可在老桩上保留 4 ~5 根粗壮的侧枝，并进行短截。每枝留侧芽 5 ~6 个。来年可形成丰满的冠丛。独干月季修剪首先要培养一个通直的主干，待主干 80 ~100 厘米高时摘心。在主干上端剪口下留 3 ~4 个主枝，其余枝条剪除。主枝长到 15 厘米左右时也要摘心，促使分枝，每次花谢后对花枝进行修剪。

（三）绿篱及花坛花境植物的修剪

1. 绿篱修剪　绿篱的整剪通常有条带式绿篱、拱门式绿篱和图案式绿篱 3 种形式，条带式绿篱是最常见的形式，一般用做镶边或防护等。拱门绿篱既有通道的作用，又有很高的观赏性。拱门绿篱最简单的办法是在绿篱开口两侧各植一棵枝条柔软的乔木（藤本），然后将两树树梢相对弯曲帮扎，形成拱门形。一般在早春新梢抽生前进行。图案式绿篱多采用矩形的整形方式，要求篱体边缘棱角分明，界限清楚，篱带宽窄一致。图案式绿篱每年修剪的次数比一般镶边、防护的绿篱要多，枝条的替换、更新时间应短，始终保持文字和图案的清晰可辨。

为满足绿篱造型的要求，应随时根据他们的长势，把超出绿篱轮廓外的枝条剪调。阔叶树种生长期新梢都在生长，春、夏、秋三季都需修剪。常绿针叶树盛夏树体基本停止生长，一般全年修剪两次，第一次在春末夏初，第二次在立秋后进行，此时秋梢生长旺盛需修剪，且剪后伤口在严冬前可愈合。

此外，很多植物侧枝茂密、枝条柔软、叶片细小而且极耐修剪，如，榕树、罗汉松、圆柏、侧柏、大叶黄杨等，特别适合做造型。可通过造型制作各种动物形象或各种姿态优美的树种，以增添园林艺术色彩。

2. 花坛花境宿根花卉的修剪　宿根花卉广泛应用于花坛，花境，花丛中，它一次种植多年观赏，在园林绿化中，起到了独特的观赏效果。目前园林绿化常见的宿根花卉开花后如不及时修剪景观效果差，消耗养分，修剪后可促进二次开花。多年生草本花卉在花后，枯叶期需要将残花和枯枝烂叶剪除，将多余的枝修去。

在生产实践中，整形修剪的效果反应，同很多条件有关。如与树种特性、生长位置、土壤状况以及其他管理有着密切的关系。因而在工作中，整形修剪必须因树制宜，因地制宜，同时还应与施肥、浇水、病虫害防治等管理措施配合进行，这样才能收到良好的效果，达到预期的目的。

第十篇　武汉地区葡萄设施栽培生产关键技术

金　莉
（武汉市农业科学技术研究院，武汉市林业果树研究所）

葡萄，系葡萄目葡萄科（Vitaceae）葡萄属（*Vitisa*）、多年生木质藤本攀援植物。是栽培历史最早、分布最广的果树之一。其独有的特性一直受到广大市场的青睐，必将在现代都市农业发展中大放异彩。

葡萄的独特优势主要体现在：1. 葡萄果实除鲜食外，还是重要的加工品，可用来酿酒、制汁、制干、制罐等。2. 葡萄适应性强、结果早、寿命长。它耐旱、耐土壤瘠薄、耐盐碱、耐寒，荒山野岭沙滩均可栽培；其经济寿命一般20～30年，若管理精细，可长达50～60年；鲜果供应期长，自6月中下旬鲜果陆续上市，直至10月。3. 葡萄产量高、效益好。葡萄种植一般通过控产栽培控制产量在1 500千克左右，一般夏黑品种田间售价为7元/千克，一级果可达15～20元/千克。4. 兼具观赏和生态效益。葡萄品种多，色泽鲜艳、果色果形多样，观赏价值高，其蔓生可“占天不占地”，可利用路、溪、池、停车场、娱乐、餐饮、屋顶等场所的上部空间，既改善了休闲环境，又挖掘了土地资源。

第一节　目前全国葡萄生产现状

目前，我国葡萄正处于一个战略转型时期，由单纯追求数量经济逐渐向兼顾质量经济转变，由传统粗放型管理向依托科技精细化管理转变。总体上，目前全国葡萄生产呈现出以下特点：

1. 种植面积已近900万亩（国际葡萄与葡萄酒组织（OIV）近日发布《2013年世界葡萄酒行业统计报告》），基本可以满足市场需求。

2. 出现盲目发展。红地球等品种跟风，盲目扩大规模化，造成主栽品种过于单一，出现局部范围的滞销。

3. 高端果品需求量增加。近十年来，葡萄等水果市场出现了明显的变化，随着生活水平的提高和人们营养保健意识的逐步增强，由过去的很少人能吃到到现在的多数人能吃上中档葡萄，高档果品更是需求量大增，这刺激着高品质葡萄的大发展。

4. 设施栽培成效显著。目前，设施葡萄已遍布全国，寒地、高寒山区及南方多雨区等葡萄栽培非适宜区，现在已成为我国葡萄生产的高效区。“长三角”地区利用避雨设施栽培，栽培范围不断扩大，品种不断丰富，一些高端品种如“美人指”等成了高效益品种。

5. 葡萄栽培技术参差不齐。一些老产区，世代以种植葡萄为生，生产水平较高。但一些新近发展的产区，生产技术就相对落后，存在重栽轻管的现象，这往往造成葡萄种植失败的最主要的原因。

第二节　葡萄主要种类和品种

用于鲜食的葡萄品种除要求较好的内在品质外，如甜酸适度（含糖量15% ~20%，含酸量0.5% ~0.9%），有香味，果肉致密而脆，皮与肉、肉与种子易于分离。尚要求有较好的外观质量。一个优良品种，应具有抗性强、适应本地气候条件和消费习惯、粒大、着色好、穗形好、外形美观、果粒着生疏密得当等特性。

葡萄，按原产地的不同，分为3个种群，即欧亚种群、北美种群和东亚种群。世界上著名的鲜食、酿造和加工用的品种多属本种。北美种群中的美洲葡萄，具有一种特殊风味，其中有制汁专用品种，栽培范围较小。东亚种群葡萄多数为野生资源，山葡萄、刺葡萄有少量栽培。我国生产上常见栽培葡萄，主要为欧亚杂交种葡萄和欧美杂交种葡萄。

按成熟期不同，可分为早熟品种、中熟品种和晚熟品种。极早熟品种是指露天栽培条件下葡萄从萌芽到果实充分成熟的天数为130天内，7月30日前成熟的品种，如夏黑、维多利亚、红旗特早玫瑰等；中熟品种是指露天栽培条件下葡萄从萌芽到果实充分成熟的天数为131 ~145天，在8月份成熟的品种，如藤稔、巨峰、巨玫瑰等；晚熟品种是指葡萄从萌芽到果实充分成熟的天数为146 ~160天，在9月份成熟的品种，如红地球、摩尔多瓦、魏可等。

按照果实特性，可分为有香味的品种，如玫瑰香等玫瑰系列品种，货架期长的品种，如红地球辽峰等，无核品种，如夏黑、金星无核，外观奇特的品种，如美人指、桃太郎。

第三节　武汉地区葡萄设施栽培生产关键技术

我国是典型的大陆季风气候，给葡萄生产带来很多不利因素。尤其长江中下游地区雨水丰沛，在新梢生长、开花坐果期间正值梅雨季节，高温高湿的气候条件极易使露地栽培葡萄发生较为严重的葡萄病害，直接降低成果率和果实品质，直接导致农民经济利益的损失，因此必须采取葡萄设施栽培模式。葡萄设施栽培是相对于露地自然栽培的一种生产方式，是指为给葡萄提供生长的合适区域环境而人为地利用外部设施，从而实现定向栽培目标。设施葡萄栽培可以创造利于葡萄生长的环境，扩大葡萄栽培范围，提早或延迟成熟期，进而达到提高葡萄栽培经济效益的目的。

（一）葡萄设施栽培根据栽培目标可以分为3种形式：避雨栽培、促成栽培和延后栽培。

1. 避雨栽培　主要集中在南方地区，以扩展栽培区域及品种。在植株上方覆盖聚乙烯膜等膜材质，具有避雨、降温、防病、改善品质、防止水分流失等作用。

2. 促成栽培　利用特制的具有一定防寒保温和采光性能的保护设施，通过早期覆盖等措施，人为地创造植株生长发育的小气候条件，提早发芽时间、开花时间和成熟时间，使果实提前上市。有日光温室和塑料大棚两种建设形式。

3. 延迟栽培　在南方和华中地区（包括武汉地区），年平均温度较高，葡萄成熟较早，一般不宜进行大面积设施延迟栽培，这些地区延长市场供应可采用利用二次结果的方法来解决。

（二）设施栽培由于是人为的一种定向栽培模式，因此在栽培技术上具有与露天自然栽培的不同，其主要关键技术总结如下：

1. 优选品种　由于设施栽培是人为覆盖了薄膜等设施，不利于通风透光，温湿度较高，因此在品种选择上，与露天自然栽培品种的选择有差异，主要体现在：（1）选择需冷量低且耐弱光的品种；（2）花芽容易形成、连续结果能力强的品种；（3）果粒大小整齐一致、着色好的品种。主要是一些欧美杂种，如夏黑、黑色甜菜。同时，由于设施栽培是一种中高端生产模式，在品种选择上，还要优先一些特色品种，如有优美浓郁香味的，如巨玫瑰、醉金香、金手指、美人指等。

2. 控产栽培　葡萄的花穗很多、很大，很容易超过树体的负荷量标准，引起浆果变小，有色品种着色不良和糖分下降、抗性降低等现象。因此，为获取最佳效益，必须采用控产栽培，即依据目标产量，经过合理推算合理判断自己的产量和品质。控产栽培技术主要包括3大措施：一是合理控制结果枝与营养枝的比例。在生产上，结果枝与营养枝比例应控制在2：3～1：1[1][2]。每平方米架面应留多少结果枝和营养枝，能够从目标产量定向推理计算而知。以夏黑为例，夏黑的亩产应控制在1 250千克以内，按照一穗果500克定穗，每亩定穗2 000～2 500穗[3]，一个结果枝留一个果穗，如按双十字“V”形架1.2×2.5的株行距，每棵树留结果枝10个，营养枝10～15个。二是花穗整形。花穗整形是保证果粒大小均匀、果穗大小适宜整齐的一种手段。花穗整形一般在花前一周进行，主要是去除副穗及其下几个支轴，一般还掐去穗尖的1/4～1/5左右。三是及时疏花疏穗与摘粒。有些品种花序较多，如巨玫瑰，要在花前及时疏去一部分。疏果则在生理落果后立刻进行，一般果粒为黄豆大小时。留下坐果好、穗形完整的果穗。对于摘粒，藤稔等大果粒品种保持在40粒/穗左右，而对于夏黑等品种保持在80粒/穗左右。

3. 无核膨大栽培　无核果粒、大果粒广泛受市场欢迎，是鲜食葡萄的优良性状。生产上可以通过品种选择而获得，也可以通过激素对花序或幼果进行处理获得。无核膨大栽培主要应有于两种类型的品种，一是有核品种，经无核化后可使胚珠败育，使幼嫩种子的种皮不硬化；二是无核品种，无核葡萄品种自身的果粒比较小，经膨大处理后，才具有较高的商品性。主要技术要点包括：（1）处理试剂：无核化试剂基本成分均为赤霉素（GA）＋辅助药剂，辅助药剂用得较多的是吡效隆（CPPU）和链霉素（SM）。（2）处理时期：无核处理的普遍采用二次处理法。第1次在花序满开前2～3天进行，以诱导产生无核；第二次在两周后处理，以增大果粒。（3）处理浓度：无核品种盛花期第一次用赤霉素（5～20毫克/千克），促进坐果；第二次用赤霉素（30毫克/千克）＋吡效隆（5～10毫克/千克）；有核品种终花期第一次用赤霉素（15～25毫克/千克），诱导无核；两周后用赤霉素（25毫克/千克）＋吡效隆（5～10毫克/千克）。

4. 水肥管理　葡萄是一种优质高产高效的水果，对不同生育期进行合理的灌溉及正确的肥料选择和施入方法对于鲜食葡萄的早期丰产，结果期的稳产，生产出整齐一致、色泽艳丽、口感香甜的果实具有重要作用。葡萄周年水肥管理的几个节点分别有：

（1）萌芽期：萌芽前浇一次萌芽水，并结合追施适量氮肥，以促进萌芽；

（2）开花期：花前2周，隔7天左右喷施一次硼等微量元素的叶面肥，连续喷施2～3次。

（3）转色期：转色前保持土壤水分供应充足，追施氮、磷、钾和钙等肥，转色期喷施适量氨基酸等具有促进着色及催熟效果的光合增效叶面肥；

（4）着色至成熟期：成熟前，维持适量的土壤水分，适度控水，追施适量钾肥等，叶面喷施氨基酸钾；

（5）果实采收后：施有机肥并追加适量化肥，浇一次水；

（6）落叶前后：浇封冻水。

5. 病虫害综合防治　武汉地区葡萄主要病害种类有

（1）黑痘病：主要危害叶片、新梢、叶柄、果柄和果实。一般在3月下旬至4月上、中旬，葡萄开始萌动、展叶、开花，病菌即可开始初侵染，6月中、下旬以后，气温升高，如有较多的降雨，植株可受到严重为害，此时高峰期。秋季又有一次生长旺季，大量抽出新的枝梢，黑痘病又出现一个发病高峰期。发病初期，叶片上出现针头大褐色小点，逐渐变成黄褐色圆形病斑，最后穿孔。新梢、叶柄、果柄上，开始是灰黑色、中部凹陷成干裂的斑，最后干枯或枯死。果实上，主要在绿果期危害。开始出现褐色圆斑，然后中部凹陷呈灰白色，边缘深色，后期慢慢硬化、龟裂。病果小，无食用价值。

（2）霜霉病：主要危害叶片，一般5～6月开始发病，随着降雨量增加、湿度增大病害加重，采果后仍然容易发病，是防治重点。开始时是正面产生半透明油渍状淡黄色小斑点，后变成淡绿色至黄褐色多角形大斑，后期叶片似火烧状，叶背面有白色霜霉状物。

（3）灰霉病：主要危害花穗和果实，一年中有2次发病期，第1次在开花前后，第2次在果实着色至成熟期。花穗多在开花前感病。开始是暗褐色、软腐状，后出现灰色霉层，萎焉，幼果脱落。果实易在近成熟期感病，先是淡褐色凹陷病斑后果实腐烂，出现褐色菌。

（4）炭疽病：主要在着色近成熟时危害果实，开始时出现水渍状浅褐色斑点，后扩大呈圆形深褐色、凹陷，黑色小粒点排列成圆心轮纹状，若空气湿度较高，小粒点上涌出粉红色黏胶状物，病害严重时，病果逐渐失水干缩，极易脱落。

（5）白腐病：整个果粒发育期均能发病，主要危害果粒和穗轴，引起穗轴腐烂。往往是枝梢先发病，病斑均发生在伤口处，开始呈水浸状淡红褐色边缘深褐色，后发展成长条形黑褐色，表面密生有灰白色小粒点。在果穗上，先在小果梗或穗轴上发生浅褐色水渍状、不规则病斑，逐渐向果粒蔓延，严重发病时造成全穗腐烂，果梗穗轴干枯缢缩，震动时病果病穗极易落粒，这是白腐病发生的最大特征。果粒感病时，先在基部呈现淡褐色软腐，逐渐发展至全粒变褐腐烂，果皮表面密生灰白色小粒点，以后干缩呈有棱角的僵果极易脱落。一切造成伤口的条件都有利于白腐病发病，首次侵染来自于土壤，主要靠雨滴溅散传播。结果部位过低，容易发病。果实进入着色期与成熟期，其感病程度亦逐逝增加。

（6）穗轴褐枯病：主要花序等幼嫩的穗轴组织，在分枝穗轴上产生褐色水浸状斑点，迅速扩展后致穗轴变褐坏死，果粒失水萎蔫或脱落。有时病部表面生黑色霉状物。一般老龄树一般较幼龄树易发病，肥料不足或氮磷配比失调者病情加重；地势低洼、通风透光差、环境郁闭时发病重。

这些病害的综合防治措施主要有：

（1）清除病源：除生长期要及时清除病部组织外，秋季要结合冬季修剪，彻底清扫残枝落叶，集中烧毁或深埋。

（2）通风透光：加强架面枝叶的管理，及时进行过多枝梢的修剪，及时绑梢，防止树体荫蔽。

（3）降低湿度：保障沟渠畅通，及时排出多余雨水，可以结合起高垄、滴灌等栽培方式，适当增加主干高度，使枝叶和果穗尽量远离地面。

（4）套袋：在果粒黄豆大小时，进行套袋处理，可以防止日灼、鸟害等，显著减少打药次数。

（5）药剂防治：绒毛期喷施3～5波美度的石硫合剂，展叶后喷80%代森锰锌600倍液、多菌灵粉剂1 000倍等可以防治黑痘病的发生。发生黑痘病时可以用“福星”或者“腈菌唑”等药剂交替使用治疗。霜霉病发生时，可以用金科克、精甲霜灵、霜脲氰、烯酰吗啉、氟吗啉、霜霉威、乙磷铝、甲霜灵等药剂交替使用。灰霉病在花前10天及始花前1～2天是药剂防治的关键时间，可用嘧霉胺、腐霉利、甲托等配合广谱性药剂交替使用进行防治。果穗套袋是防葡萄炭疽病的特效措施。套袋的时间宜早，不宜晚，以防早期幼果的潜伏感染。同时，一般在套袋前用药剂控制，比如保倍、苯醚甲环唑、美铵、醚菌酯、嘧菌酯、甲基硫菌灵、多菌灵等。防治白腐病时，尽量减少伤口发生，发病初期，剪除病穗，而后施用20%苯醚甲环唑，重点喷洒果穗，之后，用保护性杀菌剂进行规范防治。穗轴褐枯病可以利用石硫合剂、代森锰锌、扑海因等药剂预防，并结合灰霉病综合防治。

武汉地区主要虫害及防治措施有：

（1）绿盲蝽：在展叶期开始发生，主要危害叶片、花蕾和新梢。被害幼叶最初出现细小黑褐色坏死斑点，叶长大后形成无数孔洞，叶缘开裂，严重时叶片扭曲皱缩，显得粗老或呈畸形；花蕾被害产生小黑斑，渗出黑褐色汁液；新梢生长点被害呈黑褐色坏死斑，但一般生长点不会脱落。防治时，及早清除虫源、降低湿度，有虫害出现时适量喷施菊酯类药剂，消灭虫源。

（2）葡萄透翅蛾。主要危害葡萄枝蔓，被害部位膨大突起，树体营养运输受到影响，叶片出现枯黄脱落。防治时，及早剪除病枝并销毁，对有虫粪的老蔓进行药剂注射蛀孔，触杀幼虫。花前化后各喷一次杀虫药剂。

参考文献

［1］日本葡萄标准化栽培技术．食品伙伴网，［online］http：//www. foodmate. net/tech/zhongzhi/1/114291. ht 毫升 . 2008-06-05.
［2］略论南方葡萄优质栽培．百度文库，［online］http：//wenku. baidu. com/link？url = VI88-cHeTYweUzTzdPsaVWIaSU55056AohmbBHraVSiMDXUYzK-RBLMA8xwWPP8spIuuMWWIYZe2oHpWGZnSf3xww1gUoy4mOUUXtuGbKIm.
［3］夏黑葡萄栽培技术．道客巴巴 . http：//www. doc88. com/p-114690790667. html.

第十一篇　宿根花卉发展现状及应用

郭彩霞
（武汉市农业科学技术研究院，武汉市林业果树科研所）

第一节　宿根花卉简介

（一）宿根花卉的概念

宿根花卉为多年生草本，并指地下器官形态未经变态成球状或块状的常绿草本，其地上部分在花后枯萎，以地下着生的芽或萌蘖越冬，越夏后再度开花的观赏植物。

（二）宿根花卉的范畴

狭义的宿根花卉，主要是原产温带的耐寒或半耐寒、可以露地栽培、冬季地上部分枯死、根系在土壤中宿存、翌年春暖后重新萌发生长的多年生落叶草本；另一类是原产热带和亚热带，不耐寒，以观花为主的温室花卉。

广义的宿根花卉，即多年生草本植物。包括无明显休眠期、四季常青、地下多为肉质须根系的多年生常绿草本，包括适于水生的如荷花、睡莲等水生花卉，龟背竹、竹芋等观叶植物，长春花、美女樱等长作一、二年生栽培的一、二年生花卉，此外还有蕨类、兰科植物等。

（三）宿根花卉的分类

宿根花卉主要依据其耐寒性进行分类。耐寒、秋冬枯萎的宿根花卉称为露地宿根花卉，这类宿根花卉在冬季前，地上部分茎叶全部枯死，根系进入休眠，次年再发芽、生长、开花、结实、枯死，如菊花、芍药、部分鸢尾品种、萱草、荷包牡丹、蜀葵等；不耐寒、四季常绿的宿根花卉称为温室宿根花卉，这类宿根花卉四季常绿，冬季或夏季休眠，如君子兰、吊兰、秋海棠、凤梨、倒挂金钟等。

（四）宿根花卉的特点

1. 具多年存活的地下部　多数种类具有不同粗壮程度的主根、侧根和须根。主根、侧根和须根可存活多年，由根茎部的芽每年萌发形成新的地上部，继而开花、结实，如芍药、火炬花、飞燕草等。也有不少种类其地下部能存活多年，并继续横向延伸形成根状茎，根茎上着生须根和芽，每年由新芽形成地上部开花、结实，如荷包牡丹、鸢尾、费菜等。

2. 原产温带的耐寒、半耐寒的宿根花卉具有休眠特性　其休眠器官芽或莲座枝需要冬季低温解除休眠，次年春萌芽生长。春季开花的种类越冬后在长日条件下开花，如风铃草；夏季开花的种类需短日条件下开花，如秋菊、长寿花、紫菀等。原产热带、亚热带的常绿宿根花卉，通常只要温度适宜即可周年开花。夏季温度过高可能导致半休眠，如鹤望兰。

3. 宿根花卉应用最普遍的是分株繁殖　如利用脚芽、茎蘖、根蘖分株，或利用叶芽扦插，这些均有利于保护品种特性，当然大多数也可播种繁殖。

4. 宿根花卉一次种植后多年观赏　可广泛应用于园林花坛、花境、篱垣或作地被配置。

由于一次栽种后生长年限较长，植株在原地不断扩大占地面积，因此在栽培管理中要预计种植年限并留出适宜空间。

5. 宿根花卉一次种植后可多年采花　因此是商品切花周年生产的主要选择，大宗切花中的香石竹、菊花都是宿根花卉，其他重要的宿根类切花包括非洲菊、满天星、草原龙胆、补血草，花烛、鹤望兰、荷兰菊等。

（五）宿根花卉的优点

宿根花卉品种繁多，既有观花、观叶品种，又有观果品种；生态幅宽，囊括了花卉的所有色系，各个季节开花的品种都很多；一次种植多年观赏，简化了种植手续，是宿根花卉在园林花坛、花境、花带、地被中广为应用的主要优点；宿根花卉很多品种具有较强的净化环境的功能，如萱草吸收二氧化硫，部分鸢尾吸收氟化物，部分蕨类植物对重金属的富集能力很强；宿根花卉较一、二年生草花的应用成本低，可操作性强。

（六）宿根花卉的应用方式

宿根花卉在园林中应用广泛，主要在花坛、花境、花带、（组合）盆栽、花丛、切花中应用。

1. 花坛应用（图 1）　是在具有几何形状的植床内，种植各种不同色彩的花卉，运用花卉的群体效果来体现图案纹样，或观赏盛花时绚丽景观的一种花卉应用形式。特点是以突出的色彩或精美华丽的纹样来体现其装饰效果。花坛布置应选择花期、花色、株型、株高整齐一致的花卉。

图 1　花坛应用两例

2. 花带应用（图 2）　花带是花坛的一种。凡沿道路两旁、大建筑物四周、广场内、墙垣、草地边缘等设置的长形或条形花坛，统称为花带。花带虽然也是呈长带状，沿小路两边布置，但其中应用的植物种类比较单一，缺少动态的季相设计和竖向上的立面设计。植株的选择上与花坛基本一致。

图 2　花带应用两例

3. 花丛应用（图3）　花丛是指由3～5株甚至十几株花卉采取自然式种植方式配置的花卉种植类型。组成花丛的花卉，可以是同一类，也可以是不同种类混交。特点是各种花卉多以块状混交为主。从平面轮廓到里面构图都是自然式的，边缘没有镶边植物，与周围草地、树木等没有明显界限，常呈现一种错综复杂的状态，散植在树林边缘或道路两侧，任其自然生长开花。花丛的植株选择种类要少而精，形态和色彩要配置好。

图3　花丛应用两例

4. 组合盆栽（图4）　是现代园艺花卉艺术之一，它主要是通过艺术配置的手法将多种观赏植物同植在一个容器内。组合盆栽的观赏性极强，近年来在欧美和日本等国相当风行，在荷兰花艺界还有“活的花艺、动的雕塑”之美誉。选用植物要将色彩、高矮、质感等都考虑在内。

图4　组合盆栽两例

5. 花境应用（图5）　花境是以多种观花植物为主、采用自然斑状混合种植，以充分体现花卉的色彩、季相变化的一种花卉应用形式。特点是植物种类丰富、季相变化明显，立面丰富、景观多样化，其应用多以宿根花卉为主，可以提高种植经济效益。花境的设计原则是：①观花原则，至少二季有花；②多样化原则，强调花境材料的多样化，包括草本与木本花卉种类，尤其在常绿植物和宿根草本的合理配置，以保证花境的绿期；③自然化的园林美学原则，遵循“多样与统一”“协调与对比”“动势与均衡”与“韵律与节奏”等合理配置，充分显示其季相及生命周期的变化；④体现园林生态设计中乔灌草配置的概念；⑤用在园林建筑、道路、绿篱等人工建筑物与自然环境之间，很好地起到人工到自然的过渡作用。

图 5　花境应用两例—2006 年武汉花展

第二节　宿根花卉国内外应用现状

（一）国外宿根花卉发展现状及趋势

近 20 年来发达国家普遍重视宿根花卉的育种工作以及群体效果的研究和在园林总体规划设计中配置方式的研究，宿根花卉的品种和种类日趋丰富，应用效果日趋完美，这可以从今年国外一些色彩斑斓的宿根花卉中得到充分的体现（图 6）。具体的发展变化是：

1. 发达国家的专业化生产与国际花卉业格局的新变化，花卉出口国出现国际性的专业分工，致力于形成独特的花卉生产优势。

2. 宿根花卉的生产格局正在由发达国家向资源较丰富、气候适宜、劳动力和土地成本低的发展中国家转移，新兴的花卉生产国有：肯尼亚、墨西哥、秘鲁等。我国的花卉业发展也迎来了良好

图 6　国外宿根花卉应用锦集

的机遇，目前我国每单位花卉生产平均成本是日本的1/5，是中国台湾的1/3，也明显低于东南亚、拉丁美洲和非洲国家，亚洲将会迎来一个新的花卉集散中心，包括两个航空运输中心，一个在泰国的曼谷或印度的孟买，另一个集散中心在中国的昆明。

3. 花卉产品实现由切花向盆花的结构性转变。

4. 全球主要花卉消费三大市场已经形成并发生着转变。即以欧盟为主的欧洲消费市场，以美国为中心的美洲消费市场和以日本为中心的亚洲消费市场。

5. 花卉消费目前正朝四个方向转变：①对花卉品质的要求向高品质转变；②消费热点虽仍以切花为主，但需求趋于平缓，逐渐转向盆花、其他鲜活或花坛植物，比如盆栽植物以球根秋海棠、印度胶榕、凤梨科植物等最为畅销；③传统花卉需求回升，一些20世纪中期几乎淘汰的植物如蒲包花、瓜叶菊、落地生根等，需求量有所增加。

（二）国内宿根花卉发展及应用现状

1. 我国宿根花卉的栽培历史　我国不仅花卉资源十分丰富，而且栽培历史极为悠久。在我国的文献中，既有记载发展状况和栽培技术的专著，又有大量诗词歌赋的描述与赞颂。

2. 我国宿根花卉的研发情况

（1）野生资源调查收集整理：中科院植物所从1976年起进行了野生花卉资源的调查、引种驯化、栽培繁育、筛选评估以及种质资源保存的研究，对宿根花卉也进行了重点的收集，并逐年推出优良品种。

（2）宿根花卉品种引进：我国的花卉产业比一些技术发达的西方国家落后了许多。为了缩短差距，引进国外新品种是一条最基本和最便捷的途径，如荷兰菊、大花萱草、大花金鸡菊的引进等（图7）。

图7　荷兰菊、大花萱草、大金鸡菊

（3）宿根花卉品种改良：北京园林局研发的小菊系列、北京林业大学的抗逆选育、东北林业大学的耐寒品种选育等，是宿根花卉品种改良的典型例子，除此之外，芍药、萱草、玉簪、鸢尾、石蒜、马蔺、荷兰菊、丛生福禄考及菊花等的研究，也取得了显著成效。

3. 国内宿根花卉应用现状　目前我国北京、上海、广州等经济发达地区宿根花卉用量较大。上海提出每年在城市绿地中新增应用宿根花卉20～30种。在北方城市夏秋造景主要以宿根花卉的地栽和一二年生草花盆栽为主，用量很大。山东威海、江苏无锡从2006年起在全市全面推行宿根花卉的种植。宿根花卉的种植设计在我国还刚刚起步，所以在设计水平上还有待进一步的提高。

（三）武汉地区宿根花卉应用现状（图8）

1. 品种数量　2009年武汉地区应用的宿根花卉品种统计的结果共有98个品种，其中包括观赏草、香味植物、水生湿生品种及观花的宿根等。

2. 应用量　武汉地区80%以上的应用仅有麦冬、吉祥草、普通鸢尾、美人蕉等不到10个品种。

3. 应用方式　宿根花卉的应用主要是街心岛绿化、林下地被和花境。其中林下地被占绝大多数，只有武汉市汤逊湖北路、解放公园和江滩绿化中设计了花境。

图 8　武汉市汤逊湖北路宿根花卉应用两例

（四）武汉地区宿根花卉研发单位

目前，武汉市宿根花卉研发单位主要以武汉市农科院林果所为主，该所专门设立了宿根花卉研发课题组。近年来收集宿根花卉资源 400 余份，并形成了系列化品种，如鸢尾系列、萱草系列、景天系列、香草系列等。年繁育种苗 300 万株左右。此外，武汉市园林科研所也开展了部分工作。

第三节　宿根花卉繁殖栽培技术

（一）花卉种子的收集与贮藏

1. 花卉种子的采收

留种母株必须生长健壮，充分表现出花卉的优良性状，且无病虫害。要解决观赏与留种之间的矛盾，确保种子质量，露地花卉的种子必须在种用花圃内采集。对可以异株授粉的品种必须保持有效的间隔距离，每个变种的间隔至少远距 2 千米。花卉种子的成熟阶段分为乳熟期、蜡熟期、完熟期。在蜡熟期内的种子内含物呈蜡状，籽粒硬化，形成固有的色泽和特征，是多数花卉采种的适宜时期。

2. 花卉种子的贮藏

（1）自然干燥贮藏法：主要适用于耐干燥的一二年生草本花卉种子。

（2）干燥密闭贮藏法：将充分干燥的种子，装入瓶罐中密封起来放在冷凉处使用一定技术，使种子极度干燥，可保存稍长一段时间。

（3）低温干燥密闭贮藏法：将充分干燥的种子放在干燥器中，置于 －5℃ 的低温环境中贮藏，可以较长时间保持种子的生活力。

（4）层积沙藏法：有些花卉种子，长期置于干燥环境下容易丧失发芽力，这类种子可采用层积沙藏法，在贮藏室的底部铺上一层厚约 10 厘米的河沙，再铺上一层种子。如此反复，使种子与湿沙交互作层状堆积。

（二）宿根花卉常用的繁殖方法

1. 有性繁殖　有性繁殖是利用种子进行繁殖。优点是能在较短时间内获得大量根系发达，生长健壮、抗逆性强的实生苗。缺点是产生变异的几率高，且多数不能保持母本的优良性状；实生苗进入开花期的时间较长。一般夏秋开花、冬季休眠的种类进行春播；春季开花、夏季休眠的种类进行秋播。

2. 无性繁殖　无性繁殖是利用植物母体的部分营养器官进行繁殖。常用的有分株、扦插、压条等方法。优点是不易因环境条件变化而发生变异，能保持品种的固有特性，由于生理年龄与母株相同，种苗整齐一致，进入观赏期快。缺点是长期无性繁殖易引起植物生长势衰退，抗逆性降低。无性繁殖的方式主要有分株繁殖、扦插繁殖、整枝压条、撒播式压条。

分株繁殖适用于结实较少的宿根（地被）花卉。适用于分株繁殖品种有：地被石竹、虎耳草酢浆草、丛生福禄考、多花筋骨草、萱草类、鸢尾类、玉簪类、石蒜类、火炬花、麦冬类等。

扦插繁殖分常规扦插、全光照喷雾扦插。全光照喷雾扦插是一项新技术，它是在自然光照下，采用间歇喷雾的方法，降低插穗表面的温度，保持插穗湿润，创造良好的条件是插穗生根。它可使扦插植物提前生根和难生根的植物能扦插生根，进而加快繁殖速度。适用于扦插繁殖品种有：鱼腥草、八宝景天、牛至、无毛紫露草，八仙花、活血丹、扶芳藤类等。

整枝压条繁殖是将植物的枝条整枝埋入前插床基质中，仅露出枝条中的叶片，使枝条结节处发芽。适用于扦插生根较难的宿根（地被）植物及藤蔓类植物。蔓长春花、活血丹、络石、小叶扶芳藤等。

散播式短枝压条繁殖将母本嫩茎 10 ~ 20 条整理成捆，用刀切成 5 ~ 7 厘米长的短枝，每支保留 2 ~ 3 叶芽。把短枝均匀撒播于床面，用硬纸板轻压，使之与基质紧贴，再撒一层基质。与常规扦插比较，功效提高 20 倍以上，如佛甲草母本 1 平方米，可扩繁 20 平方米（40 天）。适用于短枝压条繁殖的植物有垂盆草、佛甲草、金叶景天、八宝景天、扶芳藤类等。

3. 组织培养　适用于常规繁殖比较困难或繁殖速度较慢的植物种类。现在组培成功的宿根花卉品种有：萱草、鸢尾、金边阔叶麦冬、福禄考、百合等。不同器官的组织培养诱导率区别较大，如萱草诱导率的优劣为：茎尖 > 花蕾 > 嫩叶 > 老叶 > 根。

（三）宿根花卉的栽培

无土栽培是宿根花卉的新的栽培方式，花卉无土栽培由于通气好，营养均衡充足，花卉植物生长发育好，与土壤栽培比，其产量高、质量好。如无土栽培的香石竹要比土栽的提前 2 个月开花，每株多开 4 朵花，且其香味浓、花期长、上等品率高。无土栽培的盆花，与土栽比，明显生长健壮、整齐，叶色浓绿，花朵而大、色泽鲜艳，花期长。

以下列举几个较好无土栽培基质配方：

泥炭∶珍珠岩∶河沙 =2∶1∶1　基质性质：团聚化程度良好，pH5. 5 ~ 7. 0，有机养分充足，稳定期 1 ~ 2 年。适于一般宿根（地被）植物的盆栽。

泥炭∶蛭石∶珍珠岩 =2∶1∶1　适用于观叶植物的盆栽。

泥炭∶炉渣 =1∶1　适用于喜酸宿根（地被）植物的选育。

第四节　几种新优宿根花卉简介

（一）大花萱草（金娃娃）（图 9）

科属：百合科萱草属 宿根草本株高约 30 ~ 40 厘米，花冠漏斗形，径约 12 厘米，植株矮，花期长。

习性：喜阳光，耐干旱，耐瘠薄与半荫，就很强的适地性，高坡、低洼均可种植。花色品种多，花朵着生密集，花期从 5 月底至 10 月中、下旬。盛花期在 6 ~ 8 月。

应用范围：适宜布置花境或栽于林绿，路旁，水边等。是观花观叶的优秀园林绿地花卉。

图9　金娃娃萱草

（二）亚菊（图10）

科属：菊科、亚菊属。常绿亚灌木。株高约20～50厘米，茎直立茎上部叶常羽状分裂或3裂，两面异色，上面绿色，叶缘呈银白色，背面白色或灰白色。

习性：花期9～11月。喜阳光，适应性强，不择土壤，耐干旱，耐瘠薄，能忍受～5℃的低温，也有良好的耐热性。

图10　亚菊

（三）紫松果菊（图11）

科属：菊科紫松果菊属宿根草本。株高约50～100厘米，全株具粗糙毛，茎直立，少分枝或上部分枝。

习性：花期6～8月。喜凉爽、湿润和阳光充足环境。耐寒，也耐半阴，怕积水和干旱。宜肥沃、疏松和排水良好的微酸性土壤。

应用方式：适宜布置野生花卉园或管理粗放的开阔地带；可栽植于花坛、花境、篱边、山前、在湖边也很适宜，还可做切花。

（四）宿根美女樱（图12）

科属：马鞭草科马鞭草属宿根草本。株高约20～50厘米。叶对生，有柄，长5～10厘米。花色有蓝、紫、粉红、大红、白色等。穗状花序呈伞房状排列顶生，花冠高脚蝶状。

习性：花期4～11月，陆续开放，盛花期在4～6月。喜阳光，对土壤要求不严，但松软、肥沃而排水良好的土壤，开花更为茂盛。植株半耐寒，不耐干旱。用播种、扦插和压条繁殖，秋播或春播都可。

图 11　紫松果菊

应用方式：为良好的夏、秋季花坛、花境用花材料，或作树坛边缘绿化，也可作地被植物栽培。

图 12　美女樱—粉花、红花

（五）美丽月见草（图 13）

科属：柳叶菜科月见草属宿根草本。株高约 40～60 厘米，叶线形有梳齿。花单生叶腋，花白色至水红色。

习性：由傍晚开放至翌日上午，花期 5～11 月，盛花期在 6～8 月。适应性强，对土壤要求不严，耐瘠、抗旱、耐寒。

应用方式：很好的观花类宿根花卉，适于庭院绿化。

图 13　美丽月见草-粉花、黄花

（六）火炬花（图14）

科属：百合科火炬花属宿根花卉多年生半常绿草本；株高60～80厘米。

习性：花顶生穗状总状花序，下部黄色，上部桔红色，如同火炬一般，花期4～5月；喜光、耐半阴、较耐寒、抗高温干旱。

应用方式：适宜作花境，或盆栽观赏。

图14　火炬花

（七）千叶蓍（图15）

科属：菊科蓍属，宿根草本。株高约20～50厘米，根状茎横走，茎直立。叶密生，近无柄，圆状披针形或线状披针形。

习性：花期6～9月，花色丰富。喜阳，耐荫。

应用方式：适于湿草甸、灌丛、河岸林下及路旁作花境材料。

图15　千叶蓍—粉花、红花

（八）毛地黄（图16）

科属：茎直立，少分枝，全株被灰白色短柔毛和腺毛。株高60～120厘米。顶生总状花序长50～80厘米，花冠钟状长约7.5厘米，花冠蜡紫红色，内面有浅白斑点。蒴果卵形，花期6～8月。

习性：较耐寒、较耐干旱、耐瘠薄土壤。喜阳且耐荫，适宜在湿润而排水良好的土壤上生长。

应用方式：适于盆栽，若在温室中促成栽培，可在早春开花。因其高大、花序花形优美，可在花境、花坛、岩石园中应用。可作自然式花卉布置。毛地黄为重要药材。

图 16　毛地黄

（九）鸢尾系列（图 17，图 18）

是鸢尾科鸢尾属植物的总称。为多年生常绿草本。根为匍匐状根茎，多分枝。叶基生，革质，叶剑形，绿色。花大而美丽，颜色丰富。花构造独特，花瓣 6 片，外 3 片较大外弯或下垂，称为"垂瓣"，内 3 瓣较小，直立常向内弯，称为"旗瓣"。花茎从叶丛中抽生。一般分为三类，即高生鸢尾、中生鸢尾、矮生鸢尾。花色有红色、黄色、紫色、蓝色、白色、粉色等。花茎 5～20 厘米，花期 3～6 月，适应性强，少病虫害，园林用途广泛。

图 17　魂断蓝桥、Queen

图 18　西伯利亚、荷兰鸢尾

（十）萱草系列（图 19～21）

百合科萱草属的多年生草本花卉，植株高 25～45 厘米，冠茎 40～100 厘米，具短根状茎，根部肥大肉质呈纺锤形，叶翠绿狭长，丛生根际排成两列，花葶从中部抽出，螺旋状聚伞花序，每个花序着花数十朵，花蕾似簪。

花色有绯红、金黄色、淡紫色、白绿色等。花径 10 厘米左右，花期 5～10 月中下旬，单花寿命一般不超过 24 小时，清晨开放，暮色时分闭合，晚上萎蔫，花葶上其他花卉陆续开放。大花萱草在我国南北均可种植。

图 19　杂种萱草——秃玛丽、蓝光

图 20　杂种萱草——节日快乐、芝加哥之火

图 21　杂种萱草——樱桃颊、小石城

（十一）玉簪系列（图22，图23）

宿根草本。株高30～50厘米。叶基生成丛，卵形至心状卵形，基部心形，叶脉呈弧状。总状花序顶生，高于叶丛，花为白色，管状漏斗形，浓香。花期6～8月。同属还有开淡紫、堇紫色花的紫萼、狭叶玉簪、波叶玉簪等。性强健，耐寒，喜阴，忌阳光直射，不择土壤，但以排水良好、肥沃湿润处生长繁茂。

图22　玉簪——皇冠、艾伦

图23　玉簪——金边、黄纹

（十二）香草系列（图24）

武汉市林果所目前引进香草植物70多种，现已进行大规模生产的主要有迷迭香和薰衣草。

图24　香味植物——阔叶薰衣草、匍枝迷迭香

（十三）景天系列（图25～27）

不同种类的景天株型、形态、色彩和生长情况都不同，但它们的生活习性较接近，一般阳光直射情况下开花才良好，但是许多种类也耐阳，因此亦可布置在树缘或灌木下。

景天类植物喜欢砂质土壤，但它们在大部分土壤中都能生长，几乎不择土壤，可以忍受的pH值为3.7～7.3，在气候温暖、干旱的地方（包括坡面上）长势良好。是屋顶绿化的优良植物材料。

图25　景天——八宝景天、德国景天

图26　景天——六棱红景天、胭脂景天

图27　景天——佛甲草、红毯景天

第十二篇　茶花繁殖及栽培技术要点

许　林
（武汉市农业科学技术研究院，武汉市林业果树研究所）

第一节　茶花概况

（一）茶花的基本情况

茶花（*Camellia* spp.）为山茶科（Theaceae）山茶属（*Camellia*）观花树木的统称，是我国十大名花之一，世界名贵花木，因植株形态优美、花姿绰约、花色鲜艳缤纷、叶色浓绿光亮受到世界园艺界的珍视和人们的喜爱。茶花多集中于冬春季节开放，不同品种的自然花期差别较大，自 10 月至翌年 4 月均可见到茶花开放，是不可多得的优良秋冬季常绿观花灌木。

茶花喜温暖湿润气候，主要分布于长江流域以南地区。我国是世界山茶属植物分布中心，据粗略统计，其原产的山茶属原种资源占世界总数的 95% 以上。其中有许多原种为我国特有资源，并具有较高的观赏价值，是世界上现有茶花品种的重要亲本，如怒江红山茶（*C. saluenensis*）。我国栽培茶花历史悠久，7 世纪时南山茶（*C. semiserrata*）已在云南广为栽植，怒江红山茶在云南也很早就被栽培应用。唐代时期，茶花在我国已广为栽植。15 世纪茶花被引种到日本，17 世纪被引入到欧美国家，当即引起了轰动，后来通过育种大放异彩，成为世界名贵花木。

目前，全世界茶花品种多达 3 万个以上，多由欧美国家苗圃培育，我国约有 1 000多个品种，日本有 2 000多个品种。目前，全世界广为流传的仅有 1 000多个品种。根据其亲本来源，茶花品种主要分为红山茶（*C. japonica*）品系、滇山茶（*C. reticulata*）品系、茶梅（*C. sansaque*）品系以及其他山茶杂交种品系。其中红山茶品系的数量最多，约占茶花品种总数的 80% 以上。

（二）茶花的价值

1. 观赏价值高　茶花是我国十大名花之一，自古被誉为“花中珍品”，象征坚韧、耐寒、吉祥、高贵、傲霜斗雪、气节坚贞，花文化底蕴深厚，深受国人喜爱。茶花枝干常绿，株型美观，花叶同赏。随着茶花育种事业的发展，茶花新品种层出不穷，花色艳丽多彩，花型秀美多样，花姿优雅多态，观赏期长，不同茶花品种可从秋季陆续开放至翌年晚春，观赏期长。随着杜鹃红山茶（*C. azalea*）、越南报茎茶（*C. amplexicaulis*）等四季开放的山茶属原种的开发和应用，现在已培育出可在炎热夏季开放的茶花品种，延长了茶花的观赏期，同时也丰富了茶花品种资源。

2. 应用范围广　茶花四季常青、枝干挺拔，花期长，花叶同赏，且茶花种类繁多，应用范围非常广泛。既可应用于园林绿化，也是庭院美化的优良园林植物。从园林应用形式上看，茶花可用于盆栽摆放及造型、露天群植、孤植、花篱、花墙等各种形式。从株型来看，既有主干明显、株型直立的品种可用作行道树，又有枝条密集、耐修剪的品种可用作绿篱、花篱，还有低矮匍匐的种类可用作地被植物。野生的茶花古桩通过嫁接茶花或茶梅品种，亦可制作成苍老古朴的茶花盆景。从花径、花量上来看，既有花大色艳、吉祥富贵的牡丹型大花品种，也不乏玲珑可爱、满树繁花的丰花微花品种。在家庭观赏方面，茶花是一种高档精品花卉，可应用于社区、别墅的庭院绿化，由于茶花耐荫性强，也适宜用作室内盆栽观赏。茶花多数品种花期临近春节，可通过温度、光照等环境调控花期，是一种优良的年宵花卉。此外，茶花的花朵亦是制作切花及干花产品的好材料，花瓣可提取色素、精油、黄酮等生物活性物质，用于制药、精细化工等下游产业。

3. 经济价值好　茶花深受世人喜爱，作为年宵花或者盆花布置厅堂、庭院很受人们欢迎，市场前景良好。但目前国内茶花生产企业集中于浙江金华、云南楚雄、大理、福建、江西等省市。由于茶花生长速度缓慢，管理成本增加，导致市场上茶花苗木良莠不齐、苗木标准化水平不高，非茶花生产区苗木品种少，价格高，且年宵花生产技术不完善，尚未实现茶花年宵花标准化生产，市场上高档年宵花数量少，价格高，令市民望而却步。针对此，武汉市林业果树科学研究所引进茶花品种 300 余个，丰富了当地的茶花品种资源，建立了适宜当地的嫁接、扦插等无性繁殖技术和栽培管理技术，嫁接后 2 年即可开花观赏，经济效益显著。

此外，武汉周边有许多废弃的老油茶林，可采用茶花品种进行高接换冠，2 ~ 3 年即可开花，既发展了武汉市“赏花游”经济，又使老油茶林变废为宝，提高苗木价值，是农民致富增收的好项目。

（三）茶花的适生条件

大部分茶花种或品种原产于我国西南地区，喜温暖湿润气候，适生温度是 15 ~ 25℃，冬季不要持续低于 -5℃ 5 ~ 7 天，夏季不要持续高于 38℃ 5 ~ 7 天，偶尔短暂低温或高温对大多数茶花品种并不会造成太大伤害。栽植茶花的空气湿度应介于 60% ~ 80%，太干则容易缺水，太湿则易生病菌。

茶花不耐积水，喜弱酸性、排水良好的疏松土壤，以 pH 5.5 ~ 6.5 的微酸性砂质土最适宜。这种土透气好、透水性强、含矿物质和腐殖质较多，最适宜茶花生长。

茶花喜光耐荫，以散射光为宜，最好不要直接暴露在强光照下，以 30% ~ 40% 遮阳度较为适宜，否则叶片易出现灼伤，不但影响美观，在高温高湿情况下还易感染病菌。

（四）茶花的生长习性

茶花是常绿灌木至小乔木，在武汉地区一般于春夏两季抽稍 2 次，春稍于花后 3 月中旬气温回升时开始萌芽，至 5 月中旬以后枝条开始木质化，长度一般在 10 ~ 20 厘米。夏稍于 7 月开始抽稍，至 10 月可长成 10 ~ 20 厘米的枝条。茶花花蕾主要分布于春稍枝条上，花芽于 5 ~ 6 月开始分化，至 10 月基本完成形态分化，此时主要花器官花萼、花瓣、雄蕊、雌蕊基本分化完毕。之后进入相对休眠期，并逐渐完成雌雄配子体的发育，至翌年温度回升，花朵绽放。

第二节　茶花繁殖技术要点

为了保证茶花品种的稳定性，生产上常用的扦插和嫁接两种无性繁殖方法繁育苗木。茶花扦插生根容易，具有繁殖率高、成本低廉的优点，但同时也具有成苗慢、植株易老化等问题。传统的嫁接多以取材容易的油茶作为嫁接砧木，由于油茶移栽成活率不高、接后易产生裂皮现象影响美观等问题，近年来油茶砧木逐渐淘汰，新的砧木品种不断选育出来，如品种“红露珍”以其树干光滑、皮厚而作为嫁接的首选砧木高州油茶（*C. gauchowensis*）以生长快、耐移栽等优点而逐渐发展为广东一带的主要茶花砧木。

（一）扦插繁殖技术要点

1. 扦插时期 适宜茶花扦插的时期较长，3～10月均可进行。根据季节不同，又分为春插（3月）、夏插（5月底至6月）和秋插（9月初），有保温条件的冬季也可以扦插。春季扦插是利用一年生枝条作为插穗，夏插和秋插均采用当年生的半木质化枝条为插穗，春季雨水充足，管理简便，夏插和秋插须做好保湿处理。以夏插和秋插成活率较高。

2. 扦插基质 土壤、腐殖质土或人工栽培介质均可作为扦插基质，以未经污染的生黄土扦插最好。要求细致、疏松，土层厚度至少10厘米。可在大田苗床扦插，也可在花盆中扦插。

3. 插条的选择和处理 选择生长健壮、腋芽饱满、无病虫害的枝条作为插条，最好选择树冠外围光照充分的枝条。以当年生半木质化枝条扦插成活率最好。插条选好后，用锋利的剪刀剪成3～5厘米长的插穗，要求一叶一芽，基部要削平，削口用500～1 000毫克/千克的IBA或其他生根剂浸蘸效果更好；

4. 扦插及插后管理

扦插前确保土壤充分湿润。将插穗基部的2/3朝同一方向稍倾斜插入基质中，腋芽和叶片留在基质平面以上，并不接触基质，以免腐烂脱落。扦插密度以叶片不相互交叠为准。扦插后的保湿管理对成活率很重要。插后要及时喷透水，搭建拱棚并覆盖塑料膜、遮阳网保湿，或者将花盆放入密封的塑料大棚内培养，遮阳度60%～70%，湿度80%左右。

插后及时观察愈伤组织发生及生根情况。在武汉地区至9月中下旬可移除部分遮阳网，至10月气温下降时可打开遮阳网及塑料膜，并保持及时喷水保湿。至冬季气温降低出现霜冻时，塑料膜盖起保温。至翌年3月可起苗移栽。

（二）嫁接繁殖技术要点

茶花生长慢，养护管理成本高，因此苗木市场价格贵。利用大规格砧木进行茶花嫁接，是茶花快速成苗的有效方法之一。因此，生产上常用嫁接法繁殖茶花苗木。常用的嫁接方法有很多，从接穗材料上主要可分为枝接和芽接两大类。枝接自2～9月均可嫁接，以6～7月为宜，由于可操作的时期较长而较常使用。枝接的形式有很多，如劈接、切接、撬皮接等，根据砧木及接穗木质化程度也可分为老枝嫁接和嫩枝嫁接。

不论何种嫁接方法，在操作时均应掌握以下关键点：（1）嫁接时气温在25℃以上易于成活，冬季可在温室或塑料大棚内嫁接；（2）砧木和接穗的削口一定要平整，这样才有利于砧穗形成层充分接触；（3）接穗和砧木的形成层要对齐，绑扎要适度紧实；（4）接后保湿工作很重要，一定要套塑料袋或放入塑料棚内；（5）要有遮阳条件，用遮阳网或报纸遮阳，否则温度升高易引起失水，从而导致嫁接失败。

下面简要介绍以下几种常用的嫁接法。

1. 嫩枝嫁接法 嫩枝嫁接在5～6月进行，以当年生半木质化的枝条为砧木和接穗。此时生命代谢旺盛，易于成活，一般嫁接后20天左右即可愈合。嫁接2年即可开花。一般适用于中小规格的盆栽茶花砧木，地栽茶花用此法时要有较好的遮阳条件。

于早春2～3月断砧，断面消毒处理，并用封口，避免细菌侵入腐烂。经常喷水促进新芽萌发。每株保留5～8个健壮芽，其余抹掉。待新枝顶叶展开时，即可保留基部3～4厘米切断，留一叶一芽。选择健壮接穗从母树上剪下，长3～4厘米，含一叶一芽，叶片剪去一半以减少蒸腾。嫁接时采用劈接的方法，砧木枝条从中间下劈1厘米，将接穗基部削成楔形插入其中，然后用聚乙烯膜平整捆绑扎实，待整株接完后，捆扎塑料袋保湿，并覆盖遮阳网。待接穗成活后，要逐步去除塑料袋，并经常喷雾保湿。

2. 老枝嫁接法　将砧木枝干截断，断面削平，劈口的位置根据砧木的粗度来选择。砧木粗可选在断面的1/3处劈口，砧木不粗，可选中间进行劈口。劈口时要轻轻敲打刀背，形成约3厘米的深度。接穗长3～5厘米，留1～2张叶片，2～3个腋芽。在接穗基部2侧由上至下各斜削一刀，成1～2厘米的楔形，掺入到砧木劈口中，削面外露2～3毫米在砧木外。然后用聚乙烯膜平整捆绑扎实，用塑料袋套上保湿，并覆盖遮阳网。待接穗成活后，要逐步去除塑料袋，并经常喷雾保湿。

第三节　茶花栽培技术要点

（一）栽植方式

1. 盆栽　盆栽是茶花栽植的主要方式之一。花盆可选择素烧盆、瓷盆、塑料盆、木盆、紫砂盆以及营养袋等容器，其中素烧盆（瓦盆）最适宜栽植茶花，能够更好地吸收阳光，盆上的细孔有利于水分和空气流通，排水通气好，价格低廉。栽培基质以pH5.5～6.5的微酸性土壤为宜，要求疏松透气，也可加入泥炭、腐殖土、椰糠、河砂等介质。

苗木于2～3月春梢萌动前或11～12月上盆。大苗用大盆，小苗用小盆，一般1～2年生小苗用8～10厘米的花盆栽植，3～4年生苗木用10～14厘米的花盆栽植，否则容易积水烂根。先在盆底铺陶粒或小卵石，然后装入1/3基质，削去部分根部土壤，露出部分根系，然后放入盆中央，扶正，装基质至盆沿3厘米左右。灌水后压实土壤，继续回填至盆沿3厘米。上盆后的茶花苗木摆放在30%～40%的遮阳网下养护管理，冬季移入温室。

每隔2～3年要换盆1次，以改善根系空间受限的局面。换盆宜在春梢萌动前或雨水充足的梅雨季节进行。小苗由于耐寒性差，换盆时间可等3月底4月初气温回升时进行。

2. 地栽　茶花苗木在大田栽植时，要选择排水良好，不积水的微酸性土壤地块，起垄栽植。为了避免夏季强光灼伤，最好有稀疏的落叶树种作为伴生树种，适当遮阳。

（二）浇水

茶花喜燥怕湿，太湿则容易烂根。浇水时要做到“不干不浇，干透浇透”，当土壤表面变成灰白色、坚硬干燥时需浇水。对盆栽而言，浇到盆底孔出水为止，切忌“腰截水”。

春季茶花生长旺盛，需水量较大，土壤需要保持湿润，一般盆花1～2天浇1次，地栽苗3～4天浇1次。进入7～10月，气候炎热干燥，水分蒸腾快，空气湿度低，要多浇勤浇，并喷水于枝叶和空气中，以提高湿度，减少蒸腾。冬季苗木进入相对休眠期，浇水次数应相应减少。

（三）施肥

茶花喜淡肥，可分施基肥和追肥两种。盆栽苗可结合春季上盆换盆时施适量基肥，以腐熟的有机肥为主。土肥按9：1体积比混匀，装入盆底，继续加少量土，使根系不接触土肥。追肥可根据一年内不同生长阶段的生长需求来进行。一般在抽发枝叶阶段，施氮肥或以氮为主的复合肥。在花芽分化、花蕾形成、壮大和开花前，施磷肥或以磷为主的复合肥。秋冬两季最宜施磷钾为主的复合肥。

（四）疏蕾

若要茶花开得大而艳，一定要及时疏蕾。一般在8月中旬花蕾开始膨大时即可疏蕾，留大蕾疏小蕾，适当留些小蕾以延长花期。健壮植株每个枝梢留2～3个花蕾，一般植株每个枝梢留1个花蕾。而小花型的不必疏蕾。

参考文献

[1] 高继银，苏玉华，胡羡聪，国内外茶花名种识别与欣赏［M］．杭州：浙江科学技术出版社．2007.
[2] 游慕贤，张乐初，陈德松．茶花（教订版）［M］．北京：中国林业出版社，2005.
[3] 刘英汉．山茶花盆栽与繁育技术（第二版）［M］．北京：金盾出版社，2010.

第十三篇　奶公犊育肥技术要点

周木清，童伟文，王定发，吕景福，任　远
（武汉市农业科学技术研究院，武汉市畜牧兽医科研所）

中国是一个人口大国，有着悠久的养牛历史，历史上养牛的主要目的是役用。改革开放以来，特别是近10多年来，我国的肉牛产业得到了较快的发展。我国既是世界主要牛肉生产大国，同时也是牛肉消费大国；牛肉总产量和总消费量均占到世界的12% 左右，仅次于美国和巴西，居第三位。但人均消费水平都远低于发达国家，特别是人均牛肉消费量远远低于世界平均水平[1]。

第一节　我国奶公犊的生产与利用现状

全国牛肉市场普遍看涨，牛肉连涨11年，2013年春节期间涨到40元一斤了，牛肉价格上演了“疯狂”的行情，与去年同期相比更是高达40%左右。据统计，至2012年年底，我国奶牛存栏数上升至1 400万头以上。全国奶公犊达260万头以上。我国存有大量的奶公犊牛，但自20世纪80年代起奶公犊资源的利用并未得到充分发展。除少量用作培育种公牛外，其他大多经简单喂养后宰杀淘汰，而有些奶公犊被宰杀后用于生产血清、牛皮、牛骨等。近年来随着肉牛业牛源不足的加重，部分奶公犊逐渐被用于育肥生产肉用。曹兵海等（2009）对我国奶牛主产区的23个省（区）奶公犊资源利用情况调查显示，奶公犊肉用利用率为69%，其中育肥利用率为54%，抽取血清利用率为31%，其他为15%[2]。由此可见，我国对奶公犊资源的利用已逐渐向育肥肉用方向发展，但科学饲养、育肥、屠宰分割、胴体分级、犊牛肉分级等相关完整技术体系尚未形成。

第二节　奶公犊育肥关键技术

（一）奶公牛育肥方法介绍

1. 小白牛肉生产　小白牛肉是指犊牛生后将犊牛培育至6～8周龄，体重90千克屠宰。完全用全乳、脱脂乳或代用乳饲喂，由于生产白牛肉犊牛不喂其他任何饲料，甚至连垫草也不能让采食，因此白牛肉生产不仅饲喂成本高，牛肉售价也高，其价格是一般牛肉价格的8～10倍[3]。

2. 小牛肉生产　小牛肉是指犊牛出生饲养至12月龄，以乳、精料和少量粗饲料培育，体重达300～400千克屠宰生产的肉。

3. 奶公牛育肥　奶公牛育肥是指1岁黑白花奶公牛经5～6个月的育肥饲养，体重达500千克左右出栏屠宰生产的肉。

（二）奶公牛育肥技术

1. 小白牛肉生产技术

（1）幼仔牛肉（Bob veal）的培育方式和肉质特点：

幼仔牛肉：犊牛的屠宰年龄少于4周，屠宰活重57千克以下。

肉质特点：肉质松软、细嫩，呈微红色，低脂肪、高蛋白，富含人体所需各种氨基酸。

培育方式：选择生理机能强，营养代谢旺盛，机体绝对健康，生重 38～45 千克，生长发育快的黑白花犊牛，喂大约 3～4 周龄牛奶。

（2）小白牛肉（white vea1）的培育方式和肉质特点

小白牛肉定义：1～2 个月小牛，用全乳或者代乳饲喂到 16 周龄或 18 周龄，在此期间身体得到最大限度的生长，体重 200 千克左右。

肉质特点：富含蛋白质，脂肪含量少，胆固醇含量相对其他畜产品较低，维生素 B_{12} 和硒（Se）的含量相对较高，此外还富含锰、铜、锌等重要的金属离子；质地细致柔嫩，味道鲜美；肉呈全白色或稍带粉红色，近似肌肉，带有乳香气味，适于各种烹调方式。

培育方式：选择生理机能强，营养代谢旺盛，机体绝对健康，出生重 38～45 千克，生长发育快的黑白花犊牛，经过饲喂全乳、脱脂乳或人工代乳品肥育而成。

（3）犊牛红肉（pink veal）的培育方式和肉质特点

犊牛红肉：6 月龄出栏的犊牛，体重得到最大限的生长，出栏体重一般在 270～300 千克左右。

肉质特点：肉色鲜红，有光泽，肌纤维柔软、肉质细嫩多汁、易咀嚼。

培育方式：谷物饲喂犊牛为主，先喂牛奶，再喂谷物、干草加添加剂。

（4）嫩牛肉（calf）的培育方式和肉质特点

嫩牛肉不超过 9 月龄的发育初期的小牛，体重得到最大限的生长，体重一般 350～400 千克。

肉质特点：与犊牛红肉类似，分割肉块更大。

培育方式：谷物饲喂犊牛为主，先喂牛奶，再喂谷物、于草加添加剂。饲喂期延长至 8～9 月龄。

（5）普通牛肉（beef）

奶公犊牛断奶后，直线育肥到 12 月龄出栏，体重达 450～500 千克；或者断奶后吊架子饲养到 12 月龄，再育肥 4 个月出栏，体重达 500～550 千克；淘汰母牛育肥 3～4 个月出栏，体重达到 600～650 千克。

2. 小白牛肉生产的饲养模式

（1）单笼拴系饲养：犊牛笼尺寸大多选用 64～74 厘米宽、176 厘米长的犊牛笼。笼子地面多

图 1　奶公犊单栏饲养

用条形板或是镀了金属的塑料铺设，其间有空隙，以便及时清除粪尿。笼前方有开口，可供犊牛将头伸出采食饲料和饮水。笼子两个侧面用条形板围成，用来防止犊牛之间相互吮舔，整个牛笼后部和顶部均敞开，犊牛用61～92厘米长塑料或者的金属链子拴系到笼子前面，限制其自由活动。

（2）圈舍群养：犊牛在条形板铺成的圈舍里群养，每头犊牛所占面积1.3～1.7平方米不等，在此种饲喂模式下，犊牛在进入育肥场后，将每头牛拴系起来进行饲喂，6～8周以后，只在每天喂料半小时内将犊牛拴系起来，其他时间让其自由活动。地面选用条形板或者铺放干草垫，在地面铺放干草垫时[4]。

3. 奶公犊的要求　奶牛公犊前期生长快、育肥成本低，且便于组织生产。一般选择初生重不低于40千克、无缺损、健康状况良好的初生公牛犊。体质良好，最好为母牛两产以上所生的犊牛。

体形外貌：选择头方嘴大、前管围粗壮、蹄大的犊牛。

第三节　全乳或代乳粉饲喂犊牛

由于犊牛吃了草料后肉色会变暗，不受消费者欢迎，为此犊牛肥育不能直接饲喂精料、粗料，应以全乳或代乳品为饲料。1千克牛肉约消耗10千克牛乳，采用代乳料和人工乳喂养，平均每生产1千克小白牛肉需1.3千克的干代乳料或人工乳[5]。

不同代乳料间质量差异很大，主要与脂质水平和蛋白源相关（植物源蛋白、动物血清、鸡蛋蛋白及乳源蛋白）。4周龄前的犊牛不能有效消化植物源蛋白。不能仅为了节省成本而冒险使用低质代乳料。

（一）不同月龄犊牛饲养

附：犊牛一月龄内代乳品配方

序号	类别	代乳品配方	备注
1	代乳品	脱脂奶粉60%～70%，玉米粉1%～10%，猪油15%～20%，乳清15%～20%，矿物质+维生素2%。	丹麦使用
2	代乳品	脱脂奶粉10%，优质鱼粉5%，大豆粉12%，动物性脂肪71%，矿物质+维生素2%。	日本使用
	前期人工乳	玉米55%，优质鱼粉5%，大豆粉38%，矿物质+维生素2%。	
	后期人工乳	玉米42%，高粱10%，优质鱼粉4%，大豆饼20%，麦麸12%，苜蓿粉5%，糖蜜4%，维生素+矿物质3%。	
3	人工乳	玉米+高粱40%～50%，鱼粉5%～10%，麦麸+米糠5%～10%，亚麻饼20%～30%，油脂5%～10%。	日本使用

附：不同日龄小白牛肉全乳生产方案

日龄	日给乳量（千克）	日增重（千克）	期末体重（千克）	需乳总量（千克）
1～30	6～7	0.56	59	180～210
31～60	7～8	0.88	86	210～240
61～90	10～12	1.11	119	300～360
91～120	14～16	1.13	153	420～480
	总计乳量			1 110～1 290
121～150	16～18	1.10	204	480～540
	总计乳量			1 590～1 830

附：犊牛不同周龄饲养方式

周龄	始重（千克）	日增重（千克）	日喂乳量（千克）	配方料喂量（千克）	青干草（千克）
0～4	50	0.95	8.5	自由采食	自由采食
5～7	76	1.20	10.5	0.5	自由采食
8～10	102	1.30	13	0.8	自由采食
11～13	129	1.30	14	1.2	自由采食
14～16	156	1.30	10	1.5	自由采食
17～21	183	1.35	8	2.0	自由采食
22～27	232	1.35	6	2.5	自由采食
合计			1 088	300	300

（二）饲养程序

1. 吃足初乳　犊牛出生后应在1小时内尽早吃上初乳，前3天喂初乳，3天后转入常乳饲喂。初乳在－20℃下保存1年，成分基本不发生变化，可照常使用，用家用冰箱，保存时间不要超过半年。初乳饲喂前在60℃下温水解冻，超过60℃会破坏免疫球蛋白。另外通过初乳垂直感染的病原微生物—副结核、牛白血病、沙门氏菌经60℃加热30分钟可以杀死。

2. 定时定温　水浴加热至38～40℃，定时定温饲喂2～3次。初生后15日龄内饲喂牛奶温度非常重要，适宜温度38～45℃，低于38℃犊牛易发生腹泻。

3. 饲喂方法　0～2月龄犊牛用奶瓶喂乳，牛乳中添加食盐0.5克/千克，保证犊牛前期食管沟闭合完全；3～4月龄犊牛用盆严格定量饲喂。

图2　犊牛采食

4. 卫生与消毒　饲喂器皿每次用完进行清洗和消毒。牛圈三天消一次毒，每天清一次粪。每天早、晚两次喂牛时刷拭牛体，保持牛体清洁。

5. 每头牛饲喂定量管理　公犊牛如果集中在大圈里群养。要做到每头牛定位，或者采用1～2头犊牛一个饲养栏，这样可以对每一头犊牛的采食量进行总量控制，同时便于饲喂。

6. 饮水管理　犊牛自由饮水，水体要清洁，在冬季，天气比较寒冷的时候，饮用水温度不能太低，保证在15℃以上。

7. 温度和环境控制　圈舍要冬暖夏凉，要经常保持舍床干燥，通风良好。不同日龄犊牛要求的临界温度不同，3～4日龄12～13℃，20日龄7～8℃。在营养相同情况下，环境温度比犊牛的临界温度每低1℃，则每昼夜犊牛的体重损失21～27克。因此，犊牛在哺乳期牛舍的温度应保持在15℃左右为宜，最好不低于12℃。到了夏季注意防暑，否则会影响犊牛生长发育，提高饲养成本。

（三）小白牛肉生产中常见问题

1. 笼养犊牛食欲下降，在单笼拴系饲养条件下，圈舍狭窄限制了犊牛自身的运动，并阻止了犊牛之间的相互联系，造成犊牛精神沉郁，产生应激，进而会导致犊牛食欲的降低。

2. 笼养犊牛只喂牛乳而不喂饲草，会抑制犊牛瘤胃发育。常出现多数时间在舔食可以接触到的任何物品，过度舔食所能接触到的身体部位，造成大量牛毛进入瘤胃，进而行成毛球，有可能会阻塞食物通道。

3. 群饲易发生疾病　舔食其他牛耳朵、脐带等，这些不良 形为通常会造成舔食部位发炎和感染，此外，犊牛喝其他牛的尿也会影响其消化代谢和健康。群养条件下犊牛之间接触比较紧密，增加了肠炎和呼吸道疾病传染的可能性。

4. 贫血　日粮中铁的缺乏会造成犊牛贫血，造成犊牛对外界应激作出反应比较困难，影响犊牛的健康。铁的缺乏还会造成血中血红蛋白含量减少，造成动物机体摄入氧气的不足，进而加重心血管系统的负荷，日粮中铁的缺乏还易导致犊牛酸中毒。单笼饲养的犊牛贫血发病率比群养犊牛高。

（四）犊牛主要疾病的预防

1. 腹泻预防　吃足初乳，增强抗病力；保持牛床干燥卫生，常消毒，防治细菌、病毒、球虫等引起的腹泻；吃奶牛勿与断奶牛混养。

2. 腹泻治疗　能吃牛奶的犊牛给予其电解质补充：复方生理盐水＋糖＋小苏打；或在乳中加庆大霉素；不能吃奶的犊牛给予静脉注射：5%糖盐水＋5%小苏打＋抗生素（庆大）。

3. 肺炎预防和治疗　保持垫草清洁干燥、牛舍通风，冬天注意保温。发生肺炎及时用抗生素治疗。

第四节　饲养奶公犊效益

（一）生产规模和成本

以饲养20头奶公犊为例，2个月饲养期，2 000元/头，大约60～90千克。收割青草15千克/天，3元/天。一个人饲养1 500元/月。

（二）预计饲养奶公犊经济效益

饲养400天，500千克，22～26元/千克，销售价1.1万～1.3万元。

青饲料费1 500元，精饲料费2 000元，人工费1 500元/月/饲养50头，水电土地租金等1 000元，计9 000～10 000元，饲养一头牛毛利润2 000～3 000元。

参考文献

[1] 王莉，赵海燕．世界及中国奶业形势分析与展望 [J]．中国奶牛．2013 (5)：14-17.

[2] 曹兵海．我国奶公犊资源利用现状调研报告 [J]．中国奶牛．2009 (6).

[3] 王文奇，余雄．荷斯坦公牛生产小白牛肉的研究 [J]．草食家畜．2006 (1)：46-49.

[4] 李胜利．国内外小白牛肉的生产研究现状综述 [J]．乳业科学与技术．2009 (5)：201-204.

[5] 冯仰廉，陆治年．奶牛营养需要和饲料成分（修订第三版）[M]．北京：中国农业出版社．

第十四篇　发酵床养殖——畜禽清洁生产技术

王定发
（武汉市农业科学技术研究院，武汉市畜牧兽医科研所）

第一章　发酵床技术原理

第一节　概　　述

（一）发酵床养猪模式

生物发酵床模式是一种零排放环保健康养猪生产方式，是根据微生态理论和生物发酵理论。以谷壳、锯末和复合微生物制成的混合垫料，铺垫在猪舍里，猪的排泄物渗入混合垫料。利用猪的拱翻习性，排泄物被埋入垫料的微生物降解，从而达到免冲洗猪栏、无臭味、零排放，实现环保养猪、无公害养猪。

（二）发酵床核心

发酵床核心是采用益生菌拌料饲喂及生物发酵床垫料饲养相结合的方法，构建动物消化道及生长环境的良性微生态平衡。

（三）发酵床意义

以发酵床为载体，快速消化分解粪尿等养殖排泄物，在促进畜禽生长、提高畜禽机体免疫力、大幅度减少畜禽疾病的同时，实现栏舍免冲洗、无异味，达到健康养殖与粪尿零排放的和谐统一。

第二节　技术原理

（一）生物发酵床作用原理

利用由乳酸菌、酵母菌、放线菌、丝状真菌等微生物，将锯木屑、谷壳、米糠按一定比例掺拌均匀并调整水分堆积发酵使有益微生物菌群繁殖，经充分发酵后，铺垫畜禽栏舍（40 ~100 厘米），在垫料中形成以有益菌为强势菌的生物发酵床，使栏舍中病原菌得以抑制，无寄生虫卵、无大肠杆菌及其他致病菌，从而保证了动物的健康生长。该生物发酵床中的有益菌以粪尿为营养保持运行，使粪尿得到充分分解，达到栏舍无臭、零排放的环保要求，栏舍垫料一次投入，可连续使用三年不用更换。

（二）饲用微生物作用机理

1. 微生物夺氧

胃肠道内厌氧菌占大多数，微生态制剂中有益的耗氧微生物在体内定植，可降低局部氧分子的浓度，扶植厌氧微生物的生长，提高其定植能力，恢复微生态平衡，达到治疗疾病的目的。

2. 御菌群屏障

正常微生物群构成机体的防御屏障，即有序地定植于黏膜、皮肤等表面或细胞之间，阻止病原微生物的定植，起着占位、争夺营养、互利等生物共生或拮抗作用。

3. 生物拮抗

（1）微生态制剂中的活菌大多为机体中正常菌群的一员，具有定植性、排它性、繁殖性，进入机体后与非正常菌群中的微生物发生拮抗作用。

（2）另一些微生物还可产生药理活性物质，直接调节微生物区系，抑制病原菌，控制病害发生。

（3）还有一些微生物在发酵和代谢过程中通过提高或降低某些酶的活性改变有害微生物的代谢而抑制其生长。

4. 营养物质合成

微生物代谢过程中会产生生长素等生理活性物质，有助于食物消化和营养吸收，促进代谢。微生态制剂在肠内定位繁殖，还可生多种有利于动物机体的 B 族维生素、氨基酸、有较强活性的多种淀粉酶、脂肪酶、蛋白酶类、生长刺激因子等，提高饲料转化率，促进动物增重。

第三节　发酵床作用

（一）污染零排放，保护环境

（二）粪尿不臭和无苍蝇

（三）提高饲料的转化率

（四）减少疾病发生，提高产品质量

（五）提高畜禽生产性能

（六）省工节本、提高效益

（七）形成生物有机肥，变废为宝

第二章　发酵床垫料制作及发酵床养护

第一节　发酵床垫料制作

（一）把谷壳跟锯末按比例堆好

（二）把菌种跟米糠混合均匀制作酵母糠

（三）把混合好的酵母糠撒在垫料上

（四）垫料进行水分调节

（五）垫料制作完成后堆积发酵，尽量堆高，用麻袋或编织袋覆盖周围保温，5～7天后，翻堆发酵5天，以使垫料充分发酵。

（六）垫料摊开后在表面铺上未经发酵的谷壳跟锯末覆盖表面，厚度约10厘米。间隔24小时后才能使用。

第二节　发酵床垫料选择

（一）选择原则

1. 碳供应强度大
2. 供碳能力均衡持久
3. 通透性好
4. 吸附性强

（二）垫料常用原料

发酵床垫料原料主要是木屑、米糠、草炭、秸秆粉等；为确保垫料制作过程生物发酵进程及效果，常选择其他一些原料作为辅助原料。

（三）垫料原料的基本类型

1. 碳素原料　是指那些有机碳含量高的原料，这类原料多用作垫料的主料，如木屑、米糠、秸秆粉、草炭等。

2. 氮素原料　通常是指那些碳氮比（C/N）在30以下的原料，并多作为垫料的辅料，如养猪场的猪粪、南方糖厂的甘蔗滤泥、啤酒厂的滤渣这类原料通常用来调节C/N。

3. 调理剂类原料　主要指用来调节pH值的原料，如生石灰、石膏以及稀酸等；有时也将调节C/P的原料如过磷酸钙、磷矿粉等归为调理剂。

第三节　垫料制作工艺流程及控制

（一）垫料制作

1. 工艺流程

2. 条件控制

（1）水分

①不同物料因理化特性存在差异，适宜发酵的水分含量是不一样的，同时温度、湿度等环境因素也会对其产生影响。

②水分偏低或偏高，会导致堆体温度急剧上升，或形成“烧白”，或发酵温度居高不下。

③水分过低或过高时，往往会不升温，即无发酵温度产生。

（2）垫料发酵水分控制和调整原则

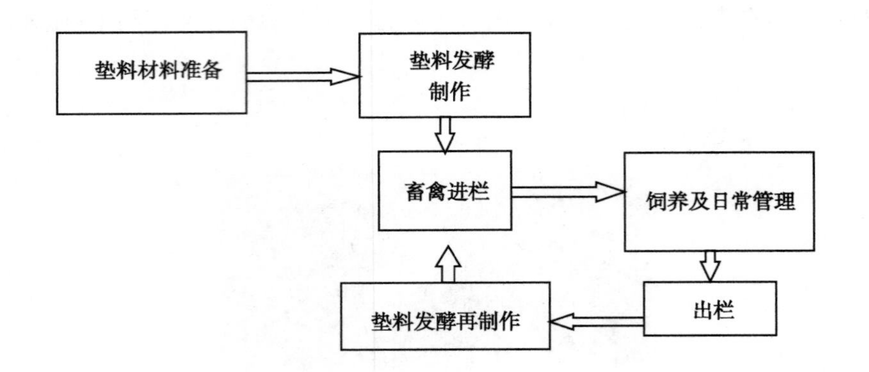

①南方地区适当调低，北方地区适当调高；

②雨季适当调低，旱季适当调高；

③低温季节适当调低，高温季节适当调高；

④陈料熟料适当调低，鲜料适当调高；

⑤低 C/N 适当调低，高 C/N 适当调高。

（3）通透性

①堆制过程中，通透性即物料的供氧状况是通过温度和气味来反映的。

②堆制温度的异常变化或有臭味、异味产生就说明物料的通透性发生了问题。

③通过翻堆或强制通风，不仅可以提供堆体生化反应足够的氧气，而且还能将热量带走，避免堆体温度过高导致微生物失活，同时随着热量散失还可带走大量水分。

3. 垫料高度

（1）保育猪舍：40～60 厘米（冬天北方需 80 厘米以上）

（2）育肥猪舍：60～80 厘米（冬天北方需 1 米以上）

（3）宽 3 米，高 1 米（保证每头母猪有 2 个立方的垫料

4. 垫料的比例如下

原料	谷壳	锯末	米糠	生物发酵剂
春季冬季	50%～40%	50%～60%	3.0 千克/立方米	0.3 千克/立方米
夏季	50%～40%	50%～60%	2.0 千克/立方米	0.3 千克/立方米

（二）垫料发酵的质量标准

1. 定量标准

（1）C/N 下降到 30 以下

（2）堆体温度下降到 40℃以下

（3）有效活菌数达到 2 亿个/克以上

（4）粪大肠杆菌数在 100 个/克以下

（5）蛔虫卵死亡率在 98% 以上

（6）水分含量在 40% 以下

（7）pH 值在 7.2 左右

2. 定性标准

（1）发酵过程温度变化正常

（2）发酵堆体应布满菌丝，物料疏松似面包状

（3）发酵料散发曲香或泥土清香，无恶臭或其他异味

（4）发酵结束时堆体温度应明显下降

第三章　发酵床日常养护与饲养管理

第一节　发酵床养护

（一）发酵床养护目的

1. 保持发酵床正常微生态平衡　使有益微生物菌群始终处于优势地位，抑制病原微生物的繁殖和病害的发生，为畜禽的生长发育提供健康的生态环境；

2. 确保发酵床对粪尿的消化分解能力　发酵床养护主要涉及到垫料的通透性管理、水分调节、垫料补充、疏粪管理、补菌、垫料更新等多个环节。

（二）垫料通透性管理

长期保持垫料适当的通透性，即垫料中的含氧量始终维持在正常水平，是发酵床保持较高粪尿分解能力的关键因素之一，同时也是抑制病原微生物繁殖，减少疾病发生的重要手段。通常比较简便的方式就是将垫料经常翻动，翻动深度保育猪为15～20厘米、育成猪25～35厘米，家禽15～20厘米，通常可以结合疏粪或补水将垫料翻匀，另外畜禽出栏时要彻底的将垫料翻动一次（下图），并且要将垫料层上下混合均匀。

（三）发酵床水分调节

1. 水分调节目的　由于发酵床中垫料水分的自然挥发，垫料水分含量会逐渐降低，当垫料水分降到一定水平后，微生物的繁殖就会受阻或者停止，定期或视垫料水分状况适时的补充水分，是保持垫料微生物正常繁殖，维持垫料粪尿分解能力的另一关键因素

2. 适宜水分　垫料合适的水分含量通常为38%～45%，因季节或空气湿度的不同而略有差异。

3. 补水方式　常规补水方式可以采用加湿喷雾补水，也可结合补菌时补水。

（四）疏粪管理

1. 疏粪作用　由于畜禽具有集中定点排泄粪尿的特性，故发酵床上会出现粪尿分布不匀，粪尿集中的地方湿度大，消化分解速度慢，只有将粪尿分散布洒在垫料上（即疏粪管理），并与垫料

混合均匀，才能保持发酵床水分的均匀一致，并能在较短的时间内将粪尿消化分解干净。

2. 疏粪时间　通常保育猪可 2～3 天进行一次疏粪管理，中大猪应每 1～2 天进行一次疏粪管理。

家禽视情况 7～8 天左右进行一次疏粪管理。

（五）补菌

定期补充菌菌剂是维护发酵床正常微生态平衡，保持其粪尿持续分解能力的重要手段。

第二节　饲养管理

（一）垫料厚度

阶段	垫料厚度（厘米）	垫料体积（立方米/头）	垫料面积（平方米/头）
妊娠母猪	90～120	1.4 以上	1.8～2.0
保育猪	55～60	0.2～0.3	0.3～0.5
生长猪	80～90	0.7～0.9	0.8～1.0
育肥猪	80～90	1.0～1.2	1.1～1.5
后备种猪	80～90	1.0～1.2	

（二）垫料消毒

当一个饲养阶段结束转入下一饲养阶段（转栏），或者出栏后，垫料应作消毒处理，处理方式采用高温好氧堆肥模式，即在垫料表面撒上新鲜木屑或秸秆粉或米糠，喷上适量菌种混合均匀并调节水分至 45% 左右后归拢堆积起来，堆体温度上升到 60～70℃，保持 24 小时以上后便可重新使用了。如果出现下述情况，发酵时间应该适当延长。

1. 垫料水分过大

2. 垫料中还有臭味或异味产生

（三）发酵床的盛夏管理

1. 盛夏来临之际，逐步减少垫料的补水量，让垫料水分逐步控制到 38% 左右，这样既可以保证微生物的繁殖不受影响，同时又可以控制发酵强度，避免发酵产生高温及高湿。

2. 盛夏季节，可以将垫料适当压实，适当减少垫料中的含氧量，日常养护时不要深翻垫料，疏粪管理时只需将表层垫料与粪尿混合均匀即可。

3. 适当加大补菌量，特别是粪尿集中排泄区的补菌量。

4. 加强饲料中菌种的添加和管理。

（四）菌种使用方法及注意事项

1. 添加比例　配制饲料时直接加入菌种混合均匀，简单方便，饲料保质期可达 3 个月以上，不仅在规模化养殖场使用，也适合在饲料厂使用。通常添加比例如下：

（1）保育猪：1‰～1.2‰

（2）育成猪：1‰～1.5‰

（3）家禽：1‰～1.5‰

2. 使用效果　饲喂添加菌种的饲料后

（1）第 2 ~3 天粪便就不臭了；

（2）第 2 ~3 天粪便就没有或很少有蚊蝇叮了；

（3）畜禽不生病了

（4）饲料利用率提高了

（5）生长速度加快了

3. 注意事项

（1）添加量上应采取先高后低的方式，即饲养初期，添加量在允许范围内比例可略高，待畜禽消化道正常微生态平衡建立后，逐步将添加量降下来。

（2）饲养过程中，可视畜禽的健康状况及环境状况，适当增减添加量，但不可中断添加。气候环境发生较大变化，畜禽易出现应激症状时，不可减少添加量，更不能中断菌种的使用。具体到一个养殖场，只有当全部开始使用菌种，并且栏舍环境和畜禽健康状况显著改善后，才能逐步减少饲料中药物的使用量，但接种免疫环节不可取消。

第四章　注意问题

第一节　发酵床垫料定期补菌方式

1. 微生物的特性是繁殖速度快、生长退化也快；环境的剧烈变化也会导致微生物的种群结构发生变化；此外发酵床日常养护不当也会对有益微生物的生长繁殖及种群数量产生影响。为了确保养殖过程的生态安全性，必须定期对发酵床垫料补充菌种，使添加的目标微生物始终保持优势种群数量地位，同时也确保其繁殖潜力。

2. 通常可结合水分调节、疏粪管理、通透性管理等养护措施进行补菌，也可通过栏舍加湿管道喷雾补菌。

第二节　发酵床如何消毒?

室内垫料区域外可用火焰消毒，垫料区不用消毒，室外常规消毒。

第三节　每批次转栏或出栏后垫料如何处理?

只要垫料没到使用期限，每批次转栏或出栏后，应适当补充部分新鲜木屑或秸秆粉及适量菌种。

第四节　如何判断垫料使用到期?

垫料达到一定期限后，其生产能力会逐渐下降，当表现出以下特征时，说明垫料已不能继续使用，需将垫料全部清出，重新更换新垫料。

1. 在养护得当的情况下，氨味、臭味渐浓；
2. 垫料用手指轻轻揉搓便全部变成粉末；
3. 垫料遇水成泥浆状，干垫料部分已全部成灰泥土；
4. C/N 小于 20。
5. 垫料使用到期，但还没到转栏或出栏时间临时措施：
（1）适当补充没经过发酵的新鲜木屑。
（2）如果通过补充新鲜木屑还没有明显作用，可清出部分垫料后再加新鲜木屑。

第十五篇　优质蛋鸡的饲养管理及疾病防控

陶弼菲
（武汉市农业科学技术研究院，武汉市畜牧兽医研究所）

第一章　优质蛋鸡品种

第一节　品种的分类

品种的分类依据有很多，优质蛋鸡根据其品种来源分为外来品种和地方品种。

（一）外来品种

外来品种因其开产早、产蛋量高、无就巢性、适合高密度笼养等特点而在我国大规模饲养，其中的典型代表有来航鸡（意大利）、罗斯鸡（英国）、罗曼鸡（德国）等。

（二）地方品种

地方品种因其适应性强、肉质鲜美、鸡蛋口感细腻等特点而在我国不同地方保持饲养和推广，其典型代表有：狼山鸡（江苏省南通地区）、寿光鸡（山东省寿光县）、北京油鸡（也叫宫廷鸡，北京）、湖北江汉麻鸡等。

第二节　饲养品种的选择

饲养何种优质蛋鸡要根据个人因素进行选择，其主要因素有：

（一）根据市场需求

作为市场经济，市场需求是我们的最佳选择。

（二）自己场地的限制

场地的大小、本身的资金承受能力也是我们选种的依据，地方品种因其运动习性，饲养模式要求等需要养殖户有足够的场地。

（三）面向的客户群体

不同的客户群体，其需求也不一致，有针对性进行品种的选择也是提高养殖效益的方式之一。

（四）自己的销售理念

不同的养殖模式、良好的销售渠道、先进的销售观念都是我们选种的依据之一。

第二章　蛋鸡的饲养管理

根据蛋鸡的不同生长阶段，将蛋鸡的饲养划分为3个阶段：雏鸡、中鸡和产蛋鸡。

雏鸡一般指0~6周龄阶段，中鸡指7~20周龄阶段，产蛋鸡为20周龄至淘汰。不同阶段，蛋鸡的生理特点不同，饲养要求也大不相同。

育雏期的饲养管理是整个养鸡阶段最艰辛而又最重要的工作，它的成败不仅决定养鸡的成活率，而且关系到产蛋率和产蛋周期。

育雏期饲养管理的关键在于温度和湿度的控制以及预防接种。

第一节　育雏期的饲养管理

（一）雏鸡的生理特点

1. 幼雏体温较低，体温调节机能不完善。

2. 雏鸡生长迅速，代谢旺盛，单位体重耗氧量比家畜高1倍以上。

3. 幼雏羽毛生长快、更换勤。

4. 幼雏胃肠容积小，消化系统发育不健全。

5. 敏感性强，抗病能力差。

6. 胆小易受惊吓，缺乏自卫能力。

（二）进鸡前的准备

1. 在雏鸡进入舍的前2周，对整个鸡舍、料仓和设备进行彻底清洗和消毒。同时，在饮水器中注满水，使水温上升到16℃，并在饮水中加入抑制大肠杆菌的药品。

2. 进行预热：预温前移入饲养用具和物品，将育雏间用围栏分出若干育雏小区，摆放好饲喂用具。在雏鸡到达之前育雏舍应升温，使雏鸡放养在温度适宜的环境之中。

（三）育雏期的饲养管理

1. 温度的控制　育雏期的关键是保温。入舍前，鸡舍内雏鸡活动区域的温度昼夜达到29~32℃，在雏鸡到达后，温度要求保持在32~35℃，以后每周降低温度2℃，直到恒定的18~21℃。

观测舍温的温度计应挂在距育雏器较远的舍内适中地段的墙上，高于地面一米处。

2. 湿度的控制　采用火炉、热风炉供温的鸡舍，育雏初期1~2周舍内空气容易干燥。因此，在育雏前期温度高达30℃以上时，相对湿度应达到75%，以防止幼雏脱水死亡。以后可逐周降低湿度至50%，防止球虫和霉菌滋生，危害雏鸡健康。1~3周龄湿度保持在60%~65%，4~6周龄湿度保持在55%~65%。

3. 光照和通风　通风和光照对特禽鸡的生长发育很重要，空气对流、光照好，不仅能提高雏鸡活力，促进生长发育，防止软骨病，而且还可提高成年鸡的产蛋率。

常规开放式的鸡舍，合适的光照能提高特禽鸡的生活能力，促进生长发育。生长期光照时间只能逐渐缩短或维持恒定，产蛋期光照时间只能增加或保持恒定。雏鸡1~2日龄时应给予光照23小时左右，1周龄后减为18~20小时，以后每周减少半小时，6周龄后减为14小时。自然光照不足时，可补充人工光照。

4. 饲养密度　雏鸡的饲养密度大小，还要依饲养和环境条件灵活掌握。

鸡龄	1~2 周龄	3~4 周龄	5~7 周龄
平养密度（只/平方米）	50	30~35	20~25
笼养密度（只/平方米）	60	40	30

5. 雏鸡开饮　及时开饮，雏鸡经过长途运输鸡体容易脱水，雏鸡到达目的地后即可初饮。初饮要有足够的水槽，确保所有水温应达到 18~20℃，让其自由饮水。饮水中加入 5% 的葡萄糖和 0.02% 的维生素，以增强雏鸡体质。初饮过程中要仔细观察，因经运输个别体质有所下降不能主动饮水的，需人工逐只按头教其饮水一次，并确保每只鸡自由饮水。

6. 雏鸡的开食　饮水后 2~3 小时后有 1/3 的个体有啄食表现时喂料，把开食料撒在厚纸、塑料布或浅盘内，让其自由采食，并人工诱导。开食一定要用开食料。

7. 断喙　蛋鸡一般在 6~10 日龄进行精确断喙。此时精确断喙可以一直保持较理想的喙型。如果断喙效果不理想，要在产蛋前进行一次修喙。如果雏鸡有啄斗并出血现象出现，要立即进行断喙。上喙断去 1/2，下喙断去 1/3。然后在灼热的刀片上烧灼 2~3 秒，以止血和破坏生长点，防止以后喙尖长出。

断喙时注意不要给病鸡断喙，要由有经验的技术工人操作，断喙期间在水中加入电解质和维生素，而且料槽中有较深的饲料，刀片保持樱桃红色。

8. 卫生防疫　雏鸡个体小，抗病能力差，一旦发生疾病，传染快、死亡率高，因此，育雏鸡应当制定严格的免疫程序和卫生防疫制度，免疫程序可以根据厂家提供的程序来做，结合本地特点加以改进。疫苗饮水切忌使用自来水。

第二节　育成鸡（中鸡）的饲养管理

（一）育成鸡的生理特点

1. 生长迅速、发育旺盛，各系统的机能基本发育健全。
2. 消化吸收能力日趋健全，食欲旺盛。
3. 骨骼发育旺盛，肌肉生长最快，注意脂肪沉积逐渐增强。
4. 体重增长速度随日龄逐渐下降，但育成期的增幅仍然最大。
5. 12 周后公母鸡的性器官发育很快，必须限制光照。

（二）育成鸡的饲养管理

1. 日粮过渡　6~7 周左右雏鸡料逐渐过渡到中鸡料。

2. 限制饲养　为避免鸡只体重过大或过肥，对日粮实行必要的数量限制，或在能量蛋白质质量上给予限制。蛋鸡通常在育成期进行限饲。

注：保证饲料质量，依据鸡只体重而定，时间大约 10 周。

3. 疾病的防控　多观察鸡群，防止疾病的发生。

第三节　产蛋鸡饲料管理

（一）产蛋鸡的生理特点

1. 性成熟逐渐形成，生长发育逐渐停止，脂肪积蓄沉积增加。

2. 产蛋鸡富于神经质，对于环境变化非常敏感。

3. 钙的需求逐渐增加，赖氨酸需求逐渐减少，蛋氨酸的需求逐渐增加。

4. 合理的光照刺激有利于提高产蛋率。

（二）产蛋鸡的饲养管理

1. 鸡舍整理与消毒。

2. 整顿、转群：整顿鸡群，严格淘汰病、残、弱、瘦、小的不良个体。

转群前对全群鸡进行驱虫，主要驱除肠道线虫。鸡群健康一致，有一个理想的体重和体形；转群实习全进全出制，一般在夜间进行转群，以减少应激反应，转群前后2天，饲料或饮水中添加抗生素和多维素及电解质。

3. 开产至产蛋高峰的生理变化很大：转群、饲养的刺激和自身开产刺激等

4. 更换日粮、自由采饲：保持日粮平衡，特别是蛋氨酸、钙磷的比例。

5. 增加光照：每周增加半小时光照，逐渐增加到16小时再保持稳定。

6. 及时淘汰低产和停产鸡。

附：《地方蛋鸡规模化饲养技术规程》简明表

项目	内容
场址选择	符合当地土地利用总体规划和城乡发展规划，坚持农牧结合、生态养殖，注重公共卫生。距离村、镇居住点、集贸市场以及其他畜禽场、屠宰场1千米以上，周围3千米无大型三废污染源。地势较高、干燥、排水良好、背风向阳、空气流通、交通使得。水源、电源充足、稳定。
场区布局	鸡场可分成生活区、生产区和隔离区。各区界限分明，布局合理。生产区相对独立、封闭，鸡舍间距离为鸡舍宽度的1.5～2倍。隔离区设在场区下风向处级地势较低处，主要包括隔离鸡舍等。为防止相互污染，与外界接触要有专门的道路相通。场区内设净道和污道，两者严格分开，不得交叉、混用。中期地面放养要求有荒山荒地，适宜放养。
设施配备	供电系统：有外电，有相应的电力供应，配有发电机组。 饮水系统：水源充足，水质符合畜禽饮用水标准。 防疫系统：兽医室，更衣消毒室，消毒池，消毒设施及病死禽焚烧炉。
环境保护	废弃物排放应符合GB185596要求。养鸡产生的粉尘、粪尿和污水等污染物采取有效措施进行减量化、无害化、资源化处理后达标排放。选择废弃物达标排放技术模式或综合利用技术模式。鸡粪进行堆肥发酵处理，堆粪场要盖瓦，四周通风。定期灭蚊蝇、灭鼠。鸡舍废弃物及病死鸡应按照GB16548处理。
饲养品种及饲养模式	地方蛋鸡品种：有本地农户散养的地方蛋鸡，有以江汉麻鸡为亲本与本地鸡杂交而选育的优良品种地方蛋鸡，有以江汉麻鸡为亲本与产蛋性能较好的来航鸡杂交以提高产蛋率的地方蛋鸡，还有为市场需求而杂交乌骨鸡的地方蛋鸡等品种。 养殖模式有：前期育雏分网上育雏和地面育雏；中期有网上育成、地面平养和施养；后期有网上产蛋和地面产蛋。
温度、湿度和光照	温度、湿度直接关系到雏鸡的成活率，温度太低，雏鸡打堆压死和冻死，温度太高，急难中暑死亡，湿度过高，雏鸡容易脱水死亡，湿度过低，球虫和细菌容易滋生。急难阶段一定要把握好温度，逐渐降温（见附表1）；合适的光照能提高雏鸡的生活能力，促进生长发育。生长期光照时间只能逐渐缩短或维持恒定，产蛋期光照时间只能增加直到保持恒定（见附表2）
饲养营养及免疫	饲养营养因地方蛋鸡日龄，温度季节，环境因素不同而有差异。配制全价的日粮，供给鸡只每天的营养需要是保证鸡只生长发育和高产的前提（见附表4）。在冬天养殖时适当增加能量，夏天适当降低能量。制定合理的免疫程序，适时、准确接种疫苗是防止疾病发生的最好方法，结合本地区实际进行免疫（见附表5）

附：温度、湿度与鸡日龄关系表

日龄（天）	1～7	8～14	15～21	16～49	49～150	高产
温度（℃）	37～34	33～29	29～28	28～20	28～18	28～18
湿度（%）	70～65	65～60	55	50	50	50

附：日龄与光照的关系表

日龄（天）	1～7	8～21	22～56	57～130	高产
光照时间（小时）	24～23	22～18	18～15	13	16～17
强度（瓦/平方米）	20	15～10	日照	日照	5.5～7

附：不同日龄阶段的营养需要水平表

日龄	1～20	20～50	50～80	80～110	110～140	高产
温度（℃）	35～28	28～25	28	30	30	20～28
代谢能（兆卡/千克）	3.0～2.8	2.5	2.3	2.2	2.2	2.3～2.6
粗蛋白（%）	20～16	18～16	16～14	14～13	15～16	17～18.5
钙（%）	1.2	1.2	1.1	1.0	2	3.2～3.5
磷（%）	0.8	0.8	0.7	0.6	0.7	0.7～0.8
盐（%）	0.37	0.37	0.37	0.37	0.37	0.35

附：免疫程序参照表

日龄	疫苗名称	剂量	免疫方法
1	马拉史	1头份	肌注
5～7	新支$_{120}$	1头份	点眼
	新支油苗	0.5毫升	肌注
12～14	法氏囊	1头份	滴口或点眼
20～21	新支$_{120}$	1头份	饮水或点眼
	禽流感	0.3毫升	肌注
28～30	法氏囊	1头份	滴口或点眼
35～38	鸡痘	1头份	刺种
45～49	禽流感	0.5毫升	肌注
80～90	禽流感	0.5毫升	肌注
110～120	新支$_{52}$	1头份	饮水
130～140	新支减	0.5毫升	肌注

注：产蛋期间，每二个月用新支$_{52}$加倍饮水一次

第四节　免疫失败的原因剖析

（一）疫苗质量问题

疫苗本身质量差或疫苗运输、保管及使用不当，造成免疫失败。

（二）免疫程序不科学，盲目推迟或提前免疫。

（三）鸡群有某些疫病存在

如法氏囊病、马立克氏病、传支、传喉、霉形体病及球虫病等，都能损伤鸡的免疫器官（如法氏囊、胸腺），降低鸡体抵抗力，影响免疫功能，造成免疫失败。

（四）饲养管理水平差

鸡舍防疫卫生条件差及各种应激因素的影响，如寒冷、饥饿、缺水、停电、有害气体、霉变饲料、营养不全、滥用抗菌药物等多种因素，都能影响鸡体的免疫应答能力，造成免疫失败。

（五）免疫接种技术失误

如疫苗选择不当、接种方法不当、剂量不足、操作不认真、饮水质量不好等多种因素，均可影响鸡只个体或群体的免疫效果，造成部分免疫失败。

第三章　几种常见疾病的防控

第一节　球虫病

球虫病是一种常见的肠道寄生虫病，临床上以肠道损伤，出血性肠炎，血痢，小鸡高发病率和急性死亡为特征，严重影响了养鸡业的发展。

发病特点：本病一年四季均可发生，但以 5～8 月份最严重，雏鸡在 3 个月内，以 15～50 日最易感。

预防：

1. 加强饲养管理，保持鸡舍通风、干燥，做好环境消毒，切断传染源。
2. 药物预防，在 10、20、30、40 日龄分别使用不同的球虫药交叉预防。

第二节　大肠杆菌

鸡大肠杆菌病：是由致病性大肠杆菌引起的鸡病的总称。以引起败血症、心包炎、肝周炎、气囊炎、腹膜炎、输卵管炎、滑膜炎、大肠杆菌性肉芽肿、脐炎等病变为特征。常见的混合感染。

（一）预防措施

防止种蛋传播病菌，适当调整鸡群密度，注意鸡舍空气流通，减少空气中细菌污染，鸡舍和用具经常清洗消毒。发现慢性病例和接种传染性支气管炎或新城疫疫苗时，可喂抗菌药物预防。雏鸡开食时，可用药物混饲或加入饮水中，连续饲饮 1～2 周，进行药物预防。

（二）治疗方法

磺胺类、抗生素类治疗本病均有良效。对病鸡可用卡那霉素或壮观霉素、庆大霉素药物等交替或联合使用，并配合做好鸡舍的清洁消毒，清除诱发或激发因素，可使发病与死亡显著减少。致病性大肠杆菌易产生耐药性，药物治疗须在患病的早期进行。同时防止药物中毒。

第三节　鸡新城疫（鸡瘟）

（一）流行特点

1. 一年四季都可以发病，但以冬、春两季尤甚。

2. 未接种过新城疫疫苗或免疫期已过的雏鸡易感染。

3. 典型急性鸡瘟传染快、死亡率高，近年来非典型鸡瘟时有发生，呈散发性或慢性经过，死亡率较低。

（二）症状及病变

1. 冠和肉垂呈暗紫色，毛松翼垂，怕冷打堆，闭眼瞌睡，头颈震颤，站立不稳，倒地侧卧，经 2～3 天便死亡。

2. 嗉囊积液，嘴角流涎，拉青白色稀粪。

3. 张口伸颈呼吸，发出咯咯喘鸣声或怪叫声。

4. 后期个别病鸡出现神经症状，如斜颈、转圈、退后行走等。

5. 腺胃黏膜乳头出血，小肠黏膜有圆形或枣核状坏死溃疡病灶，泄殖腔充血出血，气管环充血出血，气管内有较多黏液。

6. 非典型鸡瘟只见少数出现胃肠变化，有时只见肠道坏死溃疡，不见腺胃出血。

（三）发生新城疫时的紧急措施

对发生鸡瘟的鸡群，可根据具体情况采取不同的措施：

1. 紧急接种，1 月龄内小鸡用 5～10 倍量 IV 系肌注，超过 1 月龄可用 3 倍量 I 系肌注，注射时勤换针头。也可用 CL79 加倍饮水。

2. 如大多数鸡发病时，可肌注高免蛋黄液（适当加抗菌素）和瘟毒立清连注二天，也可用干扰素治疗，用量为 2 万单位/千克体重，肌注。

3. 鸡群发病时，应提高舍温 3～5℃，在水中补充多种维生素和速克，拌料用毒瘟舒安和抗菌素预防细菌继发感染。

（四）综合性预防措施

预防新城疫单靠免疫接种是不够的，还须实行各种综合措施，才能收到比较满意的效果。

1. 搞好饲养管理，增强鸡的体质。重点是饲养密度不要太大，舍内保持通风良好，适当增加多种维生素。

2. 加强卫生防疫，以防新城疫强毒进入鸡场或鸡舍内，严禁鸡贩直接进入鸡舍捉鸡。鸡场一旦发生新城疫，应停止进鸡，封锁场地并进行彻底的清洁消毒。

3. 要加强对法氏囊病、慢性呼吸道病及大肠杆菌病的预防，这些传染病都能诱发新城疫。

第四节　慢性呼吸道病（CRD）

慢性呼吸道病是由霉形体感染引起的呼吸道病，也称为霉形体病。

（一）流行特点

1. 一年四季均可发病，但以秋末至初春发病率较高。

2. 病鸡所产的蛋含有病原体，引起垂直传播。病原体还可通过呼吸道和消化道传播本病（水平传播）。

3. 在应激的情况下（如接种疫苗、天气骤冷、密度过大、通风不良、迁群、剪嘴、营养不良等）特别容易发病。

4. 病程长，常与大肠杆菌、副嗜血杆菌等细菌合并感染以及与新城疫、喉气管炎、支气管炎等病并发。

（二）症状及病变

1. 生长发育差，消瘦，饲养期长。

2. 流鼻液、咳嗽、呼吸可闻啰音，有时出现眼炎，严重时呼吸困难。

3. 气囊膜混浊、增厚，早期囊腔内有泡沫状黏液，后期有豆渣样物。气管内有黏液或豆渣样物。

4. 如合并大肠杆菌感染，还见心包炎、肝周炎。

（三）药物防治

有计划地投药防治仍是目前控制本病的关键，其中预防最重要，倘若等疾病已发生流行或严重时才去治疗，效果不够理想。

1. 用药原则

（1）雏鸡出壳头三天要投药，目的控制受污染的种蛋带来的病原体，以及凡有应激因素（如接种疫苗、剪嘴、转栏及气候突变等）时应立即投药1～2天。

（2）选择药物可根据鸡的日龄、经济成本和预防其他病的需要来综合考虑。

如雏鸡日龄小，用药量少，可用成本高一点的药物，如呼肠泰，在预防本病的同时还可防治白痢病。

（3）因霉形体和大肠杆菌病极易产生抗药性，故不能长时间使用同一种药物。

（4）用药量要足，疗程合适（3～5天）。

2. 常用药物

（1）大环内酯类：红霉素、泰乐菌素、北里霉素、林肯霉素。

（2）四环素类：强力霉素、四环素、金霉素。

（3）氨基糖苷类：链霉素、庆大霉素、卡那霉素、壮观霉素。

（4）喹诺酮类：环丙沙星、诺氟沙星、氟哌酸、甲磺酸培氟沙星、氧氟沙星、沙拉沙星、敌氟沙星。

（5）复方制剂。

第五节　传染性喉气管炎

传染性喉气管炎是鸡的一种急性病毒性传染病，以眼结膜炎、呼吸困难和咳出带血渗出物为特征。

（一）流行特点

1. 一年四季均会发生，但以秋冬干燥寒冷季节较为严重。

2. 大小鸡均会感染发病，但多发生于中成鸡。

3. 主要通过空气传播，病鸡、康复鸡或接种过疫苗的鸡成为带毒者而长时间排毒，均可成为传染源。

4. 鸡舍拥挤、通风不良、饲料中缺乏维生素 A 等，都会促进本病的发生。

（二）症状和病变

1. 早期见单侧性眼红、流眼水、流鼻水，后期眼肿、部分眼盲。

2. 咳嗽，部分病鸡咳出血痰，呼吸时发生咕噜咕噜的声音，严重时伸颈张口呼吸，并发出喘鸣声。

3. 严重呼吸困难的病鸡冠紫黑色，常突然窒息死亡。

4. 喉头和气管前段有多量带血黏液和黄白色假膜，并常有血凝块，慢性经过时喉头被黄白色栓子堵塞。

5. 喉头、气管黏膜充血、出血，表面粗糙，甚至糜烂。

（三）预防

疫苗接种是预防本病的有效方法，即使发病早期的鸡群也可进行紧急接种。但未发生过本病的鸡场不主张接种疫苗，因疫苗的弱毒进入鸡体后，毒力逐渐增强，传播一段时间后具有一定的致病性，对未接疫苗的鸡群造成威胁。

通常在 30～45 日龄接种一次，滴一侧眼或一侧眼鼻，如发病较早，也可在 10 日龄和 35 日龄接种二次。建议使用进口疫苗，减少应激反应。

近年来，一些常发本病的鸡场，在 14 天龄或 35 天龄接种鸡新城疫 + 传染性喉气管炎二联油乳剂灭活苗，既能预防鸡新城疫，又能预防本病，效果显著。

（四）治疗

1. 发病鸡群可注射传染性喉气管炎高免蛋黄液，每只 2 毫升。也可同时加人病毒消 1 毫升，效果更好。

2. 为预防细菌继发感染，应同时使用抗菌药物，如在蛋液中加入链霉素、普杀平等，同时在饮水中加入强力霉素、恩诺沙星、环丙沙星等。

3. 使用化痰止咳药，如支呼净、氯化铵（0.2%）饮水。

4. 中药治疗

第六节　鸡传染性法氏囊病

传染性法氏囊病是由病毒侵害引起的高度接触性传染病。

（一）流行特点

1. 全年均可发生，受应激时易发病，易发于 21～28 日龄雏鸡。

2. 病毒抵抗力强，一旦污染鸡场难以清除，福尔马林熏蒸可杀死病毒。

3. 发生本病后，造成法氏囊受损，免疫功能下降，容易感染新城疫、大肠杆菌病、球虫病等。

（二）症状及病变

1. 突然发病，行动摇摆，毛松怕冷，头颈震颤，伏地昏睡，拉黄白色水样稀粪，很快虚脱死亡，死亡率 3%～30%。

2. 法氏囊肿大、质变硬、表面水肿，呈淡黄色透明冻胶状，囊腔内有灰黄色黏性渗出物或豆渣样物，囊皱壁粗糙变黄，有时可见充血出血。

3. 腿肌和胸肌颜色灰暗，常有出血斑，有时可见腺胃黏膜出血。

4. 肾脏苍白肿大，呈花斑状。

（三）防治

1. 实行严格的消毒及隔离措施，尽量避免或减少强毒污染鸡舍及养鸡环境。

2. 接种疫苗：于 10 ~12 日龄饮水免疫，16 ~18 天龄可再免疫一次。在发病严重地区，建议用进口苗。

3. 若鸡群发病，应立即注射高免蛋黄液，同时用清瘟败毒类药物拌料 + 多维（连用 3 ~5 天）。

第七节　禽流感

禽流感又名欧洲鸡瘟、真性鸡瘟，是由 A 型禽流感病毒引起的禽类急性传染病。

（一）流行特点

1. 许多家禽和野鸟对 A 型禽流感病毒都有易感性，但发病和危害最大的主要是鸡和火鸡，鸭、鹅、鸽很少发病，多为隐性感染或带毒。

2. A 型流感病毒有多个不同毒株（目前发现 16 个 H 亚型，9 个 N 亚型），多数毒株的感染没有临床症状，有一些毒株产生慢性呼吸道症状，少数毒株可导致严重感染，伴有中枢神经症状和大量死亡。

3. 冬春季流行，各种年龄鸡只均易感。

（二）症状

1. 急性型　由高致病性病毒引起，此型较少见。

体温升高，精神委顿，毛松，打堆，食欲废绝，下痢。

鸡冠发绀呈暗红色或苍白，头部、面部浮肿，脚鳞出现紫色出血斑。

部分病鸡出现头颈和腿部麻痹、抽搐等神经症状。

病程 1 ~2 天，死亡率可达 50% ~100%。

2. 呼吸型　由低致病性病毒引起，此型较多见。咳嗽，啰音，流泪，流鼻水，鼻窦肿胀，呼吸困难。部分病鸡鸡冠和肉垂增厚 2 ~3 倍，表面结痂。产蛋下降，下降幅度 15% ~35%。病程较长，发病率高，死亡率低。以上症状可以单独出现或几种同时出现。

（三）病变

1. 急性型　头部和面部水肿。胸肌、腿肌、胸骨内面以及心外膜有出血点。腺胃与肌胃交接处黏膜出血，十二指肠黏膜出血，卡他性或纤维素性肠炎。肝、脾、肾有灰黄色坏死灶。

2. 呼吸型　眼结膜炎、鼻窦炎、气管炎、支气管炎、肺充血水肿、肺炎、气囊炎。卵泡畸形、出血，卵巢萎缩，卵黄性腹膜炎、输卵管炎。冠和肉垂增厚，肿胀处中间有黄色黏液或干酪样物，呈夹馅状。

（四）诊断

本病缺乏特征性的临床症状和病变，故不容易作出确实诊断，应采集病鸡的气管、肺脏、脑、脾、胰等组织进行病毒分离，同时抽取发病时和发病后 14 ~28 天的病鸡血清进行血清学检测，以便确诊。

（五）防治

由于禽流感传染源广泛以及禽流感病毒容易发生突变，原来的低致病性病毒可能突变为高致病性病毒，使禽流感的预防和控制更加困难，应给予高度重视。

1. 不要从禽流感疫区进鸡，防止鸡与其他禽类，如鸭、鹅等接触，不要让鸡饮池塘水。

2. 怀疑有本病发生时应尽快送检，鉴定病毒的毒力和致病性，划定疫区，严格封锁，扑杀所有感染高致病性病毒的鸡只。鸡舍进行彻底消毒，空置 2 ~4 周才准再次养鸡。

3. 流行地区接种用当地流行的毒株制作的灭活苗，以控制由低致病性病毒引起的呼吸道感染。没有特效治疗药物。

第八节　马立克氏病

（一）病因

病毒。

（二）流行特点

1. 是肿瘤性疾病，主要在早期感染（1 周龄内），病鸡无法治疗。

2. 全年发生，但以潮湿的初夏多见。

3. 好发于 3 ~5 月龄，70 日龄以前较少发生。

4. 多继发其他疾病，如大肠杆菌病等。

（三）症状与病变

1. 逐渐消瘦，冠萎缩、色淡，羽毛松乱，有时会跛行，拉绿粪。

2. 肝脾肿大，或有灰白色肿瘤结节。

（四）防治

1. 防止早期感染，做好育雏舍的消毒和隔离工作，第一周可作鸡体喷雾消毒。

2. 尽早接种，出壳后 24 小时内接种马立克疫苗。

3. 疫苗剂量要足够，最好能加倍量接种。

第九节　传染性支气管炎（IB）

（一）病因

冠状病毒

一般消毒药可将其灭活，与新城疫和流感病毒不同，IBV 不能凝集红细胞。IBV 有很多血清型，毒株之间抗原性差异很大，不同血清型之间不能或很少交叉保护，从而给本病防治带来很大困难。常见有 M、C 株。

（二）流行病学

IB 仅发生于鸡，所有日龄的鸡均易感，普遍存在于鸡场中，一年四季均可发生。

经空气传播，传播迅速，潜伏期短，人工感染 18 ~48 小时。

（三）症状与病变

不同的临床型，根据毒株的亲嗜性可分为支气管型、肾型、肠型、嗜腺胃型等。

1. 症状

（1）雏鸡有呼吸道症状：喘气（张口呼吸）、喷嚏、咳嗽、流鼻液、频频摇头。

（2）产蛋鸡的产蛋明显下降，可见软壳蛋或畸形蛋、沙壳蛋，蛋白呈水样。2 周龄以内的雏鸡感染或接种疫苗引起严重反应，会引起输卵管永久性损害，以后变成假母鸡。

2. 病变

（1）气管或支气管有黏液性分泌物，在小支气管有时可见干酪样栓塞。

（2）肾型 IB：肾肿胀苍白，输尿管和肾小管膨大，充满白色的尿酸盐，全体有出血倾向，有脱水症状（尿毒症）。

（四）诊断

1. 病毒分离（肺及气管含毒量高）　接种 10 日龄鸡胚（1）接种后 5 ~ 7 天仍存活的鸡胚肾含多量的尿酸盐；（2）胚体发育受阻，尿囊膜增厚（盲传四代后更易出现）。

2. 鉴别诊断

（1）呼吸道症状比 LT 和 CRD 轻微和短暂，不象传染性鼻炎及 LT 有眼肿。

（2）EDS 也会减蛋，产白壳蛋、无壳蛋。蛋壳质量也发生与 IB 相似的变化，但蛋内质量无明显变化。

第十六篇　怎么养好鸭

冉志平
（武汉市农业科学技术研究院，武汉市畜牧兽医研究所）

第一节　鸭舍建筑标准化

鸭舍是鸭生活、休息和产蛋的场所，场地的好坏和鸭舍的安排合理与否直接关系到鸭正常生产性能是否能充分发挥。因此，场址的选择要根据鸭场的性质、自然条件和社会条件等因素进行综合权衡而定。

鸭场场址一般应因地制宜，选择交通方便、水源充足、水质无污染、地势高燥、排水性好且电力供应充足，场址周围5千米内无畜禽屠宰场，无排污企业，且远离居民点3千米以上的地方。建造的鸭舍应尽量坐北朝南，舍门朝南或东南开。这样可保证冬季采光面积大利于保暖；夏季通风好避免太阳直晒，具有冬暖夏凉的特点，有利于提高鸭群的生产性能。

鸭舍结构一般采用轻钢结构，建造时内地坪应高于外部；排水沟低于内部地坪50厘米，沟宽30厘米，沟底与沟壁做防水处理，避免雨水渗透到鸭舍内部生物床垫料中；鸭舍布置的自动饮水点应离垫料1米开外，并建饮水台，防止鸭饮水后将水带入舍内。

商品蛋鸭舍每间的深度8～10米，宽度7～8米，近似于方形，便于鸭群在舍内作转圈活动，绝不能把鸭舍分隔成狭窄的长方形，否则鸭子进舍转圈时，极容易踩踏致伤。通常养1 000～2 000只规模的小型鸭场，都是建2～4间（每间养500只左右），然后再在边上建3个小间，作为仓库、饲料室和管理人员宿舍。

第二节　品种良种化

乌嘴江汉肉鸭是以大型肉鸭和连城白鸭为父母本选育而成。体型外貌具有连城白鸭特征，生长速度快、体重、料肉比等均优于连城白鸭。

黑羽江汉肉鸭是武汉市畜牧兽医科学研究所，继乌嘴“江汉肉鸭”后选育出的另一个特色品种，该肉鸭具有黑嘴、黑脚、全身羽毛为黑色的特点。

青壳2号蛋鸭：青壳2号是浙江省农科院畜牧兽医研究所在绍兴鸭高产系的基础上选育而成，该蛋鸭最主要的特点就是产下的蛋以青壳为主，在正常饲养条件下，青壳率可高达92.23%，而且这种蛋的厚度和强度都要优于白壳蛋，可以减少加工及运输过程中的损失，受到我国很多地区尤其是长江以北地区市场的欢迎，价格优势比较明显。

第三节　管理科学化

（一）育雏期（0～7 日龄）管理技术要点

对于规模化场应建有专用育雏舍，舍内配有专门的加温设施；而个体专业户可采用鸭舍内套育雏房，育雏时可用保温灯加温。挑选雏苗时应尽量选择同一批次出壳、大小一致、品种纯正的鸭苗，残、弱、脐带未收好的小苗不能挑选。育雏期的管理好坏是保证成活率和后期生产性能的关键，因此鸭苗在育雏期应注意如下几点：

1. 育雏温度　刚出壳的雏鸭体温调节能力差，必须做好保温工作。不同鸭场可根据自身条件选择电热管加温或烟道加温。1～3 日龄的育雏温度为 30～32℃，以后每隔 2 天温度下降 1℃，当舍温降至与外界温度相近时停止加温。

2. 舍内育雏密度　1～7 日龄时，地面育雏每平方米 0～40 只，网上育雏每平方米 40～60 只。

3. 及时饮水喂料　雏鸭出壳 12～24 小时后，及时给予饮水和喂料，饮水器要充足且分布均匀，必要时人工调教饮水。雏鸭饮水后 1～2 小时，可将全价优质小鸭料用水软化后，均匀撒在料盘或塑料布上，诱其采食。当鸭苗全部能正常觅食后，改用料槽供料，自由采食。鸭苗超过 24h，必须先饮水后开食。高温季节可将水喷在雏鸭身上，让鸭苗互食水滴。在特别严重或者脱水的情况下，必须用糙米饭加营养液拌匀撒在布条上让鸭苗自由采食补足水分。

4. 光照　雏鸭虽然食量少，但消化能力强，生长速度快，需昼夜不断地采食，故育雏舍应保证充足的光照，晚上可利用电灯照明。

5. 注意通风换气　育雏舍内的通风要良好，防止舍内氨气、二氧化碳浓度过高，诱发疾病或引起中毒。

（二）青年鸭（8～30 日龄）的管理要点

该时期无论肉鸭还是蛋鸭生长速度均较快，为了保证肉鸭尽快达到出栏体重，在此时期肉鸭要采用自由采食法。而为了防止蛋鸭过肥应改用育成料或自配饲料限制饲喂。

（三）成鸭（肉鸭 30 至出栏、蛋鸭 30～90 日龄）饲养管理要点

肉鸭在此阶段应保证充足水和光照，饲料应选用高能量、低蛋白的全价饲料快速催肥出栏。蛋鸭则以吊架子为主，饲养员应经常观察鸭群的变化，根据鸭群的平均体重增减饲料量，在保证其正常生长发育所需营养的前提下适当控制饲料。日粮中蛋白质水平不需太高，钙的含量也要适宜。这主要是由于该时期鸭体的骨骼、肌肉尚未充分发育，体型较小而蛋鸭的性腺开始发育，若给予足够的蛋白质饲料，则加速性腺发育，促使早熟早产，虽然开产提前，往往蛋重轻，产蛋持久力差，易造成早产早衰。因此，适当控制蛋白质的水平、控制性腺的过早发育，保证鸭体的均衡发展，为后期的高产稳产打下基础。在该阶段后期还应进行一次驱虫，为蛋鸭的开产准备充足的条件。

（四）91 日龄至开产蛋鸭的管理要点

在此时期应改用普通蛋鸭料，加快卵泡发育，当产蛋率达到 20% 以上，整个鸭群应保证自由采食。鸭舍晚上应采用弱光照并保证光照达到 20 小时以上。

鸭的产蛋期分产蛋初期、前期、中期和后期。在产蛋期产蛋舍内应安放足够的产蛋箱及并时捡蛋。由于鸭比较胆小，饲养员在饲喂和拣蛋过程中应避免声音过大引起鸭应激反应，饲养过程中也尽量不要更换其他饲料场的饲料，防止因饲料引起的应激，导致产蛋率降低。

在产蛋初期（150～200 日龄）与前期（201～300 日龄）需增加日粮营养和饲喂饲料的次数，满足产蛋鸭的营养需要，保证鸭群顺利到达产蛋高峰。此期间鸭蛋越大，增产势头愈快，说明饲养

管理愈好。早春开产的鸭产蛋率上升更快，一般到200日龄，产蛋率可达98%左右。如果产蛋率忽高忽低甚至下降，说明饲养方面存在一定的问题。每月可在某一天的早晨空腹抽样称重一次，如果平均体重接近标准体重时，说明饲养管理得当；超过标准体重，说明营养过剩，应减料或增加粗料比例；如果低于标准体重，说明营养不足，应提高饲料质量。

在产蛋中期（301～400日龄）应重点确保鸭高产，力争使高峰期维持到400日龄以后，日粮营养浓度应比前期略高，日常操作程序应保持稳定。此时期如果蛋壳光滑厚实、有光泽，说明鸭蛋的质量好；如果蛋形变长，壳薄透亮，有砂点，甚至出现软壳蛋，说明饲料质量差，特别是钙含量不足，或缺乏维生素B，应加以补充；如果产蛋期间为深夜2点左右，产蛋时间集中，产蛋整齐，说明饲养管理得当，否则，应及时采取措施。

在产蛋后期（401～500日龄）根据蛋鸭体重和产蛋率来确定饲料的质量及喂料量。如果鸭群的产蛋率仍在80%以上，而鸭的体重略有下降，应在饲料中适当添加动物性饲料；如果体重增加，应将饲料中的代谢能适当降低或控制采食量；如果体重正常，饲料中的粗蛋白质应比上阶段略有增加。管理上应保持鸭舍内小气候和操作程序的相对稳定，避免应激反应。

（五）饲养管理注意事项

1. 肉鸭在整个饲养阶段应减少活动量，防止应激反应，整个饲养过程应尽量采用弱光照。

2. 蛋鸭在育成期必须吊好架子，增加运动量，合理光照，切忌过肥，且蛋鸭中保证一定数量的公鸭（1%），每两个月对鸭群进行一次消炎。

3. 不管是肉鸭还是蛋鸭抖应防止饲喂霉变饲料，特别是在阴雨天气尤其应引起重视。

4. 病死鸭要深埋火化处理切不可随便乱丢，避免病菌传播。对采用渔鸭结合养殖的农户，应密切关注水上运动场或周边是否有死鱼出现，如有应及时清理，防止鸭啄食后引起疾病。

第四节　养殖模式生态化

（一）散养模式

散养模式是早期鸭养殖的主要养殖模式，其主要是直接将鸭群放在野外放养。该养殖模式可有效利用环境资源并且出栏的鸭肉质非常鲜美，但该养殖模式存在料肉比高，成活率低，污染环境等缺点。

（二）地面平养

地面平养是指在一定区域内圈养鸭，由于该养殖方式限制了鸭的活动范围，管理较为方便。与散养模式相比存在料肉比低、生长速度快、成活率高的优点，但同时存在劳动强度大、环境污染严重等缺点，并且地面平养的鸭肉质不如散养。

（三）网上平养

网上平养是指在离地面约60厘米高处搭设网架（可用金属、竹木等材料搭架），架上再铺设金属、塑料或竹木制成的网床，鸭群在网床上生活，鸭粪通过网眼或栅条间隙落到地面，在鸭群出栏后一次性清除鸭粪。与地面平养相比网上平养具有：省工时、省垫料、减少疾病传播机会等优点。与散养相比具有料肉比低、生长速度快、成活率高等优点，但存在环境污染严重的缺点。

（四）生物床养殖

生物床养殖模式是指按一定配方将菌种、锯末、稻壳、秸秆等发酵后混合铺于水禽舍内，直接在生物床上饲养肉（蛋）鸭。采用该养殖模式鸭的排泄物可被垫料中的微生物迅速降解，进而改善禽舍内部环境，保证清洁卫生，降低畜禽的发病率，减少兽药的利用。由于生物床养殖模式较其他养殖模式相比，舒适度要高，鸭的生产性能可充分发挥，成活率可高达99.2%，饲料成本节约5%。另外生物床养殖模式不需要冲洗鸭舍可节约水电及劳动成本。

生物床垫料铺设：利用当地的废弃秸秆、稻壳、锯末等按一定比例加入混合生物菌种，用水拌匀（水分含量控制在35%～40%），堆积发酵（温度50℃以上）3～4天，平铺在鸭舍地坪放置24h进鸭，垫料厚度35～40厘米。

生物床的管理：生物床应尽量保持干燥，当水分过高时可及时补充垫料。生物床应经常翻动，如饲喂肉鸭，当肉鸭在8～15日龄时应该每4天翻动生物床垫料一次。16～42日龄每3天翻动生物床垫料一次。由于消毒剂可杀灭生物床上面的有益菌群，因此生物床体不能消毒，但舍外应按正常防疫措施进行消毒防疫。

第十七篇　池塘养殖综合管理实用技术

魏辉杰
(武汉市农业科学技术研究院，武汉市农业科学技术研究院培训中心)

现阶段，华中地区的池塘养鱼技术，使用全价配合饲料的养殖户普遍达到了一个亩产吨鱼以上水平。养殖户一味提高产量，追求较高的效益，却忽略了水产品的质量与安全，因此，提倡无公害养殖，加强养殖综合管理，对淡水水产养殖业的健康发展很有必要。笔者从实践的角度阐述水产养殖综合管理实用技术。

第一节　环境条件

(一) 水源

要求水源充足，排灌方便，无污染源。

(二) 水质

水质清新良好，无污染，其中水体适宜透明度为25～35厘米，pH为6.5～8.5，溶氧量≥3毫克/L。

(三) 池塘条件

池塘底部平坦，并向排水口有5%～10%向下倾斜，底质最好为壤土或黏土，无渗水、漏水现象，淤泥不超过20厘米，且不易渍涝。其他要求见表1。

表1　适宜的池塘条件

池塘类别	形　状	面积	池深，米	水深，米	淤泥厚度，米
亲鱼池	长方形	以1 300～2 600平方米为宜	2.5～3.0	1.5～2.5	0.10～0.20
苗种池	长方形	以700～2 600平方米为宜	2.0～2.5	1.2～2.0	0.10～0.15
食用鱼饲养池	长方形	以2 600～6 000平方米为宜	2.0～3.0	2.0～2.5	0.10～0.20

另外，每口池塘有独立的进、排水系统，且进、排水分离，操作方便，每口鱼塘按0.4千瓦/亩配备增氧机。

(四) 交通

有交通道路，平坦，最好为硬化路面，利于阴雨天鱼产品对外运输，养殖物资进出。

第二节　养殖环境要求

(一) 池塘整修及消毒

冬季鱼种放养前，排干池水，清除过多的池底淤泥，修整塌方和渗漏的池埂。

1. 一般在冬季进行清淤。

2. 先排干池水，然后清除过多的淤泥，淤泥厚度 20 厘米左右。

3. 清淤后让鱼池暴晒，严寒冰冻一段时间。

4. 清整后的鱼塘，放养前要用生石灰彻底清塘——有利于低温杀灭残存的寄生虫卵和敌害生物，减少鱼病的发生。

鱼种放养前 7 ~ 10 天，抽干池水，用生石灰 75 ~ 100 千克/亩或含氯量 30% 以上的漂白粉 4 ~ 5 千克/亩，化水全池泼洒。

（二）水库水域

水库养鱼已逐渐成为人工精养的重要水域，尤其像山区等地的小型山塘水库和湖区的小型湖。水库养鱼的特点是：水源清新较适应草鱼生长；水位变化大且每年 8 月或 9 月后会出现枯水期，故鱼事活动常应据此安排，即鱼种放养规格、密度应考虑能使其达到商品鱼规格，以便提高养殖效益；水域面积大，要求管理水平高，尤其是病害的预防。水库养殖应注意的问题：依据周边环境及配套设施确定主养品种并合理放养密度、规格和配套鱼种的养殖，控制水域中凶猛性鱼类量及品种，消除小杂鱼，搞好防盗防逃管理，狠抓鱼病的预防等。

（三）网箱养鱼的水域要求

对网箱养殖地点的选择应考虑水域环境（最好选择在水库上游的河流入口处或水库坝下的宽阔河道中，要求水质清新、溶氧在 6 毫克/升、水的 pH 7 ~ 8.5、透明度 2.0 ~ 2.5 米），水流（0.05 ~ 0.2 米/秒）和风浪（≤5 级的敞水处），水深、低质和离岸的距离（水深 3 ~ 7 米、底部平坦、离岸相对较近），避风向阳、日照条件好，交通及电力方便，水位相对较稳定且无枯水期，其他与上述各条相似。网箱底部与水底应相距 0.5 ~ 1.0 米，网箱的布局最好为两排直线式，中间为人行通道，便于投喂；两排之间和箱与箱之间的间距应控制在 1.0 ~ 2.0 米。

（四）鱼种来源及放养

鱼种应来源于国家级、省级良种场或专业性鱼类繁育场；外购鱼苗应检疫合格。放养时间为冬季或早春 2 月为宜，应选择晴天放养。先放主养鱼类，15 天后再放混养鱼类。放养密度鱼种放养因模式而变，亦考虑池塘条件，养殖水平，资金情况决定具体放养鱼的规格、品种，鱼种要求规格整齐，无病无伤无畸形，体质健壮。

第三节　配合饲料投喂技术

配合饲料的正确使用方法。配合饲料在养鱼成本中占 2/3 左右，因此科学选择和投喂饲料，使饲料发挥最佳的投喂效果是养鱼获取最大经济效益的关键所在。

（一）使用配合饲料的一般原则

1. 在离池埂 3 ~ 4 米处搭设投料台并在最前端上面架设投饵机。投料台必须建在宽阔地带，以免鱼吃食时过分拥挤或没有均匀摄食，造成个体生长不均匀。同时，投喂的地点最好是水深在 2.5 米左右的开阔水域，这样有利于饲料的有效利用，提高饲料转化效率。

2. 投饵须经过驯化并形成条件反射，开机鱼即来和使鱼养成上浮到水面抢食的习惯；驯化投饵时，可定时开动投饵机但不放入饵料，而是用手少量投喂。经数天鱼习惯投饵机声音并上浮抢食后，可改用投饵机投喂。

3. 尽量精确计算出每天每次的投饵量。投饵时需坚持“四定”投喂原则（即定时、定位、定质、定量），并结合“九成饱”的原则确定投喂量，即当观察到约 40% 的鱼离开投食区就停止投喂饲料，否则会引起饲料浪费；

4. 投饵还应参考水温及天气、鱼的摄食和健康状况等。天气晴好或鱼体健康，也可以考虑略加大饲料投喂量，加快鱼体生长速度。当鱼患病或天气不良，酌情减少投喂量或不投喂：鱼浮头时不投食。

5. 鲤科鱼类在条件允许的情况下尽量增加投喂次数，确保饲料被充分的消化和吸收。

6. 为确保鱼类的健康生长和提高饲料的使用效率，应根据季节、水温及气候、鱼体规格、水质状况等每10～15天调整用料量。

7. 若鱼体过肥可减少投喂量及次数、降低用料的档次、调节水质和按用药疗程定期投喂药饵等措施。

（二）根据养殖季节和水温的不同选择饲料：

1. 春季当水温≥12～15℃时，鱼类开始摄食；日投喂1次，一般选择在上午10：00阳光普照是投喂，但进食量较少，主要以越冬恢复；草食性鱼类可辅投新鲜嫩的草料。

2. 当水温达24～30℃时，是鱼类最佳生长水温，应加强投喂，一般先投喂草料，而后投喂配合饲料，使鱼体快速生长，将达到商品规格的鱼及时上市。

3. 当盛夏水温30～32℃时，可多投草料，或投喂低档次的配合饲料但应保证正常的投喂量。

4. 当“立秋”后，要集中用配合饲料投喂，以达到理想的商品、上市规格。

（三）正确计算日投饵量

日投饵量＝吃食鱼总重量×（相应规格相应水温）投饵率

投饵率 / 体重 / 水温	50～100克	100～200克	200～300克	300～500克	500克以上
15	2.4	1.9	1.6	1.3	1.0
17	2.8	2.2	1.8	1.5	1.1
19	3.2	2.5	2.0	1.8	1.2
21	3.6	2.9	2.3	2.0	1.4
23	4.2	3.3	2.7	2.3	1.6
25	4.8	3.8	3.1	2.7	1.9
27	5.5	4.4	3.5	3.1	2.1
29	5.8	4.6	4.0	3.3	2.3
30	6.0	4.8	4.1	3.5	2.5
＞32	看见鱼吃食才投喂				

1. 实际日投饵量必须根据天气情况、鱼体活动情况并结合计算出的日投饵量来决定

（1）夏、秋季节，天气晴朗，水温在22～30℃之间投喂计算量的90%左右；

（2）阴雨天时，投喂计算量的30%，在中午前后投喂；

（3）闷热雷阵雨天气，少喂或不喂，在中午前后投喂；

（4）鱼发病期间：气候正常可按正常投喂量的10%～50%左右，投喂配合饲料或者药饵料。

（5）水质不好，鱼食欲极差，采取换水或者正确施用微生态制剂尽快改良水质，同时延长增氧机的开机时间。

2. 正确估算吃食鱼总重量

吃食鱼总重量 = 存塘吃食性鱼尾数 × 平均鱼尾重。存塘吃食鱼尾数在放养时必须计算准确，吃食鱼平均尾重可采取每 15 ~ 20 天撒网随机称重测量 10 ~ 15 尾鱼，计算出平均尾重。

3. 用经验法估算日投饵量

（1）当 30% ~40% 的鱼已吃饱离开，就可停止投饵；

（2）当计算出日投饵量后，在鱼类生长旺季每隔 7 天增加 10% 的日投饵量，15 天后垂钓或撒网打样，计算吃食鱼总重量，确定相应规格新的日投饵量。

（四）投饵次数的选择

投饵次数的确定是将计算出的日投饵量采取总量控制，根据水温情况和养殖方式分成几次投喂：通常早晚投喂量少，中间投喂量多；据水温和白天时间的长短每天正常投喂 1 ~4 次。

1. 水温 15 ~18℃以下每天投喂一次。

2. 18 ~22℃每天投喂 2 ~3 次，中间一餐占全天投喂量的 40% 左右，早晚各 30%。

3. 22 ~30℃每天投喂 3 ~4 次，中间两餐占 55% ~60%，早晚两餐占 40% ~45%。

第四节 水质管理技术

养鱼应先养水，水为鱼类赖以生存的必然环境因子。搞好水质管理是保证鱼类健康养殖、提高饲料利用率、降低养殖成本的关键措施之一。

（一）养殖用水水质要求

1. 养鱼要有充足的水源及符合淡水水质标准的水质。养鱼用水应为 pH 值 6.5 ~8.5（最好是 7 ~8），溶氧量 16 小时以上大于 5 毫克/升，其余时间大于 3 毫克/升，氨氮小于 0.2 毫克/升，亚硝酸盐小于 0.1 毫克/升，硫化氢小于 0.2 毫克/升，透明度在 25 ~40 厘米，乃至为 35 ~60 厘米，不含有毒有害物质。

2. 要维持上述要求，养殖用水中应有丰寓的浮游生物，使水保持“肥、活、爽、嫩”，即水中浮游生物的数量和品种多，水体有活力，水色昼夜变化大（早晨淡，下午浓），水体清爽、水表无漂浮的水华、无混浊感且呈茶褐色、褐绿色、黄绿色、嫩绿色。

3. 养鱼用水通常是春季随水温升高及鱼体长大逐渐提高水位，冬季则随水温下降而加高水位。通常是水温 <20℃时，水位为 0.8 ~1.2 米，水温≥22℃，水位为 1.2 ~1.5 米，夏季高温季节将水位加到最高，最好能加水到 2.0 ~2.5 米。

（二）水质调节方法

调节水质的方法主要有物理方法、化学方法和生物方法。

1. 物理方法　该方法包括适当注水、换水，适时开动增氧机增氧，定期搅动塘底等。一般情况下每 10 ~15 天左右加一次水，7 ~8 月高温季节为保证鱼类快速生长，最好每 3 ~5 天加一次新水，每次加注 5 ~10 厘米，能够增加水体溶氧，提高饲料利用率。

2. 化学方法

（1）适当施肥：适时施加追肥，保持水中浮游生物种群数量，增加造氧能力。

（2）施用铜铁合剂：当水，海藻类形成水华或有大量浮游动物时用铜铁合剂全池泼洒杀灭

（3）在水中氨氮（尤其是氨气）不超标的情况下定期施撒生石灰：生石灰有最好的调节水中 pH 值的作用，同时又能对致病细菌抑制作用。内每月定期泼洒生石灰一次，每次用量 20 ~25 千克。

（4）定期施用杀菌剂或底质改良剂：当水质过旁岂或鱼病高发季节时，据水质状况和角病流

行情况适时向池中泼二氧化氯等温和性的氯制剂或底质改良剂。

3. 生物方法　主要在池中施用生物制剂如光合细菌、芽孢杆菌。微生态制剂能降低水体中的氨氮、亚硝态氮、硫化氢、甲烷等有害物质，对改善水质非常有利，同时可抑制有害致病菌种群数量增长。

（三）水体调节综合措施

最好的办法是排除一部分底层水，加注新鲜的水源；延长增氧机（叶轮式增氧机）的使用时间，充分发挥其搅水、曝气、增氧、调节水温等作用。也可注入生物制剂：光合细菌、硝化菌、芽孢杆菌等。选择营养平衡的饲料及科学投喂饲料，提高饲料的消化利用率，从而减少水体的污染。施入化学药剂，像增氧剂、沸石粉、食盐、卤素制剂、水质净化制剂、硫酸亚铁等。据放养模式保持池塘鱼种及其规格的合理搭配，同时合理放养密度。晴天中午搅动底泥，促使池底有害物及时得到氧化分解。若池塘氨氮超标，则不宜施用生石灰；否则，会引起鱼中毒死亡。鉴于氨氮和亚硝酸超标，鱼类容易出现肝胆综合征，内服保肝类的药饵料。

（四）氨氮、亚硝酸超标的池塘水体调节

亚硝酸超标的危害主要是：通过鱼虾的呼吸作用由鳃丝进入血液，可使正常的血红蛋白氧化成高价铁血红蛋白，失去与氧结合的能力而表现出血液呈褐色，导致鱼虾缺氧，甚至窒息死亡；其结果是：厌食；游动缓慢，触动时反应迟钝，呼吸急速，经常上水面呼吸，体色变深，鳃丝呈暗红色。

氨氮超标的危害主要是：通过鳃进入体内，当其在血液中浓度升高时，pH 值也应提高，导致鱼体内多种酶活性受阻，并可降低血液的输氧能力，破坏鳃上皮组织使氧气和废物的交换受阻而窒息；其结果是：机能亢进、惊厥、丧失平衡能力、昏睡甚至昏迷，慢性中毒出现亚致死性，生长减慢，或免疫力降低，容易感染疾病。

池塘水体因大量施用氮肥或饲料浪费较大以至于饲料消化利用率低，在缺氧时促使氨氮和亚硝酸的形成。因此有条件的池塘加大换水量及次数，多开动增氧机搅动水体，或使用微生态制剂进行水质调节等。

第五节　增氧机的正确使用方法

应根据增氧机增氧、搅水、曝气及调节水温的 4 个功能和溶氧变化规律，灵活运用增氧机，以调节溶氧、减少浮头、改善水质，促进鱼类快速健康生长。实践证明，高产精养鱼池正确使用增氧机，能显著提高鱼产量 10% ~15%，降低单位养殖成本。

池塘水深与增氧机安全负荷量之间的关系表

增氧机（千瓦）	水深（米）	鱼载力（斤）
3	1.2	800 ~1 000
3	1.5	1 200 ~1 400
3	1.8	1 400 ~1 600
3	2	1 800 ~2 000
3	2.2	1 600 ~2 000
3	2.5	2 000 ~2 300

备注：通常按设计鱼产量配备增氧机动力：500 ~600 千克/亩，0.15 ~0.25 千瓦/亩；750 ~1 000 千克/亩，0.33 ~0.5 千瓦/亩。7、8、9 月是鱼类生长的黄金期，增氧机每天清晨开机至天明，下午 2：00 开机 1 ~2 小时

（一）增氧机的“三开两不开”

三开：晴天开；阴天下半夜及次日早晨开；连续阴雨天时浮头前开。

二不开：大气正常时傍晚不开；阴雨天白天不开。

1. 在鱼类生长季节抓好晴天，坚持中午后14：00开增氧机1～2小时，使表层溶氧丰富的水同下层缺氧的水充分混合，同时也可将底层溶解氧气少而富含有害物质多的水搅到水面，并有曝气、调节水温的作用，可有效减少或减轻鱼类浮头的发生，提高饲料利用率，促进鱼类正常生长。

2. 阴雨天，浮游植物造氧能力低，白天不要开机，否则会加速浮头发生。这种天气夜里往往会浮头，夜晚应尽早开机防止浮头。

3. 有浮头预兆或大量施肥后夜间要早开机，预防发生浮头。不管哪种原因造成的浮头，开机增氧后不能停机，要一直开到早上日出；切忌傍晚开机。

4. 夏、秋季节及天气炎热、黎明时一般可适当开机，发挥其曝气功能，把夜间积累的有害气体（如硫化氢、氨、甲烷等）逸出水。

（二）鱼类浮头征兆

在清晨或傍晚时，如发现有以下一种情况则表明水中溶氧低，鱼易浮头。

1. 天气闷热、气温低，白天太阳光照强烈、温度高，傍晚突然下雷阵雨；

2. 久晴没有下雨池水温度高，大量投饲、施肥而造成水质过肥且透明度低；

3. 夏季连绵阴雨，浮游生物因缺光照产氧能力差，导致水体中氧气不够；

4. 白天起南风气温很高，到晚间突然转北风，即“南撞北”；

5. 鱼成群在水上层游动可见阵阵水花，说明水深层已缺氧（暗浮头现象）；

6. 水面出现气泡泡沫，水色浓黑混浊，有机物大量分解，或者出现了浮游生物大量死亡并腐烂，水体透明度增大，水体发出腥臭味，水中氨氮、亚硝酸氮含量高，即“低溶氧综合征”。此种情况容易引起鱼严重浮头，甚至泛池；

7. 气温突然大幅度下降引起池塘水体出现明显的上下对流，导致水中溶氧量大量消耗。

（三）低溶氧量综合征

1. 长期浮头，摄食异常，嘴唇畸形，下嘴唇较上嘴唇长。

2. 低氧或缺氧环境导致鱼类代谢缓慢，生长发育受阻；产生有害物质硫化氢、沼气等造成鱼类中毒，因缺氧直接或间接死亡的鱼类，占总死亡率的60%。

3. 鱼类对溶氧的要求，一天24小时中，16小时池水平均溶氧达5毫克/升最利于鱼的生长，饵料系数最低，溶氧在4毫克/升生长正常；溶氧在2～4毫克/升，随水中溶氧提高摄食量增大，生长率迅速提高；在2毫克/升下生长，摄食受到抑制；在1.5毫克/升为警戒浓度，在1毫克/升即浮头乃至泛池。

（四）浮头轻重的判断方法

浮头时间	浮头位置	鱼类动态	浮头程度
黎明	中央	鳊鱼浮头，野杂鱼在岸边浮头	轻度
黎明前后	中央	鳊、鲢、墉鱼浮头，稍受惊吓即下沉	一般
2：00～3：00	中央	鳊、草、鲢、墉、青、鲮浮头，稍受惊吓即下沉	较重
半夜	由池中央扩大到池边	鳊、草、鲢、墉、青、鲮、鲤浮头，但青、草鱼体色未变，受惊不下沉	严重
半夜或前半夜	青、草鱼集中在池边	鱼类全部浮头，呼吸急促，游动无力，草鱼体色发黄，青鱼体色发白，并开始出现死亡	极为严重

（五）浮头的处理和解救方法

从发生浮头到严重泛池的间隔时间与当时的水温有密切的关系，一旦观察到池鱼有轻微浮头时，应尽快采取增氧措施，常用的解救方法以下几种：

1. 对黎明前发生的轻度浮头采取开增氧机或注水办法即可解决，但加水时不可以直接冲到水底将底部有害物冲搅到水面，而是水应该冲到浮在水面上的物体上落到水面。

2. 严重浮头并已泛池时，不可立即开启增氧机而应该采取上述方法注水（同时倘能排除一部分底层水更好），同时向水中泼洒食盐水或增氧剂或干撒沸石粉，待鱼已经能正常游动时再开动增氧机。如遇停电，可用柴油机抽水。

3. 在下午巡塘时有发生浮头征兆时，应减少投饵量或者不投喂饲料，减少因消化饲料而大量消耗氧气的现象出现。

4. 如果水源不便又无增氧设施，可施过氧化钙、双氧水等化学增氧剂进行增氧。如无化学增氧剂可向池水中泼洒黄泥食盐水，通常每亩池塘用黄泥 10 千克、食盐 5 千克加水调成泥浆，拌匀后全池泼洒。

第六节　池塘施肥

池塘施肥有施基肥和施追肥。基肥主要是生石灰清塘后鱼种放养前 5 ~7 天施有机肥，培肥水质；追肥主要是养殖期间为保持水体肥度使花、白鲢等滤食性鱼类生长良好而施的有机肥、无机肥或生物肥。池塘施追肥应注意以下事项：

（一）施追肥量和次数

视水色、透明度、水温和天气等灵活掌握，应遵循“量少次多”的原则，现在养殖户多使用生物肥，较少使用无机肥（氮肥和磷肥）。一般养殖旺季 5 ~7 天施一次，5 ~6 千克/亩，氮肥和磷肥各半，但到下半年氮肥要少施或不施。氨态氮肥一次施得太多会使水中分子氨浓度大幅上升，且分子态氨对鱼类有毒性，鱼类生长会受到极大抑制，饵料系数上升且易发病；同时会引起蓝藻等浮游植物等大量繁殖，其晴天白天大量产生氧气，但晚上和阴雨天则会大量消耗氧气，易造成池塘缺氧乃至浮头。

（二）施追肥应在晴天上午水色变浓时施用，并且化肥（尤其是磷肥）要用水溶解后全池泼洒

磷肥通常按其用量的 1/5 加钾肥浸泡 6 小时以上再用水充分溶解后，于晴天中午全池泼洒，倘要施有机肥可将磷肥（不要钾肥）掺到有机肥中发酵后用水稀释全池泼洒。有些养殖户施追肥时为了省事往往将化肥直接倒入池中，致使化肥很快沉入水底难能被浮游植物利用，不仅肥水效果不好造成浪费，而且过多的氮肥因水底溶氧降低转化成氨氮并继续转化为亚硝酸，使鱼的生长速度减慢。饵料消化利用率下降，且易引起鱼病暴发。

（三）精养高产鱼池一般不缺氮肥而只缺磷肥

精养高产鱼池由于大量投喂青草、投饵，水质一般都比较肥。一般情况下早期末大量投喂饲料时可氮肥、磷肥并重，其有利于迅速培育浮游生物量，确保水中有充足的氧气和为花、白鲢等滤食性鱼类的生长提供充足的饵料；夏、秋季因为饲料投喂量加大，可少施甚至不施氮肥只施磷肥，同样能保持水体肥度，并且磷肥培养的藻类种群有利于花、白鲢的消化吸收。

（四）氮、磷肥与泼洒生石灰的注意事项

碳铵和磷肥与生石灰同时施用会大大降低肥效，泼洒生石灰后要经过 5 ~6 天才能施肥；施肥

后要经过4天后才能泼洒生石灰。同时在混合施肥时，应该先施磷肥后施氮肥，不可同时施用或颠倒顺序；若氮、磷肥同时施用，就会产生一种有毒、无肥效的偏磷酸，大大降低施肥效果。

（五）鱼发病、天气不正常（含刮风）、池塘缺氧、每天的早晚溶氧量不足等情况下应该暂停施肥；施肥后的当天最好不要搅动水体，以便底层水中较多的有机质大量吸附氮、磷肥。

（六）倘为水变后的施肥，施肥前最好向水中泼洒光合细菌，或者向浮游生物多的池塘引水培育。

第七节　鱼病防治

（一）从外在方面预防，也就是控制和消灭病原体

1. 彻底清塘消毒。最好用生石灰清塘，有如下几种好处

（1）能杀死残留在池中的敌害，如野杂鱼、蛙、水生昆虫等。

（2）可杀灭微生物，寄生虫病原体及孢子。

（3）石灰中的钙可使池水变肥。

（4）能改善池底通气条件，加速池底有机质分解。

（5）可以在水中形成碳酸钙，保持水中pH值稳定，始终呈微碱性，有利于鱼类生长。有条件的鱼场可将池水排干，经过冰冻、日晒使土壤中表层疏松，改善通气条件，加速土中有机质转化为营养盐类。

2. 鱼体消毒　对刚下塘的鱼苗、鱼种或成鱼进行苗种消毒，方法：

（1）用食盐3%～4%，浸湿10～15分钟。

（2）用高锰酸钾10～20毫克/升，浸洗10分钟。

（3）用硫酸铜加漂白粉10毫克/升，浸洗10～20分钟。浸洗方法可直接在池中放个网箱，把鱼苗放在箱中消毒，也可在盆或桶中消毒。

3. 水体消毒　对水体定期泼洒药物杀虫、消毒，预防鱼病发生。鱼病流行都有一定的季节性，尤其流行高峰期比较明显，主要集中在6～9月高温季节，通过泼洒或投喂药物来有效的控制和消灭病原体，通常泼洒的药物主要有杀虫剂和消毒剂，这两类药物经常合用，但一定是要先杀虫，后消毒。

4. 食场消毒　及时捞出残饵，并定期在食场四周用药物消毒。

5. 饵料及工具消毒　水草类用6毫克/升的漂白粉溶液浸泡20～30分钟，粪肥则按每100千克加14克漂白粉消毒处理，配合料可按5%的比例混入土霉素后投喂。常用药物种类有消毒杀菌剂、驱虫杀虫剂、抗微生物药、水质改良剂，增氧剂、营养保健药、疫苗等。

（二）从内在方面预防，主要是提高鱼体自身的抗病力

1. 就地繁育苗种，或使用当地苗种。即可增强适应性，又可避免从外地带入病源。

2. 合理密养、混养。科学确定单位面积放养量，及各种品种的搭配比例。

3. 提早放养，提早开食。使养殖鱼类很快进入正常生长，增强抗病能力。

4. 合理投饵、施肥。应根据养殖动物的种类，发育阶段，活动情况以及季节、天气、水质、水温进行定质、定量、定时、定位投饵。

5. 加强管理。勤巡塘，了解池水的变化，掌握鱼类的吃食、活动和生长情况，及时发现病情，及时采取有效措施，控制病情发展，蔓延。

（三）几种常见鱼病的治疗

1. 草鱼出血病　是一种病毒性鱼病，一般易发生在6～9月，水温25℃以上。症状：不吃食、

离群独游、头部和身体发黑、鳃盖和鳍条出血、白鳃、肌肉发红、肠道点状充血无食、肛门红肿。治疗方法：用二氧化氯或强氯精连泼2次，同时内服出血停，连续3~5天。

2. 打印病　是一种细菌病，夏秋季发生较多。症状：在腹鳍基部以后的躯干部出现圆形，或长形红斑，也有的在尾干部。病部位表皮腐烂，鳞片脱落，皮肤充血发炎，轮廓鲜明。严重时露出骨骼、内脏。此种病主要危害花鲢、白鲢。治疗方法：用二氧化氯或溴氯海因等全池泼洒，连续两天，10天后再用一次。

3. 水霉病　是一种真菌性鱼病，主要发生在春季。症状：鱼体病变部位长出毛絮状菌丝，呈白色棉毛状，俗称“长毛病”，“白毛病”。由于霉菌能分泌大量蛋白分解酶，鱼体受刺激后，一方面分泌大量黏液，呈现焦躁不安，出现与其他固体物摩擦的现象，最后病鱼负担过重食欲减退，瘦弱而死。治疗方法：可用二氧化氯或二溴海因全池泼洒。

4. 暴发性细菌出血病　是一种细菌病，是目前造成损失最大的鱼病之一。症状：患病初期，病鱼的上下颌、口腔、鳃、眼睛充血；体表充血，眼球突出，腹部膨大，肛门红肿。腹腔积水，肝、脾、肾以及胆囊肿大，肠内无食，膨胀。防治方法：第一天用杀虫剂杀虫，后连续泼洒2次强氯精等消毒剂，同时内服出血停3~5天。

5. 锚头鳋病　症状：发病初期，病鱼烦燥不安，摄食减少。锚头鳋的头和一部分胸部钻入鱼体肌肉和鳞片下，其大部分胸部和腹部露在外面，虫体上又常附生一些累枝虫等，病鱼体表好象披着蓑衣，故有“蓑衣病”之称。虫体寄生部位组织发炎，有溢血性红斑。治疗方法：用氯氰菊脂全池泼洒，隔5~7天后再泼洒一次即可。

6. 细菌性烂鳃病　发病水温在15~35℃，症状：病鱼行动迟缓，体色发黑，鳃上黏液较多，鳃丝肿胀、腐烂、发白，鳃盖内表皮充血发炎，中间部分常溃烂成一圆形或不规则的透明小窗，俗称“开天窗”。水质越差，该病越易暴发流行，且常与肠炎病并发。治疗方法：用强氯精或溴氯海因全池泼洒，连续两天，同时用出血停拌料投喂。

第十八篇　鳜鱼池塘健康养殖技术

朱思华
（武汉市农业科学技术研究院，武汉市水产科学研究所）

第一章　概　况

第一节　分类和分布

鳜鱼在分类上属鲈形目，鮨科，鳜属（*Siniperca*）。鳜鱼主要分布于中国、朝鲜、日本、越南等国，我国除青藏高原外，各大河流、湖泊、水库均有分布，尤以长江流域的湖北、湖南、江西、安徽、江苏等省的资源分布最大。鳜在我国的种类有3属11种，主要有翘嘴鳜、大眼鳜、斑鳜、长体鳜、中国少鳞鳜、高体鳜、暗鳜、柳州鳜、波纹鳜等。目前进行人工养殖的仅翘嘴鳜和斑鳜。

第二节　养殖的现状和前景

人工养殖的鳜鱼是指鳜属中的翘嘴鳜（*Siniperca. chuatsi*），俗称季花鱼、桂鱼等。鳜鱼是我国传统的名优鱼类，肉质细嫩，无间刺。唐代诗人张志和著名诗篇“西塞山前白鹭飞，桃花流水鳜鱼肥”赋予鳜鱼美食文化。随着人们生活水平的不断提高，美味、健康、富贵的鳜鱼越来越被消费市场定位为大众化的高档水产品。

人工规模养殖鳜鱼最早报道是从20世纪80年代中期湖北省麻城县浮桥河水库网箱养殖鳜鱼开始的，80年代末期，科研部门开始对鳜鱼人工繁殖及苗种培育等应用技术进行系统研究，90年代初，武汉市水产科学研究所率先攻克鳜鱼苗种“寸片关”技术难题，随后在武汉新洲区涨渡湖渔场、江夏牛山湖、鲁湖渔场、湖北省汈汊湖渔场、洪湖大沙湖渔场进行鳜鱼苗种规模生产示范与推广，基本实现了鳜鱼苗种规模生产，解决了鳜鱼人工养殖主要依赖长江天然“江花”品种不纯的制约，从而极大地推动了鳜鱼人工养殖业的发展。

鳜鱼人工养殖开展二十多年来，养殖模式不断更新，从最初的网箱养鳜为主，发展到现在的池塘主养、河蟹池塘混养鳜鱼、湖泊鳜鱼增值为主。鳜鱼养殖规模不断扩大，尤其是广东省自20世纪九十年代初从湖北引进长江翘嘴鳜，依据其得天独厚的气候资源和饵料鱼资源，率先实现鳜鱼养殖产业化，已成为我国主要的鳜鱼苗种生产基地和商品鳜鱼养殖基地，全国90%以上鳜鱼苗种，50%以上的商品鳜鱼市场被广东占有。据2009年全国水产统计年鉴报告，2008年全国鳜鱼生产量达22.9万吨，产值规模超100亿元，产量排名前五位的主要是广东、江西、安徽、江苏、湖北。由于鳜鱼消费市场不断扩大，养殖经济效益好，因此鳜鱼养殖业今后在我国仍将会有大的发展。

第二章　生物学特性

第一节　形态特征

体高，侧扁。头大而尖，头后背部隆起。腹部圆。口大，下颌明显长于上颌，上颌骨末端可伸达眼后缘。上颌、下颌、锄骨及口盖上均有小齿。眼大，眼径等于或大于眼间距。前鳃盖骨后缘呈锯齿状，下缘有4个刺；后鳃盖骨后缘有2刺。背鳍分两部分，前部分为棘，后部分由分支鳍条组成，其起点位于胸鳍起点的稍前方，基后部近尾鳍基。胸鳍为圆形。腹鳍胸位，也有硬棘。臀鳍外缘为圆形。尾鳍为圆形。头部及全体披细鳞，侧线在体中段向上弯。体色黄绿，腹部灰白，自吻端穿过眼至背鳍起点处有一斜形褐色斑条，背鳍棘中部处的两侧有一较宽的褐色斑条，向下可达胸鳍后缘处，体侧上部有较多不规则的褐色斑块及斑点。

第二节　生态习性

（一）栖息

鳜鱼属底层鱼类，广泛分布于江河、湖泊和水库。自然条件下，通常生活在静水或水流缓慢等较洁净的水体中，尤以水草繁茂的河段、湖泊数量较多。冬季水温低于7℃，栖息在深水处。春季水温回升后，鳜鱼逐渐游向浅水区觅食。人工养殖中，夏、秋季鳜鱼常隐藏在池边水草旁，早春和晚秋鳜鱼常用尾鳍将淤泥搅拨掉，形成沙质或硬泥底基的窝穴，然后成群卧藏其中。冬季则栖息于池塘深处。

（二）食性

鳜鱼是典型的肉食性凶猛鱼类。终生以活鱼为食。刚孵化脱膜时体长3.20～3.85毫米，借助孵化水流身体上下窜动，依靠自身卵黄囊营养，这段时期称为胚后内源性营养期。3～4天后，体长达4.46～5.10毫米，即开口摄食外界营养，这时游动能力较差，其摄食主要依靠水流将游至身体前方的饵料鱼捕获，绝大部分是将饵料鱼的尾部吃进，少部分吃进饵料鱼的头部。体长达7毫米的仔鳜，捕食能力明显增强，在静水中可顺利摄食，其摄食行为可分解为注视、跟进、识别、袭击、咬住、吞噬反应等一连贯动作。体长10厘米以上时，则以适口的小型鱼类为食，饥饿时同类间相互残食。

鳜鱼对饵料鱼的种类选择性不是很强，人工养殖条件下，所投喂的花鲢、白鲢、青、草、鲤、鲫、鳊、鲴、鲮等适口饵料鱼均能有效摄食。相对来说，鳜鱼喜食体型细长的鱼类，如鲮、鲴、草鱼等。鳜鱼摄食有明显的节律，凌晨和黄昏是鳜鱼的两个明显的摄食高峰期。

（三）生长

武汉地区6～9月，是鳜鱼的生长旺季，平均水温26～33℃，鳜鱼摄食旺盛，摄食量大，生长最快，月增重最高可达150～200克，进入11～12月，水温降至10℃左右，鳜鱼仍未停食，即使在寒冷的冬季，鳜鱼仍能继续摄食生长。鳜鱼从野生资源开始人工养殖以来，经过20多年人工选育，鳜鱼生长速度提高30%～40%，养殖当年最大个体可达1 000～1 300克。

（四）繁殖习性

鳜鱼能在江河、湖泊和水库中自然产卵繁殖，繁殖季节为4～7月，长江流域4月底至7月初，北方较迟，广东、广西和海南进入4月就可催产。繁殖时适宜水温为20～32℃，最合适水温为25～28℃。鳜鱼性成熟较早，雄性通常一龄即可成熟，雌性性成熟年龄为二龄，人工养殖的鳜鱼生长发育更快，两性均能在一冬龄达性成熟，人工催产繁殖时，雌性最小三龄，雄性最小二龄，最小体重雌鱼1.0千克，雄鱼0.75千克。鳜属分批产卵类型，产出的卵为半漂流性卵，能随水流呈半漂浮状态，在漂流中完成孵化。其卵径1.2～1.4毫米，受精卵孵化温度为20～32℃，受精卵约25～62小时胚体才能孵出，刚孵出的鳜鱼苗在卵黄囊消失后，即主动摄食外界营养。

第三章　池塘健康养殖技术

第一节　池塘条件

鳜鱼养殖池塘要求比常规鱼养殖池要高，主要要求水源水质好，面积和水深适宜，淤泥较少等。良好的养殖鳜鱼池塘应具备以下几方面的条件：

（一）水源和水质

池塘水源方便，水质良好，溶氧量较高（DO大于5毫克/L），无污染，注排水方便。

（二）面积和水深

主养鳜鱼池塘面积一般为5～10亩，面积过大，饵料鱼密度低，不利于鳜鱼捕食，增加了鳜鱼体能消耗，饵料系数变大，面积过小，池塘水质变化快，不利于管理。池塘深度要求2.5～3.0米，水深2.0～2.5米。

（三）池形和周围环境

池形最好为东西向的长方形，这样既便于拉网操作，又能接受较长时间的光照。池塘周围不宜有高大树木和高杆作物，以免阻挡阳光照射和风力吹动，影响浮游植物的光合作用和气流对水面的作用，从而影响池塘溶氧量的提高。

（四）池塘底质的改良

养鳜池塘要求淤泥较少，淤泥厚度在20厘米以内。每年冬季或鱼种放养前必须干池清除过多的淤泥，并让池底暴晒和冰冻，改良底质。鱼种投放前，最好用生石灰清塘，一方面杀灭潜藏和繁生于淤泥中的有害致病菌，另一方面有利于提高池水的碱性和硬度，增加缓冲能力。

（五）池塘配套设施

随着鳜鱼养殖技术的不断完善和提高，鳜鱼养殖产量和产品品质不断提升，养鳜池塘必须配备专用的电路，保证电力充足，供应及时。为了转运鳜鱼饵料鱼方便，需配备活鱼转运车。为了改善池塘溶氧和水质，每3～5亩池塘需配备一台1.5千瓦增氧机。鳜主养池配备水质监测系统，为科学调控池塘水质提供依据。

第二节　池塘主养

为达到池塘鳜鱼多季均衡上市的目的，池塘鳜鱼主养分三种养殖模式。

（一）鳜早苗快速养成早秋上市养殖模式

指将武汉地区四月底至五月初早批繁育的鳜鱼苗，通过强化培育，供应充足的饵料鱼，在4～5月内将鳜鱼快速养成商品鳜，于九月底至十月上旬上市销售，获取高效益。主要技术要点：

1. 放养前池塘消毒　在鱼苗放养前7～12天，用生石灰或漂白粉带水全池泼洒进行清塘消毒，彻底杀灭池塘中的杂鱼、小虾及其他有害生物。

2. 放养前基础饵料鱼的投放　鳜苗放养前10～15天培肥水质，选择鲮、鲢、草鱼等其中的一种水花作为鳜下塘时的基础饵料鱼，密度按60万～100万尾/亩。

3. 下塘前池塘水的处理　加注新水至水深1.0米以上，使用氯制剂消毒池水，杀死水中有害细菌和寄生虫。

4. 鳜苗放养　将在鳜鱼苗种培育池养至4.0～10.0厘米的苗拉起，按不同规格不同密度分别放入鳜鱼主养池。一般4.0～5.0厘米规格，密度1 200～1 300尾/亩；6.0～7.0厘米规格，密度1 100～1 200尾/亩；9.0～10.0厘米规格，密度800～900尾/亩。

5. 饵料鱼配套养殖及投喂　按鳜主养池与饵料鱼配套的1.2～4比例配套饵料鱼养殖面积。饵料鱼品种5～6月可以用本地鲢、鲫、草鱼作为饵料鱼，其他时间段均以广东麦鲮作为配套饵料鱼，麦鲮养殖密度按50万～100万尾/亩进行高密度养殖，随着鳜鱼的生长需要逐渐稀疏，一般为一次放足多次投捕。6～9月生长旺季，每隔3～5天拉网投喂一次，具体见饵料鱼投喂适口规格表1，表2。

表1　不同规格鳜鱼适口饵料鱼规格（厘米）

鳜鱼全长	3.0～7.0	8.0～14.0	15.0～20.0	21.0～25.0	26.0～35.0
饵料鱼全长	2.0～4.0	4.5～7.0	7.5～10.0	10.0～13.0	13.0～16.0

饵料鱼投喂量，按月分别计算大致比例，具体见表2。

表2　不同月份鳜鱼饵料鱼投喂量比例

月份	6	7	8	9	10
投喂量占比（%）	5～10	20～25	35～40	25～30	0～5

6. 水质管理　鳜主养池水质要求“肥、活、嫩、爽”，水体溶氧5毫克/L以上，pH值7.5～8.0，非离子氨浓度<0.02毫克/L，硫化氢浓度<0.01毫克/L，亚硝酸盐氮<0.1毫克/L。每3～5亩安装1.5千瓦增氧机一台，晴天下午2：00～3：00开机1～2小时；气压低、天气闷热时在晚上12点后开机至次日凌晨，每隔10～15天，用生石灰15～25千克/亩的水全池泼洒，或用微生态制剂调节水质，保证池塘水质良好。

7. 鱼病综合防治　以防为主，防治结合。放养前，池塘暴晒、除野、消毒；鳜苗下塘前洗澡消毒；鱼种阶段，定期抽样镜检，重点防治车轮虫、斜管虫、指环虫、锚头蚤等寄生虫疾病；8～9月开始重点预防细菌性烂腮、细菌性出血；综合防控病毒性疾病。

该模式产量指标一般设定在400～500千克/亩，由于销售时间要求与市场紧密衔接，价格波动较大，亩产值在25 000～30 000元/亩，亩效益6 000～10 000元/亩。

（二）鳜鱼中期苗养成冬春上市模式

指将武汉地区五月底至六月初繁育的中期苗，通过饵料鱼配套投喂，在6～7月内将鳜鱼养成商品鳜，于12月底至翌年初春上市销售。其主要技术要点基本同第一种养殖模式，主要不同点就是饵料鱼配套投喂量6～9月比例略低，而且10～12月还要考虑饵料鱼配套。该模式产量指标设定在500～600千克/亩，由于销售时主要集中在冬春，市场价格相对较低，亩产值在20 000～24 000元/亩，亩效益在3 000～6 000元/亩。

（三）鳜晚苗年底养成大规格翌年夏季上市模式

指将武汉地区六月底至七月中旬繁育的晚批苗，通过饵料鱼配套投喂，在10～12月内将鳜鱼养成商品鳜，于翌年夏季上市销售，获得高效益。主要技术要点基本同第一种养殖模式，最大不同点就是鳜鱼养殖时间长，饵料鱼配套除6～11月采用麦鲮配套外，其他时间还要采用秋白鲢、鲤、鲫等养殖配套，饵料鱼难度加大，鱼病害防治难度大。

该模式产量指标一般设定在500～600千克/亩，由于销售时主要集中在春夏高温季节，此时市场价格处于一年中的最高价，亩产值在30 000～35 000元/亩，亩效益在8 000～12 000元/亩。

第三节　池塘混养

武汉地区目前比较常见的池塘混养模式有3种。

（一）池塘河蟹鳜鱼混养

20世纪90年代末期，江苏率先在河蟹养殖塘内混养鳜鱼获得成功，现已在全国各地河蟹养殖塘中混养鳜鱼。其原理是：根据河蟹养殖池塘水草茂盛，水质好，溶氧高，适宜鳜鱼生长，但两者栖息水层及食性不同，通过营造两者互利共生的生态环境，池塘管理以满足河蟹要求为前提，鳜鱼以池中丰富的野杂鱼虾为食，一方面降低了野杂鱼与河蟹争食争氧争空间的矛盾，促进了河蟹的生长，提高了河蟹成活率和养成规格；另一方面廉价的野杂鱼转化为商品价值高的鳜鱼，达到双丰收，从而整体提高了蟹塘经济效益。

蟹池混养鳜鱼应做到：

1. 选好鳜鱼苗种　应从本地正规鳜鱼苗种厂家选购品种纯、生长快、体质好、规格整齐的纯正翘嘴鳜。

2. 把握好混养鳜鱼的规格数量　蟹池中混养的鳜鱼苗种在6月上旬前放养结束，规格要求5.0厘米以上，一般为5.0～10厘米，混养鳜鱼数量主要根据饵料鱼丰歉和适口性而定，一般每亩放养量控制在10～30尾，采用特别增投饵料鱼方式，可适当将鳜苗放养量增大到50尾/亩。

3. 重视蟹池鳜养殖管理　池塘布设微孔增氧设施，保持池塘较高溶氧；应对蟹池饵料鱼数量进行抽检调查分析，如野杂鱼数量较少，则应先在蟹池中投放少量（4～5尾/亩）鲫鱼亲本或鲢、鳊、鳙夏花；要谨慎使用药物，防止药物致鳜鱼死亡。

（二）池塘鳜鱼—鲮—常规鱼种混养

指在生产常规大规格鱼种的同时，增投当年麦鲮夏片、鳜鱼种，通过培肥水质，投喂饵料，促进规格鱼种和麦鲮的生长，池中鳜鱼以适口麦鲮为食，不断减少池中饵料鱼数量，持续性降低池塘负荷，从而使池塘初级生产力得以最大程度的释放，低值的麦鲮及小型野杂鱼转化为商品价值高的鳜鱼，最终收获大规格鱼种、商品鳜及未消耗完的麦鲮，从而实现池塘增产增收。该模式适合那些面积大（30亩以上），开挖回型沟能够进行种草养鱼的粗养池。主要技术要点包括：

1. 放养种类　主要以花鲢夏花、麦鲮夏花、鳜鱼苗种为主，少量搭养鳊、鲫、鲴等夏花鱼种。

2. 放养时间规格及密度　五月初淹青后，花鲢夏花（规格为1.5～2.0厘米）按1.0万尾/亩投放；五月中旬投放第一批麦鲮夏花（1.5～2.0厘米）密度5.0万～10万尾/亩；五月下旬至六月上旬开始投放鳜鱼苗种，规格5.0～6.0厘米，密度150～200尾，同时投放第二批麦鲮夏花，密度10万～15万尾/亩。

3. 养殖与管理　鳙、鲮的产量是决定该养殖模式成败的关键。鲮、鳙由于密度较大，生长较鳜鱼缓慢，保证了鳜鱼的正常摄食，但若鳙、鲮生长过缓，影响饵料鱼整体产量，则鳜鱼亩产也不会很高，所以要加强饵料鱼鱼种的饲养管理，要定期根据池塘内麦鲮的规格，适当调整投喂量及次数，使其和鳜鱼同步快速生长。高温6～9月，由于池塘鱼类密度大，要保证投饵施肥，池塘水质保持"肥、活、嫩、爽"，每5～10亩，安装增氧机一台，定期用生石灰、微生态制剂调节水质。由于鳙、鲮疾病较少，池塘病毒预防以鳜鱼防病治病为主。

4. 养殖周期与起捕　该模式由于鳜鱼养殖密度不大，加之饵料鱼供应持续充足，因此鳜鱼生长较快。养殖至9月中旬，早批鳜鱼苗即达上市规格。一般从9月中下旬开始，鳜鱼便可陆续用丝网起捕上市，至11月下旬，池塘鳜鱼基本上可以销售完。池塘干塘时间应以麦鲮临界温度为准，在水温下降至5℃以下，麦鲮开始死亡，7℃以下土鲮开始死亡。因此池塘应在冬季大寒潮来临之前，干塘起捕池塘内剩余的鳙、鲮以及其他鱼种。

5. 产量与效益　该模式鳜鱼产量一般在50～100千克/亩，鳙鱼种产量100～150千克/亩，剩余麦鲮产量50～100千克/亩。亩产量在3 500～6 000元/亩，亩效益在2 500～3 500元/亩。

（三）池塘套养

成鳜的套养主要有成鱼池套养和亲鱼池套养两种方式。鳜鱼苗放养一般3～5厘米40～50尾或8～10厘米15～20尾。具体放养量可视塘内野杂鱼的多少而增减，以既充分利用野杂鱼又无需增加投饵为前提。由于鳜鱼对溶氧要求比家鱼高，因此混养塘水质要控制，定期注入新水，定时开启增氧机，另外鳜鱼对某些杀虫药物较敏感，施药时应特别慎重，采用此方法套养鳜鱼，鳜鱼产量一般在10～15千克/亩，增收鳜鱼200～300元/亩。

第四节　捕捞和运输

鳜鱼的捕捞、运输和销售是鳜鱼养殖生产中的重要环节，直接影响养殖的最终效果。

（一）捕捞

池塘养殖鳜鱼的捕捞主要用成鱼拖网、丝刺网和干塘等方式进行。捕捞前一般用撒网或丝刺网检查池塘中鳜鱼生长规格及达标鳜鱼比例，只有在达标商品鳜比例超过80%的前提下，才能考虑用拖网全池拉网起捕。随着拉网起捕数量越来越少，再采用降低池塘水位的方法，直至最后干塘起捕。干塘起捕鳜鱼时，应带水操作。商品鳜鱼销售采用活鱼销售方式，死鳜鱼的商品价值大大低于活鳜，因此在捕捞操作时应十分细心，防止鳜鱼受伤或因操作不当而发生死亡。

（二）运输

鳜鱼的运输，应视规格、数量和距离远近，采用经济实用的运输工具和运输手段。

鳜鱼夏花运输，用塑料袋注水充氧运输较好。一般30厘米×60厘米规格的氧气袋，规格为1.5～2.0厘米装300～400尾，规格为3.0～4.0厘米装200～300尾，5厘米以上鳜鱼苗不要用塑料袋充氧运输，以免鳍条刺穿氧袋。用氧气袋运输时，应避免高温，防止阳光直射，以免影响成活率。一龄鳜鱼种运输，短距离可用广口容器装水运输，中长距离应用活水车装运。商品鳜鱼运输应配备双套增氧设备，高温天气带冰降温，确保运输成活率。

第四章　饲养管理

第一节　水质调控

“养鱼先养水”。鳜鱼养殖的核心重在水质调节，保持良好水色及充足溶氧是鳜鱼水质调控的目标。水质调控要点为：

1. 鳜鱼下塘前，要培好水色，以嫩绿色为宜，养殖中后期应始终保持“肥、活、嫩、爽”状态。

2. 每3~5亩安装1台1.5千瓦增氧机，并适时开启增氧机，保持池水溶氧5毫克/L以上，晴天下午3~5时开机1~2小时；阴雨连绵、气压低的闷热天气提前开机，并注意通宵开机。一般池塘溶氧最低的时间是凌晨5：00~6：00，时刻避免发生鳜鱼浮头死鱼事故。

3. 鳜鱼主养池透明度保持25~30厘米，透明度太低会影响光合作用。若水质过肥，藻类生长过盛时，全池可泼洒“四季安”；水质过瘦，发黑时可全池泼洒“双氧氯”，培肥水质，促进藻类生长，加速水体的物质循环。

4. 水色呈墨绿色时，即晴天水色变化不明显时，可第一天泼洒“四季安”，第二天遍洒“双氧氯”改水。

5. 高温季节每隔半月投放“水鲜”或“改水素”等调水素，转化池塘过多有机物质，降低氨氮、亚硝酸盐氮、硫化氢等有害物质，减少应激因子，增强鱼体抵抗力。

6. 寡水（不反光的水）极易发生病毒病，可先全池洒“双氧氯”，第二天再施“水鲜”，药性消失后使用无机肥培肥水质。

7. 通过观察鳜鱼粪便的形状、颜色差异掌握鳜鱼生长状况。如粪便黏着度高、呈长条状、灰白色、疏松的粪便较好；如粪便呈颗粒状、不均匀、颜色过浅或过浓时，说明鳜鱼生长状况不佳，多由水质不良引起，建议视具体情况使用“水鲜”或“水宝”等改良水质。

8. 如发现中毒症（即表现为吐食、粪便稀短），可全池泼洒水质改良剂，消除水体有害因子，缓解应激状态。

9. 如池塘饵料鱼多，鳜鱼摄食状态不佳，说明池塘水质不佳或鳜鱼已患病，须取样镜检观察，对症下药。

第二节　投饲管理

鳜鱼养殖成本70%由饵料鱼决定，而且鳜鱼饵料鱼要求鲜活、规格大小适口，因此鳜鱼养殖过程中饵料鱼配套难度大，直接关系到养鳜成败。

（一）饵料鱼配套

须根据鳜鱼养殖规模的大小，预先对全年各个阶段所需饵料鱼的数量和规格制定周密、细致的生产计划和具体实施方案，以保证做到饵料鱼数量充足、体质健壮、规格适口、供应及时。简单概算全年所需饵料鱼重量方法为：计划出售时商品鳜的个体重量，减去放养时鳜鱼种的个体重量，得出每尾鳜鱼在饲养过程中新增加的个体重，然后乘以放养时鳜鱼种的总尾数，乘以鳜鱼种饲养的成活率（60% ~80%），再乘以饵料系数（4 ~5），即得出全年所需饵料鱼的重量。

（二）饵料鱼投喂技术

1. 投饵量　投饵量的多少随着水温的变化而变化。一般规律是春少、夏多、秋渐减。在不同的季节，鳜鱼的摄食率是不同的，6 ~7 月摄食率为 20% ~30%，8 ~9 月摄食率为 25% ~20%，10 ~11 月摄食率为 10% ~5%。在冬季的低温期，鳜鱼不停食，仍要少量摄食。

2. 饵料鱼规格　合理的饵料鱼规格，即要求便于鳜鱼的猎捕和吞食，又要求饵料鱼不能太小。太大，鳜鱼不能吞食；太小，不仅不经济，而且还会导致鳜鱼频繁捕食，消耗更多的体能，提高饵料鱼系数。因此，在饵料鱼生产环节，尽量做到规格适口。

3. 饵料鱼投喂频率　一般在 6 ~9 月鳜鱼生长旺季，每 3 ~5 天拉网投喂 1 次，10 月以后可降至 10 ~15 天拉网 1 次。

4. 饵料鱼消毒　饵料鱼在投放前 1 ~2 天，可对饵料鱼塘进行杀虫杀菌消毒处理；饵料鱼进池前须对鱼体浸泡消毒，可选用“聚维碘”或“杀车灵”，以避免寄生虫或病原微生物带入鳜鱼塘。

第五章　疾病防治

第一节　疾病的综合预防措施

鳜鱼生活于水体底层，有病后难察觉症状，一旦浮于水面显现症状时，就已进入疾病的中晚期，治疗难度较大，因此，应设计健康科学的养殖模式，保持池塘生态系统的动态平衡，预防疾病的发生。

1. 彻底清塘　冬季暴晒池底，清除过多淤泥。在鳜鱼种下塘前，采用生石灰或漂白粉清塘。

2. 合理密养　放养密度应根据池塘环境条件，养殖技术水平，饵料鱼的充足与否，资金投入等因素而定。湖北地区养殖鳜鱼不能照搬广东模式，片面追求高产量。建议鳜鱼苗种放养量以 800 ~1 200尾/亩为宜。

3. 加强水质管理　鳜鱼养殖的核心重在水质调节，保持良好水色及充足溶氧。

4. 把好饵料鱼关　要求投喂饵料鱼规格适口，无病无伤，供应量充足均衡。

5. 不滥用药物　预防药物应避免使用强刺激性、高危害、高残留等违禁药物。

6. 选用抗病力强的苗种　从正规苗种生产厂家选购生长速度快、抗病力强的鳜鱼。

7. 做好隔离措施　养殖区域进排水渠分开。一旦发病，应严格避免饵料鱼、水源、工具等相互传染。

第二节　常见疾病诊断与治疗

（一）车轮虫、斜管虫病

病原体：车轮虫、斜管虫。

病因：由车轮虫、斜管虫寄生引起。在池塘过小、水体过浅、水质过肥或过瘦、饵料鱼不足，放养密度过大、尤其是连续阴雨天气的情况下极易发生，水温 28℃以下，危害各种规格鳜鱼。流行时间：一年四季均可发病，严重寄生时，可引起鳜鱼苗种的大批死亡。

症状：少量车轮虫、斜管虫寄生在规格较大的鱼体上时，没有明显的症状。当大量车轮虫、斜管虫寄生于苗种鳃、体表、鳍条等处时，引起寄生部位黏液分泌增多，病鱼呼吸困难，喜在进水口或增氧机附近游动；由于大量车轮虫、斜管虫在鱼体体表和鳃部不断移动，造成寄生处上皮细胞受损，使身体的部分甚至全部变成灰白色；当大量寄生、病程较短时，鳃部附着淤泥，没有腐烂，淤泥与鳃丝界限清晰。当少量寄生、病程较长时，鳃丝末端腐烂，鳃丝与淤泥混淆。在水中可观察到病鱼体色发黑、消瘦，离群独游。

预防：加强水质管理，保持水质清新；阴雨连绵天气，定期泼洒“杀车灵”，杀灭水体中原生动物、细菌、真菌；控制养殖密度；保证充足饵料鱼的供应，增强鱼体抗病力。

治疗方法：全池均匀泼洒“杀车灵”，如遇阴雨低温天气，间隔 24 小时再使用一次；也可选用“虫尽”或“混杀手”配合硫酸铜使用，为避免引起继发性感染，一般第二天须使用“双氧氯”消毒一次。如同时发生病毒病，应先按病毒病的处置方案进行。

（二）指环虫病（锚首吸虫病）

病原体：锚首吸虫，俗称指环虫。

病因：由锚首吸虫寄生引起，流行于春末夏初，靠虫卵及幼虫传播，主要危害苗种，大量寄生时可引起苗种大批死亡和成鱼零星死亡，并极易继发感染细菌及病毒病。

症状：当虫体少量寄生在鳜鱼鳃上时，没有明显的症状；当大量寄生时，病鱼鳃丝黏液增多，全部或部分充血发紫，鳃丝肿胀，鳃盖张开，鳃丝呈块状腐烂，腐烂部位充塞淤泥。由于指环虫有聚居的特性，翻开鳃盖，仔细观察，在阳光下肉眼可见白色虫体，并有蠕动感。在显微镜下，一片鳃观察到 5～7 个寄生虫时，即可诊断为该病，发病鱼一般在鱼塘中较难观察到，死亡鱼直接浮于水面，该病的发生与病毒病的发生有较为密切的关系。

治疗方法：发病后可根据不同的类型分别选用“虫尽＋硫酸亚铁”或“鳜虫净”，杀虫后第二天为避免继发性细菌感染，可使用一次“双氧氯”或“一元笑”或“四季安”。如同时发生病毒性疾病，则只能按病毒病的处置方案进行。

（三）细菌性烂鳃病

病原体：柱状屈桡杆菌。

病因：由柱状屈桡杆菌感染引起，水质不清新、有机质较多、淤泥深、氨氮含量高、寄生虫寄生后引起鳃组织损伤等因素均可引发该病。流行水温 15～30℃，水温越高越容易暴发流行，导致患病死亡的时间也就越短，在广东一年四季均可发病，流行高峰为 5～7 月。从鱼种至成鱼阶段均可发病，患病后的鳜鱼死亡率可达 20%～80% 左右。

症状：初期，鳃丝末端充血，略显肿胀，使鳃瓣前后呈现明显的鲜红和乌黑的分界线；继后，鳃丝末端出现坏死、腐烂，甚至软骨外露。鳃瓣末端附着淤泥，形成明显的泥沙镶边区，鳃丝与淤泥模糊不清，如遇阴雨天低温天气，极易感染真菌，形成典型的鳃霉症状。在发病鱼塘中，发病鱼死亡之前，一般漫游现象很少，体色也较正常，濒临死亡的鱼一般易“贴边”，因该病的症状表现易与车轮虫、斜管虫病混淆，因此须通过镜检采取排除法确诊。

预防：

①加强水质管理，定期泼洒“水宝”或“氨净”“改水素”“底改素”或“塘参”，重在消除氨氮或亚硝酸盐氮含量过高对鳃组织造成的损伤。

②在发病高峰期定期消毒杀菌，可选用“双氧氯”或“一元笑”。

③及时控制车轮虫、斜管虫及锚首吸虫病的发生与发展。

治疗方法：

①定期泼洒“水宝”或“氨净”等改良剂。

②定期用“双氧氯”等氯制剂消毒杀菌。

③发病时连续使用“双氧氯”两次。之后，使用“鳜鱼康”或“水宝”改善水质。

（四）细菌性暴发性出血病

病原体：嗜水气单胞菌。

病因：由嗜水气单胞菌感染引起，池塘淤泥过深，养殖密度过大，长期不清塘消毒，氨氮、亚硝酸盐氮含量高，鱼体体质弱时可引发该病。

症状：早期病鱼的上下颌、眼眶、口腔、鳃盖、眼眶周围、鳍条基部及鱼体两侧轻度出血发红。严重时，腹部肿大，肛门外翻发红，解剖观察腹腔内有黄色或血红色腹水，肝、脾、肾肿胀。

预防：同细菌性烂鳃病。

治疗方法：先使用“氨净”或“水宝”一次，两小时后再使用“双氧氯”或“一元笑”配合 0.3mg/kg 硫酸铜泼洒 1～2 次，病情严重时，可追加一次“鳜鱼康”或“四季安”。

（五）病毒性出血病

病因：

①养殖密度过高（每亩平均放养 1 000尾以上）长期形成一种环境胁迫效应。

②水质过于清瘦或过于老化，氨氮及亚硝酸盐氮或硫化氢长期处于一种高含量水平。

③寄生虫的继发感染，尤其是锚首吸虫的侵袭。

④细菌性疾病的发生。

⑤天气突变，尤其是连续大暴雨或台风前后以及昼夜温差变化大而水位又较浅时（低于 1.2 米）

流行时间：流行高峰期为每年的 7～10 月，特别是在连续大暴雨或刮台风等气候突变的条件下，更易出现大规模流行，大多危害 10 厘米以上鳜鱼。

症状：发病塘水突然变浊，鳃丝发白或呈花斑状，胃壁呈斑状充血，肠道充血发红或呈球状充血，肠内容物充塞黄色流晶样物质，塘内黑头黄身漫游鱼类增多。在排除寄生虫感染、细菌性烂鳃、细菌性出血病及中毒症而大量死亡时，凡发病鱼塘有符合上述两条症状时，均可判断为病毒性出血病。

预防：

①养殖密度合理，每亩放养 6～8 厘米鳜鱼苗种 800～1 000尾。

②定期预防寄生虫、细菌性疾病，可选用“虫尽”“杀车灵”“双氧氯”或“一元笑”。

③保持池塘水质的肥、活、嫩、爽，定期泼洒“水鲜”“氨净”。

④疾病高发期保持池水水位 1.5 米左右，水位过浅，水体理化因子易受外界影响而产生变化，水位过深，水体底层易产生有害物质。

治疗方法：

① 停止投喂饵料鱼，不换水、不施肥。

② 严禁施用强刺激性药物，如漂白粉、硫酸铜、氯制剂等。

③ 先使用“水鲜”一次，两小时后再使用“双氧氯”或“一元笑”或“鳜鱼康”或“巨威碘”。

④ 严重时，无有效治疗方案。

（六）中毒病

病因：水质不良，水质过肥，有机质不能充分分解氧化后，产生氨氮、硫化氢、亚硝酸盐、甲烷太多，表现为增氧机曝气的水泡大而久久不破散。是由溶氧过低、酸碱度不适当，或养殖过密，或长期不换水，或用药过度，或投放饵料鱼过多，或水体受工业和生活污水污染，引起鳜鱼中毒。

症状：表现兴奋、不安、乱窜、暗浮头、挣扎、吐食或粪便不正常，捕捞起来的鱼一般体表潮红，抽筋、鱼体发硬、瞳孔缩小，饲料鱼与其他鱼及一些水昆虫也有死亡。剖检可见肝脾淤血，血液暗红，但水中重金属污染中毒的血液鲜红。如水中亚硝酸盐过量缺氧中毒的血液呈巧克力糖色，肝带褐色。敌百虫、硫酸铜中毒，黏液较少，体色发暗，鳃发紫。

治疗方法：

①鱼塘自身因氨氮、亚硝酸盐、硫化氢含量过高造成的内源性中毒，可使用“水宝”或“氨净”一次。

②因滥用有毒药物及工业或生活污水造成的外源性污染可使用较高剂量的“水鲜”1~2次，并延长增氧机开机时间。

（七）棘头虫病

病因：由棘头虫寄生肠道引起。

症状：病鱼腹部膨大，剖开腹腔，肠道充血，肠壁薄而脆，剪开肠道，有许多白色虫体附着肠道壁上。严重时，因虫体寄生在肛门处形成花瓣状。

防治方法：彻底清池，合理密养可预防该病发生；发病后全池泼洒“虫净”或“混杀手”配合硫酸亚铁1~2次。

（八）复口吸虫病

病因：由复口吸虫寄生引起。

症状：病鱼身体失去平衡，头向下、尾朝上在水面旋转，头部、眼眶充血，严重者体型弯曲、眼球水晶体浑浊呈白内障症状，甚至水晶体脱落。

流行情况：从鱼苗、鱼种至成鱼均可感染，特别是螺类较多的池塘更易发病，流行于5~8月。

防治方法：彻底清塘，杀灭池中螺类，驱赶鸥鸟可有效预防该病的发生，发病后全池泼洒“虫净”或“混杀手”配合硫酸铜、硫酸亚铁合剂2次，间隔两天再使用2次。

第十九篇　杂交鲌“先锋1号”健康养殖技术

王贵英

（武汉市农业科学技术研究院，武汉市水产科学研究所）

第一节　杂交鲌“先锋1号”简介

（一）分类及来源

杂交鲌“先锋1号”（图1）隶属于鲤形目、鲤科、鲌亚科；是武汉市农科院水产所与武汉先锋水产科技有限公司经十余年精心研究，采用现代生物技术和分子育种技术培育的鲌新品种，2012年通过国家水产新品种审定（图2），2013年成为国家主推品种。

图1　杂交鲌“先锋1号”

水产新品种　（2013）新品种证字第 4号

证　书

新品种名称：杂交鲌“先锋1号”　品种登记号：GS-02-001-2012

培育单位：武汉市水产科学研究所，武汉先锋水产科技有限公司

该品种业经审定，根据农业部《水产原、良种审定办法》，特发此证。

二〇一三年四月十五日

图2　杂交鲌“先锋1号”水产新品种证书

（二）优良特性

1. 生长速度快　采用粗蛋白含量为32%的配合饲料同池养殖，杂交鲌“先锋1号”比黑尾近红鲌（俗称黑尾鲌）生长快20%以上，比翘嘴鲌生长快100%。

2. 养殖成本低　杂交鲌“先锋1号”的饲料成本比翘嘴鲌降低50%。

3. 杂交鲌“先锋1号”起捕率较高　性情温驯，易捕捞、易活鱼上市；体型好，易被市场认同。

（三）杂交鲌“先锋1号”与其他鲌类、鲴类主要品种的区别（图3）

1. 杂交鲌“先锋1号”与鲌类其他主要养殖品种的区别见表1和图3。

表1　杂交鲌“先锋1号”与鲌类其他主要养殖品种的区别

品种	食性	外部形态
杂交鲌“先锋1号”	肉食性偏杂食性	口亚上位，头后背部稍隆起；侧线较平直；各鳍带灰色
黑尾近红鲌	肉食性偏杂食性	口半上位，头后背部显著隆起；各鳍带灰色，尾鳍上下叶的边缘尤为明显
翘嘴鲌	肉食性	口上位；头背部几乎平直；各鳍灰色乃至灰黑色
蒙古鲌	肉食性	口端位；头后背部微隆起；背鳍灰白色，胸鳍、腹鳍和臀鳍均为淡色；尾鳍上页淡黄色，下页鲜红色

2. 杂交鲌“先锋1号”与鲴类主要养殖品种的区别见表2和图4。

杂交鲌“先锋1号”

黑尾近红鲌

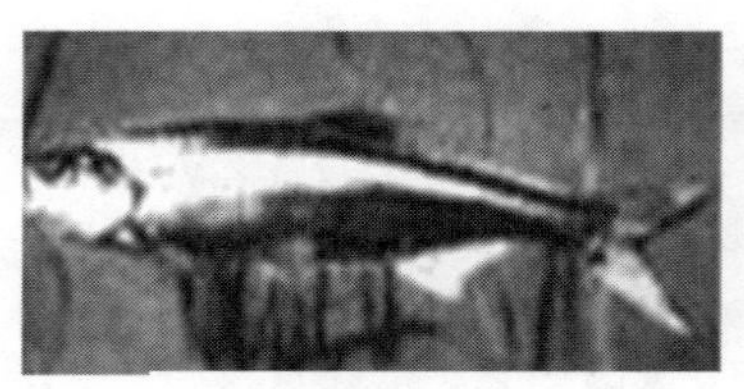

翘嘴鲌

蒙古鲌

图3　杂交鲌“先锋1号”与鲌类其他主要养殖品种

表2　杂交鲌“先锋1号”与鲴类主要养殖品种的区别

品种	分类	生活水层	食性	耐氧能力	鳍条颜色　口的位置
杂交鲌“先锋1号”	鲌亚科	中上层	肉食性偏杂食性	超过草鱼等品种	各鳍灰色，尾鳍灰黑色；口亚上位
细鳞鲴	鲴亚科	中下层	杂食性	不耐低氧	尾鳍桔黄色，其他各鳍均为浅黄色；口下位
黄尾鲴	鲴亚科	中下层	杂食性	不耐低氧	显著黄色；口下位

杂交鲌“先锋1号”

细鳞鲴

黄尾鲴

图4　杂交鲌“先锋1号”与鲴类主要养殖品种

第二节　养殖前景

（一）鲌类养殖现状

鲌类营养丰富、味道鲜美，一直受到消费者的青睐，价格居高不下，且商品鱼主要来源于湖泊、水库野生资源，随着人工捕捞的增加，湖泊水库的天然资源面临枯竭，市场供不应求；杂交鲌“先锋1号”是鲌类中的优良养殖品种，发展人工养殖具有良好的市场前景。

（二）杂交鲌“先锋1号”的养殖优势

1. 养殖成本低，效益显著。养殖成本为翘嘴鲌的50%，养殖经济效益显著。

2. 耐低氧能力强，适宜于集约化养殖。养殖单产高，池塘主养每亩可达600千克以上；网箱养殖每平方米可达25千克以上。

3. 生长速度快，二冬龄养成商品鱼。当年繁育的鱼苗培育成大规格鱼种，次年成鱼养殖可达商品鱼规格（根据不同的养殖模式，可获得规格在0.5～1千克的商品鱼）。

4. 性情温顺，适宜活鱼上市。翘嘴鲌应激反应强烈，出水极易死亡；杂交鲌“先锋1号”性情温顺，宜活鱼运输。

5. 抗病能力强，养殖成活率高。目前尚未见流行病，鱼种培育成活率可达85%以上，成鱼养殖成活率可达90%以上。

6. 食性杂，食物来源广。既可吃配合饲料，又可吃水中的浮游动物和有机碎屑，适宜人工投喂配合饲料高密度集约化养殖。

7. 容易养殖，农户接受快。养殖技术易被农民接受，会养鲤、鲫鱼就能养杂交鲌“先锋1号”。

8. 上钩率高，极易垂钓。是城郊休闲渔业的优良新品种。

（三）国内市场分析

1. 苗种需求　武汉先锋水产科技有限公司及湖北武汉鲌鱼良种场具有年产鲌鱼苗种5亿尾的能力，可满足50万亩池塘主养需求。

2. 成鱼需求　我国鲌类总量较低，国家尚无相关统计。湖北省统计表明：2010年湖北省水产品总量353万吨，其中鲌类总量36 928吨、占水产品总量的1.05%；2011年湖北省水产品总产量达到365万吨，其中鲌类39 143吨、占水产品总量的1.07%；2012年湖北省水产品总量389万吨，其中鲌类总量44 194吨、占水产品总量的1.14%。从湖北省近3年的水产品数据分析，鲌类总量及占水产品总量的比例均很低，远不能满足市场需求。

50万亩池塘主养可提供5亿斤（25万吨）成鱼产量，人均年提供0.2千克鲌鱼产品。

（四）产业化开发前景

杂交鲌“先锋1号”的规模化养殖将推动休闲渔业和水产品加工业的快速发展，有利于延伸产业链、增加产品附加值，提高产业化开发整体效益。

第三节 养殖模式与养殖技术

（一）池塘养殖

1. 池塘主养 根据杂交鲌“先锋1号”生活习性、摄食行为、环境适应能力等生物学习性，结合池塘生态条件，进行高密度池塘集约化养殖，达到池塘优质高产高效目的。

（1）池塘大规格鱼种养殖：

① 目的与意义：适应杂交鲌“先锋1号”生长特性的需要，二年养成达标的商品鱼规格；提高集约化养殖单产和经济效益。

② 面积：以3~6亩为宜。

③ 密度：2~3厘米夏花放养1~1.5万尾/亩。

④ 放养前的准备工作

苗种放养工作流程：

◇ 加注新水

◇ 清塘除害

放养前10~15天带水清塘，清除敌害生物、杀灭病原体，使苗种放养后有一个良好的生长环境。具体方法为：在池塘加注新水80~100厘米后，每亩40~50千克茶饼进行清塘，或使用清塘剂清塘；次日使用杀虫剂。

◇ 施足基肥

放养前7~10天施基肥，每亩施放充分发酵的有机粪肥70~150千克（根据粪源、水温、池塘条件等确定），或使用生物肥料、绿肥。

◇ 杀菌消毒 放养前1天，使用二氧化氯杀菌消毒。

◇ 适时下塘 观测水质，检查饵料生物，苗种经试水安全后下塘。

⑤ 苗种放养

◇ 放养密度

根据出塘规格和设计鱼产量确定放养密度。一般鱼种产量300千克/亩左右，放养2~3厘米的夏花1~1.5万尾。采取池塘分级培育大规格鱼种方式的，可先密放（3万尾/亩）后（1个月，达8厘米后）分稀的方法进行。

◇ 苗种消毒

苗种下池前，用碘制剂等药物消毒。

⑥ 饲养管理

◇ 合理投饵

驯化期：每天上午9：00~10：00点和下午5：00~6：00点按照先相对分散后集中的方法投喂粗蛋白含量40%破碎料，最后达到定点投喂。

饲养前期（约1个月）：投喂粗蛋白含量40%的破碎料，规格达8厘米；日投喂3次；投喂量以鱼摄食行为不明显为准。

饲养中期（约1个月）：投喂粒径1.0、蛋白质含量40%的饲料，规格达12厘米；日投喂3次；投喂量以鱼摄食行为不明显为准。

饲养后期（约2个月）：投喂粗蛋白质含量40%的粒径为1.5的饲料，规格达15厘米左右；日投喂3次；投喂量以鱼摄食行为不明显为准。

◇ 适时追肥

在鱼种培育的整个阶段，根据水体饵料生物情况，适时追施以有机肥为主的肥料，以均衡增加池塘饵料生物量，提高天然鱼产量，降低饵料成本；施放量：50～75 千克/亩。

◇ 科学调水

随着水温的不断升高，池塘鱼产量的增加，池底亚硝酸盐、氨氮、硫化氢等残留物质的逐步积累，为改善养殖水体环境，必须进行科学水体调水。物理方法：机械增氧（耕水机、纳米增氧管等）和加注新水。化学方法：出现应急状态时，及时泼洒增氧的化学制剂增氧。

生物方法：根据池塘的水质变化，适时泼洒生物调水剂。

◇ 鱼病防治 重点防治纤毛虫、指环虫、水霉病。

（2）池塘成鱼养殖

① 池塘面积与水深：5～30 亩均可，水深 2.5 米左右。

② 放养规格与密度：足量投放人工驯化养殖且体质健壮、无病无伤规格在 12 厘米左右的杂交鲌“先锋 1 号”苗种，放养量为1 000～1 200尾/亩。

③ 配放鱼类及密度：白鲢：夏花鱼种放养 200 尾/亩左右；花鲢：夏花鱼种放养 20～50 尾/亩；黄颡鱼：50～100 尾/斤的鱼种放养 500～800 尾/亩。

④ 放养时间：以晚秋至早春为宜。

⑤ 放养前的准备工作：鱼种放养前对池塘进行彻底清塘除害、施足基肥培肥水质和杀菌消毒（具体方法可参照池塘苗种培育技术）。

⑥ 日常管理：加强饲养管理，对养殖池塘进行科学调节水质、科学喂养（日投喂 3 次）和疾病预防；投喂粗蛋白为 32%～35% 的配合饲料。

⑦ 收获：成活率 85%，单产1 200斤左右/亩，饲料系数 1.5 左右。

2. 池塘套养　根据杂交鲌“先锋 1 号”生物学习性，充分利用池塘水体空间和饵料生物资源，在主养吃食性鱼类、河蟹等集约化养殖池塘适量套养杂交鲌“先锋 1 号”，达到维护池塘生态系统平衡，综合提高池塘养殖经济效益目的。

（1）常规鱼类鱼种培育池套养：在草鱼、青鱼、武昌鱼、鲤鲫等常规品种鱼种培育池塘内套养 2～3 厘米规格杂交鲌“先锋 1 号”，密度为2 000尾/亩左右；年终可收获 15 厘米左右、单产达到 40 千克/亩的大规格鱼种。

（2）常规鱼类成鱼养殖池塘套养：在草鱼、青鱼、武昌鱼、鲤鲫鱼等吃食性鱼类（肉食性鱼类除外）成鱼养殖池塘内套养 12 厘米左右杂交鲌“先锋 1 号”，密度为 50～100 尾/亩；年终收获规格在 500g 左右，单产达 20～40 千克/亩的商品鱼。

（3）黄颡鱼池塘套养：

① 在主养大规格黄颡鱼（1.1 厘米以上开口苗 3 万尾）池塘内套养 2～3 厘米规格杂交鲌“先锋 1 号”夏花，密度为5 000尾/亩左右；年终可获得 50 尾/斤规格的黄颡鱼 200 千克/亩，收获规格在 15 厘米以上的杂交鲌“先锋 1 号”鱼种 100 千克/亩。

② 在主养黄颡鱼成鱼池塘内套养 12 厘米左右的杂交鲌“先锋 1 号”鱼种，密度为 500～600 尾/亩；年终可获得规格在 500 克以上、单产达 200 千克/亩的杂交鲌“先锋 1 号”商品鱼。

（4）龟鳖池套养：在龟鳖养殖池塘内套养 12 厘米左右的杂交鲌“先锋 1 号”鱼种，密度为 400 尾/亩左右，年终可收获规格在 500 克以上，单产达 150 千克/亩的商品鱼（配放少量白鲢）。

（5）河蟹池套养：在成蟹池套养 12 厘米左右的杂交鲌“先锋 1 号”鱼种，密度为 50 尾/亩左右，年终可收获规格在 500 克左右、单产达 20 千克/亩左右的商品鱼。

（二）人工可控大水面养殖

1. 人工可控小型湖泊养殖　在人工可控的封闭式营养性小型湖泊中放养杂交鲌“先锋1号”，达到充分利用湖泊水体空间和饵料生物资源、提高湖泊天然鱼产量和经济效益的目的。

主要养殖方式有2种：

（1）在冬季或早春投放12~15厘米的杂交鲌“先锋1号”鱼种，密度为10~20尾/亩，当年养成规格在500克以上，单产5~10千克的商品鱼，亩平增收100元左右。

（2）在6~7月投放5厘米以上的杂交鲌“先锋1号”鱼种，亩投放密度80~100尾，当年规格达到150克以上，次年冬季起捕规格可达1 000克以上；亩平单产30千克，亩平年单产15千克，亩平年增收80元左右。本方式适宜于小型湖泊捕大留小的作业方式。

2. 网箱养殖　在人工可控的大水面中架设网箱进行集约化养殖。

（1）投放15厘米左右的鱼种，放养密度为60~80尾/平方米；投喂适宜的配合饲料，当年可养成500克以上的商品规格，单产25千克/平方米左右。

（2）投放5厘米鱼种，当年养成15厘米左右的大规格鱼种，次年养成商品鱼规格；放养密度为400尾/平方米，单产8千克/平方米。

第四节　养殖效益与实例

（一）养殖效益

1. 池塘主养　亩纯利4 000~8 000元；
2. 池塘套养　亩增收200~500元；
3. 网箱养殖　每平方米获利300元；
4. 湖泊养殖　亩平增值100元。

（二）养殖实例（表3）

1. 池塘主养实例

（1）武汉市东西湖区泾河农场池塘主养实例（表3）

① 池塘面积：12亩

② 养殖模式：杂交鲌“先锋1号”（以下简称鲌“先锋1号”）主养

③ 放养情况

◇ 鲌“先锋1号”苗种：1.5万尾（规格11厘米，60尾/斤），1 250尾/亩；

◇ 黄颡鱼苗种：1万尾（100多尾/斤），830尾/亩；

◇ 白鲢鱼种：1 000尾（冬片），85尾/亩；

◇ 草、青鱼种：100尾（1斤/尾），9尾/亩。

④ 饲料总投喂情况

◇ 前期投喂膨化料5吨（7 500元/吨）；

◇ 后期投喂沉性料5吨（4 500元/吨）；

◇ 饲料系数：1.21。

⑤ 产量：混合总产量22 500斤，混合单产1 875斤/亩

◇ 鲌“先锋1号”：总产量12 000斤，单产1 000斤/亩；

◇ 花白鲢：总产量6 000斤（4~5斤/尾），单产500斤/亩；

◇ 黄颡鱼：总产量3 500斤（0.4~0.5斤/尾），单产290斤/亩；

◇ 草、青鱼：总产量1 000斤（5～7斤/尾），单产85斤/亩。
⑥ 总成本：9.45万元
◇ 饲料5吨*7 500元/吨+5吨*4 500元/吨=6万元；
◇ 鲌“先锋1号”苗种：1.5万元；
◇ 黄颡鱼苗种：0.5万元；
◇ 其他苗种：0.15万元；
◇ 水电：0.3万元；
◇ 肥料、渔药：1万元。
⑦ 总收入：18.5万元
◇ 鲌“先锋1号”收入：12万元；
◇ 黄颡鱼收入：3.5万元；
◇ 其他鱼收入：3万元；
⑧ 利润：总利润9.05万元，亩利润7 540元。

表3　东西湖区泾河农场杂交鲌“先锋1号”主养效益分析

池塘		12亩		
养殖模式		主养		
放养情况	鲌“先锋1号”	1 250尾/亩（1.5万尾）	60尾/斤	
	黄颡鱼	830尾/亩（1万尾）	40多尾/斤	
	花白鲢	85尾/亩（1 000多尾）	冬片	
	草青鱼	9尾/亩（100多尾）	1斤/尾	
投喂饲料	前期膨化料	5吨	7 500元/吨	
	后期沉性料	5吨	4 500元/吨	
养殖结果	鲌“先锋1号”	12 000斤	1 000斤/亩	
	黄颡鱼	3 500斤	290斤/亩	0.4～0.5斤/尾
	花白鲢	6 000斤	500斤/亩	4～5斤/尾
	草青鱼	1 000斤	85斤/亩	5～7斤/尾
	混合总产量	22 000斤		
	混合单产	1 830斤/亩		
	饲料系数	1.21		
成本	饲料	6万元		
	鲌“先锋1号”苗种	1.5万元		
	黄颡鱼苗种	0.5万元		
	其他苗种	0.15万元		
	肥料渔药	1万元		
	水电	0.3万元		
	总成本	9.45万元		
	亩成本	7 870元/亩		
收入	鲌“先锋1号”	12万元		
	黄颡鱼	3.5万元		
	花白鲢、草青鱼	3万元		
	总产值	18.5万元		
	亩产值	1.54万元/亩		
利润	总利润	9.05万元		
	亩利润	7 540元/亩		

（2）武汉市东西湖区东山农场池塘主养实例（表4）

① 池塘面积：18.5 亩

② 养殖模式：杂交鲌“先锋1号”（以下简称鲌“先锋1号”）主养

③ 放养情况

◇ 鲌“先锋1号”苗种：总24 000尾（规格12 厘米，50 尾/斤），1 300尾/亩；

◇ 黄颡鱼苗种：1.2 万尾（100 多尾/斤），650 尾/亩；

◇ 白鲢鱼种：700 尾（冬片），38 尾/亩。

④ 饲料总投喂情况

◇ 前期投喂膨化料18 吨（5 650元/吨）；

◇ 后期投喂沉性料1.5 吨（4 250元/吨）；

◇ 饲料系数：1.62。

⑤ 产量：混合总产量28 200斤，混合单产1 525斤/亩

◇ 鲌“先锋1号”：总产量21 000斤，单产1 135斤/亩；

◇ 白鲢：总产量4 200斤（700 尾×6 斤/尾），单产230 斤/亩；

◇ 黄颡鱼：总产量3 000斤（1.2 万尾，0.25 斤/尾），单产160 斤/亩。

⑥ 总成本：14 万元

◇ 饲料18 吨×5 650元/吨+1.5 吨×4 250元/吨=10.8 万元；

◇ 鲌“先锋1号”苗种：24 000尾×0.8 元/尾=19 200元（12 厘米，50 尾/斤）；

◇ 黄颡鱼苗种+白鲢鱼种：0.38 万元；

◇ 电费：小于3 000；

◇ 渔药：1 500；

◇ 肥料：4 500；

⑦ 总收入：27.7 万元；

◇ 鲌“先锋1号”收入：20 万元（19 000多斤×11 元/斤）+4 万元垂钓（2 000斤×20 元/斤）=24 万元；

◇ 黄颡鱼收入：3 000斤×8 元/斤=2.4 万元；

◇ 白鲢收入：4 200斤×3 元/斤=1.3 万元。

⑧ 利润：总利润13.7 万元，亩利润7 400 元。

（3）武汉市东西湖区东山群力大队池塘主养实例（图5）

① 主养面积：8 亩。

② 放养情况：年初放养11 尾/斤的杂交鲌“先锋1号”鱼种1 万尾，套养3 两白鲢1 000尾。

③ 总投入：48 950元（6 100元/亩）。

④ 收获情况：年底杂交鲌“先锋1号”起产7 410斤，926 斤/亩。总产值98 655元（鲌售价12 元/斤）。总利润49 705元，亩利润6 213元。

表 4　东西湖区东山农场杂交鲌“先锋 1 号”主养效益分析

池塘面积		18.5 亩		
养殖模式		主养		
放养情况	鲌“先锋 1 号”	1 300 尾/亩（2.4 万尾）	50 尾/斤	
	黄颡鱼	650 尾/亩（1.2 万尾）	100 多尾/斤	
	花白鲢	38 尾/亩（700 尾）	冬片	
	草青鱼	—		
投喂饲料	前期膨化料	18 吨	5 650 元/吨	
	后期沉性料	1.5 吨	4 250 元/吨	
养殖结果	鲌“先锋 1 号”	21 000 斤	1 135 斤/亩	
	黄颡鱼	3 000 斤	160 斤/亩	0.25 斤/尾
	白鲢	4 200 斤	230 斤/亩	6 斤/尾
	草青鱼	—		
	混合总产量	28 200 斤		
	混合单产	1 525 斤/亩		
	饲料系数	1.62		
成本	饲料	10.8 万元		
	鲌“先锋 1 号”苗种	1.92 万元		
	其他苗种	0.38 万元		
	电费	0.3 万元		
	渔药	0.15 万元		
	肥料	0.45 万元		
	总成本	14 万元		
	亩成本	7 560 元/亩		
收入	鲌“先锋 1 号”	24 万元 = 20 万元（1.9 万多斤 * 11 元/斤）+4 万元垂钓（2 000 斤 * 20 元/斤）		
	黄颡鱼	2.4 万元 = 3 000 斤 * 8 元/斤		
	白鲢	1.3 万元 = 4 200 斤 * 3 元/斤		
	总产值	27.7 万元		
	亩产值	1.5 万元/亩		
利润	总利润	13.7 万元		
	亩利润	7 400 元/亩		

（4）武汉市东西湖区东山蒿口大队池塘主养实例（图 5）

① 主养面积：18 亩。

② 放养情况：年初放养 240 尾/斤左右的杂交鲌“先锋 1 号”鱼种 2.5 万尾，套养 3 两左右白鲢 2 500尾。

③ 总投入：66 700元（3 700元/亩）。

④ 收获情况：年底鲌“先锋 1 号”起产 13 100斤，规格 0.5 斤/尾，728 斤/亩。产值 142 700 元（鲌售价 10 元/斤）。总利润 7.6 万元，亩利润 4 222元/亩。

2. 池塘套养实例

（1）套养面积：18 亩常规鱼类养殖池塘。

（2）放养情况：年初放养 8～10 厘米的杂交鲌“先锋 1 号”鱼种 1 400尾，78 尾/亩；苗种投

图5 杂交鲌“先锋1号”池塘主养

入1 000元。

（3）收获情况：年底杂交鲌“先锋1号”起产1 350斤，平均规格1.1斤/尾，75斤/亩。产值9 975元（鲌售价7.4元/斤）；总增收8 975元，亩增收498元/亩。

3. 人工可控大水面混养实例（图6） 武汉市蔡甸区洪北乡可控小型湖泊混养实例（当年夏花养成成鱼）

（1）放养面积：3 000亩。

（2）湖泊情况：天然水草丰富。

（3）放养情况：放养当年夏花2万尾（7尾/亩），苗种投入3 000元。

（4）收获情况：年底杂交鲌“先锋1号”起产规格0.6～2.4斤/尾，成活率60%。获利3.8万元（5～6元/斤），12.6元/亩。投入产出比为1∶10。

图6 可控小型湖泊混养鲌“先锋1号”

第 三 部 分

大棚设施高效利用技术

第一篇　设施园艺发展现状及其应用

庞雄斌
（武汉市农业科学技术研究院，武汉市农业机械化研究所）

第一节　什么是设施园艺

设施园艺又称设施栽培，是指在不适宜园艺作物（蔬菜、花卉、果树等）生长发育的季节，利用不同的设施、设备，人为创造适合园艺作物生长发育的小气候环境，使其不受或少受自然季节的影响而进行的园艺作物生产形式。

设施生产突出了对不良环境条件的控制，通过采用现代科学技术，进行可控条件下的生产，减少自然灾害和劣质环境对农业生产的破坏和影响，消除了农作物生产的季节性，实现周年的生产和供应，使有限的土地获得更多的产出。

设施园艺通过对光环境、热环境、气体环境、水分环境、植物根系环境的控制，为作物提供适宜的温度、湿度、光照、水、肥、气等环境条件，在很大程度上摆脱了农业生产对自然环境的依赖。

设施类型从低级到高级有风障、阳畦、荫棚、温床、塑料大棚以及温室等，设施越高级对环境的调控能力就越强，在我国常见的方式有日光温室和塑料大棚等。

设施生产主要应用于育苗、越冬或夏季栽培、早熟或延后栽培、周年生产、促成栽培、软化栽培、假植栽培或越冬贮藏、园艺设施无土栽培等。

设施园艺生产主要特点有：高投入、高产出；生产环境可控，抗灾能力强；科技含量高，要求较高的管理技术等。

第二节　武汉市设施园艺的发展现状

（一）国外设施园艺发展概况

设施园艺从20世纪初开始，作为一种产业得到迅速发展。荷兰、日本、以色列等国的设施园艺发展水平较高，成为世界设施园艺发展的典范。

设施园艺已发展成为由多学科技术综合支持的技术密集型产业，以高投入、高技术以及可持续发展为特征。

发达国家发展设施园艺经历了以下四个阶段：初始温室阶段；塑料薄膜温室阶段；现代化温室阶段；智能化温室阶段。

2001年后，进入智能化温室阶段，实现电脑智能化监控，传感技术和物联网技术等广泛采用，使现代农业进入“感知”时代，促使机电一体化技术、工程技术、现代信息技术、计算机技术和现代生物工程技术等的集成融合。

现以荷兰为例介绍国外设施园艺发展状况

荷兰温室总面积有 1.1 万公顷，其中温室切花面积 5 600公顷，占比 51%；温室蔬菜面积 4 200公顷，占比 38%；温室盆栽植物等 1 200公顷，占比 11%。

在荷兰，玻璃温室约占 99%，PC 板和农膜温室仅占 1%，栽培方式以无土栽培为主，使用岩棉及其它基质，温室产量水准高，作物平均产量为：番茄 50 千克/平方米；甜椒 25 千克/平方米；黄瓜 70 千克/平方米。可以看出荷兰设施园艺发展的程度是相当高的。

（二）我国设施园艺的发展概况

随着国家经济实力的提升，反哺农业力度的加大，我国的设施园艺事业得到迅速发展，成为农业产业化新的增长点，在全国建立了很多农业高科技示范园区。

我国设施园艺面积已高居世界第一位。据 2012 年全国统计数据，全国温室总面积为 5 797万亩。其中小拱棚 1 627万亩，占比约 28.07%；大中棚 2 673万亩，占比约 46.1%；节能日光温室 1 142万亩，占比约 19.7%；普通日光温室 252 万亩，占比约 4.35%；加温温室 52 万亩，占比约 0.9%；连栋温室 51 万亩，占比约 0.88%。

我国设施园艺主要应用于蔬菜生产，总面积 5 797 万亩中，种植蔬菜 5 488 万亩，占比达 94.7%。

北方一直大力推广与发展节能型日光温室，在北纬 40℃左右的高寒地区冬季不加温也能生产出喜温果菜，更高纬度地区可生产耐寒蔬菜，基本消灭了冬春蔬菜淡季。

南方则大力推广塑料拱棚及遮阳网、降温防雨，克服夏季蔬菜育苗等难题。

近年来，园艺设施逐步向规模化、大型化发展，小型简易类型比重逐步下降，我国新型优化节能日光温室和国产连栋塑料温室得到进一步推广。随着“都市农业”概念的提出，都市农业定位在大城市周边，与二产、三产密切结合，为保证都市多元化、高质量消费的需要，因此往往把设施园艺做为首选项目，使得设施园艺发展飞快。北京的“朝阳农艺园”“锦锈大地”、北京京鹏植物工厂、上海浦东开发区的孙桥园艺试验场，还有武汉的“农耕年华”等，将现代化的温室园艺与观光旅游结合起来，与对青少年进行农业科普教育结合起来，一举多得，拓展了设施园艺的功能，成为大城市周边的新景观。

（三）武汉市设施园艺发展的现状

1. 武汉市设施园艺发展情况　武汉市设施农业发展较早，温室栽培技术始于 1957 年，塑料大棚栽培技术始于 1973 年；全市已建各类设施农业示范园 60 多个，花卉园 40 多个。设施种类多样，有从荷兰、法国等国引进的全自控玻璃温室和双层充气式温室；有国内知名企业生产的连栋温室；有本市企业自行设计生产的温室大棚。但武汉市设施园艺整体水平不高，大部分都是竹架棚。高档温室不多，并且大多用来进行蔬菜育种和花卉培育，比如武汉维尔福生物科技有限公司，公司园区内建设有 4 000平方米育苗车间、4 000平方米组培中心、40 000平方米智能化温室及配套设施，主要进行蔬菜、花卉种苗培育和中高档盆花生产。

根据武汉市农业局统计数据，2012 年武汉市设施园艺面积 20.88 万亩。其中：连栋大棚（温室）0.2 万 亩，占比 0.96%；钢架大（中）棚 2.88 万 亩，占比 13.8%；GRC 骨架大棚 1.5 万亩，占比 7.2%；竹架中棚 16 万 亩，占比 76.6%；双脚小棚 0.3 万 亩，占比 1.44%。

统计数据一方面反映了武汉市设施园艺的整体水平确实不高，另一方面也说明，武汉的设施园艺急需发展，并且发展的潜力大！

武汉市设施园艺整体发展水平不高除了跟对园艺设施的投入不高有关外，也跟武汉市本身所处的地理位置和气候条件密切相关。

2. 武汉市气候特点及其影响　武汉位于江汉平原东部，属亚热带季风性湿润气候区，具有雨量充沛、日照充足、四季分明，夏季高温、降水集中，冬季稍凉湿润等特点。1 月平均气温最低，为3.0℃；7 月平均气温最高，为29.3℃；夏季长达135 天；春秋两季各约 60 天。初夏梅雨季节雨量较集中，年降水量为1 205毫米，年无霜期达240 天。

武汉市受气候条件的影响，蔬菜种植既遭受雨雪冰冻灾害，又长时间遭受夏季高温热害，还经常受到洪涝灾害的困扰；湿、热天气导致病虫害增多，设施蔬菜种植受到更多限制，影响设施蔬菜种植的效益，导致设施方面总体投入不多，设施园艺发展相对困难。

需要根据武汉市地理和气候特点发展设施园艺，进行相关大棚温室的创新设计，推动设施园艺的进一步发展。

3. 武汉市设施园艺发展新动向

2013 年，为了改变武汉市蔬菜的“春淡”、“秋淡”问题，也是为了提高武汉市蔬菜种植的设施水平，武汉市计划新建7 万亩设施蔬菜基地，进行大棚覆盖，增加现代化的喷灌、滴灌设施等。

7 万亩设施蔬菜基地建成后，年生产能力将达到5 亿千克，日可供应1 370吨蔬菜。将极大地缓解武汉市春淡、秋淡期间，蔬菜供应不足，菜价大幅上涨的压力。

7 万亩设施蔬菜基地的建设，由武汉市农业局组织一百多名农技人员组成专家服务团队，进行相应的技术跟踪服务，以提高设施种植水平，提高蔬菜品质和产量。

设施蔬菜基地建设的同时将配套建设相应的服务综合体，包括蔬菜产地批发市场、冷库、分拣中心、农资超市等。将采用直销的模式，减少流通环节，达到平抑蔬菜市场价格过高的目的。

第三节　设施园艺在武汉市的应用

（一）设施园艺应用

1. 蔬菜大棚及其类型　蔬菜生产更注重的是反季节的蔬菜和一些特殊的蔬菜（名、优、特、野等）的种植生产，这就离不开园艺设施——蔬菜大棚来种植。

我国蔬菜大棚主要类型有日光温室和塑料钢架大棚，还有一些低档的竹木中小棚等。

在我国，小拱棚、大中棚、节能日光温室是国内设施园艺种植的主流，约占总面积的 95%。但在武汉市，蔬菜大棚种植以小拱棚 、大中棚最为常见，日光温室及其罕见。

2. 塑料大棚　塑料大棚能较好的利用太阳能，具有一定的保温作用，并通过两侧卷膜等手段在一定范围内调节棚内的温度和湿度。

塑料大棚一般棚内不加温，靠温室效应积聚热量。其最低温度一般比室外温度高 1 ~2℃，平均温度高 3 ~10℃以上。

塑料大棚透光率一般 60% ~75%。为保证全天平均光照基本平衡，大棚平面布局多为南北延长的形式。

塑料大棚特点：建造容易、使用方便，投资较少，是一种简易的保护地栽培设施。其棚顶形状有拱圆形、屋脊形等；骨架材料有竹木结构、钢筋混凝土结构、钢架结构、钢竹混合结构、GRC 结构等；有单栋大棚、双连栋大棚、多连栋大棚等多种形式。

3. 塑料大棚的应用

（1）冬、春育苗：主要是采取多重覆盖的方式来进行，为露地早熟栽培提供秧苗。育苗时，在大棚内使用保温幕、小拱棚、地膜等覆盖物用来保温，苗床安装电热线加温等。

（2）蔬菜栽培：春茬早熟栽培：早春用温室育苗，大棚定植，一般果菜可比露地提早上市 20 ~40 天，主要栽培作物有：黄瓜、番茄、青椒及茄子等。秋季延后栽培：定植及采收与春茬早熟栽培相同，采收期直到10 月末。这种栽培方式主要种植黄瓜、青椒、番茄、菜豆等。周年生产：

利用大棚冬季保温，夏季防雨的特点，合理安排茬口进行周年生产，提高设施利用率。

（3）花卉、瓜果、果树栽培：栽培各种草花、盆花、切花；西瓜、甜瓜；草莓、葡萄、樱桃、柑橘、桃等果树。

4. 荫棚应用　武汉市夏季长达 135 天，气温最高在 40℃左右，大棚内如果不采取相关措施，棚内温度最高达 60℃以上，完全不适合作物生存，因此，必须采取相应的措施。

现代化程度比较高的温室内通常采取的是内外遮阳配合湿帘风机来降低温室内的温度，以满足作物生长的需要，普通的设施则采用荫棚进行遮阳。

荫棚是夏季设施栽培蔬菜花卉必不可少的设施，可避免阳光直射、降温、增加湿度、减少蒸发、防止暴雨冲击等。

（二）设施蔬菜配套技术

大棚常用设施蔬菜配套技术　设施园艺要进行生产，必须采用配套技术，进行综合应用，才能在高投入的基础上取得高产出的效果。设施园艺应用需要丰富的实践经验，要求生产管理者掌握的多种技术措施。

设施蔬菜常用栽培技术及配套技术很多，在武汉市应用的通常有：地膜覆盖技术、遮阳网覆盖技术、防虫网覆盖技术、微灌技术和水肥一体化技术、测土配方施肥技术、二氧化碳施肥技术、温室大棚补光技术、高温闷棚技术、无土栽培技术等。相关栽培技术及配套技术很多，有病虫害防治等，还有温室的自动化、智能化方面的技术，这里就不一一列举。

（1）地膜覆盖技术：地膜覆盖是蔬菜栽培上最常用的技术，其最大效应是提高土壤温度，低温季节采用地膜覆盖，白天受阳光照射后，0～10 厘米深的土层内温度可提高 1～6℃；可以有效的减少蒸发保持土壤水分；可以防止草害和减少病虫害；增加光照，使植株中下部叶片得到更多的反射光，延缓衰老，促进光合作用，提高产量。

（2）遮阳网覆盖技术：在南方，夏秋高温季节进行设施栽培，往往需要采用遮阳网等进行覆盖，形成荫棚。可以在大棚上用遮阳网和薄膜结合覆盖，盖顶不盖边，以膜防雨，以网遮阳，降温效果较好。也可以用大棚骨架进行遮阳网覆盖，在阳光猛烈时盖，阳光较弱时揭，阴天不盖网；暴雨前盖，雨后揭；为节省人工，也可全天候拱棚或平棚覆盖。

（3）防虫网覆盖技术：防虫网覆盖栽培是设施蔬菜安全生产的重要措施之一，采用防虫网防止虫害对减少农药用量、降低农药污染，生产出安全蔬菜具有重要意义，已经成为蔬菜尤其是叶类菜栽培的一种新兴模式。大棚覆盖可将防虫网直接覆盖在棚架上，四周压严实，棚架上用压膜线扣紧。防虫网覆盖前必须进行土壤消毒和化学除草，杀死残留在土壤中的病菌和害虫，阻断害虫的传播。防虫网遮光不多，不需反复揭盖，可实行全生育期覆盖。一般防虫网较适宜的网眼目数为 20～25 目，丝径为 0.18 毫米。

（4）高温闷棚技术：高温闷棚技术就是利用太阳的高温和药物熏蒸进行棚内消毒，一般在 6 月下旬至 7 月中下旬进行。这种方法成本低、污染小、操作简单、效果好。采用高温闷棚，能消除病菌，杀灭虫卵、消除杂草、改良土壤。闷棚前深翻施肥，撒多菌灵进行土壤消毒，棚体内表面喷施杀菌剂和杀虫剂；浇足底水，增加土壤湿度，一般土壤含水量达到田间最大持水量的 60% 时效果最好。然后密闭大棚，提高土温，适当延长闷棚时间，一般闷棚 10 多天即可，但对于有些病害，由于分布的土层深，必须处理 30～50 天才能达到较好的效果。高温闷棚对不超过 15 厘米深的土壤效果最好，对超过 20 厘米深的土壤效果较差，因此，闷棚后不要再翻耕，即使翻耕也应限于 10 厘米的深度。

（5）微灌技术和水肥一体化技术：大棚种植作物需要进行适时适量的灌溉，采用微灌技术和水肥一体化技术，可以节水节肥、节能省工、灌水均匀、降低棚内空气湿度、减少病虫害的发生。

微灌系统主要由水源、水泵、动力机、过滤器、肥液注入装置、输配水管道和滴灌带（或滴灌管、滴头、微喷头）等组成。微灌按灌水器及出流的形式不同，主要有滴灌、微喷灌、小管出流、渗灌等。

水肥一体化技术是将灌溉与施肥融为一体的农业新技术，借助已有的灌溉系统，将可溶性固体或液体肥料，通过施肥器进入灌溉系统，肥随水走，可定时定量供给作物所需要的水分和养分。

（6）二氧化碳施肥技术：CO_2 施肥，可以显著增产，提高品质。

大棚封闭时，作物进行光合作用，CO_2 含量会急剧减少，为了保证作物产量，必须适时适量进行 CO_2 施肥。

大棚蔬菜在定植后 7～10 天（缓苗期）开始施用 CO_2，连续进行 30～35 天，果菜类开花坐果前不宜施用，以免营养生长过旺造成徒长而落花落果。

一般大棚施用 CO_2 浓度为 1 000毫克/升，阴天适当降低施用浓度。具体浓度需根据季节、光照度、温度、肥水管理、蔬菜生长情况等适时调整。

补充 CO_2 除开窗通风外，还有其他的一些方法：用高压瓶装液态 CO_2 在棚内直接施放；将干冰（固体 CO_2）放入水中，使其慢慢气化；施用颗粒有机生物气肥法；采用有机物如甲烷、丙烷、白煤油、天然气等在棚内燃烧；施用双微 CO_2 颗粒气肥等。

施用 CO_2，要严格控制施用浓度，合理安排施用时间，加强栽培管理，防止混有有害气体对蔬菜造成毒害作用。

（7）测土配方施肥技术：测土配方施肥技术是以土壤测试和肥料田间试验为基础，根据作物需肥规律、土壤供肥性能和肥料效应，在合理施用有机肥料的基础上，提出氮、磷、钾及中、微量元素等肥料的施用数量、施肥时期和施用方法。

测土配方施肥技术的核心是调节和解决作物需肥与土壤供肥之间的矛盾。同时有针对性地补充作物所需的营养元素，作物缺什么元素就补充什么元素，需要多少补多少，实现各种养分平衡供应，满足作物的需要；达到提高肥料利用率和减少用量，提高作物产量，改善农产品品质，节省劳力，节支增收的目的。

（8）温室大棚补光技术：光照与作物的生长有密切的关系，最大限度的捕捉光能，充分发挥植物光合作用的潜力，提高设施利用效率，将直接关系到农业生产的效益。近年来由于市场需求的推动，普遍采用温室大棚生产反季节花卉、瓜果、蔬菜等，由于冬春两季日照时间短，作物生长缓慢，产量低，因此急需进行补光，通过人工光源来调控光强度。

在作物生长过程中，有时会出现少则 1～3 天的低温寡照，多则 7～8 天连阴寡照灾害性天气，也需要补光来满足作物的生长需要，促进提早上市。

采用补光措施可以满足冬春季反季节作物正常生长的需要，使得作物生长旺盛，抗病害能力显著增强；使果实丰满有光泽，含糖量增加，可明显提升产品质量；可使观赏类花卉色泽更加艳丽丰满。

补光光源有白炽灯、荧光灯、高压钠灯、低压钠灯、LED 灯等。

（9）无土栽培技术：无土栽培是指不用天然土壤，而用营养液或固体基质加营养液栽培作物的方法。一般有无机基质栽培、有机基质栽培、水培、雾培等。

无土栽培技术是一种先进的配套栽培技术，无土栽培理论和技术本身已趋于完善和成熟，在生产上得到越来越广泛的应用，显示出极大的优越性和广阔的发展前景，成为生产者所期望的一种新的生产技术。

无土栽培具有以下优点：作物长势强、产量高、品质好；省水省肥、省力省工；可避免土壤连作障碍，病虫害少；可极大地扩展农业生产空间；有利于实现农业生产的现代化等等。

我国广泛推广应用有机基质无土栽培技术，用含有一定营养成分的有机基质作载体，栽培过程中浇灌低浓度营养液或阶段性浇灌营养液，有时完全不用营养液而施用有机固体肥料并进行合理灌水（有机生态型无土栽培），大大降低了一次性投资和生产成本，简化了操作技术，得到了比较好的推广应用。

（三）设施园艺应用中的灾害预防

温室大棚等设施应用于农业生产，使传统农业逐步摆脱自然的束缚，很大程度上避免了自然灾害的影响，其抗灾能力强，保证了设施里农业生产的稳定性。

但是，一般的自然灾害，只是被温室遮挡了，由温室墙体及结构支架、铺盖物等承受了自然灾害的打击和压力，一旦这种打击和压力超过所能承受的程度，比如台风，暴风、暴雨、暴雪等，致使温室大棚塌陷，所造成的损失比露地更大，更为严重。

一般来说，温室灾害的类型如下：火灾、热害、冰冻、雪灾、冷害、弱光、风灾、光害、连阴、（暴）雨灾、雹灾、病虫害等等。

有些灾难是自然灾害，有些是人为灾难，有些是混合灾难。有些灾害造成的损失较大，有些比较小，有些则特别严重！

在武汉，特别要预防的灾害主要有：火灾、风灾、雹灾、雨雪冰冻灾害、热害、连阴、病虫害等。

另外，政府宏观调控计划性不强，园艺设施面积盲目扩大，栽培方式，品种布局，茬口安排雷同，导致品种上市期过于集中，造成区域性，季节性蔬菜品种结构上过剩，产大于销，丰产不丰收，效益下滑等，也会造成另一种意义上的灾害。

总之，武汉市的设施绝大多数水平不高，抗风险能力极差，一旦严重灾害发生，必将造成重大经济损失！重大灾害的发生不仅影响到温室内的作物的正常生长和收获，而且对温室本身构成严重伤害，给温室拥有者和生产者造成重大损失，更加需要加强管理和采取预防措施，避免灾害的发生。

参考文献

[1] 郭世荣，孙锦，束胜等．我国设施园艺概况及发展趋势［J］．中国蔬菜，2012，(18)．
[2] 张真和．我国蔬菜产业发展现状［J］．山东蔬菜，2012，(3)．
[3] 郭世荣．无土栽培学［M］．北京：中国农业出版社，2003.
[4] 李中华，王国占，齐飞．我国设施农业发展现状及发展思路［J］．中国农机化，2012，(1)．
[5] 李保明，施正香．设施农业工程工艺及建筑设计［M］．北京：中国农业出版社，2005.
[6] 孟建军．现代农业新概念［M］．北京：中国农业出版社，2010.
[7] 张真和．我国设施蔬菜发展中的问题与对策［J］．中国蔬菜．2009 (01)．
[8] 张真和，周长吉．周博士考察拾零（二十六）海南省设施园艺发展状况调研报告［J］．农业工程技术·温室园艺，2013，(7)．
[9] 武汉市农业局．武汉农业 2013.
[10] 武汉市农科院设施蔬菜专家服务团．武汉市设施蔬菜实用种植技术手册．2013.
[11] 朱庆松，刘秀青．设施蔬菜二氧化碳施肥技术［J］．北方园艺，2013，(17)．
[12] 顾少敏，张龙．光调控在设施园艺的生产应用［J］．现代园艺，2013，(9)．
[13] 刘可群，杨文刚，刘志雄，等．冬季大棚蔬菜低温冰雪灾害评估与预警研究［J］．湖北农业科学，2011，50 (22)．

[14] 徐联. 我国主要农业气象灾害及应对措施 [J]. 仲恺农业工程学院学报，2011，24 (2).
[15] 王孝琴，徐爱仙，祝花，等. 江流域设施菜冬季灾害性天气防范管理措施 [J]. 长江蔬菜，2012，(1).
[16] 孙立德，马成芝，梁志兵，等. 日光温室栽培蔬菜防灾减灾及气象调控技术研究推广 [J]. 辽宁农业科学，2011，(1).

第二篇　设施蔬菜高产高效栽培技术

姚明华
（湖北省蔬菜科学研究所）

第一节　设施蔬菜生产基本知识

（一）湖北省蔬菜生产特点："二淡二旺"

湖北省蔬菜生产和供应上存在明显的"二淡二旺"问题，即春淡（1～3 月）、秋淡（7～9 月）、夏旺（5～6 月）、秋旺（10～11 月）。这种"二淡二旺"现象的发生与蔬菜生长发育对环境的适应性及气候的变化有密切的关系。

（二）种菜赚钱策略

做为种菜专业户，必须用科技武装头脑。通过认真学习，种菜技术才能不断提高，效益也逐步增长。实践证明要种好菜，有好的收益必须巧念"五字经"。

一念早字经。就是在春季利用大棚等设施进行早熟促成栽培，如茄果类、瓜类等进行多层覆盖，可使上市期提早 30 天以上。

二念迟字经。即进行延后栽培，延后栽培就是在大路蔬菜罢园或即将罢园的时候上市。

三念优字经。就是在产品质量上做文章。

四念反字经。即种好反季节蔬菜。

五念变字经。如引种新品种，要走在别人前面。

（三）大棚蔬菜的栽培形式

1. 春提早栽培　大棚春提早栽培的蔬菜种类：大棚春早熟栽培的蔬菜种类主要喜温蔬菜，如番茄、茄子、辣椒（包括甜椒）、瓠瓜、黄瓜、丝瓜、西洋南瓜、苦瓜、西瓜、甜瓜、苋菜、落葵、蕹菜等，其定植（定苗）时期一般在 2 月上旬至 3 月在下旬。此外，一些喜冷凉的蔬菜，如大白菜、萝卜、花椰菜等可常在早春元月播种，4～6 月采收。

大棚春提早栽培应主要掌握以下技术要点：适当提早播种育苗：一般是在 10 月上旬至翌年 2 月中旬。适当密植、保温降湿、增加光照、促进产品器官形成。

2. 越夏栽培　越夏栽培是在春季露地生长的夏秋季节始收蔬菜，通常是 3～5 月播种，6～9 收获。越夏栽培的蔬菜种类　适用此栽培形式的蔬菜种类主要是喜温蔬菜，前者如茄子、辣椒、黄瓜、甜瓜、西瓜、豇豆、大白菜秧、小白菜、竹叶菜等。

3. 秋延后栽培　秋延后栽培是秋季露地生长的喜温蔬菜在霜冻低温来临前，覆盖塑料薄膜不使蔬菜受冻害、延长其生育时间，从而提高产量的栽培形式。秋延后栽培的蔬菜种类：适用此栽培形式的蔬菜种类主要是喜温蔬菜和喜冷凉蔬菜，前者如番茄、茄子、辣椒、黄瓜、瓠瓜、西葫芦、西洋南瓜、甜瓜、西瓜、菜豆等，后者如莴苣、芹菜、萝卜等。秋延后栽培的技术要点：确定适宜的播种期、深沟高畦、畦面覆盖、病虫防治、扣膜保温。

第二节　湖北省设施蔬菜产业发展状况

2012年，湖北省设施蔬菜播种面积达到219.7万亩，占全省蔬菜播种面积的13.4%，效益比露地生产高3～5倍，我国设施蔬菜面积较大的有山东、江苏等。

（一）生产规模稳步增长

受政策与效益双轮驱动，各地发展设施农业的积极性高涨，设施建设逐年提速，规模不断扩大，呈现出较好的发展态势，设施蔬菜产业发展迅速。据有关部门统计，2012年设施蔬菜播种面积219.7万亩，占全省播种面积的13.4%；设施蔬菜产量463.8万吨，占全省蔬菜产量的13.8%。

（二）设施装备类型多样

近年来，湖北省各地从市级出发，建设了类型多样的园艺设施，既有简易的竹木大中棚，也有水泥骨架大棚、复合材料大棚、"Y"字形避雨棚、钢架大棚、普通日光温室，还有现代化的节能日光温室、光伏大棚等。其中简易竹架大中棚占50以上，钢架大棚30%左右，水泥骨架及复合材料大棚20%左右。

（三）周年生产均衡供应

湖北省设施蔬菜过去主要以茄果类、黄瓜、菜豆等，现在增加了根菜类、叶菜类、食用菌等种类。樱桃番茄、迷你黄瓜、彩色甜椒等品种的推广应用，丰富了蔬菜的花色品种。尤其是设施蔬菜采取了春提早、夏遮阳、秋延后、冬保暖等措施，产品实现了周年生产，满足了人们冬吃夏菜和夏吃冬菜的愿望，缓解了淡季市场供应压力，丰富了市民餐桌。

（四）投资主体百花齐放

各地积极创新模式，采取政府引导，市场运作的方式，加大招商引资力度，积极引导社会资本发展设施蔬菜，蔬菜种植大户、企业、专业合作社等生产经营主体明显增多，企业已经成为设施蔬菜产业发展的投资主体，公司化运营已经成为设施蔬菜发展的方向。

湖北省设施蔬菜产业与农业现代化的目标还有较大差距，具体反应在：

（一）发展总量与产业地位不相符

湖北省蔬菜产业规模较大，但以露地生产为主，总体规模仍然偏小，面积在全国还排不到前十位，不到全国主产省的平均水平，仅占全国设施的5%左右，产量仅占全国总产量的3%左右。面积只有山东的1/6，不到河北、河南、江苏的1/3，安徽的1/2，比湖南还少10%。

（二）发展质量与发展速度不相符

湖北省简易设施多，标准高的设施少，人工作业多，机械作业少，设施缓解可控性差，抗自然灾害能力弱。

（三）科技创新与产业需求不相符

有些蔬菜对外依赖程度高，高端蔬菜品种80%靠进口，资助创新能力不强，集约化育苗、市场化供应体系薄弱，技术集成创新不足。

（四）农民素质与现代蔬菜生产不相符

农民老龄化问题日益凸显，务农劳力素质普遍不高，难以适应蔬菜新品种、新技术、新模式的生产需要。经营方式比较粗放，多数仍沿用传统管理方式，服务体系不完善，专业技术人才缺乏，信息网络建设相对滞后，电、路、水等基础设施不完善、不配套。

（五）市场营销与生产主体不相符

小规模分散经营依然占绝对主体地位，农民田头等市场的多，出处找市场的少；农民专业合作社树立有很大的发展，但能搞好产销合作的比例不高，迫切需要创新机制，着力提高社会化服务水平。

（六）设施蔬菜栽培水平有待提高

品种与茬口单一，大棚保温增温能力较差，补光应用少，土壤连作病害和盐渍化严重，嫁接苗普及不够，防虫网等物理生物防治有待进一步普及。

第三节　蔬菜生产中应用的几种主要技术

（一）避雨栽培技术

原理：避雨栽培是通过覆盖农膜或网膜减轻雨水冲击蔬菜，降低菜地湿度和避免强光暴晒的一种栽培模式。

效果与特点：一是避雨栽培能起到防暴雨冲击，降湿避涝，遮光降温，保持土壤含水量和避免土壤干旱板结等作用，改善菜田小气候，优化生长环境。二是高产优质、节本增收、减少病虫害。避雨育苗率提高，节种增效；避雨栽培可显著减轻蔬菜病害，据全国农技中心试验，番茄避雨栽培与露地栽培相比，番茄晚疫病和病毒病发病率均降低 20 个百分点以上，增产 17%，菜农节本增收 30%。

（二）水肥一体化技术

原理：水肥一体化技术是将灌溉与施肥有机结合的一项农业新技术，主要是借助微灌（滴灌、微喷灌）系统，根据土壤养分含量和作物的需水、需肥规律，在灌溉的同时将可溶性固体肥料或液体肥料配兑成肥液，与灌溉水一起均匀、准确地输送到作物根部土壤中，供给作物吸收，并且精确控制灌水量、施肥量、灌溉次数和施肥时间，达到“以水调肥”和“以肥促水”的水肥耦合技术。

效果与特点：一是节约水肥劳力，一般亩节省投入 400 ~ 700 元，其中，节水电 85 ~ 130 元，节肥 130 ~ 250 元，节农药 80 ~ 100 元，节省劳力 150 ~ 200 元，增产增收 1 000 ~ 2 400元。二是促进作物产量提高和产品质量的改善，设施栽培增产 20% 左右。

（三）遮阳网覆盖技术

原理：遮阳网又叫冷凉纱，是用聚烯烃树酯为主要原料，通过拉丝后编织成的一种轻质、高强度、耐老化网状的新型农用覆盖物，是继地膜覆盖技术之后的又一项能迅速普及推广的农用塑料覆盖新技术。

效果与特点：遮光、降温、保温、保潮、防暴雨冲刷，减少病虫害的发生，提高育苗成苗率。黑色遮阳网遮光率为 60% 左右，银灰色遮光率为 40% 左右，一般降温 4 ~ 6℃，遮阳网覆盖比露地减少蒸发量 60% 左右。冬季覆盖遮阳网，地面平均增温 0. 5 ~ 2℃，遇到霜冻，白霜凝结在遮阳网上，可避免直接冻伤植物叶片。

（四）熊蜂授粉技术

原理：熊蜂为膜翅目蜜蜂总科熊蜂族熊蜂属（Bombus）种类的总称，是一种广谱性的授粉昆虫，人工繁育熊蜂种群，可随时提供蜂群，利用熊蜂访花的自然习性，为设施茄子、番茄、西葫芦、冬瓜、辣椒、草莓等蔬菜授粉。

效果与特点：一是提早、增产、提质、增收。熊蜂授粉的作物比激素及人工授粉成熟早，促进坐果，显著增产；熊蜂授粉的果实畸形果少、圆整饱满、颜色亮丽，商品性好，完全还原果品原始自然风味，质优价高，促进菜农增收。二是安全环保。熊蜂授粉可完全替代激素蘸花，避免激素污染保护环境，不影响菜农健康，不对作物造成药害，提高蔬菜安全水平，是生产安全蔬菜的重要技术。三是省工省力。激素蘸花劳动强度大，熊蜂授粉则轻简高效。

（五）烟粉虱绿色防控技术

黄板诱杀：用人工制作或商品黄板吊挂在大棚内进行诱杀。

农业防治：1. 断：针对烟粉虱在我国南方保护地越冬的特点，在保护地秋冬茬栽培烟粉虱不喜好的半耐寒性叶菜如芹菜、生菜、韭菜等，从越冬环节切断烟粉虱的自然生活史。2. 清除残株、杂草和熏蒸残存成虫，培育“无虫苗”为关键防治措施。3. 在蔬菜生长前期，当烟粉虱密度低时，施用扑虱灵、爱福丁等高效低毒低残留农药，控制其危害。4. 寄：积极创造条件，应用浆角蚜小蜂和恩蚜小蜂等寄生蜂控制烟粉虱为害。

化学防治：主要药剂有10%吡虫啉（大功臣）、1.8%阿维菌素（虫螨克）、25%扑虱灵 、5%锐劲特、2.5%天王星、6%绿浪（烟百素），在进行化学防治时应注意适当轮换使用不同类型农药。

（六）“生物导弹”（赤眼蜂+核型多角体病毒）技术

应用原理：赤眼蜂主要寄生在各种昆虫的卵中，通过吸食卵液生长，阻止害虫的孵化，通过柞蚕卵繁殖生产赤眼蜂。制作卵卡的同时将杀虫的核型多角体病毒接到卵卡上，未被赤眼蜂寄生的害虫卵，害虫初孵幼虫将因赤眼蜂传播的病毒感染而致死。

防治对象：甜菜夜蛾、斜纹夜蛾、小菜蛾、菜青虫等蔬菜鳞翅目害虫。

使用方法：在害虫卵盛期使用，每亩使用4~6枚，将卵卡挂在枝条或主脉上即可。

技术特点：安全、经济、高效、环保。

（七）性诱器诱杀害虫技术

应用原理：性诱技术是利用人工合成的性外激素（性诱剂），引诱同种异性昆虫前来交配，结合诱捕器予以捕杀，减少田间雌雄性成虫交配次数，从而达到降低田间虫量的目的。

防治对象：甜菜夜蛾、斜纹夜蛾、小菜蛾、豆野螟、豆荚螟、瓜绢螟等。

使用方法：在害虫成虫羽化期安置性诱器，可用竹竿固定于田间，按每亩1~2套放置，10~15天更换一次诱芯。

技术特点：专化性，高度专一性，只针对目标害虫有效；挥发性，不直接接触植物，对环境、其他动植物无害、无抗药性；经济、使用方便。

（八）黄色黏虫板诱杀害虫技术

应用原理：利用烟粉虱、美洲斑潜蝇、蚜虫等害虫成虫对黄色具有强烈的趋性，开发研制具有特殊黄色特殊胶种的高效黄色粘虫板诱杀成虫。

防治对象：蚜虫、烟粉虱、美洲斑潜蝇等害虫。

使用方法：对低矮生蔬菜和作物，将粘虫板悬挂于距离作物上部15~20厘米即可，对搭架蔬菜应顺行，使诱虫板垂直挂在两行中间植株中上部或上部。每亩地悬挂诱虫板30片左右。

技术特点：（1）绿色环保无公害，无污染；（2）特殊胶板，特定颜色，诱捕成虫效果显著；（3）高粘度防水胶，高温不流淌，抗日晒雨淋，持久耐用。（4）双面涂胶，双面诱杀，且操作方便，开封即用，省时省力。

（九）防虫网覆盖技术

应用原理：防虫网覆盖栽培是一项增产实用的环保型农业新技术，通过覆盖在棚架上构建人工隔离屏障，将害虫拒之网外，切断害虫（成虫）繁殖途径，有效控制各类害虫的传播以及预防病毒病传播的危害。且具有透光、适度遮光、通风等作用，创造适宜作物生长的有利条件，确保大幅度减少菜田化学农药的施用，使产出农作物优质、卫生，为发展生产无污染的绿色农产品提供了强有力的技术保证。防虫网还具有抵御暴风雨冲刷和冰雹侵袭等自然灾害的功能。

防治对象：菜青虫、菜螟、小菜蛾、蚜虫、跳甲、甜菜夜蛾、美洲斑潜蝇、斜纹夜蛾等害虫。

使用方法：4～10 月设施蔬菜棚，所有的门、窗、通风口和四周均需安装防虫网。蔬菜生产上以 20～32 目为宜，幅宽 1～1.8 米。

技术特点：安全、经济、高效、环保。

（十）土壤连作障碍克服技术

石灰氮消毒法是一种新的土壤消毒方法，它既可消灭病原菌，还能杀灭线虫，是一种土壤无害化生产无公害蔬菜的安全有效的方法。石灰氮（氰氨化钙）是一种高效土壤消毒剂，具有消毒、灭虫、防病的作用。

其具体操作是：选择夏季高温、棚室休闲期进行。每亩用麦草或稻草 1 000～2 000千克，撒于地面，再在麦草上撒施石灰氮 70～80 千克，深翻地 20～30 厘米，尽量将麦草翻压地下；做畦，畦高 30 厘米，宽 60～70 厘米；地面用薄膜密封。在夏日高温强光下闷棚 20～30 天。闷棚后将棚膜、地膜撤掉，晾晒，耕翻即可种植。石灰氮在土壤中分解产生单氰胺和双氰胺，这两种物质对线虫和土传病害有很强的杀灭作用。同时石灰氮中的氧化钙遇水放热，促使麦草腐烂，有很好的肥效。夏季高温，棚膜保温，地热升温，白天地表温度可高达 65～70℃，10 厘米地温高达 50℃以上，这样可以有效杀灭土壤中各种病虫害和杂草。

（十一）大棚多层覆盖栽培技术

早春：4～5 层：黄瓜：元月下旬播种，2 月定植，3 月上旬上市；

辣椒/番茄/茄子：1～2 月定植，3 月下旬～4 月上旬上市；

延秋 4 层：茄果：7 月上中旬播种，8 月上中定植，9 月下至元月上市，11 月下旬加内膜覆盖。

（十二）蔬菜嫁接育苗技术

西瓜、甜瓜、苦瓜、黄瓜、茄子。

（十三）蔬菜无土栽培技术

西瓜、甜瓜、苦瓜、黄瓜、茄子、辣椒、番茄、绿叶蔬菜……

（十四）蔬菜轻简化栽培技术

机械整地、做畦、覆膜、移栽、绑蔓…大蒜收获机、播种机……

第四节　16 种大棚蔬菜高效茬口模式

（一）早西瓜—大白菜秧—秋辣椒高产高效栽培模式

早西瓜 2 月上中旬播种育苗，3 月上旬定植，5 月下旬采收完毕，亩产2 000～3 000千克，收入 8 000元；大白菜秧 6～7 月播种，26 天上市，7～8 月采收 2 茬，亩产 4 000千克，收入 12 000元；辣椒 7 月上旬播种，8 上中定植，9 中旬至 1 月前后采收完毕，亩产 2 000千克，收入 6 000元；合计每亩收入 26 000元。

（二）早西瓜—丝瓜/苦瓜—大白菜—春莴苣高效栽培模式

早西瓜2月上中旬播种育苗，3月上旬定植，5月下旬采收完毕，亩产2 000～3 000千克，收入8 000元；丝瓜/苦瓜4月育苗，5月定植，7～10月采收完毕，亩产3 000千克，收入8 000元；大白菜6～8月播种，8～10月采收2茬，亩产5 000千克，收入10 000元；春莴苣9月上旬播种，10月定植，1～2月采收，亩产3 000千克，收入6 000元；合计每亩收入32 000元。

（三）早西瓜—丝瓜（或苦瓜）—快菜—芹菜高效栽培模式

大中棚内实行一年四熟栽培。春西瓜6月中旬采收结束，亩产2 500千克，收入8 000元；丝瓜（或苦瓜）于4月上旬点播于棚内两侧的畦边，5月中旬引蔓上棚，6月下旬始收，9月下旬采收结束，亩产丝瓜4 000千克（或苦瓜4 000千克），收入8 000元；快菜于6～8月播种，7～9月采收2次，产量4 000千克，产值12 000元；芹菜于8月上旬播种育苗，10月上旬定植，10月下旬扣棚防冻，1～2月采收，亩产4 000千克，收入8 000元。合计每亩收入可达36 000元。

（四）苋菜—竹叶菜—小白菜—油麦菜—生菜

苋菜1月上中旬播种，4月下旬采收完毕，亩产2 000千克，收入8 000元；竹叶菜4月下旬播种，6月前后采收完毕，亩产2 000千克，收入6 000元；小白菜6月播种，45天上市，亩产1 500千克，收入6 000元；油麦菜8月播种，40天上市，亩产1 500千克，收入6 000元；生菜10月播种，12月上市，亩产1 500千克，收入6 000元；合计32 000元。

（五）早西瓜—快菜—黄瓜高产高效栽培模式

早西瓜2月上中旬播种育苗，3月上旬定植，5月下旬采收完毕，亩产2 000～3 000千克，收入8 000元；快菜于6～8月播种，7～9月采收3次，产量6 000千克，产值18 000元；秋冬黄瓜（嫁接）8月下旬播种，9上定植，10～11月采收完毕，亩产4 000千克，收入8 000元；合计每亩收入34 000元。

（六）苋菜—丝瓜—快菜—延秋辣椒高产高效栽培模式

本模式适合于大棚一年三熟周年生产。苋菜采用多层覆盖，1月中下旬开始分批播种，3月下旬至5月下旬采收，一般667平方米产苋菜2 500千克，收入8 000元；丝瓜元月中旬育苗，3月下旬定植棚内侧畦上，5月上旬揭膜引蔓上棚，6月中旬至8月中旬采收，667平方米产丝瓜3 500千克，收入6 000元；快菜6～7月播种，7～8月上市2茬，667平方米产快菜4 000千克，收入12 000元。延秋辣椒7月中遮阳育苗，8月中旬定植后盖遮阳网，10月下旬扣棚保温，12月至元月采收，667平方米产辣椒2 000千克，收入6 000元。合计总收入32 000元。

（七）西瓜/番茄—快菜—秋芹菜高产高效栽培模式

番茄11月上旬播种育苗，2月上旬定植，6月下旬采收完毕，亩产5 000千克，收入8 000元；快菜7～8月播种，8～9月采收2茬，亩产4 000千克，收入12 000元；芹菜于8月上旬播种育苗，10月上旬定植，10月下旬扣棚防冻，1～2月采收，亩产4 000千克，收入8 000元。合计每亩收入28 000元。

（八）早西瓜—小/大白菜—秋茄子高产高效栽培模式

早西瓜2月上中旬播种育苗，3月上旬定植，5月下旬采收完毕，亩产2 000～3 000千克，收入8 000元；白菜6月中旬直播，7月中旬采收完毕，亩产2 000千克，收入6 000元；秋茄子6月中旬播种，7月下旬定植，11月下旬采收完毕，亩产3 000千克，收入8 000元。合计每亩收入22 000元。

（九）早西瓜—豇豆（快菜）—萝卜高产高效栽培模式

早西瓜2月上中旬播种育苗，3月上旬定植，5月下旬采收完毕，亩产2 000～3 000千克，收入8 000元；豇豆6月上旬直播，9月中旬采收完毕，亩产1800千克，收入5 000元；萝卜10月上中旬播种，春节前后采收完毕，亩产3 000千克，收入6 000元；合计每亩收入1 9 000元。

（十）早辣椒—竹叶菜（大白菜秧）—秋黄瓜模式

早辣椒10月上旬播种，11月中旬移苗，12月中旬或2月中下移栽，4月下旬开始上市，6月下旬罢园，亩产3 000千克，收入8 000元；竹叶菜7～8月上旬直播，8～9月上旬采收2茬，亩产4 000千克，收入1 2 000元；黄瓜8月下旬播种育苗，9月上中旬定植，11月中旬采收完毕，亩产4 000千克，收入8 000元；合计每亩收入2 8 000元。

（十一）早辣椒—快菜—延秋番茄高产高效栽培模式

早辣椒10月上旬播种，1月中旬定植，6月下旬采收完毕，亩产量3 500千克，收入8 000元；快菜7月上旬直播，8月上旬采收完毕，亩产2 000千克，收入6 000元；延秋番茄7月上中旬播种育苗，8月上旬定植大棚内，10月至元月上市完毕，亩产4 000千克，收入8 000元；合计每亩收入2 2 000元。

（十二）早黄瓜—夏豇豆—冬芹菜高产高效栽培模式

早黄瓜1月上中旬播种育苗，2月中旬定植，4月上旬至6月下旬采收完毕，亩产4 000千克，收入8 000元；夏豇豆7月上旬直播，9月下旬采收完毕，亩产1500千克，收入5 000元；冬芹菜8月上旬播种育苗，10月上旬定植，12～2月采收完毕，亩产4 000千克，收入8 000元；合计每亩收入可达21 000元。

（十三）早辣椒—夏黄瓜—藜蒿高产高效栽培模式

早辣椒10月上旬播种育苗，2月中下旬定植，6月上旬采收完毕，亩产3 000千克，收入6 000元；黄瓜5月下旬播种育苗，6月中旬定植，8月中旬采收完毕，亩产3 000千克，收入6 000元，藜蒿8月下旬扦插，12月中旬开始采收，3月上旬采收完毕，亩产2 000千克，收入8 000元。合计每亩收入20 000元。

（十四）大棚早瓠子—夏豇豆—延秋辣椒高产高效栽培模式

利用大、中棚种植早熟瓠子，夏季播种豇豆，秋冬栽培辣椒，成功地摸索出了大棚早瓠子—夏豇豆—延秋椒周年高效栽培新模式，实现了大棚早瓠子1月上、中旬播种，2月下旬至3月上旬定植，4月下旬开始收获，6月上旬拔藤，亩产4 000千克左右，产值8 000元左右；夏豇豆在6月上、中旬直播，始收至终收期为7月下旬至8月下旬，亩产1 500千克，产值5 000元左右；延秋椒7月上中旬播种，8月中旬定植，亩产2 000千克，产值6 000元左右，合计每亩收入可达1 9 000元。

（十五）冬季土豆—早春黄瓜—苦瓜—秋芹大棚栽培技术

冬季土豆、早春黄瓜、苦瓜、秋芹高产高效栽培采用园拱型大棚栽培。冬季土豆于先年10月上旬直播，当年3月份收获，亩产土豆2 500千克左右，单价1.6～2.4元/千克，产值5 000元左右；早春黄瓜于2月上旬播种育苗，3月底至4月初移栽定植，4～6月底收获，亩产黄瓜5 000千克左右，单价1.5～1.6元/千克，产值4 000元左右；苦瓜于元月上旬播种育苗，3月底至4月初移栽定植，间作在大棚两侧及中间，行距3米，与黄瓜套种，5月中旬至9月收获，亩产4 000千克左右，产值8 000元左右；秋芹于8月初育苗，10月初移栽定植，1～2月收获，亩产4 000千克，产值8 000元左右。亩平全年收入2 5 000元

（十六）春番茄—丝瓜（或苦瓜）—延秋莴笋高产高效栽培模式

大中棚内实行一年三熟栽培。春番茄于上年月11月中下旬播种育苗，2月上旬大中棚覆盖地膜套小拱棚定植，4月下旬始收，6月中旬采收结束，亩产5 000千克，收入8 000元；丝瓜（或苦瓜）于4月上旬点播于棚内两侧的畦边，5月中旬揭膜引蔓上棚，6月下旬始收，9月下旬采收结束，亩产丝瓜4 000千克（或苦瓜4 000千克），收入8 000元；延秋莴笋于9月上旬播种育苗，10月上旬定植，10月下旬扣棚防冻，1～2月采收，亩产3 000千克，收入6 000元。合计每亩收入可达2 2 000元。

第五节　蔬菜优良品种

番茄：有限生长型--亚洲红冠、红峰、金棚8号（10号）、上海合作系列。无限生长型—斯诺克、海泽拉。

辣椒：新佳美、洛椒98A、楚龙早王、种都5号、种都208A、鄂红椒108、红秀8号。

茄子：紫龙3号、紫龙7号、汉宝1号（3号）、世纪茄王。

小白菜：热抗605、洁雅、清秀、紫色小白菜、绿领、华冠、矮脚黄。

苋菜：红妃、贵妃、白妃。

竹叶菜：吉安竹叶菜、泰国竹叶菜。

生菜：彩色、软尾、结球。

大白菜秧：早熟5号、改良青杂3号、娃娃菜、夏阳50、东方明珠。

薯尖：福薯18、鄂菜薯1号。

萝卜：雪单1号。

莴苣：四川种都莴苣。

黄瓜：津优系列（大棚）、津春系列（露地）、燕白、鄂黄瓜系列、华黄瓜系列。

苦瓜：绿秀（秀绿）、春晓2号、春晓4号、台湾大肉、翠秀、银玉。

丝瓜：早冠、翡翠二号、早杂二号、春润早佳、早秀、文秀、银秀。

豇豆：加工7号、鄂豇1号、鄂豇3号、早熟5号、头王特长1号、绿岭、早佳。

毛豆：绿宝石、武引九号、北丰三号。

芹菜：本芹（中国芹）—津南实芹、玻璃脆。西芹—美国西雅图、法国尤文图斯。

花菜：太白、高雅、鲜花70。

甘蓝：美味早生、中日友好。

第六节　大棚蔬菜生理性病害防治技术

（一）低温障碍

1. 症状　低温障碍有两种情况，一是低温冷害，叶尖、叶缘出现水浸状斑块，叶组织变成褐色或深褐色，后呈现青枯状。二是冻害，可分四种情况。①在育苗畦中仅个别植株受冻。②真叶受冻，叶片萎垂或枯死。③幼苗尚未出土，幼苗在地下全部冻死。④植株生育后期，初呈水浸状、软化、果皮失水皱缩，果面现凹陷斑，持续一段时间造成腐烂。

2. 原因　播种过早或反季节栽培时，气温过低或遇有寒流及寒潮侵袭时易产生冷害或冻害。

3. 预防措施　① 选用耐低温的品种。② 保持土壤疏松和提高地温，采用配方施肥技术，施用完全肥料或复合肥等，不要偏施氮肥，以增强幼苗抗寒能力，培育壮苗。③采用双层膜或三层膜覆盖，地温要稳定在13℃以上，防止落叶、落花和落果。④低温锻炼，适期蹲苗。⑤生产上遇有寒流或寒潮侵袭，出现大降温天气时，要及时增加覆盖物或加温，一旦发生冻害上午要早放风、下午晚放风，尽量加大放风量，以避免升温过快，使寄主细胞间的冰晶慢慢融化成水，并被原生质吸收，这样就能大大减轻受冻的程度。

（二）落花落果

1. 温度引起的落花　温度过高或过低均会导致花器官在发育过程中形成缺陷而引起落花。控制措施：一是控制花期温度。日温控制在25～30℃，夜温在15～20℃。二是使用激素保花保果。目前使用2，4-D和防落素由于浓度和温度很难掌握，一般采取萘乙酸30毫克/千克（即5%的萘乙酸，每15千克水兑5毫升）加助壮素750倍混合喷雾，控制生长和保花保果效果较好。

2. 营养失调引起的落花落果　在花芽分化期氮素肥料施用过多，容易产生落花落果；定植后蹲苗期如营养过多，易造成植株徒长，落花落果率增加。控制措施为减少氮肥的使用，控制植株营养生长与生殖生长的平衡。

3. 水分不当引起的落花落果　水分过多或过少均会造成落花落果。控制措施主要是：在第1花序坐果前，一般情况下不浇水，但应中耕1～2次；在开花结果期土壤湿度要保持在田间最大持水量的75%以上，但要注意控制空气的湿度，使空气相对湿度保持在60%左右即可，不要过大。

4. 光照不足引起的落花落果　一是要经常打扫棚膜上的灰尘，增强薄膜透光性；二是适时整枝打杈，以避免植株间互相遮阳；三是喷施增强光合作用的叶肥。

（三）药害

1. 症状　常见的症状主要有斑点、黄化、畸形、枯萎、生长停滞等情况。一般是由除草剂施用不当造成的。过量使用三唑类农药往往表现为植株受到抑制，缩头、叶片畸形变小，菜农常误以为病毒病。激素中毒多为保花保果施用防落素或坐果灵、2，4-D不当引起，有的为了控长或促长使用赤霉素、助壮素、爱多收等，主要表现为叶片卷缩，丛生或呈“柳叶”状。施用含有敌敌畏的熏烟剂杀虫时，使用次数多时，导致叶片逐渐黄化。

2. 发生原因　一是误用了不对症的农药。二是施用农药浓度过大或者连续重复施药。三是在高温或高湿条件下施药。四是施用了劣质农药。五是土壤施药不够均匀。六是连阴天喷施农药。

3. 补救措施　① 喷水冲洗② 追施速效肥料：产生药害后，要及时浇水并追施尿素等速效肥料。此外，还要叶面喷施1%～2%的尿素或0.3%的磷酸二氢钾溶液，以促使植株生长，提高自身抵抗药害能力。

（四）早衰

1. 症状　早衰植株瘦弱矮小，叶片小而稀疏，叶色暗淡无光泽，果实成熟晚、产量低，严重的可使植株过早死亡。

2. 发生原因　早衰的主要原因是水肥后劲不足，有机营养不良，管理粗放，病虫危害和果实坠秧造成的。

3. 防治方法　① 适时整枝疏果。整枝摘心的主要作用是防止徒长、减少养分过多地消耗、促进植株多结果。与此同时，还要加强水肥管理。② 摘除老叶、黄叶。要及时摘除植株下部的老叶，枯叶和病叶。不仅可以减少植株的营养消耗，又可防止植株过早衰老。③ 及早采收果。提倡早收果实，这样既可减少养分消耗，又可防止植株过早衰老。④ 及时追肥。及时追肥，追肥的最佳时期在果实采收后，一般可结合灌水追施腐熟的人粪尿或氮肥、磷肥3～4次。⑤ 灌水降温。在炎热的夏季，可根据天气和土壤墒情适当进行灌水，灌溉时应浇小水，以防止冲刷垄基部而伤害植株根系。

（五）畸形果

1. 症状　畸形果是茄果类蔬菜种植过程中发生较多的问题之一，主要表现为果实生长不正常。

2. 发生原因　畸形果是一种生理病害，主要是由于花芽分化或开花时遇上了恶劣的天气条件，如温度过高或过低，花芽分化不良，或花受精不良，或者是没有发育完全引起的。

3. 防治方法　目前对防止畸形果没有直接解决办法，但做好预防措施，可明显减少畸形果的出现。注意温度控制：秋季在开花坐果时，温度不宜过高，如果大棚内的温度超过35℃或者是32℃连续2小时以上，植株就会出现授粉或受精不良的情况。注意补肥：缺乏硼、钙等元素会导致畸形果，因此要经常注意喷洒含有硼、钙等元素的叶面肥或营养平衡剂。注意控制植株长势：植株生长过旺，出现畸形果的概率会增大，可通过喷洒生长调节剂或进行整枝打杈等方式保证果实的正常生长。

（六）长茄弯曲

1. 症状　长茄变弯，致使商品性变差。

2. 发生原因　①在雌花花芽分化期，外界的环境条件不适宜，导致胎座组织发育不均衡，从而出现果实弯曲。另外受精不完全，仅子房一侧的卵细胞受精，导致整个长茄发育不平衡也会形成弯曲。②植株长势弱，果实膨大期缺肥造成的弯曲，另外营养生长过旺而生殖生长不足也会形成弯曲。③在果实膨大期，高温强光引起水分、养分供应不足造成的弯曲。④若正在伸长的茄子碰到阻碍物也会造成弯曲，如植株底部的茄子因着地就易弯曲。⑤缺乏微量元素硼也能造成果实弯曲。

（七）着色不良

1. 症状　紫色茄子颜色为淡紫色或红紫色，严重的呈白色或绿色，且大部分果实半边着色不好，影响上市期和商品价值。

2. 发生原因　茄子果实的紫色是由花青苷系统的色素形成的，主要受光照影响，经试验用黑色塑料遮光的果实是白色的。早春栽培的茄子，在果实膨大期正处于光线较弱的季节，塑料膜透过紫外线的能力差，茄子着色不好，如果此时遇到高温干燥或营养不良，着色将更不好，且无光泽。此外大棚薄膜污染，上面有较多灰尘或经常附着水滴也会影响透光，不仅影响光合作用，同时着色也受到影响。

3. 防治方法　① 选用耐低温品种，选择地势高燥、透光良好的棚室栽培。最好使用透光性能好的无滴膜，并且经常清除膜上的尘土。② 合理密植。一般每亩栽2 000株左右，不可过密，以保证茄子中下部透光。适当疏枝，坐果后见花瓣存在花萼或枝杈处，应及时去掉，防止湿度过大时感染灰霉病而影响着色。

（八）番茄脐腐病

1. 发病症状　番茄脐腐病也叫番茄蒂腐病或顶腐病，是番茄上最常见的生理性病害，该病害一般只发生在番茄果实上，以青果期发病最重。

2. 发病原因及条件　番茄脐腐病的发病原因主要有两个方面，一方面是缺钙导致，另一方面可能是水分供应不足或失调导致。有几种原因会导致番茄缺钙，第一种原因是沙性大的土壤，漏水漏肥，可能造成钙元素流失；第二种原因是盐渍化土壤由于土壤盐分浓度高，尽管此类土壤含钙量较多，根系对钙的吸收受阻也会发生缺钙的生理病害；第三种原因可能是铵态氮肥或钾肥施用过多造成氮磷钾失调，造成缺钙。水分失调或供应不足会导致脐腐病，特别是果实膨大期所需水分得不到满足。

3. 防治方法　合理施肥，注意氮磷钾肥的配合使用，避免一次大量施用铵态氮肥或钾肥，在第一果穗坐果初期，可采取用1%的过磷酸钙、0.1%～0.3%氯化钙或硝酸钙进行根外追肥，每半月左右1次，喷1～2次，进行预防；花前期一般要每隔半月左右浇一次水，花果期一般要7～10天浇一次水，切忌暴干暴湿。

（九）番茄裂果

1. 发病症状　裂果形式主要有3种，分别是放射状裂果、环状裂果、条纹裂果，3种裂果形式均在果实膨大期或果实临近成熟期时开始表现症状。

2. 发病原因及条件　番茄裂果的致病因素主要是品种因素、栽培管理因素等。在品种方面，果皮较薄型番茄，较容易裂果；在栽培管理因素方面，在果实膨大期至红熟期前，水肥供应失调，会导致裂果，具体原因是水分过足、营养输送过少或供水不足前相对供营养过足，就可能会导致出现裂果。

3. 防治方法　在品种选用方面，要注意选用果皮韧性强的品种。在栽培管理方面，要合理施肥，施足基肥，由于钙、硼不足可使果皮老化引起番茄裂果，因此要注意钙、硼等微量元素肥料的合理使用，氮肥和钾肥不宜过多，以免影响钙的吸收。要调节供水的时间和数量，干时勤浇，涝时及时排水，防止水分忽高忽低。

（十）番茄生理性卷叶

1. 发病症状　番茄采收前或采收期，第一果枝叶片稍卷或全株叶片呈筒状变脆，致果实直接暴露于阳光下，生理性卷叶可影响番茄果实膨大或引起日灼。

2. 发病原因及条件　此病主要与土壤、浇水及管理有关，当气温高或田间缺水时，番茄关闭气孔，致叶片收拢或卷缩而出现生理性卷叶。

3. 防治方法　定植后要进行抗旱锻炼，施肥上要采取配方施肥的方式，确保土壤水分充足，在夏季高温季节可采用遮阳网栽培，及时整枝打杈。

（十一）棚室有害气体危害

1. 氨气　发生氨气积累的棚室，在没有放风的清晨进入时，常可嗅到氨气特有的气味，趁没有放风时，用广泛pH试纸蘸取棚膜上的水滴，经比对发现呈碱性，pH可能达到8或以上，用舌尖舔舐，有涩的感觉。发现有氨气积累，在温度条件允许时，首先要放风排除。同时要寻找出氨气的来源，立即进行处理：如系在地面撒施直接或间接产生氨气的肥料，天气晴好时，可以通过浇水将一部分带入土中，用土壤将其固定；连阴天时，可以在地面均匀撒施细土进行覆盖。如果是因为在棚室内发酵鸡粪、饼肥或兔粪等产生的氨气，切不要立即打开搬运，否则会因大量的氨气逸出，造成不可挽回的损失。需要立即用薄膜和泥土封闭严实，待棚室内确实没有栽的作物（包括小苗），再将其清理出去。发现有氨气积累和危害时，在植株上喷洒1%的食醋溶液，可以将叶面上的氨溶解中和，减轻危害。

2. 亚硝酸气　发现有亚硝酸气积累和危害时，同样可以在清晨用广泛pH试纸蘸取棚膜水滴进行，测定呈酸性，pH在6或以下时，用舌尖舔舐有滑溜的感觉，可以给予确认。天气允许时，浇水有一定降低危害的作用：在叶面喷洒0.1%小苏打水，用以中和吸附在叶面的亚硝酸，可以减轻危害。另外，要特别注意控制氮素化肥的使用，不要一次用量过大。

3. 亚硫酸气（二氧化硫）　棚室内的亚硫酸可能来自两个方面，一是棚室热风炉烧用含硫较高的煤炭，应立即换用含硫低竺煤炭。二是棚室周边工矿企业燃烧含硫量高的煤炭的烟气进到棚室内。遇到这种情况时，棚室通风换气时要注意风向。受到亚硫酸危害的棚室在叶面喷洒0.1%小苏打水也有减轻危害的效果。

4. 一氧化碳（煤气）　热风炉或临时补温使用的火炉燃烧不充分时，容易产生煤气危害，不仅对作物产生危害，有时还要使人窒息死亡。所以，凡棚室内使用热风炉或临时加温炉的，清晨第一次进入时，都要留心防止人员煤气中毒。另外要保证炉子燃烧充分，防止产生煤气。

5. 薄膜含有对作物有毒的填充料　通常有两种情况，一是覆盖的棚膜里含有对作物有害的物质，如氯、乙烯和邻苯二四酸二异丁酯等，遇有这种情况，只能将棚膜换掉。如果天气寒冷，选在晴天无风的中午，将钉压固定棚膜的部分松动，再将新棚膜覆盖上去，简单地固定后，从里侧将有毒的旧膜撤下来，最后将新换上的棚膜固定牢固。二是在棚内用再生黑塑料布（盖砖坯用）覆盖进行蒜黄等生产时，膜内常含有成分不明的有害物质，发现问题应立即撤除。

（十二）大棚连作病害的克服方法

石灰氮消毒法是一种新的土壤消毒方法，它既可消灭病原菌，还能杀灭线虫，是一种土壤无害化生产无公害蔬菜的安全有效的方法。石灰氮（氰氨化钙）是一种高效土壤消毒剂，具有消毒、灭虫、防病的作用。

其具体操作是：选择夏季高温、棚室休闲期进行。每亩用麦草或稻草 1 000 ~ 2 000千克，撒于地面，再在麦草上撒施石灰氮 70 ~ 80 千克，深翻地 20 ~ 30 厘米，尽量将麦草翻压地下；做畦，畦高 30 厘米，宽 60 ~ 70 厘米；地面用薄膜密封。在夏日高温强光下闷棚 20 ~ 30 天。闷棚后将棚膜、地膜撤掉，晾晒，耕翻即可种植。石灰氮在土壤中分解产生单氰胺和双氰胺，这两种物质对线虫和土传病害有很强的杀灭作用。同时石灰氮中的氧化钙遇水放热，促使麦草腐烂，有很好的肥效。夏季高温，棚膜保温，地热升温，白天地表温度可高达 65 ~ 70℃，10 厘米地温高达 50℃以上，这样可以有效杀灭土壤中各种病虫害和杂草。

第三篇　武汉地区红菜薹大棚种植技术

骆海波
（武汉市农业科学技术研究院，武汉市蔬菜科学研究所）

第一节　简　　述

红菜薹又名紫菜薹，为十字花科芸薹属白菜种的一个变种，起源于长江流域中部，在武汉地区栽培历史悠久，栽培面积较大，是武汉的名特蔬菜之一。其花茎色泽鲜艳、脆嫩清甜、味道鲜美。其中又以洪山菜薹最负盛名，品质尤佳，早在唐代就已成为湖北地方向皇帝进俸的贡品，曾被封为“金殿御菜”。“霜打雪压味最佳”，是指红菜薹在低温下味道最好。但低温下红菜薹抽薹缓慢，此时市场上供不应求。随着我国设施蔬菜栽培的蓬勃发展，使红菜薹的大棚栽培成为可能。

第二节　栽培实例

（一）武汉市江夏区郑店街

郑店街劳七村彭游：2011 年至 2012 年秋季，利用大棚种植红菜薹，红菜薹上市时单价在 5.0～6.0 元/千克，产量在 1 500千克左右。每 667 平方米收入 7 000元以上。

（二）武汉市黄陂区武湖农业园（图 1）

武湖农业园展示中心李全喜：2012 年利用大棚种植红菜薹，红菜薹上市时单价在 5.0 元/千克左右，每 667 平方米产量 1 600千克，收入在 9 000元以上。

第三节　品种选择

红菜薹大棚栽培建议选择早中熟、抗性强、产量高的品种，如红杂 60、新农二号、金秋红、鄂红四号等品种，生育期 70 天左右。

红杂 60：用雄性不育系和自交系配成的一代杂种，播种至始收 60 天左右。主薹粗壮，侧薹 5～6 根，薹色鲜艳，胭脂红，无蜡粉。薹叶 3～4 片，薹长 30～40 厘米，横径 1.0～1.5 厘米，单薹重 40 g 左右，商品性好。生长势较强，较抗黑斑病、病毒病、软腐病、霜霉病等，适作早熟栽培。

新农二号（图 2）：武汉东西湖区地方选育品种。该品种早熟、高产、抗逆性强，播种至始收 60 天左右，前期产量高，薹色紫红无蜡粉，抽薹匀称，薹叶小而少，商品性佳，食味甜美。适宜长江流域秋冬栽培。

金秋红：早熟杂交品种，从播种到始收 70 天左右，抗病性强，株高 50～55 厘米，开展度

图1　武汉市武湖农业园大棚内栽培的红菜薹

65～70厘米，基生莲座叶7～10片，叶色绿，叶柄、叶主脉为紫色红，菜薹肥嫩，薹长25～35厘米，薹叶细小，薹紫红色，色泽鲜艳，有少量蜡粉，食味微甜、品质佳，春节前后采收完毕，一般每667平方米产量1 800～2 000千克。

图2　红菜薹新品种新农二号

第四节　播种期的确定

（一）根据采收时间安排播期

红菜薹采收盛期在元旦前后，从11月中旬武汉进入低温期开始采收上市。

（二）具体时间

9月上中旬播种，苗期20～25天；10月上旬定植，11月中旬始收。

（三）注意事项

播种太早后期薹细小，影响商品性；播种过晚，营养体尚未长成，影响产量。

第五节　红菜薹大棚栽培管理技术

（一）茬口安排

前茬作物选择退地早、炕地时间长、施肥多而营养消耗少的蔬菜，如瓜类、豆类、茄果类、叶菜类等蔬菜，与非十字花科蔬菜轮作3年以上。

（二）整地施基肥

深翻土地，炕地15天以上。结合整地，每667平方米施腐熟有机肥3 000千克，或狮马牌复合肥50千克，同时撒施50千克生石灰进行土壤消毒。按宽1.2米，长30～50米作畦，高畦栽培，双行种植。

（三）育苗

1. 播种前种子进行暴晒，杀菌消毒。

2. 播种方式　撒播或条播。

3. 播后覆盖遮阳网，降温、保湿、防晒。苗出齐后及时揭除。

4. 间苗　真叶开展后，间苗2～3次，除去杂苗、劣质苗、并除草。

5. 提苗　根据幼苗生长情况，可施入清粪水提苗，促进幼苗健壮生长。

（四）适时定植

1. 定植时间　播种后20～25天，当幼苗有5～6片真叶时进行定植，宜选择在晴天下午15时以后或阴天进行。

2. 株行距　每畦种2行，株距25～30厘米，每667平方米3 000～3 500株。

3. 浇定根水：定植后及时浇定根水，有条件的地方可以用遮阳网覆盖，以利幼苗成活、齐苗、壮苗。

（五）田间管理

1. 水分管理　定植后浇定根水；高温时2～3天浇水一次，保持土壤湿润，大雨后及时排水；莲座期适当控制浇水，保持土壤见干见湿；植株封行后减少浇水，不要大水漫灌，做到随灌随排。

2. 追肥　定植缓苗后施提苗肥一次；莲座初期加大施肥量，结合浇水每667平方米施尿素10～15千克；抽薹后可少施肥，如果薹不粗壮，每667平方米可追施尿素10～15千克，促进侧薹粗壮。

3. 温度管理　11月中下旬，当气温低于15℃时，盖上大棚膜；晴天中午要通风降温降湿；温度低于10℃时，全天盖上大棚，温度高于25℃时通风降温。

4. 采收　“头薹不掐，侧薹不发”，当主薹生长到10厘米以上，达到初花时应及时采收，以促进侧薹萌发。采收时切口略倾斜，防止积水，感染病害。选择晴天下午采摘，以利于切口愈合。注意掐薹时不留桩，不伤底芽。采收主薹时应留2～3厘米为宜，侧薹采收部位应比主薹高一些，采收时尽量避免损坏叶子，侧薹、孙薹采收时一定要留2片叶，以便孙薹、曾孙薹的抽生和迅速萌发。

（六）病虫害防治

红菜薹主要病害有霜霉病、黑斑病、软腐病（图3）、黑腐病、病毒病等；主要虫害有蚜虫、黄条跳甲、菜青虫、小菜蛾、斜纹夜蛾、甜菜夜蛾、美洲斑潜蝇等。

图3　红菜薹软腐病田间表现

1. 农业防治措施

（1）选用优良品种，做好种子处理：选用金秋红、鼎秀红婷、新农二号等品种。播种前用25%适乐时进行种子包衣处理。（按种子量4‰拌种）

（2）适时播种，及时定植：红菜薹大棚种植播种期以9月上中旬为宜，10月上旬定植，使植株在生长过程中避开主要病虫害发生高峰期，健壮生长。

（3）轮作换茬：高畦栽培前茬最好是茄果类、瓜、豆类蔬菜。忌与十字花科蔬菜连作。前茬收获后炕地15～20天，按包沟1.2米宽做成深沟，高畦或窄长厢，田间开好腰沟，利排利灌。

（4）施足底肥，化学除草：每667平方米施进口复合肥50～80千克或饼肥100～150千克。厢面整好后，用48%氟乐灵或72%都尔或33%除草通每667平方米100～150g喷施土表层，后用耙略翻盖，使除草剂混于土下，对抑制土壤中萌发杂草有特效。

（5）加强水肥管理：红菜薹定植活棵后及时追肥，掌握前轻后重的原则，追施人粪尿或进口复合肥。结合防病治虫叶面喷施0.2%尿素液或0.2%磷酸二氢钾或绿芬威等微肥，每10～15天一次。

2. 物理防治措施

（1）悬挂杀虫板：同翅目的蚜虫、粉虱、叶蝉等，双翅目的斑潜蝇、种蝇等，蝇翅目的蓟马等多种害虫对黄色或蓝色敏感，具有强烈的趋性。每667平方米悬挂30～40块规格为30厘米×25厘米的黄板或蓝板，挂在行间或株间，高出植株顶部15～20厘米。黄板可诱杀蚜虫、斑潜蝇、粉虱等，蓝板可诱杀种蝇和蓟马。

（2）悬挂杀虫灯：每2 000平方米悬挂1盏频振式杀虫灯，对甜菜夜蛾、斜纹夜蛾有较好的诱杀效果。

（3）应用防虫网：防虫网不仅能有效地阻止害虫为害，减少或免除化学农药的应用，而且成为有实效的综合防治措施之一。7～8月气温高时，要增加浇水次数，保持网内湿度，以湿降温，基本上可免除菜蛾、斑潜蝇、蚜虫、瓜绢螟、菜青虫、甘蓝夜蛾、甜菜夜蛾、斜纹夜蛾、黄条跳甲、猿叶虫、豆野螟、棉铃虫、廿八星瓢虫、白粉虱等多种蔬菜害虫的为害。

3. 化学防治措施

（1）主要病害的防治：病毒病可用83增抗剂300倍液或25%病毒A 250倍液喷雾防治；黑腐病、软腐病可用50% DT 300倍液或77%可杀得500倍液或农用链霉素200毫克/L或代森铵1 000倍液防治；霜霉病可用10%科佳2 000倍液或58%金雷多米尔600倍液或55% 霜尽600倍液喷雾防治；黑斑病、白斑病可用72% 克露600倍液或75%百菌清600倍液或72.2%普力克800倍液或

80%大生500倍液或甲基托布津800倍液喷雾防治。

(2) 主要虫害的防治：蚜虫可用2.5%功夫2 000倍液或75%避蚜雾2 000倍液或10%除尽2 000倍液或4.5%高效氯氰菊酯2 000倍液或40%乐果800倍液防治；黄条跳甲可用48%乐斯本1 000倍液或80%敌敌畏800倍液等防治；小菜蛾、斜纹夜蛾可用5%锐劲特2 000倍液或5%卡死克2 000倍液或15%安打3 000倍液或55%快绿杨1 500倍液防治。

上述药剂可交替使用，混合使用，以提高防治效果。

第六节　三种主要栽培模式介绍

(一) 模式一：早春大棚辣椒—速生叶菜—大棚红菜薹

1. 品种选择　早春辣椒：湘早秀、湘研13、苏椒5号等；速生叶菜以菠菜、苋菜、油麦菜、蕹菜为主。

2. 茬口安排　辣椒10月上旬至11月上旬播种，2月份下旬定植，4~6月采收。速生叶菜7~8月播种，生育期不超过60天。红菜薹8月下旬至9月上旬播种，11月至翌年2月收获。

3. 效益分析　该模式年亩总产值达14 000元。

早春大棚辣椒5 000元以上；速生叶菜3 000元；大棚红菜薹6 000元。

(二) 模式二：大棚苦瓜套薯尖—大棚红菜薹

1. 品种选择　苦瓜选择绿秀、春晓等产量高、商品性好的品种；

薯尖选择适口性好、植株 生长旺盛、无苦涩味的品种，如福薯10号、福薯18号等品种。

2. 茬口安排　大棚苦瓜在2月下旬播种，3月下旬定植，5月中下旬开始采收，10月份上旬罢园；薯尖3月下旬至4月上旬扦插，6月初开始采收。红菜薹8月下旬至9月上旬播种，11月至翌年2月收获。

3. 效益分析　该模式年亩总产值达15 800元。大棚苦瓜6 000元；薯尖3 800元；大棚红菜薹6 000元。

(三) 模式三：早春大棚番茄—夏豇豆—大棚红菜薹

1. 品种选择　番茄宜选择早熟优质、抗病性强的品种，如上海合作903、西优5号、亚洲红冠等；夏豇豆选择优质丰产抗病品种，如早翠、早熟5号、扬豇40等品种。

2. 茬口安排　番茄11月上中旬播种育苗，2月中下旬定植在大棚内，4月下旬至6月中旬采收；夏豇豆6月下旬直播，8月上旬至9月上旬收获；红菜薹8月下旬至9月上旬播种，11月至翌年2月收获。

3. 效益分析　该模式年亩总产值达17 000元。大棚番茄8 000元以上；夏豇豆3 000元；大棚红菜薹6 000元。

第四篇　西瓜设施高效栽培技术

王宏太*，孙玉宏，李煜华，周争明，张安华，杨皓琼，黄　萍，曾红霞
（武汉市农业科学研究所）

1　范围

本标准规定了西瓜春、夏、秋季全程大棚覆盖、爬地式、一次播种多批次采收的栽培技术。

本标准适用于武汉市郊区推广，可供湖北省同类地区参考应用。

2　规范性引用文件

下列文件中的条款通过本标准的引用而成为本标准的条款。凡是注日期的引用文件，其随后所有的修改单（不包括勘误的内容）或修订版均不适用于本标准，然而，鼓励根据本标准达成协议的各方研究可使用这些文件的量新版本。凡是不注日期的引用文件，其最新版本适用于本标准。

GB4285—1989：农药安全使用标准；GB/T8321.3—2000：农药合理使用标准；GB/T18406.1—2001：农产品安全质量；NY/1394—2000：绿色食品肥料使用标准；NY/T391—2000：《绿色食品产地环境技术条件》。

3　产量目标及构成

3.1　产量目标

小果型西瓜667平方米产量4 000～6 000千克，中大果型西瓜667平方米产量4 500～6 300千克。

3.2　产量构成

小果型西瓜每667平方米定植400株，单株连续坐果10个，单果质量1.0～1.5千克。

中大果型西瓜每667平方米定植300株，单株连续坐果6个，单果质量2.5～3.5千克。

4　选用品种

小果型品种为早春红玉、中果型品种为早佳84～24（又名冰糖瓜）。

---

* 王宏太（1956—），男，高级农艺师，主要从事西甜瓜栽培技术研究及推广工作。

收稿日期：2009－03－06

5 生育进程

2 月上旬播种、3 月上旬定植、4 月上旬坐果、5 月上旬首批瓜成熟，10 月中旬采收结束。

6 栽培技术

采用大棚全程覆盖、滴灌、平衡施肥、巧用生长调节剂、喷施叶面肥料、人工辅助授粉、严防病虫为害的保根护叶技术措施，延长生育期，实现多批次采收。

6.1 备耕

①选地：选择符合 NY/T391—2000（绿色食品产地环境技术条件）的水稻田或间隔 5a 以上未种植瓜类的旱地。

②整地作畦：年前翻耕炕土，年后 1 耕 2 耙，按 6.0 ~ 7.0 米宽开厢搭建大棚，在棚厢中间开沟形成 3.0 ~ 3.5 米宽的瓜厢，在瓜厢中间开 1 条施肥沟施基肥。

③开沟：瓜地必须做到三沟相通，便于排灌：围沟宽 0.35 ~ 0.45 米、深 0.4 ~ 0.6 米；棚间沟宽 0.2 ~ 0.4 米、深 0.3 ~ 0.5 米；厢沟宽 0.25 ~ 0.35 米、深 0.25 ~ 0.35 米。

6.2 备料

①架材：选长 7.5 ~ 8.5 米、宽 3.5 ~ 4.5 厘米的楠竹 100 ~ 120 片或直径 2.5 ~ 3.5 厘米、韧性强的小圆竹 210 ~ 230 根搭建大棚，选长 2.5 ~ 2.7 米、宽 1.8 ~ 2.2 厘米的竹片 140 ~ 160 根搭建小拱棚，另选长度 2.1 ~ 2.3 米，直径 10 厘米的小圆木 14 ~ 16 根作顶撑，选型号为 14# 钢丝绳 130 ~ 140 米固定棚架。

②棚膜：大棚膜 60 千克，选用宽 8.0 ~ 9.0 米、厚 0.07 毫米的无滴抗老化膜；小拱棚膜 15 千克，选用宽 3 米、厚 0.027 毫米的无滴膜；地膜 10 千克，选宽 3 米、厚 0.016 毫米的地膜。

③压膜线：选用强度大的塑料绳作压膜线。

④滴灌带：分别选直径 75 毫米、50 毫米的塑胶管做主管和支管：配置接头、分水阀等配件：滴灌动力设备：选扬程 30 米水泵，以功率 2.2 千瓦电动机或 175 型 4.4 千瓦柴油机配组；施药动力设备：选 40 型水泵 +4.4 千瓦柴油机，按 3 000平方米面积配 1 套。

6.3 建棚

按照标准搭建长 40 米、宽 5.2 米、高 1.8 米，棚间间距 1.0 米，净面积 208 平方米的竹架中棚，667 平方米可建大棚 2.5 个。

6.4 育苗

①苗床选择：选择避风向阳、地势高燥、排灌方便、靠近电源的地段作苗床，育苗大棚采用 4 层膜覆盖，电热线加温，营养钵育苗。床宽 1.2 米，挖成深 5 厘米的凹形槽，底垫稻壳或草木灰，上铺 1 层地膜，在地膜上铺设电热线（100 瓦/平方米），电热线上覆土 2 ~3 厘米厚。

②配制营养土：选用未种过瓜类的肥土，按每 1 立方米 70% 的土壤 +30% 的腐熟过筛有机肥 +1.5 千克过磷酸钙配制营养土，加入 0.3 千克 50% 多菌灵粉剂充分拌匀堆置备用。每 1 立方米可制钵 2 000个。

③浸种催芽：选择籽粒饱满的种子，先放入 50% 多菌灵可湿性粉剂 500 倍液中消毒 30 分钟，用清水冲洗后再放入 55℃温水中浸泡 15 分钟，自然冷却并浸种 6 ~ 8h，反复清洗种子后，用湿纱布包裹恒温催芽。

④播种2月5日前后播种，播种前1d将营养钵浇透水，通电升温，1钵1芽，种子平放，盖籽土厚1.5厘米，覆盖地膜，夜晚在小拱棚上加盖麻袋或草毡，封严3层棚膜。

⑤苗床管理a. 播种—出苗阶段。快出苗，争全苗。温度白天控制在25～30℃，夜晚保持18℃以上。出苗前不需浇水，如遇雨雪天气，及时清除大棚上的积雪。

b. 出苗—出现真叶阶段。苗床温度白天控制在25℃左右，夜间稳定在15℃左右，预防出现高脚苗。早揭晚盖小拱棚上的覆盖物，中午逐渐加大通风量。

c. 1～3片真叶阶段。发根促壮苗，白天控制在20～25℃，夜晚在15℃。勤揭勤盖覆盖物，延长光照时间，加大通风量，适度炼苗。营养钵面土干燥时，上午10：00浇30～35℃温水，撒一层细土以利保墒。

d. 抓炼苗促早发。定植前7d逐渐揭掉草毡和小拱棚膜，以适应大棚环境，定植前3天，喷施1次杀菌药，适量浇1次水，保持营养钵的湿度，便于取苗定植。

6.5　定植

①整地施底肥：定植前10d，在整好的瓜厢中间开施肥沟，667平方米施250千克有机生物肥+25千克三元复合肥+1千克硼砂+1千克硫酸锌混合后，40%施入定植沟中，60%均匀撒往畦面上，用耕整机耙，让土肥混合，划好定植线并覆盖地膜。

②安装滴灌带：将支管平行铺设在离定植行30厘米处，要求拉直不卷曲，便于水流畅通。在大棚头铺设主管，安装分水阀，扎紧接头。

③选壮苗定植：选晴天定植，去除病苗、弱苗、畸形苗。取苗时不要损伤根系，栽苗时扶正，用营养土壅蔸。每厢栽1行，小果型品种株距55厘米，中果型品种株距75厘米，用0.2%磷酸二氢钾溶液浇足定根水。满幅覆盖地膜，扣紧小拱棚，密封大棚。

④覆盖小拱棚：瓜苗定植后，用长2.5～2.7米、宽1.8～2.2厘米的竹片140～160根，及时搭建小拱棚。

6.6　田间管理

①棚温管理

a. 缓苗期。缓苗期需要的温度较高，白天维持在30℃左右，夜间15℃。夜间3层覆盖，日出后由外向内逐层揭膜。午后由内向外逐层盖膜。及时查苗补苗，促单株平衡生长。

b. 团棵期。白天温度保持30℃，超过35℃时应揭开小拱棚膜通风。

c. 伸蔓期。白天温度维持25～28℃，夜间维持在15℃以上，随着外界温度的升高和瓜蔓的伸长，撤掉小拱棚，当大气温度稳定在15℃时，看风向将大棚的一头揭开通风。

d. 开花结果期。白天维持30～32℃，夜间15～18℃，以利于花器发育，有足量的花粉传粉受精，促幼瓜迅速膨大。当外界气温稳定在25℃以上时将大棚两侧开口通风。

②水分管理：定植时一次性浇足定根水，以后观察土壤墒情和瓜苗长势决定是否浇水，瓜苗出现失水症状，及时滴灌浇水，到开花坐果期，逐步加大滴灌次数和浇水量。

③肥料管理：缓苗肥以追平衡肥和叶面肥为主，用0.2%磷酸二氢钾溶液或翠康生力神或氨基酸叶面肥喷雾，长势较弱的瓜苗用2%的三元复合肥液体点施；伸蔓肥：看苗追肥，长势强劲的瓜苗不施，反之可酌情轻施；膨瓜肥：第1批瓜长到鸡蛋大小时，667平方米施二元复合肥10～15千克，采用滴灌方法，在采收前后再滴灌1次，用肥量看苗情长势而定；以后每采收1批瓜就要及时施1次肥。

④整枝理蔓：合理调整植株调节营养生长，在伸蔓以后，及时整枝，整枝方式有2种：一是留1条主蔓和2条侧蔓，其余的分枝全部抹除，二是摘心留3条子蔓，团棵期去掉生长点，选留3条

健壮的子蔓。两方法均留足3条蔓，在坐第1批瓜以前，彻底整枝抹芽，避免枝条丛生消耗养分，集中供应花芽分化，有利于多结瓜。整枝以后经常理蔓，将瓜蔓斜向均匀地摆放在畦面两侧，在采收第2批瓜后进入高温季节，需要增加分枝，可放任生长。

⑤授粉：摘除瓜蔓上的第1朵雌花，出现第2朵雌花时，进行人工授粉或用稀释的强力坐果灵喷施瓜柄，并用不同颜色的油漆进行标记，记录坐果日期，以便计算天数，采收时鉴别成熟度，坐瓜后应适度理蔓。

⑥采收期的管理：大棚覆盖一播多收的关键措施是要保证瓜蔓不早衰。在各批次采收过程中，注意保护瓜蔓不受损伤，合理应用生长调节剂，看苗情及时补追肥水，严防病虫为害。

a. 肥水管理视采收每批瓜以后，要及时追施接力肥，保证有充足的养分维持根系、叶片的活力。施用量一般看苗情而定。正常生长旺盛的田块每667平方米追10千克三元复合肥，长势较差者用量20千克，施肥以前将肥料充分溶解，然后进行滴灌。

精施微肥：在西瓜上应用的微肥主要有磷酸二氢钾、氨基酸等，作用是刺激生长，护根保叶、增加花芽分化数量，促进果实膨大、改善品质等。用法既可随水冲施又可叶面喷施。

巧用调节剂：在西瓜生产中使用植物生长调节剂，主要是促发根、延缓叶片衰老、增加甜度，改善品质。在第二批瓜采收后，适当使用植物生长调节剂。

坚持喷用坐瓜灵：进入高温季节，大棚内温度高达40多度，抑制花芽分化，也导致雄花发育不正常，造成产量下降，要坚持使用坐瓜灵，浓度按说明书配制，见到雌花就喷。

b. 暑期预防高温。武汉市7～8月进入高温酷暑期，棚内温度较高，必须在大棚中间开窗降温，方法是：用竹片或木条等撑起大棚的裙膜，散发棚中间的热气。

c. 病虫害防治。在大棚全程覆盖栽培条件下，西瓜茎叶避免了雨水淋刷，但棚内的小气候诱发病虫为害，早春季节叶部病害主要是疫病、炭疽病、白粉病。虫害有蚜虫、蓟马等，夏、秋季两季主要防治病毒病、蚜虫、蓟马、飞虱、斜纹夜蛾、瓜绢螟等。

病害防治：疫病、炭疽病、白粉病用大生M－45（80%可湿性粉剂）、代森锰锌可湿性粉剂500倍液喷雾；病毒病用福尔马林100倍液浸种1小时，大田防治选用病毒必克或病毒A600～800倍液。

虫害防治：防治蚜虫用锋芒必透、蚜敌2 000～2 500倍液；菜青虫、斜纹夜蛾、瓜绢螟用海正三令1 500倍液防治。

后期扣棚防低温：武汉地区寒露风到来时间一般在9月中下旬，最早年份在9月初，作好防寒工作是延长西瓜生长期、增加产量和效益的重要措施。当大气温度下降至25℃以下时，夜晚必须封闭大棚，以免西瓜受到冻害，温度急剧下降时，将茎蔓集中，再加盖小拱棚，确保尾期茎叶和幼瓜不受冻害。

第五篇　武汉早春瓜类大棚电热温床育苗关键技术

祝菊红
（武汉市农业科学技术研究院，武汉市农业科学研究所）

第一节　早春瓜类育苗时间

定植时间：武汉春大棚、拱棚瓜类的定植期一般在 2 月下旬到 3 月中旬之间（因覆盖方式而定）。

育苗时间：而其育苗播种期多在 12 至 2 月份。

育苗期：40 ~45 天。

第二节　早春瓜类育苗难题

三大难题：温度低、光照弱、阴雨时间长。

第三节　早春瓜类育苗常见问题

1. 播后不出苗；
2. 出苗不整齐；
3. 戴帽出土；
4. 沤根、烧根、苗徒长，僵化且病害多的现象。

育苗不成功，严重影响了大棚、拱棚西瓜的正常生产。

第四节　常用育苗方式

1. 温室　分加温温室，加温温室是靠燃煤热风炉来提高室内温度的温室，是性能较好的育苗设施，即使严寒时节，通过加温也能创造出瓜苗生长适宜的温度条件。但加温温室的造价及育苗的成本较高。需专人加温，每 800 平米温室需配备一台热风炉。

2. 温床　电热温床是通过电阻丝将电能转化成热能，从而使育苗床土升温。采用温床培育的西瓜苗，多用于早春小拱棚保护栽培。

3. 冷床又称阳畦　它与温床相似，只有防风保温设备，不进行人工加温的苗床。一般在背风向阳的地方建造苗床，苗床上覆盖塑料薄膜和草苫防寒保温。在寒冷多风地区，冷床的北面可架设防风障。在白天利用阳光提高床温，夜间或阴雨天时利用覆盖物保温。冷床设备简单，成本低。采用冷床培育的西瓜苗，主要用于春季西瓜地膜覆盖栽培和露地栽培。

4. 工厂化育苗　利用育苗专用设备在种苗场或专用场所进行的集中育苗。这是快速集中培育西瓜壮苗的先进方法，也是育苗产业化的重要途径。适合大规模集约化育苗。

第五节　电热温床育苗

（一）制作苗床

1. 床址选择原则

（1）地势高燥、地下水位低，否则湿度大病害虫多。

（2）离预留瓜田近，便于运苗。

（3）多年（6～10年）未种过西瓜、排灌方便。

2. 铺地热线　布线前先要根据地热线的长度和苗床长度算出地热线在苗床中的往返次数，根据次数算出线距。地热线往返次数＝（线长－床宽）/床长，线间距＝床宽/（往返次数＋1）。因床两边的温度比中间低，铺、线时应中间稀两边密，使土温均匀。第根电热线功率为800～1 000瓦。铺设电热线床，每隔4米左右，用2厘米宽小竹片铺在线上，将每根电线再在竹片上系一下。以免电线打结。

3. 苗床面积　确定后，按东西向先取长9米左右、宽1.2米的框架，然后可在床底能的损耗。铺一层细草或煤灰渣等绝热材料，已减少热耗损。布线完毕应接通电源，检查线路是否畅通，如无故障，切断电源，再在地热线上覆盖2厘米后的床土，将线压住即可。

（二）备营养土

营养土质量的好坏关系到能否培育出壮苗，要求营养土疏松、肥沃、无病菌、无虫卵和无杂草种子。因此最好上年开始准备，经过夏炕、冬凌和充分腐熟。

1. 营养土用量　以西瓜为例每亩大钵口径8～10厘米育苗约需400～600千克营养土，小钵口径6厘米育苗约300千克。

2. 营养土配比　各地可根据当地条件选择不同配方：①3份猪牛粪、2份土粪、5份表土；②火土灰100千克、稻田表土150千克、0.3千克尿素、1千克复合肥、猪粪30千克混合；③未种过瓜的园土120千克，腐熟堆厩肥180千克、1.5千克复合肥、1.5千克过磷酸钙混合；④稻田或旱地表土260千克，禽畜粪18千克，过磷酸钙1千克，草木灰10千克。

上述配方的各种成份打碎混合拌匀，用40%福尔马林100倍喷洒或其他杀菌剂消毒后堆好用薄膜密封。

在营养土的备制过程中注意的问题：

（1）切忌用种过瓜的土壤，尽量不用菜园土；

（2）各种肥料要腐熟，以防育苗时烧根；

（3）土壤灭菌杀虫要做好；

（4）如果是黏质土，要粉碎过筛，再与其他成分混合。其他配料也要过筛。

（三）营养钵备制

营养钵可用塑料钵，也可用制钵器制成土钵，但钵口径不能小于6厘米。将备好的营养土过筛后装钵、制钵。摆入苗床育苗注意，钵与钵之间要用细土塞满，以利保水保湿。

也可用穴盘育苗。

（四）浸种催芽

浸种与消毒（2种方法）：可用干净的塑料盆或桶浸种，大多瓜类种子入水后种皮有一层黏液，如黄瓜、瓠瓜、南瓜等种子可先用0.2%～0.4%的碱液清洗，并用清水冲洗干净。

一是温汤浸种消毒，即用55℃恒温水浸种，并不断搅拌10分钟后，让其自然冷却，再浸泡2～4小时。二是药剂消毒浸种。用福尔马林（40%甲醛）100倍或百菌清或多菌灵等药剂浸种1小时后，清水冲洗，再用清水浸种4～6小时。

催芽（表1）：体温催芽、恒温厢催芽等。将毛巾用清水浸湿，拧到不流水的程度，将欲催芽的种子摊到毛巾上，厚度不超过1.7厘米，再用同样的湿毛巾盖在种子上，以保持湿度，置于恒温厢中保持32～35℃，24～30小时或28～30℃，36小时即可出芽。催芽时注意：①恒温厢内要保持湿度，最好是在厢内用盆放少量水，以防种子发干；②对发芽期长的种子，每天需用温水淘洗1次，洗掉黏液，以免发霉。

表1　瓜类蔬菜种子的浸种时间与催芽的温度和天数

品种	浸种时间（小时）	温度（℃）	发芽天数
黄瓜	3～4	25～30	1～2
冬瓜	10～24	28～30	6～8
西葫芦	4～6	25～30	2～3
丝瓜	6～12	25～30	4～5
苦瓜	10～24	30	6～8
蛇瓜	6～12	30	6～8
西瓜	6～10	26～30	3～4
甜瓜	3～4	26～30	1～2

（五）播种

播种前一天先将营养钵浇透水，播种当天用托布津等药剂喷雾对钵面消一次毒。播种时每钵一粒种子，胚根向下或平放（直插的种子因所受的盖土压力较小，易使芽苗“带帽”出土，影响子叶的光合作用），然后覆一层细土，厚1～1.5厘米，覆土后不浇水，以防表土板结，播种完后在床面覆一层地膜，以增加床温并保湿，然后盖上小拱棚。

播种过程注意的问题：①播种时覆土不要太薄或太厚；②两层膜要盖严，压实。

（六）苗床管理

1. 如何调控温、光、水、肥？

苗期四阶段

子叶出土前、子叶出土—真叶期、真叶期—出圃、炼苗期。

（1）苗期温度管理：

第一阶段：温度要高，一般5厘米地温在30 ℃左右，保证出苗快、齐。第二阶段：幼苗下胚轴生长很快，适当降温，防止形成高脚苗。白天保持22～25℃。

晚上15～18℃。

第三阶段：幼苗下胚轴逐渐老化，适当升温（2～3 ℃），促幼苗早发稳长。白天保持25～28℃，晚上15～20℃。

第四阶段：低温（15～25℃）炼苗，提高其定植后的适应性。白天晴天无大风时，可将薄膜全部揭开；夜间如无寒潮侵袭，可只盖薄膜不加温。

防寒、保温

在炼苗期间稍有疏忽，遇上寒流突然袭击，会将幼苗冻坏。要及时收听天气预报，遇到寒流要加强保温。

（2）光照管理：瓜类品种是喜光作物，武汉早春大多为低温寡照，光照有限，植物所有的生理过程会降低，特别是光合作用降低，造成：植物生长减慢、茎段细小、叶片小、节间长为了提高光照强度，需经常擦洗棚膜，保持其明亮。新膜的遮光率为30%，旧膜的遮光率将超过45%。另外采取补光的式：补光灯安装：采用100瓦白炽灯，间距为3米，离地高度80厘米；补光时间：在植物第一片叶或第二片叶出现后的2~6周效果最好；补光时段：早春可以每天8：00~16：00开灯补光或在下午4：00开灯，到午夜关灯。

（3）水分管理

浇水原则：土干则浇，一浇浇半透。

浇水四时段：播种浇足，出苗前少浇，出苗后补浇，成苗后勤浇。

浇水时间：晴朗无风的上午，薄膜要随浇随盖，不可一下揭开过大，以免“闪苗”。浇水后盖好，使温度回升。

忌：浇大水，留过夜水。

（4）肥料管理：在施足底肥和底水情况下，幼苗一般不表现缺肥。

出苗后加强苗期管理，严格控制肥水，降低湿度，促进秧苗生长和安全越冬。

加强通风炼苗，使秧苗逐渐适应露地气候条件下，于晴天中午适时、适量浇施可用1 000倍的尿素和1 000倍的磷酸二氢钾溶液结合浇水施入苗床。

（5）相互作用：在育苗过程中，没有一个因素是但单独发生的。我们的农民朋友必须综合考虑温度、光照、湿度、和含水量，然后决定如何管理。时刻关注天气预报，对天气的阴、晴、冷、暖变化做出反应，合理安排生产。

2. 苗情诊断

壮苗标准：瓜苗粗壮、叶色深绿、叶柄长度小于叶片长度。

瓜苗僵苗的原因

瓜苗在育苗期间和定植后的一段时间内，有时会出现僵苗，即幼苗迟迟不生长。

低温影响：育苗期间连续阴天，苗床土温过低；定植过早，日均气温不超过10℃，地温长期低于15℃。由于温度低不能满足瓜苗正常生长发育的需要，时间长了就形成僵苗。预防措施是采用加温苗床育苗；适当定植期，选冷尾暖头的晴天定植，并增加保护措施。

水分问题：土壤湿度过大而影响地温升高，限制了根系的生命活动，肥水吸收减少，因而植株生长缓慢。相反，土壤干旱，不能满足植株的水、肥供应，也能引起僵苗的出现。因此，育苗和定植后都要合理地进行水分管理。可能的话，要进行中耕。

土质问题：土壤板结或土壤黏重、通气性差，不能满足根系生长所需的氧气，致使根系生长缓慢，吸收能力差，而引起僵苗。因此，整地时要深翻，多施有机肥或渗沙改良土壤。

施肥原因：一种原因是施肥量大、过于集中，增加了苗床和大田土壤溶液浓度，根系不能下扎，吸收不到肥水而影响生长；或基肥施行过深，上层速效肥不足使幼苗“饥饿”而导致僵苗。另一种原因是土壤瘠薄、肥力不足。预防措施是合理施肥，同时根灌速效肥液。

总之，出现僵苗的基本原因是根的发生、生长及吸收活动受到抑制。因此，出现僵苗后，主要补救措施是促使根系尽快生长，增加吸收能力徒长苗原因

（1）发生原因：苗床光照不足，温度过高，土壤和空气湿度高。

（2）防治措施：合理调节光、温、湿。苗床温度采取分段管理，适时通风、降湿，增加光照，避免温度过高。降低夜温，加大昼夜温差。在光照不足的条件下，适当降低温度和湿度。

伤风苗原因

小型瓜苗出现伤风苗的原因是，通风过猛所引起的，俗称“闪苗”。因苗床内外温度、湿度差异很大，猛然进行大量通风，使苗床内湿度、温度骤然下降，叶片尤其是边缘失水过重，导致细胞受害而干枯。

预防办法：通风要小心，不要等温度升得过高后再行通风。当上午床内室温达到25℃时即开始通风，通风口开在北面，并逐渐由小到大。

常见问题

（1）环境管理不善而不出苗？

应扒开床土检查，只要剥开种皮胚仍是白色新鲜的，就说明种子并没有死亡，只要立即采取相应的措施都能出苗。

（2）床土过湿，怎么办？

应控制浇水；如短期水分排不掉，可用吸水力强的干燥草炭、炉灰渣、炭化稻壳蛭石等撒在床土表面，厚度0.5厘米，并把育苗箱搬到阳光充足的地方，既可提温又可减少床土的水分。

（3）为什么幼苗徒长、落花落果或开花期推迟或果实小，品质差的现象？

此现象近几年经常发生，也是菜农朋友和种子经营单位发生争执的一个热点问题而实际情况不在种子，而在于高夜温或低夜温影响了正常的花芽分化所致。

（4）多数农民朋友，在气温低、阴天、空气湿度高的情况下咨询得较多，他们通常不能控制苗的生长，不得获得发达的根系，还会出现病害，怎么办？

在这个阶段，要认真控制湿度的含量，早晚多通风，等待晴天，加强肥水管理。

3. 苗期主要病害的防治工作

猝倒病

猝倒病是冬春季育苗经常发生的病害。发病后造成幼苗成片倒伏死亡。出土不久的苗最易发病。在苗床温度高时，病苗残体表面及附近的土壤表面有时长出一层白色絮状霉，最后病苗腐烂后干枯。

（1）易发病条件：

苗期：低温、连日阴雨并有寒流、幼苗长出1～2片真叶期发生。

（2）农业防治方法：选择地势高燥，地下水排水良好且土质肥沃无病新土。另外种子要进行消毒处理，催芽不要过长，播种不要过密。

（3）化学防治：一旦苗床发病，应及时把病苗及邻近床土清除。发病初用25%甲霜灵可湿性粉剂800倍液或64%杀毒矾可湿性粉剂500倍液或75%百菌清可湿性粉剂600倍液或40%乙膦铝可湿性粉剂200倍液或72.2%普力克水剂400倍液。喷药后，撒干土或草木灰降低苗床土层湿度。

立枯病

立枯病是幼苗期的主要病害之一，立枯病在春季育苗期常与猝倒病相伴发生。

（1）立枯病发病原因：播种后，若遇低温多雨，特别是遇寒流，常诱发烂根。

多年连作的苗床，或施入未腐熟的厩肥，土壤中病菌积累多，种苗发病率高，病害重。

地势低洼排水不良，土壤黏重，通气性差，瓜长势弱，发病严重。

（2）农业防治方法：实行轮作，与禾本科作物轮作可减轻发病。

严格选用无病菌新土和营养土育苗。

加强田间管理，出苗后及时间苗，剔除病苗；雨后应中耕破除板结，以提高地温，使土质疏松通气，增强瓜苗抗病力。

种子处理：用药量为干种子重的0.2%～0.3%。常用农药有拌种双、苗菌净、利克菌等拌

种剂

（3）化学防治：发病初期可喷施25%瑞毒霉可湿性粉剂600~800倍液或用58%甲霜灵锰锌可湿性粉剂500倍液；或用72.2%普力克水剂800倍液，隔7~10天喷施一次。

疫病

（1）疫病发生条件：一般在苗期和生长前期发生，发病温限5~37℃，最适20~30℃，雨季及高温高湿发病迅速。在排水不良，栽植过密，茎叶茂密或通风不良发病重。

（2）农业防治措施：合理选择苗床：选择地势高、排水良好，肥料要充分腐熟，播种前床土要充分翻晒。

加强苗床管理：苗期防止高温高湿等不利因素，发现病株，应及时拔除，并及时杀菌。

（3）化学防治：预防选用80%大生600倍液，发病初期可喷洒病部或灌根，常用的药剂：58%瑞毒锰锌可湿性粉剂500~800倍液或25%瑞毒霉（甲霜灵）可湿性粉剂500~800倍液；或72.2%霜霉威400~600倍液或达科宁或速克灵烟薰剂。

设施栽培每次用药后要结合放风，降低棚内湿度，可收到较好的防效。

育苗关键技术要点：调温、控水、强光 、少肥。做好温、光、水、肥的调控工作是种苗的最好防病药。

参考文献

[1] 湖北省科学技术厅，等. 瓜菜育苗实用技术指南 [M]. 武汉：湖北科学技术出版社. 2010.
[2] 王毓洪，等. 早春瓜类蔬菜保护地育苗技术 [J]. 长江蔬菜，2005. 11.
[3] 张峰. 电热温床育苗技术 [J]. 农技服务，2003. 03.

第六篇　武汉地区茄子设施栽培技术

徐长城
（武汉市农业科学技术研究院，武汉市蔬菜科学研究所）

第一节　概　　述

茄子（*Solanum melongena* L.），亦称落酥、昆仑瓜、茄瓜，属于茄科茄属。茄子是武汉地区的重要蔬菜之一，常年种植面积约4 000公顷。它的重要性不仅表现在经济上，而且还在特殊的营养价值上。

（一）茄子起源

茄子起源于印度及亚洲东南亚热带地区，古印度为最早驯化地，中世纪传到非洲，13世纪传入欧洲，17世纪遍及欧洲，后传入美洲，公元4～5世纪传入我国南方。

在中国，茄子最早记载见晋·稽含撰写的《南方草木状》（4世纪初）："华南一带有茄树"。据游修龄考证，南北朝后魏·贾思勰在《齐民要术》（6世纪30年代或稍后）的"种瓜第十四"一节中，有种茄子方法的记载，对茄子的留种、藏种、移栽、直播等技术均有描述，并有可以生食的品种。因而茄子在我国栽培已有1 600年左右的历史，一般认为中国是茄子的第2起源地。

（二）茄子营养

茄子以嫩果食用为主，既可炒食、红烧、清蒸、凉拌，亦可加工成茄酱、腌茄或茄干。茄子具有较高的营养价值和药用价值，每100克茄子含水分95克，蛋白质1.2克，脂肪0.4克，碳水化合物2.2克，粗纤维0.6毫克，钙23毫克，磷26毫克，铁0.5毫克，胡萝卜素0.11毫克，维生素B_1 0.05毫克，维生素B_2 0.01毫克，尼克酸0.5毫克，维生素C17毫克。除此之外，果实还含有胆碱、水苏碱、龙葵碱等多种生物碱。果皮含色素茄色甙、紫苏甙，飞燕草素-3-葡萄糖苷以及飞燕草素-3，5-二葡萄糖苷等。

茄子与一般蔬菜不同的是还富含维生素P（又名"芦丁"），其含量最多的部位是紫色表皮和果肉的结合处，每100克中含维生素P可达750毫克，是强化血管弹性，防治动脉硬化的有益之物。

（三）武汉地区茄子品种

1. 品种演变　武汉地区栽培茄子比较悠久，品种以紫色长条形为主，也形成了较为有名的地方品种（常规品种），如"兰草花""鳝鱼头""湲口条茄"等，茄子零星种植有绿色圆果形品种，如"西安青茄"。

随着科技的进步和生产的发展，从20世纪70年代以来，常规品种逐渐被综合性状更为优良的杂交一代品种所取代。目前的主要栽培品种是武汉市蔬菜科学研究所选育的杂交一代品种，占90%以上的市场份额。

2. 主要栽培品种

（1）鄂茄子3号（迎春一号）（图1）：极早熟、果面黑紫色，果实长条形，果面平滑光亮。

果长 30～40 厘米果径 3～3.5 左右，平均单果重 150 克左右。

（2）春晓（图2）：早熟、多花，果实长条形。果面黑紫色、平滑、光亮。肉白绿色、果长 30～40 厘米，果径 3～4 厘米，单果重 150～180 克。耐低温、耐弱光。

图1 鄂茄子 3 号

图2 春晓

（3）航天黑：早熟，第一花节位 8 节，花浅紫色，簇生率 30%。果实长条形，果皮黑紫有光泽，果肉白绿色。萼片紫色，少刺，果萼下紫红色。果长 34 厘米，果径 4.3 厘米，单果重 220 克。

（4）鄂茄子 2 号（紫龙 3 号）：早中熟，门茄花位于 9 节，花一般为簇生，少数为单生。果皮黑紫色富有光泽，果实条形，果顶部钝尖，果肉白绿色，茄眼处有红色斑纹。果长 35～40 厘米，横径 3.5 厘米，单果重 180～220 克。耐热性强。

第二节 生物学特性

（一）植物学特征

1. 根　为直根系，根系发达，由粗大的主根和多数的侧根组成，其根群深达 120～150 厘米，横展 120 厘米左右，吸收能力强。育苗移栽的茄子根系分布较浅，多分布在土壤 30 厘米土层。茄子的根系木栓化较早，不定根的发生能力较弱，伤根后根系再生能力较差，不宜进行多次移植。

2. 茎　茎为圆形，直立而粗壮，株高 0.8～1.3 米，品种不同差异很大，有的甚至高达 2 米以上。幼苗时期茎是草质的，随着植株的逐渐长大，茎轴及枝条的干物质逐渐增加而开始木质化。茄子分枝较规则，为假二叉分枝。

3. 叶　叶片肥大，单叶互生，卵圆形至长椭圆形，叶缘波状。叶色有绿有紫，果实为紫色的品种，其嫩茎及叶柄带紫色；果实白、青的，则茎叶为绿色。

4. 花　为自花授粉植物，花为两性花，单生或簇生，整个花由花萼、花冠、雄蕊、雌蕊四部分组成。花色淡紫或白色，完全花，萼片的颜色与茎相同。根据花柱的长短，茄子的花可分为长花柱花、中花柱花和短花柱花。

5. 果实　果实是由子房发育而成的，属于浆果，主要由果皮、胎座、髓部和种子组成，胎座的海绵薄壁组织很发达，为主要食用部分。果肉的紧密程度与茄子果实的形状和品种有关。果实在发育过程中，经历现蕾期、落瓣期、开花期、凋瓣期、瞪眼期、技术成熟期和生理成熟期。从开花到瞪眼约 8～12 天，从瞪眼到技术成熟需 13～14 天，从技术成熟到生理成熟约 30 天。

（二）对环境条件的要求

1. 温度　茄子性喜温耐热，怕寒冷，生长发育的最适宜温度为 25～30℃；17℃以下生长缓慢，花芽分化延迟，花粉管的伸长也受到影响。10℃以下会引起新陈代谢失调；5℃以下则开始遭受冷害。当温度高于 35℃时，花器发育不良。茄子在不同的生长发育阶段需要不同的温度条件。

（1）发芽期：种子发芽阶段的最适温度为 25～30℃。若低于 25℃，发芽缓慢，且不整齐；超过 35℃，发芽快，但长势不一致，易衰弱。一般茄子的种子在恒温条件下，发芽不良，采用变温处理可促进发芽，即白天保持 8 小时在 30℃、夜间保持 16 小时在 20℃的变温处理。

（2）幼苗期：苗期生长最适温度为 22～25℃。能正常生育的最高温度为 32～33℃，最低温度为 15～16℃。白天地温要比气温稍低，保持 23～25℃，夜间则比气温稍高些，保持在 19～20℃，以促进根系的发育，有利于培育壮苗。

（3）结果期：结果期温度控制得好对高产有重要作用。白天适宜温度范围在 20～30℃之间，以 25℃为最适。

2. 光照　茄子为喜光性蔬菜，对光周期的反应不敏感，对光照长度和强度的要求较高。光照强度的补偿点为 2 000勒克斯，饱和点为 40 000勒克斯；在自然光照下，日照时间越长，越能促进发育，且花芽分化早、花期提前。

3. 水分　茄子不耐旱，需要充足的土壤水分。当根系充分伸展后，才有一定的耐旱性。茄子果实发育期，田间最大持水量以保持在 70%～80%最好，一般不能低于 55%。

4. 土壤　茄子是深根性作物，根系纵向生长旺盛，对土质的适应性强，对土壤要求不太严格，在通气性和水分含量适宜的沙质至黏质土壤都能栽培。但茄子耐旱性差，且喜肥，所以必须排水性好又不干燥，一般以含有机质多、疏松肥沃、排水良好的沙质土壤生长最好，尤以栽培在微酸性至微碱性（pH 值 6. 8～7. 3）土壤上产量较高。

5. 肥料　茄子对钾肥要求较高，氮肥次之，磷肥较少。茄子生育期长，每生产 10 000千克商品果，大约需吸收氮 30 千克、磷 6. 4 千克、钾 55 千克、钙 44 千克。施肥时可以把总量 1/3～1/2 的氮肥和钾肥和全部的磷肥作为基肥，其余的作为追肥施入。

6. 气体　茄子不仅从土壤中吸收营养，而且还从空气中吸收二氧化碳，通过光合作用合成形成植株生长发育所需的碳水化合物。研究显示；将大气中二氧化碳浓度（0. 03%）提高到 0. 1%～0. 15%，其光合效率可比正常情况下提高 2～3 倍。

（三）生长发育特性

茄子的生长发育可分为发芽期、幼苗期和开花结果期 3 个时期。

1. 发芽期　从种子吸水萌发到第 1 片真叶出现为发芽期。茄子发芽期较长，一般需要 10～15d。

2. 幼苗期　第 1 片真叶出现至第 1 朵花现蕾为幼苗期，大约需要 50～60d。

3. 开花结果期　门茄现蕾后进入开花结果期，茎、叶和果实生长的适温白天 25～30℃，夜间为 16～20℃。茄子的分枝结果习性很有规律，早熟种 6～8 片叶，中、晚熟种 8～9 片叶时，顶芽变成花芽，紧接的腋芽抽生两个势力相当的侧枝代替主枝呈丫状延伸生长。以后每隔一定叶位顶芽有形成一个花，侧枝以同样方式分枝一次。这样，先后在第 1、第 2、第 3、第 4 的分枝叉口的花形成的果实，分别被称为门茄、对茄、四门斗、八面风，以后植株向上的分叉和开花数目增加，结果数较难统计被称为满天星。

第三节 设施主要栽培技术

（一）品种选择

宜选用耐低温、耐弱光能力强，抗病、前期产量高，商品性好的品种，如迎春一号、春晓、航天黑、汉宝1号、紫龙6号、紫龙8号和川崎等品种。

（二）育苗

1. 培育壮苗　武汉地区春季栽培茄子需要利用温室或大棚越冬育苗，苗期长达100～120天。由于长期低温寡照，且生产上大多采用冷床育苗，所以育苗技术非常关键。

（1）营养土的配制：选用无病虫源的园土、塘泥、草炭、复合肥等按一定比例配制。一般园土6份或园土和塘泥各3份，腐熟有机肥或草炭4份，混匀后每立方米土中可配尿素0.25千克，石灰1千克，复合肥0.25千克进行调制。

（2）种子处理：采用催芽播种方法的，播种前将种子用50～55℃温水浸烫15～30min，不断搅拌，水温降低后再浸种8～12小时，搓洗干净后用干净纱布包好于20℃（夜间，16小时）至30℃（白天，8小时）条件下催芽，每天换气一次，注意查看是否有黏液，如有黏液，则用温水清洗。有70%种子发芽时即可播种。

（3）播种：早熟栽培一般10月上旬至11月上旬播种。提前15～20天盖上大棚膜，将苗床整理成宽1.8米左右的平厢，备好2米宽的农膜和2.2米长的竹拱。

①播种床播种：播种前将准备好的营养土均匀铺于播种床上，厚度10厘米，宽1.5米，提前浇足底水，然后将干种子或催芽种子均匀播下，覆细土0.8～1.0厘米厚左右，盖上地膜，插好竹拱，盖好农膜。

②营养钵播种：可适当晚播，将营养土装于塑料（8厘米×8厘米）钵2/3处，摆放在苗床上，每排15钵。播种前浇足底水，然后将干种子或催芽种子播下，每钵播1～2粒，覆细土0.8～1.0厘米厚左右，盖上地膜，插好竹拱，盖好农膜。

（4）播种后的管理：保持温度25～30℃，70%幼苗出土时及时揭去地膜。白天保持温度20℃左右，夜间15℃，严格控制湿度，做到“宁干勿湿”，防止幼苗培根徒长或猝倒病的发生。在温度适宜的情况下，小拱棚农膜尽量早揭晚盖，确保光照充足。

（5）分苗（假植）：采用播种床于苗的，二叶一心时需进行一次分苗（假植）。选健壮幼苗移栽到装好1/2营养土的营养钵中，用营养土盖上根系，每钵1株苗，按照每排15钵摆放在苗床上，用喷雾器喷洒适量定根水，小拱棚上盖双层农膜。注意通风透光，控制湿度，减少立枯病和灰霉病的发生。此期还应及时防治蚜虫和潜叶蝇。定植前7～10天，开始适当降温炼苗。

（三）整地作畦

选择地势高燥、排灌方便、保水保肥性能好、3年以上未种过茄果类蔬菜的地块，经“三犁三耙”后整地作畦，一般畦宽（包沟）1.33米，畦面整成龟背形，畦沟深24厘米。结合整地施足基肥，每667平方米施饼肥（菜饼）150千克、进口三元复合肥25千克、生石灰40～80千克、过磷酸钙30千克。或施有机肥4 000～5 000千克、三元复合肥25～30千克、生石灰40～80千克、过磷酸钙30千克。6米宽的大棚可整成4厢，8米宽的大棚可整成6厢。

（四）定植

12月下旬至翌年元月上旬，冷尾暖头抢晴定植。每畦栽两行，株距40～45厘米，每667平方米栽2 000～2 400株（依品种而定）。浇足定根水，封严地膜洞口，覆盖小拱棚。

（五）田间管理

1. 温度和湿度控制　定植后闭棚，保温保湿促进缓苗。茄苗成活后，初期白天温度保持在30℃左右，夜间最低温度保持在10℃以上。后期白天要控制在35℃以下，夜间10~20℃。极度低温时，在小拱棚外加盖草帘。棚内土壤保持湿润即可，尽量减少灌水次数。如湿度过大，则应加强通风。另外，小拱棚尽量早揭、晚盖，以加强光照。

2. 肥水管理　幼苗成活后，施一次提苗肥，每667平方米施10~15千克尿素或腐熟人粪尿。门茄瞪眼后追施腐熟的稀粪水或三元复合肥，以后每采收1~2次追施一次肥，每次每667平方米施10~15千克三元复合肥，还可结合病虫防治叶面喷施0.2%的磷酸二氢钾。

植株成活至开花前，一般不再灌水。开花结果期如土壤干燥，则可在晴天上午灌水，要快灌快排，并及时通风排湿。雨季应注意清沟排渍。

3. 植株调整　及时摘除植株基部萌发的侧枝、小芽。整个开花结果期，植株应保持“二叉分枝”，摘除多余侧枝。及时摘除植株下部的老叶、病叶。有些品种有多花多果现象，则要适当疏花、疏果。

4. 保花保果　棚内温度低于25℃时，易引起落花落果，可用10~15毫克/千克的2，4-D液蘸花，或30~40毫克/千克的防落素蘸花，切忌将激素洒落在嫩叶和嫩芽上，以免产生药害。温度偏低用高浓度，温度偏高用低浓度。开花当天上午进行蘸花，每朵花只能蘸一次，浓度过大易形成畸形果、僵果。

（六）主要病虫害综合防控

1. 主要病害

（1）猝倒病

①苗床设施：苗床地坐北朝南，地势高，有利排水。每年换床土，特别是发病床土。土壤消毒，每平方米用40%福尔马林加水2~4千克均匀喷床土，用塑料薄膜覆盖一周时间。药土护种，先铺药土，上面播种，再覆盖一层药土。药土配方：40%拌种双加土配制，每平方米用8g药加4~5千克细土拌匀，打足底水后将1/3的药土铺底，2/3的药土做覆土，将种子夹在药土中间，若盖土不够，可在其上另加洁净的土壤。

②苗床管理：出苗前，少浇水，最好是不浇水。控制温度和湿度，加强光照。发现病苗及时拔出。发病时，在晴天上午喷施58%甲霜灵锰锌可湿性粉剂500倍液、64%杀毒矾可湿性粉剂500倍液、72.2%普力克水剂600倍液。

（2）灰霉病：低温高湿时易发生。大棚内要经常换气通风降湿。每667平方米大棚内可用10%速克灵烟剂200~250克，或45%百菌清烟剂250克熏3~4小时进行预防。发病初期，可用50%速克灵喷雾1 500~2 000倍液、50%扑海因可湿性粉剂1 500倍液进行喷施。此外，在用生长激素蘸花时加入0.1%的50%速克灵可湿性粉剂，或50%扑海因可湿性粉剂，也有一定保花作用。

（3）白粉病：28℃左右的高温、50%~80%的相对湿度及弱光照有利于病害的发生和流行。发病初期及时喷施农抗120水剂150倍液、70%甲基托布津可湿性粉剂800倍液、25%粉绣宁可湿性粉剂1 000倍液进行防治。

2. 主要虫害

（1）蚜虫：尽量选择具有触杀、内吸、熏蒸三重作用的农药，如20%吡虫啉可湿性粉剂6 000~8 000倍液，50%抗蚜威可湿性粉剂2 000~3 000倍液，3%啶虫脒乳油1 500倍液。喷药时要求周到细致。苗床和大棚内悬挂黄板可以诱杀。

（2）茶黄螨：每隔6~7天1次，连喷3次，重点部位是植株上部嫩叶，生长点，花蕾和幼果。

可选用73%克螨特乳油2 000～3 000倍液、48%乐斯本乳油1 000倍液、1.8%阿维菌素乳油1 500～2 000倍液急性喷雾。

（3）温室白粉虱、烟粉虱：用25%阿克泰水分散粒剂15 000倍或25%扑虱灵1 500倍液喷雾具有特效。用20%吡虫啉可溶性液剂2 000～4 000倍液、1.8%阿维菌素乳油2 000倍液、天王星1 500～3 000倍液进行喷雾，6～7天一次，连续3次，效果也较好。

（4）小地老虎：利用黑光灯和糖醋液（糖6份、醋3份、白酒1份、水10份、农药适量）诱杀成虫。在低龄幼虫期用药剂灌根，可选用48%乐斯本2 000倍液、40%乐果乳油1 000倍液。

（七）采收

采收的标准是看萼片与果实相连处的环状带，环状带不明显，表示果实生长较慢，要及时采收。门茄要早一点采收。采收时要注意不要碰断枝条，有刺品种最好用剪刀采收。

参考文献

[1] 中国农业科学院蔬菜花卉研究所．中国蔬菜栽培学［M］．北京：中国农业出版社，2009.
[2] 吕家龙．蔬菜栽培学各论（南方本）［M］．北京：中国农业出版社，2001.
[3] 谢联辉．普通植物病理学［M］．北京：科学出版社，2006.
[4] 谈太明，杨普社，等．武汉地区茄子高产栽培技术［J］．长江蔬菜，2007（3）：14－16.
[5] 谈太明，徐长城，等．茄子新品种推广应用现状及良种繁育技术［J］，2007（9）：37－40.

第七篇　蔬菜集约化育苗技术操作规程

前　　言

本标准按照 GB/T1. 1—2009 给出的规则起草。

本规程由武汉市农业科学研究院提出。

本规程由武汉市农业科学研究所归口。

本规程由武汉市维尔福种苗有限公司、武汉市东西湖维农种苗有限公司负责起草。

本规程主要起草人：彭金光、孙玉宏、周漠兵、王萍、苏可先、施先锋、朱永生、辛复林、祝菊红、杨皓琼 童翔

第一节　范　　围

本标准规定了蔬菜集约化育苗的术语和定义、准备阶段、播种、发芽室、温室管理、病虫害防治、成苗标准、包装运输。

本标准适用于蔬菜的集约化或者工厂化育苗。

适用集约化育苗的蔬菜种类主要有：番茄、茄子、辣椒、青椒、黄瓜、丝瓜、苦瓜、西瓜、甜瓜、南瓜、冬瓜、瓠瓜、甘蓝、白菜、芹菜、生菜、莴笋、洋葱、莴笋等。

第二节　规范性引用文件

下列文件对于本文件的应用是必不可少的。凡是注日期的引用文件，仅所注日期的版本适用于本文件。凡是不注日期的引用文件，其最新版本（包括所有的修改单）适用于本文件。

GB 4286　农药安全使用标准

GB/T 8321（所有部分）　农药合理使用准则

GB/T 16715. 3—1999　蔬菜类种子

NY 5010 无公害食品蔬菜产地环境条件

第三节　术语和定义

下列术语和定义适用于本文件。

（一）集约化育苗

在人工创造的最佳环境条件下，采用科学化、机械化、自动化等技术措施和手段，批量生产优

质秧苗。

（二）穴盘苗

用穴盘为容器培育的秧苗。

（三）湿度水平1（干燥）

配制基质变为很浅的褐色。

（四）湿度水平2（中湿）

配制基质变为中等褐色。

（五）湿度水平3（潮湿）

配制基质为黑色但不发亮。

（六）湿度水平4（湿）

接触配制基质是湿的，但不饱和。

（七）湿度水平5（饱和）

在配制基质中可以明显看到水。

（八）EC（电解度）测试方法

取自然风干配制基质，1份配制基质，2份水搅拌后，用速测EC计测定。

第四节　准备阶段

（一）主要设备

集约化育苗主要设备有基质搅拌机、自动化播种机、恒温箱、催芽室、连栋温室、智能温室、育苗床、穴盘、防虫网、黄板、喷淋系统、加温设备和降温系统等。

（二）穴盘规格

育苗盘通常采用塑料穴盘和泡沫穴盘，可根据蔬菜种类及苗的大小选择适宜育苗盘和育苗穴规格，在生产中一般都选用50孔、70孔、72孔、128孔和200孔的穴盘育苗最为实惠。不同的蔬菜品种对穴盘的要求不同。一般瓜类品种如黄瓜、西瓜、甜瓜、冬瓜、苦瓜、南瓜、茄子等叶片较大，采用50孔、70孔或者72孔的穴盘育苗最好，蕃茄、辣椒、采用72孔或者128孔的穴盘，西兰花、甘蓝、莴苣采用128穴的穴盘，芹菜采用200孔的穴盘。也可根据育苗要求选择穴盘孔格的大小。

（三）基质配制

先根据播种数量和所用穴盘的规格计算出用土量，准备好适量的混土原料。

基质的配比，用珍珠岩进行调配时，珍珠岩的含量在20%～35%，在夏季珍珠岩含量一般在20%左右，在冬季需30%左右。在把土和珍珠岩放入搅拌机时，珍珠岩和草炭土可以分层均匀倒入，以减少搅拌时间，基质在搅拌机内的搅拌时间不得超过5分钟。在搅拌的同时根据基质的干湿程度加入水，其干湿程度以握在手中，松手后成团不松散，落在10厘米高的硬质材料上散开不成团为标准。

（四）种子用量

每批订单种子都需做发芽实验，测定其千粒重、发芽率和发芽势，如果是第一次使用的基质，需做基质发芽实验。根据实验结果，以及成苗率确定播种量。成苗率一般按90%计算。

种子用量 = （定单量 ÷ 发芽率 ÷ 成苗率 ÷ 1000） × 千粒重。

（五）播种时间

根据定植期推算播种时期。

第五节　浸种催芽

（一）浸种

浸种前可用温烫浸种进行种子消毒，即用50～55℃的温水浸泡种子15～20min，并不断搅拌种子，然后用常温清水洗干净后浸种。浸种时间长短应根据蔬菜品种特点而定，气温在25～30℃时，白菜类、甘蓝类、叶菜类蔬菜种子约需1h，茄果类需3～6h，瓜类需4～10h。

（二）催芽

把浸种好的蔬菜种子用甩干机甩干后晾干，直至种子表面无明水，不沾手。用布包好种子后放入温箱催芽。瓜类设定温度30℃、辣椒、茄子设定温度35℃，番茄设定温度30℃。西兰花、甘蓝、莴苣等设定温度为18～22℃，种子发芽前每天宜用温水清洗种子1次，除去种子表面黏液，防止种子发霉腐烂，促进种子早发芽，一般白菜类、甘蓝类、叶菜类蔬菜在催芽后1～2d，茄果类和瓜类蔬菜在催芽后2～3d。种子“露白”（即长出胚根）时即可播种。

第六节　播　　种

粒径小于7毫米的蔬菜品种用于播种机播种，粒径大于7毫米不适宜用播种线播种，改用手工播种。

（一）自动播种设备

采用滚筒式或针式自动播种操作流水线。自动播种线要包括基质搅拌，穴盘基质填充，基质刷，基质打孔，播种，覆盖，浇水，传送带设备。

（二）适宜播种蔬菜种子消毒

高锰酸钾1 000倍浸种，以5%种子皮胀破捞起，或55℃水处理5min捞起，捞起后平铺并立即用电风扇吹干，准备播种。

（三）深度

播种深度0.7～0.8厘米。

（四）覆盖浇水

用粒径3毫米以上的珍珠岩或蛭石覆盖，浇透水后放上发芽车，进入发芽室。

（五）手工播种

较大粒种子，打孔深度以1.0厘米为标准，长粒种子播种时，一定要水平放置。竖放易放反方向，导致种子难以顺利破出长出。手工播种特别要注意，一定要逐行或逐列，严格按顺序播种，以免漏播或重复播种。浇透水后放上发芽车，进入发芽床或者发芽室。

第七节 催 芽

（一）设备

发芽室应具备自动控温（15～30℃），自动控光（0～2 000勒克斯），自动喷雾保湿（相对空气湿度65%～100%）设备430立方米的空间，而且相对隔离的条件。

（二）穴盘摆放

小批量穴盘可以分层摆放在发芽车上，大批量穴盘可进行堆叠。堆叠时底层穴盘一定要放在支架上，EPS盘最高堆叠25层，穴盘堆间留有一定空隙便于空气循环，均衡温度。

（三）温度

根据不同蔬菜品种设定催芽室温度，瓜类设定温度30℃、辣椒、茄子设定温度32℃，番茄设定温度30℃。西兰花、甘蓝、莴苣等设定温度为20～22℃。

（四）光照

黑暗。

（五）湿度

85%～90%。

（六）时间

每间隔4h检查一次发芽情况，30%～50%出土可推出催芽室进入养护室。

第八节 养护温室管理

不同品种类型集中在一个小的过渡区统一管理，每7天测定基质EC值和pH值，pH值保持6.0。EC值随种苗生产阶段及不同品种不同而不同。

（一）第一阶段（从移出发芽室至子叶展开为第一阶段）

1. 种苗标准　子叶平展、真叶呈小喇叭状，根系已到穴孔底部，不徒长；

2. 水分管理　本阶段初植株的根系尚不健全，部分种子子叶尚未出土，湿度水平降为为3，要经常在表面喷水，保持基质湿润和周围空气有较高的湿度。同时，注意避免大风或干热风直接吹到幼苗。待种子的子叶全部出土，就可以适当降低基质的湿度，促进根下扎，防止早期徒长。

3. 基质EC　0.5～0.8，大部分品种可每周施用1～2次淡肥，具体浓度及肥料种类严格按相关技术资料操作，因品种而异。

4. 光照　种子刚出发芽室，应根据不同品种的特性，给予2～3天的遮阳，遮光率约75%。如在晴天去掉遮阳，应在下午光线较弱时进行，避免光线陡然增强，灼伤幼苗。

5. 管理　温室要保持日夜的温差，晚上基质要降低湿度；遇到气温突然变化，要采取适当的保护措施，防止对幼苗造成损害。

6. 植保　子叶平展后，甲基托布津4 000倍液或普力克4 000倍液灌根一次。

（二）第二阶段（一叶一心至二叶一心）

1. 种苗标准　一叶一心、基质表面能看到根系。根系上长有根毛；

2. 水分管理　水分管理就趋于正常了。浇水掌握干湿交替，即一次浇透，待基质转干时再浇第二次透水。因穴盘苗的基质量很少，为了防止水份蒸发过大造成植物萎蔫，在两次浇水之间还需表面补水。交替使用的湿度水平为 3 和 5；

3. 基质 EC　此阶段根系已发育正常，可适当增加施肥的浓度。一般每周施用 1 ~ 2 次淡肥（N：P：K = 14：0：14 三元复合水溶性肥料 800 倍液），具体浓度及肥料种类严格按相关技术资料操作，因品种而异。每周测肥水和基质的 EC 值，根据测定值，及时调整肥水浓度。前期为 0. 8，后期为 1. 0 ~ 1. 3；

4. 光照　适宜温度生长，温度允许尽量多见光；

5. 移苗　手工操作，将空穴的基质挖去，把双株和多株的种苗分出，补满穴盘。移过的苗要用手把基质压实，防止新旧基质之间会有断层，根系的发育也不好，种苗脱盘时容易拔断根系。

6. 穴盘换位　由于边际效应的影响，苗床边际的种苗总是要比内部的矮小，所以要定期掉转处于边缘位置穴盘的方向，使内外种苗长势一致。

7. 植保　间隔 7 天 ~ 10 天喷杀菌剂和杀虫剂一次。

8. 灵活利用温、光、水、肥等生长要素控制植株高度　高温、高湿、低光照和较高的氮磷水平易导致植株徒长，反之则抑制植株生长。因此，要根据植株生长的实际情况与标准生长曲线的偏差，灵活运用上述方法，特别是利用水、肥来调控植株高度。夏季高温季节注意控水、控肥来抑制徒长。冬季低温时适当增加肥中的磷、氮，促进生长。

（三）第三阶段（二叶一心至练苗）

1. 种苗标准　部分种苗三叶，根系长满基质表面。根上长有根毛。种苗能从穴盘中轻轻拔出；

2. 基质湿度　交替使用的湿度水平为 3 和 5；

3. 施肥　宜每 5 ~ 7 天浇一次 0. 3% ~ 0. 5% 的三元复合肥溶液，或者 200 ~ 300 毫克/千克（已不用）13-2-12 及 20-10-20 交替使用。如果连续阴雨天超过 3d 以上，则可适当补充氨基酸叶面肥。基质 EC 1. 0 ~ 1. 5；

4. 光照　适宜温度生长，温度允许尽量多见光；

5. 植保　间隔 7 ~ 10d 喷杀菌剂和杀虫剂一次；

（四）第四阶段（炼苗至出圃）

1. 种苗标准　全部种苗三叶一心，根系长满基质。根上长有根毛，种苗能从穴盘中拔出；

2. 炼苗管理　为了增强种苗的抗逆性，提高移栽的成活率，采取降低温度（约 7 ~ 10℃），减少施肥，减少浇水（不致萎蔫）湿度水平为 3，增强通风，增强光照等措施进行炼苗。

3. 植保　准备运输的前一天喷杀菌剂和杀虫剂一次；

4. 施肥　准备运输的前一天喷施 N：P：K = 20：10：20 三元复合性水溶性肥料 1 000倍，施后清水洗叶。

第九节　病虫害防治

（一）防治原则

病虫害防治坚持“预防为主，综合防治”的预防原则。植保人员需熟悉生产的各个环节，从各方面抓起，从点滴处严格要求，使用农药应符合《GB 4285 农药安全使用标准》和《GB 厂 I’ 8321 农药合理使用准则》的要求。

（二）虫害防治

虫害主要有蚜虫、蓟马、潜叶蝇、菜青虫等，可选用 90% 灭多威可湿性粉剂 1 500 ~ 2 500倍液、50% 斑潜净 1 000倍液防治。

（三）病害防治

病害主要有猝倒病、疫病、炭疽病、细菌性褐斑病、立枯病、茎基腐病等，可选择 70% 甲基托布津 800 倍液、70% 代森锰锌 800 倍液、75% 百菌清 600 ~ 800 倍液、25% 甲霜灵 1 500倍液、64% 杀毒矾 600 ~ 800 倍液、10% 世高 2 500 ~ 3 000倍液、72% 农用链霉素 4 000 ~ 5 000倍液，杀虫、杀菌剂交替轮换使用，每 7 ~ 10d 喷雾 1 次。

第十节 成苗标准

种苗时间根据节安排为适龄苗期种苗，其中冬春季瓜类种苗为二叶一心至四叶一心，茄果类种苗为三叶一心至五叶一心，夏秋季出圃苗为瓜类种苗为一叶一心至二叶一心，茄果类种苗为二叶一心至四叶一心。十字花科蔬菜出圃苗三叶一心至四叶一心。

出圃苗茎秆粗壮，叶片绿色，无病斑，根系紧紧缠绕基质。

第十一节 包装运输

（一）包装

采用专用苗箱包装。标签内容应包括品种名称、数量、级别、执行标准、生产批号、出圃时间、生产单位及地址。

（二）运输

采用箱式货车运输，长距离运输须用冷藏车，车内温度调至 20℃。种苗运输时间不宜超过 2d。

第八篇　节水灌溉简介

田满洲
（武汉市农业科学技术研究院，武汉市农业机械化研究所）

节水灌溉技术是比传统的灌溉技术明显节约用水和高效用水的灌水方法、措施和制度等的总称。农业节水灌溉就是以最低限度的用水量获得最大的产量或收益，也就是最大限度地提高单位灌溉水量的农作物产量和产值的灌溉措施。

中国是一个农业大国，我们用占世界6%的可更新水资源、9%的耕地，解决了占世界22%的人口的温饱问题，这对世界都是一个巨大贡献。我国水资源严重缺乏，人均水资源占有量只有2 200立方米，仅为世界平均水平的1/4。另外，我国农业是用水大户，其用水量约占全国用水总量的70%，在西北地区则占到90%。所以，为实现水资源的可持续利用，促进经济社会的可持续发展，大力发展节水灌溉是一种必然选择。节水灌溉技术的应用与研究，是一个多学科交叉，综合性、实践性和应用性很强的领域。农业节水是一项系统工程，它包括：水资源时空调节，充分利用自然降水，灌溉水的高效利用以及提高植物自身水分利用效率多个方面。

第一节　我国水资源的现状

我国水资源总量约为2. 812 4 万亿立方米，占世界径流资源总量的6%；是用水量最多的国家，2012 年全国取水量（淡水）为5 497亿立方米，占世界年取水量13%；中国属于季风气候，水资源时空分布不均匀，南北自然环境差异大，其中北方9 省区，人均水资源不到500 立方米。我国水资源具有如下四个特点：

1. 水资源总量低；

2. 水资源人均占有量低、分布不均。人均淡水资源仅为世界人均量的1/4，居世界第109 位。中国已被列入全世界人均水资源13 个贫水国家之一。大量淡水资源集中在南方，北方淡水资源只有南方水资源的1/4；

3. 水资源污染严重。由于工业、农业废水的肆意排放，导致80%以上的地表水、地下水被污染；

4. 水资源浪费严重。我国农业用水量占总用水量的73.4%（若考虑农村生活用水则占81.7%）。当前我国灌溉用水的利用系数只有0.3 ~0.4，与发达国家0.7 ~0.9 相比，相差0.4 ~0.5。

第二节　农业灌溉系统的组成

一个标准灌溉系统包括：水源、动力系统、管道加压系统、控制系统、过滤\ 施肥装置、输水管道、灌水器等（图1）。节水灌溉技术本身就有一定的适应性、经济性。我们选择节水技术要结合本地水源、气候、种植习惯等多方面因素，因地制宜，设计、建设适用的节水灌溉系统。

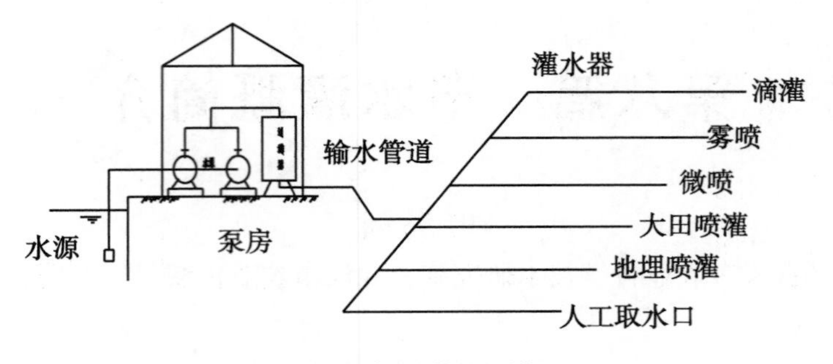

图1 标准灌溉系统

第三节 武汉及周边地区保护地灌溉方式选择及方案设计

（一）水源选择及用水量分析

灌溉系统必须要有水源，在项目选址时就要考虑是否具备基本的水源条件。目前我们可以选择的水源包括：地表水（河水、塘水）、地下水（井水）等，要求水质清澈，无杂质，无污染，重金属、矿物质含量低。武汉地区降水量充沛，年平均降雨量在1 200毫米；常用蔬菜品种年需水量在200~800毫米，考虑避雨设施内承接自然降雨可基本保证蔬菜种植用水需求。如果地形允许可在园区内建水塘及排水沟作为储水、排水系统；如果作物对水质有特殊要求或者受地形限制，可在园区内打机井作为补充水源。

泵房位置一般选择在园区中央，靠近水源，可减小管径，降低管道数量，达到降低投资成本的目的。常用蔬菜需水量图表和武汉地区50年（1951—2000年）每月降水量图表如下（表1，表2）：

表1 常用蔬菜需水量

蔬菜品种	需水量（毫米）	日均需水量（毫米/天）
菠菜	245.7	4.65
莴苣	321.6	4.95
茄子	755.1	8.4
番茄	693.1	7.8
春黄瓜	651.4	8.2
秋黄瓜	817.3	8.99
豇豆	653.8	6.89
架豆	499.1	5.99
萝卜	495.1	6.45
卷心菜	551.7	5.99
大白菜	628.8	6.75
甜椒	818.9	6.3

表2 武汉地区50年每月降雨量（1951—2000年）

序号	均值（毫米）	最小值（毫米）	最大值（毫米）
1月	40.42	1	108
2月	59.48	2	183
3月	98.58	17	225
4月	136.56	23	319
5月	163.1	36	355
6月	222.06	13	523
7月	185.76	29	758
8月	120.48	0	484
9月	80.12	3	220
10月	76.66	0	409
11月	53.56	0	167
12月	29.12	0	107

（二）灌水器的选择

作为保护地小型灌溉系统，我们不须考虑降水量、土壤含水量及蒸发量对系统设计的影响，只须根据作物灌溉用水需求选择合适的灌水器。适合单栋大棚内使用的灌水器包括微喷、雾喷、滴灌带、微喷带等。一般根据种植品种选择合适的灌水器，比较合适的棚内灌溉形式是“上喷下滴”，可以适应不同的作物品种及轮作灌溉需求。考虑投资成本关系，选择一种灌溉形式也是可行的；在方案设计时可以把园区分为几个灌溉分区，分别设计滴灌及喷灌，在棚内预留喷灌及滴灌接口，实际生产时根据轮作需要调整分区的灌溉形式（表3）。

表3　适于棚内灌溉形式比较

项目	漫灌	微喷	雾喷	滴灌	喷灌带
灌溉作物部位	作物根部	叶面、根部	叶面、根部	作物根部	叶面、根部
湿润区域	沟/厢表面	沟/厢表面	沟/厢表面	厢面局部	厢面局部
对土壤结构影响	土壤板结	表面板结	表面板结	影响小	影响较小
灌水均匀度	低	高	高	低（无浪费）	较低（无浪费）
灌水效率	低	高	高	高	高
对水源水质要求	低	较高	高	非常高	较高
用水量	高	较高	较高	低	较低
对棚内小气候的影响	较大	大	大	小	小
压力要求	低压	高压	高压	低压	低压
对耕作影响	无	无	无	有	有
灌溉用工	多	少	少	较少	较少
适用蔬菜品种	全部	叶菜类/全部	育苗/全部	茄果类	茄果类
投资	低	较高	高	较高	中

（三）棚内布局（图2）

常用的棚内灌溉方式有3种：上喷下滴、棚内滴灌（膜下微喷）、棚内微喷。

选定的大棚规格为40米×8米，用喷径4.2米微喷头，在棚内布置两行，可做到喷灌无死角；滴灌带（膜下微喷带）根据棚内分厢数量选择，做到一行或一厢一管；一般棚内分厢4～10行，考虑作物轮作，灌溉方案设计以10条滴灌带为计算依据。

（四）灌溉分区确定及管径计算

小型灌溉系统有两种灌溉分区形式，随机灌溉和分区轮灌。随机灌溉类同自来水系统，可以做到开阀启泵适时灌溉，适合合作社形式分散种植的蔬菜园区，具有管网投资成本低但泵房设备投资成本高的特点。分区轮灌根据所选择灌水器计算单棚用水量，结合园区大棚布局确定灌溉分区。对园区种植水平要求较高，要求蔬菜茬口安排适合灌溉分区。具有管网投资成本稍高但泵房设备投资成本较低的特点，适合公司运作的蔬菜园区。

输水管道的作用是把灌溉水输送到灌水器，小型设施园区灌溉系统的管网可分为主管、支管、棚内管三级。理想的管网布置形式是“井”形结构，但由于地形及水源条件限制，我们一般只能选择“树”形或者“鱼骨”形、“梳”形结构，不管怎样分区要保证多个分区内大棚数量大致相

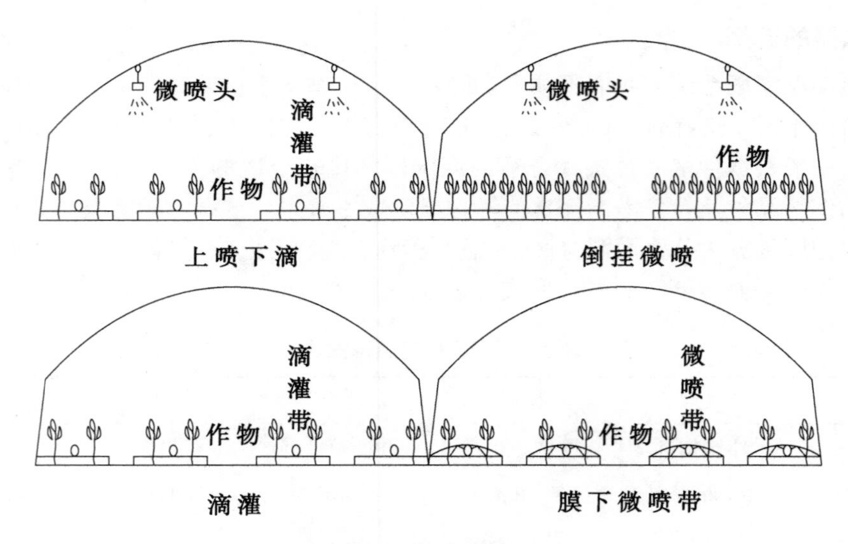

图2　棚内布局

同，输水管路径相近（图3）。

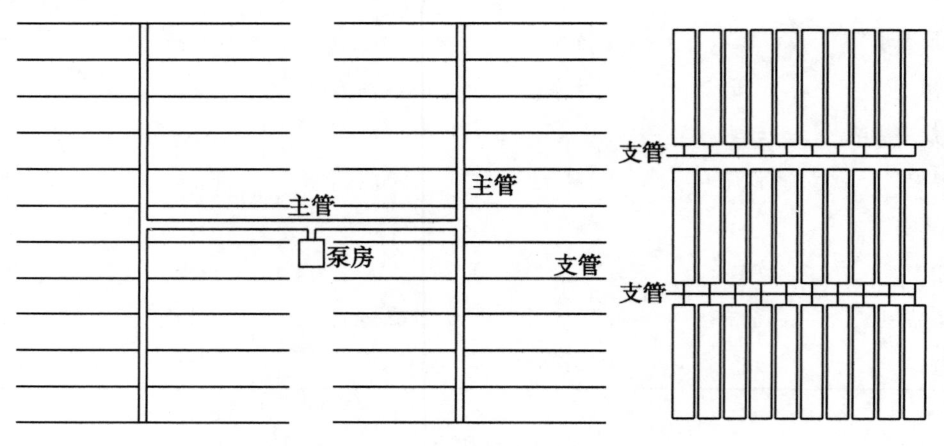

图3　典型分区布置

管内径计算一般用勃拉休斯公式，它比较精确。做为小型灌溉系统，我们可以采用简便方法计算出管径，通过分区流量及支管流速可以确定管径。首先确定各分区的用水量（流量）$Q_{支}$。其次管道流速的确定采用经济流速法，一般灌溉工程主、支管均为塑料管材，经济流速取 $V=1.0\sim3.0$ 米/秒，查“管径、流量、流速对照表”确定各分区支管管径。采用分区轮灌，主管管径大于最大支管管径一个规格。如需多区同时灌溉，主管管径按上述方法重新计算、确定。

$$Q_{棚}=N_1Q_d \qquad Q_{支1}=N_2Q_{棚} \qquad Q_{支2}=\Sigma Q_{棚}$$

式中：$Q_{棚}$ 为单棚内灌溉流量；N_1 为棚内灌水器数量；Q_d 为灌水器流量；$Q_{支1}$分区内大棚规格相同，为区内灌溉流量；N_2 为分区内大棚数量；$Q_{支2}$分区内大棚规格不一致。

（五）泵房设备选型（表3，表4）

泵房设备就是灌溉工程首部，通常由水泵及电机、控制设备、过滤装置、施肥装置等组成。泵房设备选型首先是确定水泵及电机型号，根据最大分区流量 $Q_{支}$ 和系统设计水头 H 查阅水泵生产厂家技术参数表，选定水泵型号；其次根据用户需求设计施肥系统；再次是根据水源水质情况选择过滤形式，确定过滤设备。

一个合理的灌溉方案（概算）应该通过文字或者图纸表达清楚建设方的需求以及设计者的设计方案，具有施工简单、投资合理的特点，在系统建成后使用方便、维护简单，运行成本低。

第四节　节水灌溉成本分析（表3，表4）

表3　灌溉系统材料成本（元）

项目	水泵	过滤器	管道	滴灌带	投资
1 亩	500	100	100	670 米 * 0. 65 = 435. 5	1 135. 5
10 亩	2 000	600	2 700	6 700 米 * 0. 65 = 4 355	9 655
100 亩	4 000	6 800	32 000	67 000 米 * 0. 65 = 43 550	86 350

表4　一亩大棚蔬菜灌溉成本（元）

项目	种植品种（年）	物资成本（元）	灌溉用工（工日）	灌溉成本	灌溉效果
人工浇灌	西瓜 + 豆角	50	30	50 + 30 * 80 = 2 450	良好
漫灌	西瓜 + 豆角	600	3	600 + 3 * 80 = 840	差
滴灌	西瓜 + 豆角	1 000	3	1 150 + 3 * 80 = 1 390	良好

节水灌溉技术，在提高农产品品质的同时，可比传统灌溉节水 33% ~ 50%，产量提高 30% ~ 40%，节地 8%，节省化肥、农药 50% 以上；一亩设施大棚灌溉系统经测算需投资 1 200元左右，通过节约劳力，增产增质增效二年既可收回成本，值得大力发展。

参考文献

[1] 贾大林，姜文来．试论提高农业用水效率 [J]．节水灌溉，2000，(5)；18 - 21.
[2]《2005 中国水资源质量年报》.
[3] 周长吉，杨振声，冯广和．现代温室工程 [M]．北京：化学工业出版社，2003.
[4] 张志新．滴灌工程规划设计原理与应用 [M]．北京：中国水利水电出版社，2007.
[5] 顾烈烽．滴灌工程设计图集 [M]．北京：中国水利水电出版社，2005.

第九篇　旋耕机和微耕机的使用及维护

万　勇，高星星
（武汉市农业科学技术研究院，武汉市农业机械化研究所）

旋耕机（图 1）和微耕机是用于耕地作业必备的农业机械，而旋耕作业是农田生产中最基本也是最重要的工作环节之一。通过深耕和翻扣土壤，把作物残茬、病虫害以及遭到破坏的表土层深翻，而使得到长时间恢复低层土壤翻到地表，以利于消灭杂草和病虫害，改善作物的生长环境。犁耕作业后需要旋耕，甚至有时不需犁耕直接进行旋耕。目前，国内大中拖配套旋耕机保有量约 15 万台，手拖和小四轮配套旋耕机 200 万台。旋耕机在南方水稻生产机械化应用中已占 80%，北方的水稻生产、蔬菜种植和旱地灭茬整地也广泛采用了旋耕机械。对旋耕机和微耕机的使用及维护作一个比较深入的了解是很有必要的。

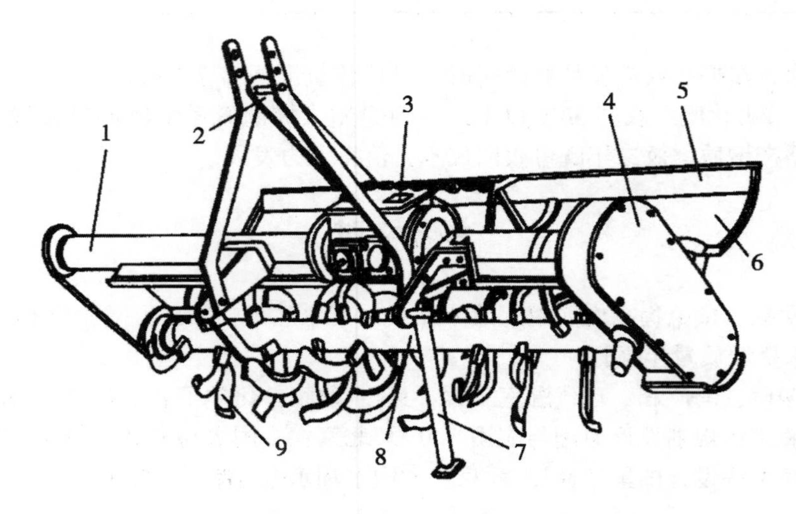

图 1　旋耕机结构简图

1. 主梁　2. 悬挂架　3. 齿轮箱　4. 侧边传动箱　5. 平土拖板
6. 挡土罩　7. 支撑杆　8. 刀轴　9. 旋耕刀

第一节　旋耕机使用及维护

（一）旋耕机的结构及特点

旋耕机结构如图 1 所示，工作时旋耕刀片在动力的驱动下一边旋转，一边随机组直线前进，在旋转中切入土壤，并将切下的土块向后抛掷，与挡土板撞击后进一步破碎并落向地表，然后被拖板拖平。

旋耕机作业特点如下：

碎土性能强，作业后地面平整。旱地作业时，拖拉机动力输出轴带动旋耕刀转动，对土壤进行切削，被切削出来的土块相互撞击而碎裂。土块碎裂后，覆盖均匀平整，地面不会出现犁沟。纵向结构尺寸及入土行程均较短，地头相应缩小，因而生产率较高。能充分发挥拖拉机的功率。能够一次完成耕耙作业，减少了作业次数，节约了能耗和时间，在夏收夏种农忙季节里，可以及时完成生产任务，不误农时。

（二）旋耕机的选择

要根据拖拉机型号、马力选择配套的施耕机。一般以单缸发动机来说，在一定功率下所对应的旋耕机刀具转速如表1所示：

表1　单缸发动机一定功率下旋耕机刀具对应转速

功率（马力）	旋耕机刀具转速（转/分钟）
18～20	125
20～30	130
25	140
30	150
35	160
40	165
50	180
60～70	200
70～100	230
100以上	250
125～160	224/226

现在拖拉机马力起来越大，动力输出轴离地面高于600毫米应选择高箱体施耕机。

（三）旋耕机的安装

1. 与轮式拖拉机配套的三点悬挂式旋耕机的安装　先切断动力输出轴动力，取下输出轴罩盖，倒车时挂接好旋耕机，然后将带有方轴的万向节装入旋耕机传动轴上，提起旋耕机，用手转动刀轴看其运转是否灵活，再将带方套的万向节套入拖拉机动力输出轴固定。

安装时应注意：方轴和方轴套的叉形接头应在同一平面内，若装错，万向节处会发出响声，旋耕机振动加大，并可损坏机件。万向节装好后，应将安全插销对准花键轴上的凹槽插入，再用开口销锁定。

2. 与手扶拖拉机配套的旋耕机的安装　将拖拉机前倾，拆下牵引框，用5个双头螺栓将旋耕机固定在变速箱上。注意两个结合面上的2个定位销应对正，以保证装配后的齿轮正确啮合。安装时若旋耕机传动箱内的齿轮与变速箱内的齿轮相顶．不可硬压硬敲，应盘动一下皮带轮，使变速箱内齿轮转动一角度再安装。另外，应保证与变速箱连接处的纸垫厚度为0.45～0.55毫米．过厚或过薄都会影响两个啮合齿轮的啮合间隙。在拆下旋耕机时，要用护罩将变速箱结合面盖好。以防杂物落入箱内。

（四）旋耕机的使用

起步时，要在提升状态下接合动力，待旋耕机达到预定转速后，机组方可起步，应尽量低速慢行，这样既可保证作业质量，使土块细碎，又可减轻机件的磨损。要注意倾听旋耕机是否有杂音或金属敲击音，并观察碎土、耕深情况。如有异常，应立即将发动机熄火，以确保人身安全，然后再进行检查。排除故障后才可以继续作业。在地头转弯时，禁止作业，应将旋耕机升起，使刀片离开地面，并减小拖拉机油门，以免损坏刀片。尾轮与转向离合器要相互配合、缓慢进行，严禁急转弯，以防损坏有关零件。提升旋耕机时，万向节运转的倾斜角应小于30°，过大时会产生冲击噪声，使其过早磨损或损坏。在倒车、过田埂和转移地块时，应将旋耕机提升到最高位置，并切断动力。以免损坏机件。如向远处转移，要用锁定装置将旋耕机固定好。

1. 操作注意事项

（1）使用前、中间箱必须加足齿轮油以二轴轴承盖中间为准，并应经常检查中间齿轮箱齿轮油油量保持在平面上。

（2）万向节、刀轴轴承座（两边）应加足黄油并检查拧紧全部连接螺栓。

（3）特别需要注意的是：近年来拖拉机马力不断增大各厂家悬挂也不一致，施耕机厂家出厂施耕机配套的万向节不一定与你的拖拉机配套，一般是过长。这就要求我们根据自己选择的车型去选好型并处理好。

（4）施耕机前后水平调整

将施耕机降至要求耕深时，观看施耕机第一轴与传动轴是否接近水平，若夹角过大（大于±15°）则利用拖拉机上拉杆调整施耕机，使传动轴处于平行有利的工作状态。

（5）为防止传动轴损坏，施耕机作业时传动轴夹角不得大于±15°。地头转弯禁止耕作。一般田地作业只要提升至刀尖离地即可。如遇过沟埂或路上运输需提升更高时要切断动力。为防止意外，在田间作业时，要求作最高提升位置的限制。

（6）为防止旋耕机在拖拉机上来回摆动，调整拖拉机限位链长度，保证旋耕机挂在拖拉机上左、右横向摆动量在10~20毫米，否则容易损坏机件。

（7）旋耕机组耕作速度的选择：耕作速度选择原则是达到碎土要求，地表平整既要保证质量，又要充分发挥拖拉机的功率，一般情况下前进速度取2~5千米/小时。在坚硬度较大的土地上耕作时应选择较低的前进速度。

2. 旋耕机的调整

（1）链条的调整：链条调整应注意链条松边过松而发生爬链现象，过紧则会加重磨损。在进行调节时，注意顶向张紧滑轨的力应在5~10千克，以能压动松边链条为宜，若用劲压不动，则表示链条太紧。

（2）轴承间隙的调整：主要有以下两种方法

①增减垫片：凡内圈位置固定、外圈可调的轴承，可用增减轴承盖处垫片的方法来调整轴向间隙。采用这种方法调整轴承间隙主要有：1米旋耕机第一轴、1.25~1.75米侧边传动旋耕机第一轴和第二轴上的圆锥轴承，中间传动旋耕机圆柱齿轮轮轴及刀轴花键轴处的圆锥轴承。检查调整后的轴承间隙，若没有测量仪器和专用工具，可凭经验用手转动轴，应无明显的轴向窜动并转动灵活，如过紧，转动困难，则应增垫片，如过松则应抽去垫片。

②调节螺母：凡是外圈固定，内圈可调的轴承，可采用此法来调整轴向间隙。采用此法调整主要有：1米旋耕机中间齿轮箱第二轴，1.25~1.75米侧边传动旋耕机中间齿轮箱第三轴上圆锥轴承，中间齿轮传动旋耕机齿轮箱的锥齿轮轴（第一轴）圆锥齿轮。调节方法为（以1米旋耕机为例）：先拧紧大锥齿轮端部圆螺母，锁好止推垫片，然后拧紧另一端圆螺母，用手使轴承转动，直

到它不能凭惯性力再转动，而后用木榔头敲击轴，使轴承内外圈紧靠，再复查轴承预紧情况，调好后用锁片锁紧圆螺母。

（五）旋耕机的常见故障及处理

1. 旋耕机的脱挡故障

（1）发生该故障的主要原因：

①旋耕机使用的是牙嵌式离合器，由于使用的时间过长，牙嵌齿啮合面严重磨损，使啮合齿齿顶变秃呈圆弧形，丧失啮合后的自锁能力，在作业过程中易滑移而脱挡。

②啮合套定位弹簧弹力过小或折断，啮合齿受力或遇机组振动，啮合套产生轴向滑动而脱挡。

③啮合套的定向钢球槽轴向磨损大，在工作过程中钢球产生轴向游动，使啮合齿脱开。

④拔挡槽和操纵杆球头磨损过度，换挡过程中由于轴向自由间隙过大，即使挂上挡，啮合齿的啮合宽度也较小，遇负荷变化或者机组颠跳时很容易脱挡。

（2）旋耕机脱挡故障的排除方法：

①离合器啮合齿磨秃时，应及时修复或更换。修复时可用碳铜焊条堆焊啮合齿，再用标准齿压痕进行焊后修整，并按规定进行热处理。

②用标准弹簧更换弹力过小或折断的弹簧，保证啮合套有足够的定位稳定性和可靠性。

③啮合套定位钢球的槽如磨损过度，应进行修补加工或更换新件。

④拔挡槽和操纵杆球头磨损过度时可焊修，经手工修整后进行热处理。不能修复的更换新件。

2. 其他故障维修

（1）旋耕机负荷过大　由耕深过度，土壤黏重、过硬造成的。

排除方法：减少耕深，降低机组前进速度和犁刀的转速。

（2）旋耕机工作时跳动由土壤坚硬或刀片安装不正确造成的。

排除方法：降低机组前进速度和犁刀转速，并正确安装刀片。

（3）旋耕后的地面起伏不平原因是机组前进速度与刀轴转速配合不当。

排除方法：适当调整二者之间的速度。

（4）旋耕机工作时有金属敲击声。

排除方法：调整传动链条张紧度，矫正或更换严重变形零件，拧紧松脱螺钉。

（5）犁刀变速箱有杂音由安装时有异物落入，或轴承、齿轮牙齿损坏引起的。

排除方法：设法取出异物或更换轴承或齿轮。

（6）旋耕机间断抛出大土块原因主要有：刀片弯曲变形，刀片折断、丢失或严重磨损。

排除方法：矫正或更换刀片。

（7）旋耕机犁刀轴转不动。

排除方法：矫正、修复或更换严重变形、损坏的零件，清除缠草的积泥。

（8）弯刀刃口磨钝的弯刀应重新磨锐，变形弯刀需加垫校正，然后淬火（刀柄部分不淬火），淬火弯刀硬度应为 HRC50-55，如损坏，应换新件。

（9）刀座损坏多为脱焊、开裂或六角孔变形，对局部损坏的刀座可用焊条焊补，损坏严重的应予更换。但在焊接刀座时要注意刀轴变形。

（10）刀轴管断裂，可在断裂处的管内放一段焊接性较好的圆钢，焊后应进行人工时效及整形校直，然后检查两端轴承挡，如超差太大，需更换没有花键一端的轴头，应以原花键端外径为基准加工新轴头，以保证刀轴转动平衡灵活。

（六）旋耕机的保养维护

1. 每班作业后应进行班保养，内容包括

（1）检查拧紧联接螺栓；

（2）检查弯刀、插销和开口销等易损件有无缺损，如有损坏，要进行更换；

（3）检查传动箱、万向节和轴承是否缺油，缺油时，应立即补充。

2. 每个季度作业完后，应进行季度保养，内容包括

（1）彻底清除机具上的泥尘，油污；

（2）更换润滑油、润滑脂；

（3）检查是否需要更换新刀片；

（4）检查机罩、拖板等有无变形，恢复原形或换新件；

（5）全面检查机具的外观，补充油漆，在弯刀、花键轴上涂油防锈；

（6）长期不用时，轮式拖拉机配套旋耕机应置于水平地面上，不得悬挂在拖拉机上。

第二节　微耕机的使用与维护

（一）微耕机结构及特点

微耕机主要机架、发动机、离合器、变速器和旋耕部件等部分组成（图2）。

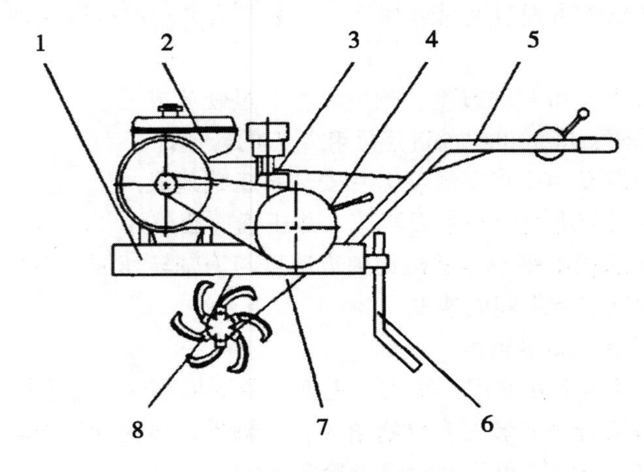

图2　微耕机结构图

1. 机架　2. 发动机　3. 离合器　4. 侧减速器　5. 手把组合　6. 限深装置　7. 中央减速器　8. 旋耕部件

目前国内的微耕机动力多采用2.2～6.6千瓦柴油机或汽油机作为配套动力，传动方式主要分为齿轮传动和皮带传动，工作部件一般为弯刀刀片。工作时刀轴由发动机的动力输出经变速器旋转，刀片随刀轴转动切削土壤，达到松土碎土的目的。

微耕机是根据丘陵山区田块小、相对高差大、无机耕道的特点而开发设计的一种耕耙作业机具，主要特点如下：

1. 油耗低、体积小、操作灵活、转运方便、易于维修。

2. 可用柴油机和汽油机做动力，耕幅800～1 000毫米，耕深120～250毫米，整机重量轻，只有60～120千克，配套不同刀具，可完成旱地、水田耕耙作业。

3. 一机多用　通过配置机具，能进行旋耕、犁耕、开沟、培土、抽水喷淋、运输、发电、割

晒等作业。

4 适应性好　能满足丘陵山区旱地和水田、大棚蔬菜、果园等多种耕作项目的需要，满足多种农艺需求。

价格适中，功效高　经国家补贴后的微耕机单价约 4 000 多元（基本配置），日作业量 6 ~ 8 亩。

（二）微耕机的组装及调整

1. 组装

（1）固定好主机将六方输出轴插入行走箱下部的输出轴套六方孔内。

（2）将六方限位套装在六输出轴上，螺钉固定，使六方输出轴不能轴向窜动。

（3）装车轮：将车轮装在六方输出轴两端，并用螺栓螺母固定。

（4）拖挂装置的组装：将连接架组装在拖挂体上。

（5）扶手架的安装：将扶手架上的两个齿盘对正扶手架座地的齿盘，并注意调节扶手架转动上下位置，手柄组件连接，锁紧。

（6）换挡杆装配：将换挡杆从扶手座上的换挡支撑块的槽中穿过，插入换挡套的孔中，并用开口销固定。

2. 调整

（1）离合拉索和倒挡拉索的调整

（2）油门拉线的调整：①将油门开关顺时针扳到最小位置；②将油门拉线中的钢丝绳穿过柴油机油门调节板上方的穿线柱和固定座。拉紧钢丝绳，拧紧固定座上的紧固螺钉。反复调整油门开关，直至油门调节板上的油门手柄能到达最大、最小位置为止。

（三）微耕机启动前准备

1. 检查各处螺栓是否有松动。

2. 检查操纵系统各手柄（油门、离合器、换挡杆、倒挡）的动作是否灵活。

3. 将变速箱换挡杆置于空挡位置。

4. 加油

（1）柴油机加油：严格按所配柴油机使用说明书进行，并特别注意以下几点：

①柴油发动机曲轴箱体内加 SAE10W-40 润滑油；

②将整机放平，从曲轴箱左侧上方的油孔内注入，检查油位时，将油尺插入（注意：不要旋转油尺），油位应在油尺的上下极限之间；

③加柴油：在柴油机油箱内注入 0 号柴油。

（2）微耕机加变速箱齿轮油：将变速箱注油孔锞塞旋下，加入适量齿轮油；

（3）空气滤清器内加机油，拆下空气滤清器下盖加入约 0.1 升 20 号机油；

（四）微耕机启动

1. 按下列程序启动柴油机

（1）打开燃油开关，排尽油管内空气，将调速手柄置油门於小油量位置。

（2）微耕机一般手拉启动，用手将拉绳快速拉出，如未起动从新开始起动。

2. 柴油机应在怠速（1 500 ~ 2 000 转/分钟）无负载情况下运转 2 ~ 3 分钟。

3. 运行时检查

（1）柴油机在运转中应注意：

① 冷却水：水冷式发动机必须注意冷却水的位置，当水箱浮子降到漏斗口时须立即加水；

② 排气烟色：不允许在冒黑烟的情况下运转，如柴油机各部位正常，说明负荷超过规定值或皮带轮匹配不适当，则将负荷减少或将配套的工作机械皮带轮适当改变，如果柴油机有故障，则需检查排除。

（2）有否异常声音、震动等。

（五）微耕机的操作

1. 挂慢挡

（1）左手抓紧离合器把手，使离合器分离。

（2）右手将换挡杆往后拉，使换档套位于慢档档位处，并注意感觉是否到位。然后右手握住右边扶手（注意：不能抓倒挡把手）

（3）慢慢松开离合器把手，离合器接合，微耕机便可在较低速下运行。

（4）右手适当加大油门，微耕机即按挡约 5 千米/小时的速度运行。

2. 挂快挡

（1）左手紧抓离合器把手，使离合器分离；

（2）右手将换挡杆往前推，使换档套位于快档档位处，并注意感觉是否到位，然后右手握住左边扶手（注意：不能抓倒挡手把）；

（3）慢慢松开离合器把手，离合器接合，微耕机便可在较高速度下运行；

（4）左手行当加大油门，微耕即按快挡约 10 千米/小时的速度运行。

3. 挂倒挡

（1）左手紧握离合器把手，使离合器分离。

（2）右手将换挡杆推拉到中间空挡位置，并注意感觉是否到位。然后右手食指先抠住倒挡锁扣，再慢慢抓紧倒挡把手。

（3）慢慢松开离合器把手，离合器接合，微耕机后退。（注意：不能松开倒挡把手）

（4）当不需要后退时，左手慢慢抓紧离合器把手，右手松开倒挡把手即可。

4. 行走过程中换挡时，应先将柴油机油门减小（以柴油机构不熄火为准）然后使离合器分离，在机器停止行走时，再换挡。

5. 转向，向左或右扳动扶手即可转向。（注意：转向不要抓错把手以免打坏齿轮）

6. 停车

（1）握紧离合器把手，使离合器处于分离状态。

（2）把换挡杆置于空挡位置后，松开离合器把手，油门开关顺时针扳到最小位置，机器停止运行。

（3）当需要柴油机停机时，应按柴油机使用说明书相关的内容进行。（注意：微耕机停车一般在平地上进行）

（六）配套机具的连接使用

1. 需要旋耕时，拆下车轮，将旋耕装置的六角管套在行走机构六方输出轴两端，用螺栓轴向固定，旋耕刀分左右刀组，安装应保证微耕机前行时，刀刃口先工作。旋耕刀装好后，安装好左右安全防护板。

2. 水田的旋耕，当水田的泥脚（人进入水田下陷的深度）小于 25 厘米时，可直接用湿地弯刀组耕水田；当水田的泥脚在 25～45 厘米时，可使用水田耕轮耕作。

3. 当需要开沟时，取下调速杆，装上开沟器，调节好开沟器的宽度和高度，即可进行开沟作业。开沟的宽幅范围：14～40 厘米；开沟的深度范围：11～25 厘米。

4. 多功能作业，取下变速箱后部的保护罩，旋出主轴后端的螺栓，取出轴上的键套，将皮带轮或联轴器键槽对准键，推入（或轻敲）再用螺栓紧固。皮带轮槽断面采用变通 V 带 A 型。配上相应的机具即可进行抽水、喷灌、喷药、脱粒、打谷、收割、发电等功能作业。

（七）微耕机维护保养方法

微耕机在工作期间，由于运转、摩擦磨损和负荷的变化，不可避免地产生连接螺栓松动、零件磨损的现象，使系统的正常状态被破坏，造成配合间隙不正常，柴油机功率下降，油耗增加，各部件失调，微耕机故障增多，严重影响微耕机的正常使用。

必须严格、定期做好维护保养工作，保持微耕机良好的技术状态，延长其使用寿命。

1. 磨合

（1）柴油机磨合：柴油机在无负荷条件下工作 2 小时，在轻负荷条件下工作 20 小时后立即趁热放出柴油机曲轴箱内的全部润滑油，然后向柴油机内加入 SAE10W-40 润滑油。

（2）新的或大修后的微耕机，应先在无负荷条件下工作 1 小时，在轻负荷条件下工作 5 小时后立即趁热放出变速箱的全部润滑油，并注入适量清洁柴油，用慢挡在怠速状态下运行 3 ~5 分钟予以清洗，然后将柴油放干净。再加齿轮润滑油进行 4 小时磨合，方能投入正常的耕作。

2. 微耕机的长期存放　微耕机需要长时间存放时，为了防止锈蚀，应采取下列措施：

（1）按柴油机使用要求封存柴油机。

（2）清洗外表尘土、污垢。

（3）放出变速箱中的润滑油、并注入新油。

（4）在非铝合金表面未油漆的地方涂上防锈油。

（5）将机器存放在室内通风、干燥、安全的地方。

（6）妥善保管随机工具、产品合格证和使用说明书。

3. 微耕机的底盘技术保养　每班保养（每班工作前和工作后进行）。

（1）倾听和观察各部分有无异常现象（如不正常响声，过热和螺钉松动等）；

（2）检查柴油机、变速箱和行走箱有无漏油现象；

（3）检查柴油机和变速箱润滑油是否在油标尺下、下限之间；

（4）及时清除整机及附件上的泥垢、杂草、油污。

一级保养（每工作 150 小时）

（1）进行每班保养的全部内容。

（2）清洗变速箱和行走箱、并更换机油。

（3）检查并调试离合器、换挡系统和倒挡系统。

二级保养（每工作 800 小时）

（1）进行每工作 150 小时保养的全部内容。

（2）检查所有的齿轮及轴承，如磨损严重请更换新件。

（3）微耕机其余零件如旋耕刀片或连接螺栓等，如有损坏，请更换新件。

技术检修（每工作 1 500 ~2 000 小时）

到当地特约维修站或请专业维修人员进行整机拆开，清洗检查，磨损严重的零件必须更换或酌情修复；并检查摩擦片，离合器等。发生重大故障需及时检修。

（八）常见故障及处理（表2～4）

表2　离合器故障与排除

现象	原因	排除方法
不能离合	离合器把手失灵	修理或更换
	离合拉索损坏	更换
	拨叉调整不到位	重新调整拉线或更换拨叉
	拨叉轴、臂和臂座焊接处脱落	修理或更换
	拨叉销折弯或折断	更换拨叉销
	摩擦片失效	更换
	弹簧失效	更换
	摩擦片组不能接触离合器罩壳内的轴承端面	轴承后加适量调整垫
	离合器内轴承烧坏	更换注意变速箱内加油
打滑（松开离合把手后柴油机运转正常，而变速箱主轴慢转或不转）	弹簧疲劳失效	更换
	拨叉轴转动不灵失效使拨叉未完全复位	清理定位轴和推盘结合面，使其回转灵活

表3　行走机构故障与排除

现象	原因	排除方法
齿轮噪音过大	齿轮过度磨损或修配不正确	重新装配调整或更换齿轮
齿轮转动发卡	装配不正确	重新装配
发热过度	箱体内润滑油伪偏少	按要求加机油
	齿轮侧隙太小	重新装配
	轴向游隙太小	重新调整
变速箱连接处漏油	该处连接螺栓松动	拧紧螺栓
	该处密封垫损坏	更换
	原因	排除方法
	该处唇形油封损坏	更换唇形油封 B45628
	该轴套破裂	更换
	该处0形圈损坏	更换0形圈 φ10×1.8
	螺塞松动	按要求拧紧
	箱有隐蔽的微型疏松孔	补焊或涂底漆补漏

表4　其他故障与排除

现象	原因	排除方法
旋耕刀片打断	使用碰上石块等坚硬物	更换，使用中注意避免与土中石块等硬物碰撞
操纵拉线断	长期工作磨损	更换

（九）微耕机的安全注意事项

1. 微耕机工作时转动的耕刀速度很快且十分锋利，接触时要造成严重伤害，因此人与耕刀要保持一定距离。

2. 使用前了解并熟悉所有安全设施及操作装置。

3. 在耕作之前，清清除耕作区内的大石块、玻璃、大树枝等坚硬异物。

4. 请勿在狭小的空间或封闭的环境中使用微耕机。这会使你呼吸的空气中含大量有害废气，发生危险。

5. 耕作时应防止微耕机的倾倒。

6. 检查机况或机器沉陷需转移机器时，应熄火停机，再进行检查或转移。如确需机器在运行状态下进行检查或转移，则机器一定要处于空挡、小油门位置。

7. 严禁装上旋耕刀的微耕机在沙滩或石子堆上行驶，以免损坏刀片。

8. 微耕机使用后，应注意清除微耕机上的泥土、杂草、油污附着物，保持整机整洁。

9. 严禁饮酒后驾驶、操作自走耕作机。严禁将自走耕作机交给未经培训的人员操作、使用。

10. 在患有妨碍驾驶、操作安全疾病或过渡疲劳时，不准驾驶、操作农业机械。

11. 作业现场除有关人员外，不许小孩、老人、残废人和其他亲杂人员进入作业现场，围观。

12. 自走式耕作机械田间转移确需上道行驶，必须严格遵守《中华人民共和国道路交通安全法》有关规定。

参考文献

[1] 李宝筏，农业机械学［M］. 北京：中国农业出版社，2003 年 8 月 .

[2] 朱良，刘恒 . 新小型农机具选购使用维护指南：农业工程与农业机械篇［M］. 北京：中国农业出版社，2006 年 6 月 .

[3] 周到 . 旋耕机使用维护和故障排除［J］. 湖北农机化，2006，(5)；26 –26.

[4] 王金淦 . 旋耕机使用维护和故障排除［J］. 当代农业，1997，(6)；23 –24.

[5] 王广良 . 浅谈旋耕机使用与注意事项［J］. 农民致富之友，2013，(15)；88 –88.

[6] 刘万珍 . 旋耕机使用十注意［J］. 科学种养，2013，(8)；62 –62.

[7] 曲宏达 . 旋耕机的正确使用与维修保养［J］. 农村实用科技信息，2013，(1)；53 –53.

[8] 杨喜花 . 浅谈如何提高旋耕机使用寿命［J］. 农民致富之友，2012，(19)；83 –83.

[9] 陈满龙 . 旋耕机使用中的保养［J］. 农业机械，2009，(7)；92 –92.

[10] 王春华 . 旋耕机使用保养经验谈［J］. 现代农机，2010，(4)；34 –35.

[11] 白云蛇 . 浅析农用旋耕机使用方法及故障维修措施［J］. 中国科技财富，2010，(6)；52 –52.

[12] 张照云 . 旋耕机使用注意事项［J］. 现代化农业，2008，(9)；37 –38。.

[13] 彭秀忠 . 旋耕机使用 10 项注意［J］. 浙江农村机电，2008，(1)；44 –44。.

[14] 赵文峰 . 旋耕机使用出现的问题及解决办法［J］. 农机使用与维修，2006，(6)；46 –47.

[15] 周到 . 旋耕机使用维护和故障排除［J］. 湖北农机化，2006，(5)；26 –26.

[16] 齐爱霞 . 旋耕机使用中的调整维修及故障排除［J］. 农机使用与维修，2006，(4)；78 –79.

[17] 王金淦 . 旋耕机使用维护和故障排除［J］. 当代农业，1997，(6)；23 –24.

[18] 王晓云 . 微耕机使用保养的几个误区［J］. 中国农机监理，2013，(5)；27 –27.

[19] 杨阳 . 汽油微耕机使用的注意事项［J］. 吉林农业：下半月，2013，(1)；29.

[20] 李靓 . 微耕机使用调整维护和保养［J］. 福建农机，2012，(4)；56 –58.

[21] 马国权 . 1WG-4 型微耕机使用与维护［J］. 湖北农机化，2012，(4)；32 –33.

[22] 邱恒先，朱玉华．经济型多功能微耕机使用及维护的技术要点［J］．大众科技，2012，14（5）；122－124.
[23] 谭庆来．微耕机使用3注意［J］．农业机械，2010，（19）；124－125.
[24] 兰孝义．微耕机使用及保养误区［J］．吉林农业，2011，（4）；65－65.
[25] 无．风冷式柴油机动力的微耕机使用五要点［J］．北京农业：实用技术，2009，（8）；36－37.
[26] 王晓云．微耕机使用和保养中的几个误区［J］．农业机械，2007，（05B）；99.

第四部分

绿色农产品生产及病虫害防控技术

第一篇　农产品质量安全与农业生产

张安华
（武汉市农业科学技术研究院，武汉市农业科学研究院）

第一节　农产品质量安全的法律解读

（一）《农产品质量安全法》概述

1. 背景与意义　“民以食为天，食以安为先。”我国农产品质量安全工作始于新中国成立之初。改革开放以来，随着经济社会不断发展，我国农业生产从单纯追求数量安全逐步转变为强调数量和质量安全并重，从强调产品终端质量安全检测逐步转变为注重产前、产中、产后全程质量安全监管，农产品质量安全管理体系逐步健全。

出口农产品，是国际贸易问题。而农产品质量安全则是公平、公开、公众利益下的农产品国际贸易最为重要的制约因子。为改变我国农产品非法制化管理和标准化生产现状；缩短与国际农产品质量安全完备的管理法律法规和全程控制间的差距；顺应国内安全生产和放心消费及我国入世后农产品进出口新形势需求；维护公众健康，促进农业和农村经济健康、可持续发展，农产品质量安全法制化管理势在必行。

2. 立法过程　2002 年农业部提出立法计划，2004 年 1 月农业部向国务院提交送审稿，2005 年 6 月 5 日国务院常务会议审议通过，2005 年 6 月 22 日国务院提请全国人大常委审议，中华人民共和国主席令第四十九号，由中华人民共和国第十届全国人民代表大会常务委员会第二十一次会议于 2006 年 4 月 29 日通过，自 2006 年 11 月 1 日起施行。

3. 总体框架　人们每天消费的食物大部分是直接来源于农业的初级产品，即农产品质量安全法所称的农产品。与工业产品相比较，农产品生产要经过农业产地环境、农业投入品使用、收获屠宰捕捞、储藏运输、保鲜、包装等多个环节，供应链条长、生产环境复杂、污染源多，生产经营方式分散、品种和产品品牌不统一、加工及产业化经营水平低、监管难度大。农产品质量安全法分总则、农产品质量安全标准、农产品产地、农产品生产、农产品包装和标识、监督检查、法律责任和附则共 8 章 56 条，从源头控制、全程监管，保障农产品质量安全。

4. 特点　关注了国内生产和贸易及农产品出口和进口管制两个重点；突出了概念、范围和调整对象及法制管理思路、原则和方法两个重要方面的问题。以“农田到餐桌”全程控制和监管为主线；强调源头治理、过程控制、市场准入和执法监督；确保安全生产和放心消费，维护农民权益和公众健康，保障进出口贸易，实现农业可持续发展。

（二）农产品质量安全解读

1. 农产品与农产品质量安全

（1）农产品：是指来源于农业的初级产品，即在农业活动中获得的植物、动物、微生物及其产品。

农产品质量安全管理过程中所说的农产品，指种植业、畜牧业、渔业产品及其三者的初加工品的总称，而不仅仅指植物产品。

（2）农产品质量安全：是指农产品的可靠性、使用性和内在价值，包括在生产、贮存、流通和使用过程中形成、残存的营养、危害及外在特征因子，既有等级、规格、品质等特性要求，也有对人、环境的危害等级水平的要求。

农产品质量安全内涵包括四个基本要素：安全。对人、动物、环境是安全的，是一种心理感应程度；优质。这是农产品生产的目的，价值的体现，消费的动力；营养。营养主要是针对人的消费而言的。不同的人群、不同的发展阶段和消费习惯，有不同的营养需求；健康。健康是吃了之后能维护生命活力、身体机能。

（3）农产品质量安全标准：依照有关法律、行政法规规定制定和发布的关于农产品质量安全的强制性技术规范。一般指规定农产品质量要求和卫生条件，保障人的健康、安全的技术规范和要求。

2. 农产品质量安全法制管理

（1）六项基本保障措施：科学管理；引入国际通行的风险评估与全程追溯理论。规范生产；引导、推广农产品标准化生产，禁止在有毒有害物质超过规定标准的区域生产、捕捞、采集食用农产品和建立农产品生产基地，禁止违法违规向农产品产地排放或倾倒废水、废气、固体废物或其他有毒有害物质，农产品在包装、保鲜、贮存、运输中使用的保鲜剂、防腐剂、添加剂等材料，应当符合国家有关强制性的技术规范。市场准入；不符合强制性标准的农产品不得上市销售。责任追究；按违法违规操作行为及产生的后果，对农产品生产者、销售者、质量安全技术机构和质量安全管理者进行责任追究。申诉索赔；生产者、销售者对监督抽查检测结果有异议的，可以申请复检，因检测结果错误给当事人造成损害的，政府部门和相关机构依法承担赔偿责任，生产销售违法违规农产品，消费者可以直接向批发市场、农产品生产者、销售者要求赔偿。全程监管；打破条条框框和部门界线，贯穿农产品的生产与市场统筹监管。

（2）七项基本保障制度：从法律条文总体内容上看，制定了一套符合中国实际，也与国际通行做法一致的管理制度，主要有农产品质量安全管理体制；农产品质量安全标准的强制实施制度；农产品产地管理制度；农产品的包装和标识管理制度；农产品质量安全监督检查制度；农产品质量安全的风险分析、评估制度和 农产品质量安全的信息发布制度；对农产品质量安全违法行为的责任追究制度。

3. 法律责任

（1）农产品生产企业、农民专业合作经济组织未建立或者未按照规定保存农产品生产记录的，或者伪造农产品生产记录的，责令限期改正；逾期不改正的，可以处二千元以下罚款。

（2）销售的农产品未按照规定进行包装、标识的，责令限期改正；逾期不改正的，可以处二千元以下罚款。

（3）使用的保鲜剂、防腐剂、添加剂等材料不符合国家有关强制性的技术规范的，责令停止销售，对被污染的农产品进行无害化处理，对不能进行无害化处理的予以监督销毁；没收违法所得，并处二千元以上二万元以下罚款。

（4）农产品生产企业、农民专业合作经济组织销售的农产品有本法第 33 条第 1 项—第 3 项或者第 5 项所列情形之一的，责令停止销售，追回已经销售的农产品，对违法销售的农产品进行无害化处理或者予以监督销毁；没收违法所得，并处二千元以上二万元以下罚款。

（5）农产品批发市场没有设立或者委托农产品质量安全检测机构，对进场销售的农产品质量安全状况进行抽查检测；发现不符合农产品质量安全标准的，销售者没有立即停止销售，并未向农业行政主管部门报告，责令改正，处二千元以上二万元以下罚款。

（6）冒用农产品质量标志的，责令改正，没收违法所得，并处二千元以上二万元以下罚款。

（7）违反本法规定，构成犯罪的，依法追究刑事责任。

（8）生产、销售本法第三十三条所列农产品，给消费者造成损害的，依法承担赔偿责任。农产品批发市场中销售的农产品有前款规定情形的，消费者可以向农产品批发市场要求赔偿；属于生产者、销售者责任的，农产品批发市场有权追偿。消费者也可以直接向农产品生产者、销售者要求赔偿。

（9）农产品质量安全检测机构伪造检测结果的，责令改正，没收违法所得，并处五万元以上十万元以下罚款，对直接负责的主管人员和其他直接责任人员处一万元以上五万元以下罚款；情节严重的，撤销其检测资格；造成损害的，依法承担赔偿责任。

（10）违反法律、法规规定，向农产品产地排放或者倾倒废水、废气、固体废物或者其他有毒有害物质的，依照有关环境保护法律、法规的规定处罚；造成损害的，依法承担赔偿责任。

第二节　农产品质量安全与农业生产

（一）农产品生产安全

1. 生产基地与基地保护

（1）禁止在有毒有害物质超过规定标准的区域生产、捕捞、采集食用农产品和建立农产品生产基地。

（2）禁止违反法律、法规的规定向农产品产地排放或者倾倒废水、废气、固体废物或者其他有毒有害物质。

（3）生产者应当合理使用化肥、农药、兽药、农用薄膜等化工产品，防止对农产品产地造成污染。

（4）强化基地土壤、空气和灌溉水定期监测机制，严格控制土壤、空气和灌溉水中主要污染物（PH、全盐量、重金属、氟化物、氯化物、粪肠菌群等）的浓度小于国家规定的限值。

重金属：一般指比重在五以上的金属。农产品中具有危害的重金属主要有镉、汞、铅、砷、铬等。

2. 农资与投入品生产安全

（1）到有资质的农资部门 购买符合国家相关规定的合格产品。

（2）种子、种苗：种子包衣化学物和种（苗）源生物检验检疫符合国家标准；国家禁用的转基因品种种子、种苗。

（3）药品：禁止使用违法违规的种子、土壤及水处理化学物；植物、畜禽、水产品生产过程中用于病虫防治的高毒、高残留化学物、化工产品及混配制剂严禁使用。

农药残留：指所有因使用农药而残留在农产品中的特定物质，包括所有农药的衍生物，如代谢产物、反应产物及被认为具有毒理学意义的杂质。

兽药残留：它是指动物产品的任何可食部分所含兽药的母体化合物和其代谢物。以及与兽药有关的杂质残留。兽药残留既包括原药，也包括药物在动物体内的代谢产物。

禁止销售和在蔬菜上使用的农药：甲胺磷、甲拌磷（3911）、对硫磷（1605）、甲基对硫磷（甲基1605）、久效磷、克百威（呋喃丹）、涕灭威（铁灭克）、马拉硫磷、氧化乐果等高毒、高残留农药及其混配剂。

畜禽、水产违禁药品类物质：瘦肉精、蛋白精、苏丹红、莱克多巴胺和孔雀石绿、硝基呋喃、氯霉素等。

（4）肥料：禁止销售和使用未经国家相关部门登记的劣质、高污染、重金属超标的不合格肥料。

（5）非食用物和添加物：杜绝滥用食品添加剂、非食用物质，禁止在反刍动物饲料中添加和使用动物性饲料。

卫生部明确指出，非食用物质不是食品添加剂。在食品中添加非食用物质是严重威胁人民群众饮食安全的犯罪行为，同时也是阻碍我国食品行业健康发展、破坏社会主义市场经济秩序的违法犯罪行为。

17 种非食用物质：吊白块、苏丹红、王金黄块黄、蛋白精三聚氰胺、硼酸与硼砂、硫氰酸钠、玫瑰红 B、美术绿、碱性嫩黄、酸性橙、工业用甲醛、工业用火碱、一氧化碳、硫化钠、工业硫黄、工业染料、罂粟壳。

禁止超量和超范围使用的添加剂：防腐剂、甜味剂（糖精钠、甜蜜素等）、乳化剂（蔗糖脂肪酸酯、乙酰化单甘脂肪酸酯等）、膨松剂（硫酸铝钾、硫酸铝铵等）、漂白剂、着色护色剂（胭脂红、柠檬黄、诱惑红、日落黄、硝酸盐、亚硝酸盐等）、酸度调节剂（己二酸等）；

为了彻底切断疯牛病的传播途径，防止疯牛病在我国境内发生，农业部研究决定，2001 年 3 月 1 日起，禁止在反刍动物饲料中添加使用以下动物性饲料产品：肉骨粉、骨粉、血粉、血浆粉、动物下脚料、动物脂肪、干血浆及其他血液制品、脱水蛋白、蹄粉、角粉、鸡杂碎粉、羽毛粉、油渣、鱼粉、骨胶等。

3. 包装、标识和运输

农产品生产企业、农民专业合作经济组织以及从事农产品收购的单位或者个人销售的农产品，按照规定应当包装或者附加标识的，须经包装或者附加标识后方可销售。

（1）包装物或者标识上应当按照规定标明产品的品名、产地、生产者、生产日期、保质期、产品质量等级等内容；使用添加剂的，还应当按照规定标明添加剂的名称。

（2）农产品在包装、保鲜、贮存、运输中所使用的保鲜剂、防腐剂、添加剂等材料，应当符合国家有关强制性的技术规范。

（3）属于农业转基因生物的农产品，应当按照农业转基因生物安全管理的有关规定进行标识。

（4）依法需要实施检疫的动植物及其产品，应当附具检疫合格标志、检疫合格证明。

（5）销售的农产品必须符合农产品质量安全标准，生产者可以申请使用无公害（相应的）农产品标志。

4. 标准化生产　在我国按照适用范围分，可分为国家标准、行业标准、地方标准和企业标准四类。按法律的约束性可分为强制性标准和推荐性标准两种。强制性标准具有法律效率，推荐性标准可自愿使用。

实施农业标准化，导入工业化生产管理理念发展农业，用工业化的生产经营方式经营农业，能够有效促进农业内部分工，实行专业化生产、集约化经营、社会化服务，提高农业产业的整体质量和效益。实施农业标准化，可以实现农业行业各环节、各方面资源的优化配置，有利于在现有自然资源和科学技术水平条件下实现最大的产出，是新时期以工业化理念指导农业发展的“着陆点”和“切入点”。

各类农产品（种类、品种、产品）生产标准，应以农产品质量安全标准为基础，《农产品质量安全法》第 11 ~ 14 条强调：

（1）农产品质量安全标准是强制性的技术规范。

（2）农产品质量安全标准应当充分考虑农产品质量安全风险评估结果，并听取农产品生产者、销售者和消费者的意见。

（3）农产品质量安全标准由农业行政主管部门商有关部门组织实施。

（4）农产品质量安全标准应当根据科学技术发展水平以及农产品质量安全的需要，及时修订。

5. 不得销售的农产品

（1）含有国家禁止使用的农药、兽药或者其他化学物质的。

（2）农药、兽药等化学物质残留或者含有的重金属等有毒有害物质不符合农产品质量安全标准的。

（3）含有的致病性寄生虫、微生物或者生物毒素不符合农产品质量安全标准的。

（4）使用的保鲜剂、防腐剂、添加剂等材料不符合国家有关强制性的技术规范的。

（5）其他不符合农产品质量安全标准的。

寄生虫：它是动物性寄生物的总称，其中通过食用农产品感染人体的寄生虫称为食源性寄生虫，主要包括原虫、节肢动物、吸虫、绦虫和线虫。

微生物：它是一类肉眼难以窥见、形体微小的生物的总称。包括原核生物界中的细菌、放线菌、蓝细菌；真菌界中的酵母菌、霉菌；原生生物界中的大多数藻类和原生动物；以及非细胞结构的病毒。有些微生物能引起人类和动植物的病害和工农业产品的腐烂变质。

生物毒素：他又称天然毒素，是指动植物和微生物中存在的某种对其他生物物种有毒害作用的非营养性天然物质成分，或因贮存方法不当，在一定条件下产生的某种有毒成分。

（二）农产品安全生产与农产品质量论证

1. 农产品安全生产常识

（1）肥料与安全生产

肥料中的硝酸盐、亚硝酸盐含量；重金属、有毒有害污染物；致病微生物污染直接影响农产品质量。

推荐使用的肥料种类：有机肥：沼渣（液）、作物秸秆、堆肥、沤肥、厩肥、绿肥、饼肥；无机肥：矿物氮、磷、钾肥；无机复混肥；微生物肥：根瘤固氮菌肥、磷细菌、硅酸盐细菌肥、光合菌肥、复合微生物肥；叶面肥：大量元素和微量元素肥、氨基酸肥、腐殖质肥。

肥料使用误区与存在的问题：有机肥比化肥更重要，有机肥无害化处理率低；偏施化肥，导致耕地质量下降；禁止使用硝态氮肥料；氮磷肥利用率低，施肥结构不合理，元素比例失调。

科学施肥：有机、无机肥配合使用；控制氮肥用量，协调氮磷钾比例；改进施肥方法，改善农田环境；备制、使用无污染肥料；测土配方，精准施肥、平衡施肥。

（2）农药与安全生产

农药分类：无机农药、化学合成农药、生物农药。实际生产中，按农药毒性分高毒、中度毒和低毒农药。

农药残留：农药使用后残存在生物体、农副产品和环境中的微量农药母体、有毒代谢物、降解物、降解物和杂质的总称。以毫克/千克，微克/千克，微克/千克表示。在农产品中农药残留的法定最高允许浓度，又称最高残留限量，以每千克农产品中农药残留的毫克数（毫克/千克）表示。

合理用药：甄别病虫害种类后选择用药；依品种和病虫害种类确定施药方法；根据栽培方式和栽培目的选择剂型；结合施药时间和生长期确定施药浓度。

规范用药：遵循病虫害发生规律和病虫害防治原则用药；遵守法律法规，不使用违禁农药；严格遵守农药使用安全间隔期和兽药休药期规定。

（3）基地维护与安全生产：安全的生产环境是生产主体与社会共同维护、培育的，是不断变化的，常态化监测是合理利用和科学调理的依据。

农药的使用与残留；灌溉水污染；化肥过度使用；城镇、矿山及工业“三废”污染可加速农田污染使农产品质量下降。

要严格控制土壤中 pH、镉、汞 、砷、铅、铬、铜等主要污染物的浓度限值；严格控制农田灌溉水中 pH、全盐量、氟化物、粪肠菌群及六价镉和总汞、总铅等重金属主要污染物浓度限值。

（4）生产记录：农产品生产企业和农民专业合作经济组织应当建立农产品生产记录，鼓励其他农产品生产者建立农产品生产记录。

禁止伪造农产品生产记录，生产记录应当保存二年。

生产记录基本信息应包括生产地点、规模和生产单位、产品类别；使用农业投入品的名称、来源、用法、用量和使用、停用的日期；动物疫病、植物病虫草害的发生和防治情况；收获、屠宰或者捕捞的日期；生产异常情况及处置。

2. 农产品质量论证

（1）农产品质量认证始于20世纪初美国开展的农作物种子认证，并以有机食品认证为代表。

（2）农产品质量认证是确保农产品质量安全、降低政府管理成本的有效政策措施。

（3）国际现行的主要论证形式：HACCP（食品安全管理体系）、GMP（良好生产规范）、欧洲 EuropGAP、澳大利亚 SQF、加拿大 On-Farm 等体系认证以及日本了 JAS 认证、韩国亲环境农产品认证、法国农产品标识制度、英国的小红拖拉机标志认证等。

（4）我国农产品认证始于20世纪90年代初农业部实施的绿色食品认证。2001年，农业部提出了无公害农产品的概念，2003年实现了“统一标准、统一标志、统一程序、统一管理、统一监督”的全国统一的无公害农产品认证。

（5）目前，我国还在种植业产品生产中推行 GAP（良好农业操作规范）和在畜牧业产品、水产品生产加工中实施 HACCP 食品安全管理体系认证。基本上形成了以产品认证为重点、体系认证为补充的农产品认证体系。

3. 无公害农产品

（1）无公害农产品：指产地环境、生产过程和产品质量符合国家有关标准和规范的要求，经论证合格获得论证证书并允许使用无公害产品标准的未经加工或初加工的食用农产品。

（2）申请条件：无公害农产品认证申请主体应当具备国家相关法律法规规定的资质条件，具有组织管理无公害农产品生产和承担责任追溯的能力。

（3）申报范围：农业部公布的《实施无公害农产品认证的产品目录》。（从2009年5月1日起，凡不在《实施无公害农产品认证的产品目录》范围内的无公害农产品认证申请，一律不再受理）。

（4）产地要求：产地环境必须经有资质的检测机构检测，灌溉用水（畜禽饮用、加工用水）、土壤、大气等符合国家无公害农产品生产环境质量要求，产地周围3千米范围内没有污染企业，蔬菜、茶叶、果品等产地应远离交通主干道100米以上；无公害农产品产地应集中连片、产品相对稳定，并具有一定规模。

（5）申报流程：申请人：符合《无公害农产品管理办法》规定，生产产品在《实施无公害农产品认证的产品目录》内，具有无公害农产品产地认定有效证书的单位和个人均可申请无公害农产品认证。

县区级：负责完成对申请人申请材料的形式审查，在《无公害农产品产地认定与产品认证报告》签署推荐意见。

地级：对全套申请材料进行符合性审查，在《无公害农产品产地认定与产品认证报告》签署推荐意见。

省级：组织或者委托地县两级有资质的检查员按照《无公害农产品认证现场检查工作程序》进行现场检查，完成对整个认证申请的初审，提出初审意见。报请省级农业行政主管部门颁发《无公害农产品产地认定证书》。

农业部农产品质量安全中心：对材料审核、现场检查（限于需要对现场进行检查时）和产品检测结果符合要求的，颁发无公害农产品认证证书。

无公害农产品认证证书有效期为 3 年。期满需要继续使用的，应当在有效期满 90 日前按照无公害农产品复查换证要求，进行复查换证。

4. 绿色食品

（1）绿色食品：指遵循可持续发展原则，按照特定生产方式生产，经专门机构认定，许可使用绿色食品标志，无污染的安全、优质、营养农产品。

我国绿色农产品分为 A 级和 AA 级，A 级为初级标准，即允许在生长过程中限时、限量、限品种使用安全性较高的化肥和农药。AA 级为高级绿色农产品，可等同于有机农产品。

（2）具备条件

（3）绿色食品认证：认证申请：申请人向中国绿色食品发展中心及其所在省（自治区、直辖市）绿色食品办公室、绿色食品发展中心领取《绿色食品标志使用申请书》《企业及生产情况调查表》及有关资料，填写并按要求向所在省绿色食品办公室、绿色食品发展中心提交详细申请材料。

资料审查：绿色食品办公室、绿色食品发展中心进行登记、编号，对申请认证材料审查。

现场检查：检查员根据《绿色食品 检查员工作手册》和《绿色食品 产地环境质量现状调查技术规范》中规定的有关项目进行逐项检查。现场检查和环境质量现状调查工作在 5 个工作日内完成。

环境监测：经调查确认，产地环境质量符合《绿色食品 产地环境质量现状调查技术规范》规定的免测条件，免做环境监测。

审核评审：中心认证处组织审查人员及有关专家对报送材料、环境监测报告、产品检测报告及申请人直接寄送的《申请绿色食品认证基本情况调查表》等进行审核；绿色食品评审委员会负责认证材料、认证处审核意见的全面评审，做出认证终审结论。

颁证签约：中国绿色食品发展中心主任签发证书，申请人在 60 个工作日内与中心签定《绿色食品标志商标使用许可合同》。

5. 有机食品

（1）有机食品：根据有机农业原则和有机农产品生产方式及标准生产、加工并通过有机食品认证机构认证的农产品。属纯天然、无污染、安全营养食品，也可称为“生态食品”。

（2）具备条件：有机食品生产和加工过程中应严格遵守有机食品生产、采集、加工、包装、贮藏、运输标准，禁止使用化学合成的农药、化肥、激素、抗生素、食品添加剂等，不允许使用基因工程技术。

有机产品的认证要求定地块、定产量，从生产其他产品到有机产品需要 2 ~ 3 年的转换期。

生产和加工过程建立严格的质量管理体系和生产过程控制体系及追踪体系。必须通过合法的有机食品认证机构认证。

（3）有机食品认证　提交申请、填写申请表；填报调查表并按要求提供相关材料；认证机构审查材料、检查员实地检查、产品抽样；向颁证委员会报送实地检查报告；颁证委员会组织评审；签订标志使用合同、颁证。

6. “三品”关系

（1）无公害农产品、绿色食品和有机食品都市经质量认证的安全农产品。

（2）无公害农产品、绿色食品和有机食品都注重生产过程管理，无公害农产品、绿色食品侧重对影响产品质量因素的控制；有机食品侧重对影响环境质量因素的控制。

（3）有机食品无级别之分，有机食品在生产过程中不允许使用任何人工合成的化学物质，而且需要2～3年的过渡期，过渡期生产的产品为“转化期”产品。绿色食品分A级和AA级两个等次。A级绿色食品产地环境质量要求评价项目的综合污染指数不超过1，在生产加工过程中，允许限量、限品种、限时间的使用安全的人工合成农药、兽药、鱼药、肥料、饲料及食品添加剂。AA级绿色食品产地环境质量要求评介项目的单项污染指数不得超过1，生产过程中不得使用任何人工合成的化学物质。无公害食品不分级，在生产过程中允许使用限品种、限数量、限时间的安全的人工合成化学物质。

（三）农产品溯源管理

1. 农产品生产溯源管理

（1）溯源管理：以各类农产品的可追溯标识为主线，利用物联网技术把农产品生产、流通和消费环节中的养殖、种植、防疫、检疫、物流和监督各个环节贯穿起来，全程记录并跟踪农产品主要业务和监管数据的管理方法。

联合CPC商务产品编码体系，对农产品生产记录全程进行“电子化”管理，为农产品建立透明的“身份档案”，采购方、消费者使用该系统生成的产品溯源二维码或数字编码通过互联网平台、手机终端可快速查询到相关生产信息，从而实现“知根溯源”，满足消费者知情权，做到放心采购和消费。同时，通过此举提高生产者科学生产自律意识，提升农产品品牌，更好的促进优质农产品流通销售。

（2）溯源管理体系：生产、产品档案 → 生产溯源系统 ←→溯源标签←→查询终端←→消费者。

地块、农户、农资及生产等种植基地农事信息和资质、质检、包装等产品信息、手工单据扫描、产地生产视屏监控等信息采集，实现农产品履历信息的快速采集与实时上传；

生产企业应用农产品企业追溯管理平台，实现产前提示、产中预警和产后检测；

各生产企业数据汇集到溯源平台数据中心，实现上网、二维码扫描、短信溯源码查询等方式的追溯；

企业实时、精确地掌握整个生产及供应链上的产品流向和变化，控制整个生产流通环节安全可靠；

政府部门全程可控监管；

消费者有效甄别产品生产全过程，保障消费者知情权。

（3）溯源管理主要环节：生产者基础信息、生产过程信息实时记录；生产操作预警、生产档案查询和上传。包装与标识管理。农产品流通管理。农产品质量监督管理。农产品质量追溯。

2. 溯源管理工作存在的主要问题

（1）农产品溯源管理涉及生产、贮运、销售、监管和消费多个环节，各环节运营的多重性和复杂性及认识观念的差异性是其制约因素。

（2）我国目前农产品质量溯源系统多以单个企业为基础，能满足本企业溯源需求，不易实现溯源信息共享。

（3）现有的系统溯源信息内容不一致，溯源链条较短，没有实现上下游企业之间溯源信息的传递。

（4）我国农产品生产企业多元化，为农产品质量溯源系统的研发和推广带来了困难。

（5）缺乏完善的农产品质量可追溯制度。

第二篇　蔬菜病虫害化学防治及安全生产

司升云
（武汉市农业科学技术研究院，武汉市蔬菜科学研究所）

第一节　什么是无公害蔬菜

按照蔬菜质量安全生产来划分，可以把蔬菜种类分为有机蔬菜、绿色蔬菜、无公害蔬菜 3 种。有机蔬菜是最顶级的蔬菜种植方式，农业社会时期就是这种种植方式，可以把他总结为一句话，叫“天蓝蓝，水清清，人工产品全不用”。就是说空气不能被污染，水源不能被污染，化肥、农药、转基因等人工合成产品都不能在此应用，这种方法生产出来的蔬菜就叫有机蔬菜。

而绿色蔬菜是我国在 20 世纪 80 年代中后期发展起来的一类安全蔬菜，绿色蔬菜在我国目前分为两大类，即 AA 类和 A 类。其中，AA 类绿色蔬菜与有机蔬菜比较接近，其生产过程也同有机蔬菜一样，基本是处在一种自然状态的生产。A 类绿色蔬菜在其生产过程中允许使用一定数量的化学投入品，但不超标，从生产环节来说，和无公害蔬菜相类似。

无公害蔬菜是与我们最密切相关的一类蔬菜，该类蔬菜是由政府主导，针对广大人民群众的，化学农药与化学肥料是可以利用，但其残留要保证在一定范围之内，对人体不造成危害。无公害蔬菜生产的指导思想以实现三大效益（社会效益、经济效益、生态效益）的高度统一，切入点就是污染源（高毒、高残留农药及残留超标等问题）的治理上。

第二节　无公害蔬菜有害物质限量标准

无公害蔬菜中对重金属和亚硝酸盐制定了最高限量标准（表 1），对相关农药的最高农药残留量进行了限定，对呋喃丹、林丹、DDT、氧乐果、水胺硫磷、马拉硫磷、对硫磷、甲胺磷等剧毒及高毒农药不得检出，而这类农药就是在蔬菜上禁止使用的，其中水胺硫磷就是 2010 年海南毒豇豆事件的罪魁祸首（表 2）。

表 1　无公害蔬菜有害物质限量指标

检测项目	限量指标
总砷（以 As 计）	≤0.5 毫克/千克
铅（以 Pb 计）	≤0.2 毫克/千克（薯类≤0.4）
铜（以 Cu 计）	≤10 毫克/千克
汞（以 Hg 计）	≤0.01 毫克/千克
氟（以 F 计）	≤1.0 毫克/千克
硒（以 Se 计）	≤0.1 毫克/千克

（续表）

检测项目	限量指标
锌（以 Zn 计）	≤20 毫克/千克
铬（以 Cr 计）	≤0.5 毫克/千克
镉（以 Cd 计）	≤0.05 毫克/千克
稀土（以稀土氧化物总量计）	≤0.7 毫克/千克（马铃薯≤0.5）
亚硝酸盐（以 $NaNO_2$ 计）	≤4 毫克/千克

表 2　蔬菜中农药残留限量指标及试验方法

农药种类	限量指标	试验方法
呋喃丹	不得检出	GB14877
噻嗪酮（优得乐）	≤0.3 毫克/千克	GB14970
西维因（甲萘威）	≤2.0 毫克/千克	GB/T5009.21
粉锈宁（三唑酮）	≤0.2 毫克/千克	GB/T14973
灭幼脲	≤3 毫克/千克	GB/T16340
二氯苯醚菊酯	≤1.0 毫克/千克	GB14879
溴氰菊酯	叶菜类≤0.5 毫克/千克，果菜类≤0.2 毫克/千克	GB/T14929.4
氰戊菊酯	叶菜类≤0.5 毫克/千克，果菜类≤0.2 毫克/千克 块根类≤0.05 毫克/千克	GB/T14929.4
地亚农	≤0.5 毫克/千克	GB/T14929.1
抗蚜威	≤1 毫克/千克	GB14877
百菌清	≤1.0 毫克/千克	GB14878
多菌灵	≤0.5 毫克/千克	GB/T5009.38
林丹	不得检出	GB/T5009.19
DDT	不得检出	GB/T5009.19
甲拌磷	不得检出	GB/T5009.20
氧乐果	不得检出	GB/T5009.20
水胺硫磷	不得检出	GB/T5009.20
马拉硫磷	不得检出	GB/T5009.20
对硫磷	不得检出	GB/T5009.20
甲胺磷	不得检出	GB14876
杀螟硫磷	≤0.5 毫克/千克	GB/T5009.20
倍硫磷	≤0.05 毫克/千克	GB/T5009.20
敌敌畏	≤0.2 毫克/千克	GB/T5009.20
乐果	≤1.0 毫克/千克	GB/T5009.20
敌百虫	≤0.1 毫克/千克	GB/T5009.20
亚胺硫磷	≤0.5 毫克/千克	GB/T16335
辛硫磷	≤0.05 毫克/千克	GB14875
乙酰甲胺磷	≤0.2 毫克/千克	GB14876

那么目前人们对蔬菜安全问题以及安全蔬菜的认知程度有多少呢？如有人对浙江杭州、宁波等

城市居民进行的调查表明，尽管食品安全问题还没有引起社会性恐慌，但已引起人们的普遍重视，89.6%的调查者对目前出售的蔬菜是否安全表示担心，其中33.7%表示非常担心。对三类蔬菜熟悉程度来看，消费者对无公害蔬菜和绿色蔬菜一般比较熟悉，这与进入市场时间与市场定位有关。但知道三者之间的区别的仅占17%，而大多数还不认识三者的标识。

第三节　无公害蔬菜生产与农药的关系

一般来看，蔬菜的主要污染主要包括空气污染、水质污染、土壤污染、农药污染和其他污染。污染源来自工业的三废、城市的垃圾、未经处理的排出物，未经无害化处理的有机肥、化肥、农药，以及在运销过程中污染蔬菜的有害或有毒物质（图1）。因此，蔬菜生产基地的选择要远离造成污染的工矿企业以及垃圾场、医院和生活区，蔬菜基地距主干公路要40米以外。不能选择土壤重金属背景值高的地区及土壤，以及与水源有关的病害高发区作为蔬菜生产基地。蔬菜灌溉不能使用未经处理的工业废水或生活污水，灌溉过程中不能串灌。

由于蔬菜生态系统病虫害的频繁发生，许多生产者在生产过程中为降低生产成本，并且用药心理追求农药使用后有立竿见影的效果，极易产生对蔬菜病虫害防治盲目地、无节制地依赖广谱、高效、高毒、高残留的禁用化学农药，因而造成害虫的抗药性水平大幅度提高，天敌被误杀，导致主要害虫的再度猖獗为害，使原处于次要地位的害虫上升为主要害虫。结果是农药品种越用越多，使用浓度不断提高，不但对病害虫控制不利，而且其危害反而越来越重。由于害虫产生抗药性，形成了害虫与农药相生相长的恶性循环。

我国限于技术及生产条件的限制，是世界上生产剧毒高毒高残留农药的大国，甲胺磷在我国的产量占全世界总产量的70%以上。例如，我国自上世纪80年代初就限制使用的农药，至今仍然在蔬菜农作物中检出，一方面说明原来使用量大，土壤中残留多；另一方面可能是至今仍在使用。统计近年公开发表的蔬菜农残资料可以看出，全国普遍呈现同样一种趋势，即寒冷季节蔬菜超标率较低，而夏季一般较高，农药残留不仅影响到国内人民身体健康，还不断引起国外贸易纠纷。

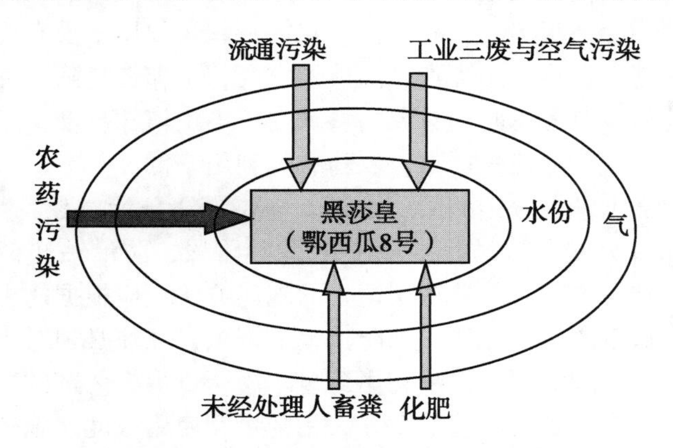

图1　无公害蔬菜生产中的污染源

第四节　蔬菜病虫害化学防控

（一）我国农药使用现状

2012年5月19农业部信息，如果不使用农药中国肯定会出现饥荒。我国是一个人口众多耕地紧张的国家，需要大力发展农业生产，以保障粮食的安全供给；同时现代农业的发展也越来越依赖农药的使用。有研究指出，农作物病虫草害引起的损失最多可达70%，通过正确使用农药可以挽回40%左右的损失。

我国目前农药工业年产能力已超过100万吨以上，实际生产80多万吨，总产量居世界第二位。通过农药防治，全国每年挽回粮食损失达5400万吨。据统计，中国每年施用农药量超过30多万吨，农作物播种面积约29亿亩，化学防治面积达45多亿亩次。而从全球来看，水果与蔬菜农药市场所占比重最大，为27%，远远高于其他作物。

我国农药产量和消费一直以杀虫剂为主，以前传统上有三个70%的说法，就是我国农药消费量中杀虫剂占总量的70%左右，而有机磷杀虫剂又占杀虫剂总量的70%，高毒农药又占有机磷农药的70%。随着农药工业的发展，杀虫剂比例在悄然下降。例如2005年我国农药消费量中，杀虫剂比例为45.5%，不到农药的一半，而杀菌剂与除草剂分别为26%与24%。但与国外相比，杀虫剂仍占较高的比例。国外杀虫剂、杀菌剂、除草剂在农药消费中所占的比例分别为25%、24%、48%。

农药以作用对象可以分为杀虫剂、杀菌剂和除草剂，以来源可以分为生物源农药、微生物农药、化学农药等，为了便于识别和记忆不同类型的农药，编写了如下口诀：农药繁多，何以别解，防治对象，作用方式，原料来源，成分归属。杀虫杀菌，还有除草。有机矿物，数量不多，微生物源，安全独特，生物本体，产物代谢，植物提取，也可入药。有机合成，最为普及，类多用广，高效快速。有机氯类，蔬菜禁销，有机磷类，产量最高，高毒高残，近年禁了。甲酸酯类，威字后缀，除虫菊酯，使用可靠。三代农药，当数昆调。安全特效，肼酮胺脲，绿色农药，绿色植保。

此外，农药剂型种类也很多，农药名称加工剂型记忆口诀如下：农药名称，三段构成，前面含量，后面剂型。商品通用，名称居中，加工制剂，为能使用。常见乳油，可湿可溶，水乳微乳，友好类型。悬浮悬乳，粒剂泡腾，颗粒撒施，烟熏大棚。

（二）农药使用中的问题和“误区”

使用农药的目的不仅要提高农药有效利用率，还要保证操作者的安全性和环境的相容性。然而，实际生产中农药的使用存在很多问题和误区。比如，农药使用中没有施药技术规范，长期单一使用某一种农药防治病虫害，盲目使用高毒、高残留农药，不加选择随意混用和滥用农药，随意加大用药浓度，在喷洒农药时没有考虑防治对象的特殊性，不论植株高低，不分病虫草害种类，一种空心圆锥喷头包打天下，造成药液流失严重，农药有效利用率低。

因此，在蔬菜生产中必须掌握一定的用药原则。一要弄清防治对象，“对症下药”，抓住有利的防治时期，把农药用在“火候上”。如防治幼虫在幼龄阶段，防治钻蛀害虫在蛀入前，使用保护性杀菌剂防治在病菌侵入寄主之前。二要选用适当的施药方法，应根据病虫害的发生规律、为害特点、发生环境等情况确定适宜的施药方法。如防治地下害虫，往往必须对土壤撒施药粉、颗粒剂或淋施药液才有效。三要掌握合理的用药次数和用药量。用药量根据药剂的性能、不同的作物、不同的生育期，不同的施药方法来确定，不能随意加大用药量和使用浓度。施药次数要根据病虫害发生时期的长短、药剂的持效期及上次施药后的防治效果来确定。四要根据天气条件进行施药。气候条件的变化不仅会影响药剂的理化性质，同时也会影响防治对象的生理活动，从而影响药效。五要合理混用农药。合理混用农药不仅可扩大防治谱，而且还有增效、防止病虫抗药性、节约人力物力、经济用药等作用。

农药混合使用时必须遵循几个原则：一是混合后不发生不良的物理化学变化，对遇碱性物质分解失效的农药，不能与碱性农药混用，可湿性粉剂农药不能与乳剂农药混用。二是混合后对蔬菜无不良影响，混合使用的各农药组分残留期应基本接近。三是混合后不能降低药效，在害虫产生抗药性之前，使用不同作用机制的药剂进行混配，以免产生交互抗性。为延缓害虫对某种农药出现的抗药性，还应考虑几种不同作用类型农药的合理轮用，对延长农药的使用寿命和提高防治效果作用较大。四是混合后成本不会增加，按照科学用药和农药配制标准进行配比，大力推广生物农药和高效、低毒、低残留农药。

在我国人们习惯于大雾滴、大容量喷雾，“强调”喷雾中水的作用，以看到药液从作物叶片发生流淌为喷雾均匀的指标。事实上，水在农药喷洒过程中主要起“载体”的作用，即把药剂均匀地分散并运载到防治对象上。大量田间试验证明，降低施药液量并不会降低防治效果。

使用农药进行病虫害防治时不注意农药安全间隔期，特别是采收频率高的叶菜类和茄果类蔬菜，用药后不能马上采收。安全间隔期是指最后一次施药至采收作物产品之前的时期，自喷药后到残留量降到最大允许残留所需间隔的时间。在蔬菜生产中，最后一次喷药与收获之间必须大于安全间隔期，以防人畜中毒。

此外，在农药使用过程中操作者不注意劳动保护，每年都会发生大量农药中毒事故，造成人员伤亡。

（三）农药使用不规范造成的后果

农药使用不规范造成有效利用率低，农药流失现象严重。农药在生产过程与使用过程中有60%～70%的农药流失，造成生态环境的污染。乱用和滥用农药在杀死害虫的同时，也杀死了害虫天敌和有益生物，造成害虫的再次暴发和产生抗药性以及农产品中农药残留超标。由于操作不规范，不注重劳动保护等，导致2%左右的农药沉积到操作者身上，如果是毒性较高的农药，极易导致农药中毒。然而，残留超标又带来的直接后果就是蔬菜的安全品质差，在外贸出口方面不断的引起与进口国的纠纷，在国内使消费者安全消费的心理安全意识受到严重影响。

（四）农药的安全使用

1. 施药人员必须经过训练，不允许未成年人和儿童施用农药，或接触农药。孕妇、哺乳期妇女不能从事施药作业。

2. 根据施用的农药毒性级别、施药方法和地点，穿戴相应的防护用品。施用高毒农药时，必须有2名以上操作人员，施药人员每日工作不超过6小时，连续施药不超过5天。

3. 施药时，要注意天气情况，一般在要下雨之前，雨天，大风天气，气温高（30℃以上）时不要喷药，以免药雾（粉）被冲刷、飘移，造成防治效果差，还有可能发生作物药害和人、畜中毒事故。施药人员要始终处于上风向位置施药。

4. 工作人员施药过程中不准吃东西、饮水和抽烟。如需吃、喝、抽烟，应离开施药现场，洗净手、脸，脱去防护衣物。不要用嘴去吹堵塞的喷头，应用细签、草秆或水来疏通喷头。

5. 施药时现场不允许非操作人员和家畜停留，凡施过药的区域，应设立警告标志。一般至少24小时以后才能进入喷药的田间。农药拌种应远离住宅区、水源、食品库、畜舍，并且在通风良好场所进行，应穿戴防护用品，不得直接用手接触农药操作。

6. 临时在田间存放的农药、浸药种子及施药器械，必须有人看管。库房熏蒸应设置“禁止入内”、“有毒”等标志，库房内温度应低于35℃，必须由2人以上轮流进行，并设专人监护。

7. 施药人员如有头痛、头昏、恶心、呕吐等中毒症状，应立即离开现场急救治疗。

第五节　推广使用的农药种类

（一）杀虫剂、杀螨剂

1. 生物制剂和天然物质　苏云金杆菌、甜菜夜蛾核型多角体病毒、苜蓿银纹夜蛾核型多角体病毒、斜纹夜蛾核型多角体病毒、小菜蛾颗粒体病毒、阿维菌素、多杀霉素、苦参碱、桉油精、印楝素、鱼藤酮、狼毒素、蛇床子素、除虫菊素等。

2. 合成制剂

（1）菊酯类：氯氟氰菊酯、高效氯氟氰菊酯、氯氰菊酯、高效氯氰菊酯、溴氰菊酯、氰戊菊酯、甲氰菊酯、醚菊酯等。

（2）氨基甲酸酯类：抗蚜威等。

（3）有机磷类：毒死蜱、辛硫磷、敌百虫、敌敌畏、三唑磷等。

（4）昆虫生长调节剂：灭幼脲、氟啶脲、氟铃脲、除虫脲、虫酰肼、甲氧虫酰肼等。

（5）杀螨剂：阿维菌素、虫螨腈等。

（6）其他：茚虫威、噻虫嗪、吡虫啉、啶虫脒、丁醚脲、虫螨腈、茚虫威、氯虫苯甲酰胺、甲胺基阿维菌素苯甲酸盐等。

（二）杀菌剂

1. 无机杀菌剂　碱式硫酸铜、王铜、氢氧化铜、硫酸铜钙、氧化亚铜。

2. 合成杀菌剂　代森锌、代森锰锌、代森铵、丙森锌、敌磺钠、三乙膦酸铝、三苯基乙酸锡、啶酰菌胺、克菌丹、福美双、多菌灵、甲基硫菌灵、百菌清、琥胶肥酸酮、噻霉酮、乙铝・锰锌、噁酮・锰锌、二氯异氰尿酸钠、壬菌酮、三唑酮、烯唑醇、戊唑醇、已唑醇、氟硅唑、氰霜唑、苯醚甲环唑、苯菌灵、腈菌唑、乙霉威、硫菌灵、腐霉利、异菌脲、霜霉威、霜霉威盐酸盐、烯酰吗啉、、嘧霉胺、氟吗啉、盐酸吗啉胍、恶霉灵、松脂酸铜、噻菌铜、喹啉铜、苯醚甲环唑、啶菌噁唑、双胍三辛烷基苯磺酸盐、咪鲜胺、咪鲜胺锰盐、抑霉哇、氨基寡糖素、甲霜灵・锰锌、嘧菌脂。

3. 生物制剂　丁子香酚、小檗碱、乙蒜素、几丁聚糖、井岗霉素、农抗120、、春雷霉素、中生菌素、多黏类芽孢杆菌、荧光假单胞杆菌、多抗霉素、枯草芽孢杆菌、宁南霉素、木霉菌、哈茨木霉菌、农用链霉素。

第六节　禁用的农药种类

目前，在农业生产中我国禁止不准生产、经营和使用的农药品种有：六六六，滴滴涕，毒杀芬，二溴氯丙烷，杀虫脒，二溴乙烷，除草醚，艾氏剂，狄氏剂，汞制剂，砷、铅类，敌枯双，氟乙酰胺，甘氟，毒鼠强，氟乙酸钠，毒鼠硅，甲胺磷，甲基对硫磷，对硫磷，久效磷，磷胺等二十三种。

在蔬菜上禁用的农药品种有：甲拌磷，甲基异柳磷，特丁硫磷，甲基硫环磷，治螟磷，内吸磷，克百威，涕灭威，灭线磷，硫环磷，蝇毒磷，地虫硫磷，氯唑磷，苯线磷、地虫磷、氧乐果、杀扑磷、水胺硫磷、马拉硫磷、三氯杀螨醇、氟虫腈及其复配制剂产品。水生蔬菜上限禁使用拟除虫菊酯类杀虫剂。

第三篇　蔬菜主要害虫识别与绿色防控

司升云
（武汉市农业科学技术研究院，武汉市蔬菜科学研究所）

第一节　蔬菜主要害虫的识别

（一）概述

昆虫纲是整个动物界中最大的一个类群，全世界约有100多万种，约占动物界种数的80%，每年还不断有新种被发现。在昆虫纲中种类最多的为鞘翅目，目前已知约35万种，是动物界最大的目，占昆虫纲40%以上的种群，我国已记载约7 000种。其次为鳞翅目，全世界已知16万种，其中菜蛾科的小菜蛾主要为害十字花科蔬菜，夜蛾科是鳞翅目中的第一大科，已知25 000多种，严重为害蔬菜的种类有甜菜夜蛾、棉铃虫、小地老虎、黏虫、斜纹夜蛾、甘蓝夜蛾等。同翅目害虫也是为害蔬菜的一个大的类群，形态变化较大，口器为刺吸式，前翅质地相同，世界已知45 000多种，广泛分布于世界各地，我国已知有3 000多种，其中飞虱、木虱、粉虱、叶蝉、蚜虫和蚧壳虫等对蔬菜生产危害较大。

为提高人们对昆虫纲分类系统的了解，以及便于人们掌握农业主要害虫的分类地位，对此进行了总结："门纲目科，属种相列；昆虫一纲，超百万数；物以形分，类以态合；纲再分目，三十略多；农业害虫，多为八目，鳞双半直，同鞘缨膜。"为害蔬菜的主要害虫多属于鳞翅目、双翅目等八个目。

为便于对蔬菜主要害虫进行田间识别，本文根据其主要形态特征以及为害状以口诀的形式进行了整理。

（二）十字花科蔬菜害虫

十字花科蔬菜主要害虫种类较多，可概括为"十字花科，害虫众多，三蛾一蝶，年年猖獗；三蚜一甲，岁岁暴发，菜蝽菜螟，常常发生。"其中"三蛾一蝶"指的是小菜蛾、甜菜夜蛾、斜纹夜蛾和菜粉蝶。"三蚜一甲"指的是桃蚜、萝卜蚜、甘蓝蚜和黄曲条跳甲。

1. 小菜蛾

（1）成虫：翅若刀形，相合成脊，相连成菱，相映成趣。就是两翅相连合成3个菱形图案，所以小菜蛾也叫做菱背蛾。（图1A）

（2）卵：米粒小卵，散产叶面。（图1B）

（3）幼虫：身材娇小，两头尖尖，黄绿体色，淡褐背板，活泼好动，常荡秋千。（图1C）

（4）为害状：初孵潜叶，再开天窗，三至四龄，成孔成网。（图1D）

2. 甜菜夜蛾

（1）成虫：中小飞蛾，体翅灰褐，肾纹环纹，土红颜色（图2A）。

（2）卵：卵馒头形，一至三层，外被白毛，叶背块生（图2B）。

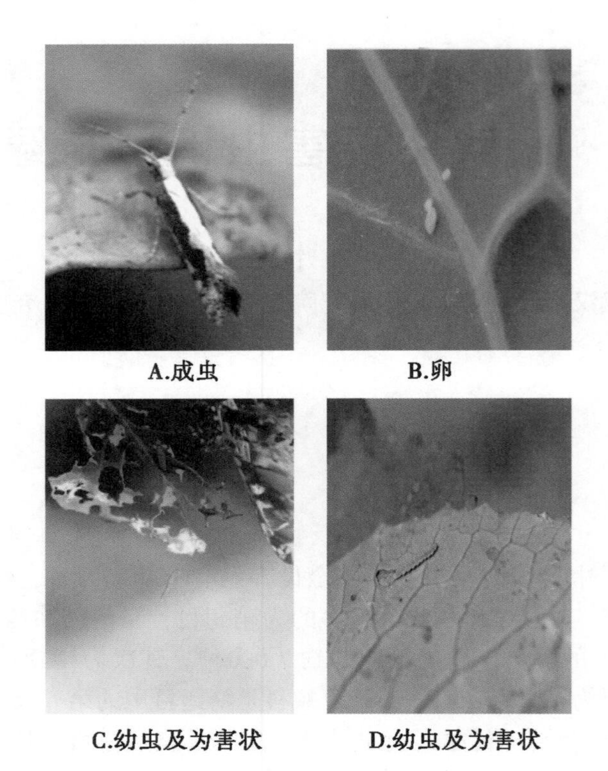

A.成虫　B.卵

C.幼虫及为害状　D.幼虫及为害状

图 1　小菜蛾形态特征及为害状

（3）幼虫：筒形身段，横卧叶面，绿黄灰褐，体色多变，两侧纵线，直达腹端，线上白点，特别明显。老熟入土，土表筑室，室内化蛹，蛹色黄褐（图 2C）。

（4）为害状：初孵幼虫，群集发生，稍大分散，丝网结成，四龄五龄，暴食逞凶。先开天窗，后为孔洞，轻则成网，重则断垄，亦可钻蛀，茄果大葱（图 2D）。

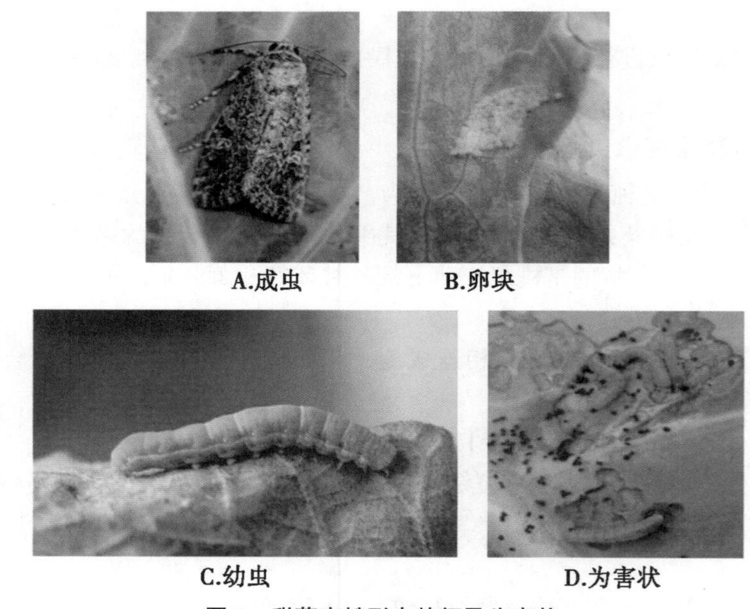

A.成虫　B.卵块

C.幼虫　D.为害状

图 2　甜菜夜蛾形态特征及为害状

3. 斜纹夜蛾

（1）成虫：中型飞蛾，前翅暗褐，翅具白纹，丰字平斜（图3A）。

（2）卵：卵若米粒，层层叠叠，外被黄绒，下附茎叶（图3B）。

（3）幼虫：幼虫横卧，状似火车，青黄灰褐，多变体色。黄线三条，黑斑四列，一八腹节，最易识别（图3C）。

（4）为害状：低龄幼虫，聚集发生，先吃卵壳，再食叶梗，点片为害，症状鲜明。大龄幼虫，分散进攻，日间入土，夜出逞凶，粪便污染，缺株断垄。

A.成虫　B.卵块　C.幼虫

图3　斜纹夜蛾形态特征

4. 菜粉蝶

（1）成虫：蝶舞于田，白裙翩翩（图4A）。此处描述的是菜粉蝶在田间飞翔的情景。

（2）卵：橙黄色卵，形似炮弹，单产散产，立于叶面（图4B）。

（3）幼虫：绿色幼虫，毛毛绒绒。体侧黄线，断断连连。叶面食宿，缠缠绵绵（图4C）。

（4）为害状：先啃叶肉，再为孔洞，只留主脉，毁产严重。

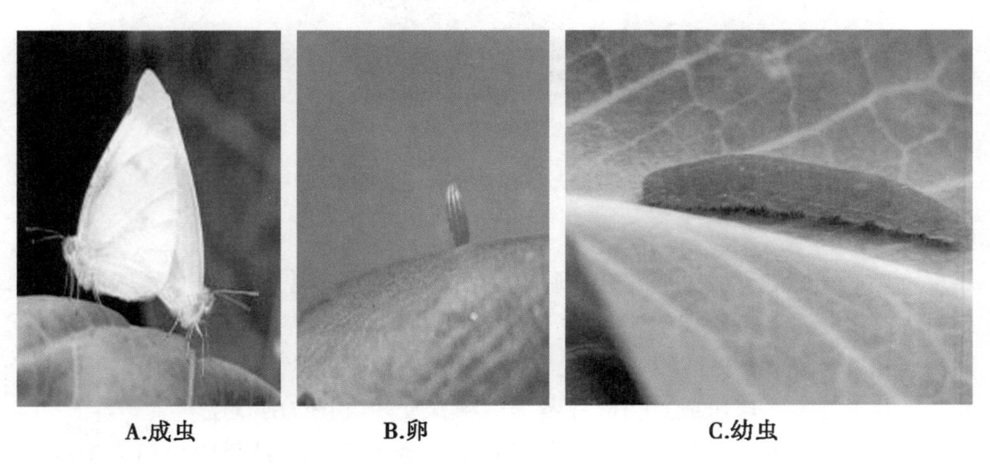

A.成虫　B.卵　C.幼虫

图4　菜粉蝶形态特征

5. 菜蚜　腻虫发腻，蚜虫害芽，十字花科，菜蚜一家，一家三种，三种混发，萝卜甘蓝，优势桃蚜。成若两态，刺吸为害，叶背群集，嫩芽最爱，黄化卷缩，畸形变矮，煤污盛发，病毒成灾（图5）。

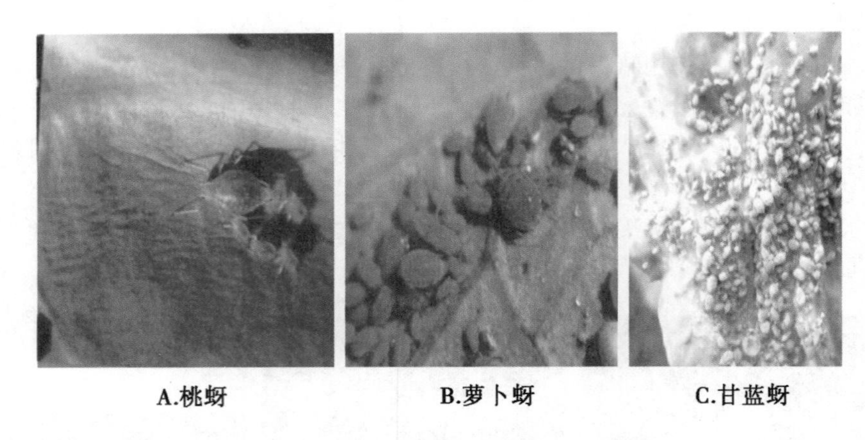

图5 三种菜蚜为害状

6. 黄曲条跳甲

（1）成虫：鞘翅为甲，黑色如麻，黄色纵斑，弯而中狭（图6A）。

（2）幼虫：黄白幼虫，长圆筒形。肉瘤瘾现，细毛生成（图6B）。

（3）为害状：十字花科，寄主最多。幼虫食根，成虫食叶。群体出没，幼苗时节。子叶被害，垄断苗缺。叶片被害，坑洞缺刻。根皮被害，须根咬切。萝卜白菜，腐烂变褐。为害更重，软腐传播（图6C）。

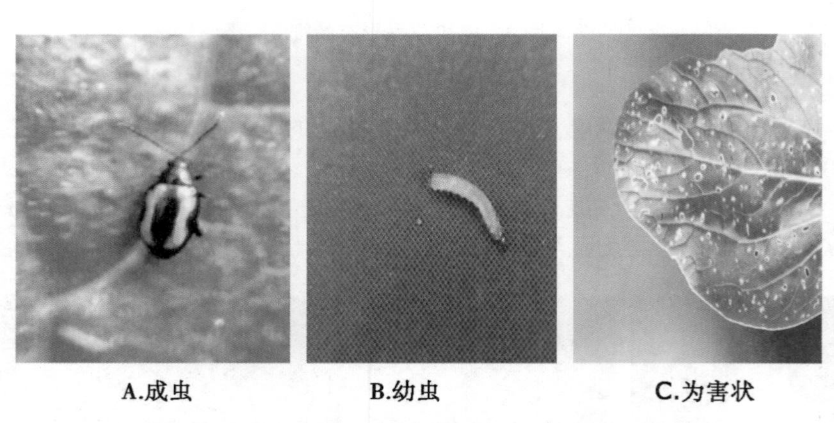

图6 黄曲条跳甲形态特征及为害状

7. 菜蝽

（1）成虫：黑底黄斑，平扁椭圆，倒观背面，京剧花脸，咀横前胸，丫鼻倒悬，革片末端，横纹如眼（图7A）。

（2）卵与若虫：苏滇为线，以北常见，年中盛发，秋冬终现，卵粒如蛹，列于叶面，若虫5龄，体翅渐全，群集为害，成斑成点，叶片萎缩，植株变短（图7B，C）。

（3）为害状：成虫若虫，刺吸为生，十字花科，芽荚叶茎，汁液被吸，白斑生成，唾液刺激，生理作用，苗枯株萎，籽虚荚空，软腐病毒，传播疾病（图7D）。

8. 菜螟

（1）成虫：螟蛾成虫，灰褐小型，白纹三条，前翅并行，肾斑深褐，白边镶成（图8A）。

（2）幼虫：老熟幼虫，黑头黄胴，黄褐前背，纵纹不明，腹部毛瘤，各节相等，前八后二，两排着生（图8B）。

A.成虫　B.卵

C.若虫　D.为害状

图 7　菜蝽形态特征及为害状

（3）为害状：初孵潜叶，隧道宽短，三龄缀叶，菜心枯蔫，四至五龄，茎髓内钻，蛀孔明显，外排粪便，一虫一苗，株死柄烂（图 8C）。

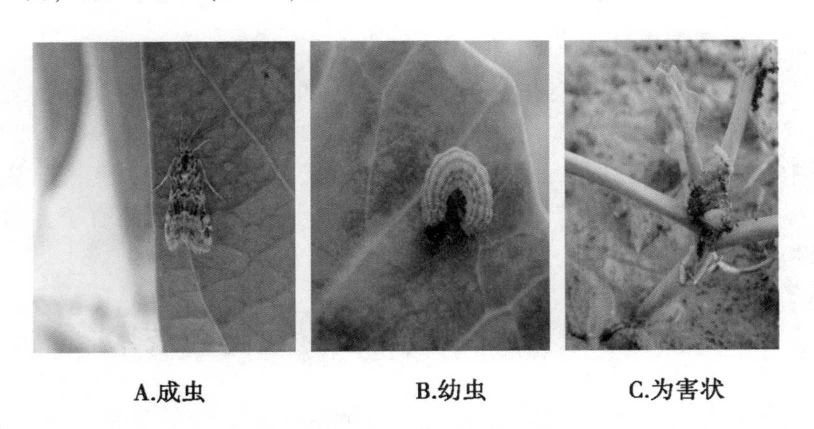

A.成虫　B.幼虫　C.为害状

图 8　菜螟形态特征及为害状

十字花科蔬菜从四月起小菜蛾等进入危害高峰期，需以小菜蛾为中心进行防治。五月可以利用频振式杀虫灯进行害虫的预测预报及防治。长江流域以北地区甜菜夜蛾、斜纹夜蛾从 6 月份出现为害，应开始利用性诱剂进行预测预报及防治。7 ~ 9 月份为两蛾发生高峰期，在作物移栽后田间发生初代，发生较为整齐，应在卵孵化高峰期大面种应用病毒制剂进行防治。在世代交叠比较明显或发生严重情况下可以考虑高效化学农药的混用。9 ~ 10 月各种害虫相继发生，如四菜一蝶：菜蛾、菜蚜、菜螟、菜蝽、菜粉蝶均为发生高峰期，须进行综防兼治混防混治。11 月后可逐渐放宽防治阈值，不一定进行防治。

对上述害虫进行综合防治的口诀：五月开灯，六月性控，趋光趋化，诱杀成虫。七八九月，两蛾混生，甜菜斜纹，发生高峰。虫小苗齐，病毒先用，其它措施，可做补充。九至十月，害虫普发，四菜一蝶，处处猖獗。药要对症，虫先识别，综防兼治，保障绿色。冬月一到，害虫渐蛰，放宽阈值，全年告捷。

（三）茄果类蔬菜主要害虫

茄果类蔬菜主要害虫可以总结为“两虫一螟，两螨一蝇，一种蝽蟓，两种瓢虫。”其中“两虫”指的是棉铃虫和烟青虫，“一螟”就是茄螟，“两螨”是指红蜘蛛和茶黄螨，“一蝇”就是潜叶蝇，“一种蝽蟓”就是瘤缘蝽，“两种瓢虫”是指茄二十八星瓢虫和马铃薯瓢虫。

（四）豆科蔬菜主要害虫

豆科蔬菜害虫种类较多，主要害虫种类可总结为“天灯夜螟，象蝽芫菁，虱蝉蓟螨，潜蝇蚜虫。”其中，“天灯夜螟”是指豆天蛾、灯蛾、斜纹夜蛾和豆野螟；“象蝽芫菁”是指蚕豆象、豌豆象、棘缘蝽和芫菁；“虱蝉蓟螨”是指烟粉虱、小绿叶蝉、蓟马和红蜘蛛；“潜蝇蚜虫”是指潜叶蝇和豆蚜。在这些害虫中，最主要防治对象为豆野螟、蓟马、斑潜蝇、烟粉虱等。

（五）瓜类蔬菜主要害虫

瓜类蔬菜主要害虫种类可总结为“实蝇潜蝇，瓜蚜瓜螟，虱蝉蓟螨，守瓜芫菁”。其中，“实蝇潜蝇”是瓜实蝇和斑潜蝇；“瓜蚜瓜螟”是瓜蚜和瓜卷螟；“虱蝉蓟螨”是飞虱、烟粉虱、小绿叶蝉、蓟马和红蜘蛛；“守瓜芫菁”是黄守瓜、黑守瓜和中华芫菁。

（六）葱蒜类蔬菜主要害虫

葱蒜类蔬菜主要害虫种类可总结为“三蛆两马，三蛾两甲。”其中，“三蛆两马”是韭蛆、种蝇、葱斑潜蝇、葱蓟马和葱带蓟马；“三蛾两甲”是甜菜夜蛾、红棕灰夜蛾、葱须鳞蛾、韭萤叶甲和葱黄寡毛跳甲。

（七）水生蔬菜主要害虫

水生蔬菜种类较多，但每类蔬菜有一至几种常见害虫，主要害虫种类可总结为“一蚊一蚜，两蛾一甲，飞虱叶蝉，螟虫二化，荸荠白螟，菱角萤甲，慈姑钻心，水芹害芽。”其中，“一蚊一蚜”是莲潜叶摇蚊和莲溢管蚜；“两蛾一甲”是斜纹夜蛾、梨剑纹夜蛾和食根金花虫；“飞虱叶蝉”是长绿飞虱和小绿叶蝉；“螟虫二化”是二化螟。此外，水生蔬菜害虫还有荸荠白禾螟、菱角萤叶甲、慈姑钻心虫和水芹蚜虫等。

第二节 蔬菜主要害虫绿色防控技术

为了有效防治蔬菜害虫，增加产量、提高品质，并减少农药对蔬菜的污染，从 1983 年起我国就开始在一些大中城市郊区和蔬菜生产基地推行综合治理生产技术。目前，提出了具体技术路线和措施，并形成了主要蔬菜无公害生产技术规程，确定了主要蔬菜害虫的预测预报办法。我国蔬菜综合治理的原则是“预防为主，综合防治”，“以农业防治为基础，积极开展物理防治，优先采用生物防治技术，协调应用化学防治和其他防治手段，禁止使用高毒、高残留农药，严格执行农药安全间隔期，将病虫为害控制在经济阈值以下，上市蔬菜中农药残留不高于国家标准”。

蔬菜害虫防治的基本原则可以总结为：生态体系，自然控制。预防为主，综合防治。科学管理，因地制宜。相互协调，安全经济。植物植疫，农业措施。生物物理，化学防治。经济允许，控制为佳。有利保证，三个效益。

（一）以农业防治为基础，切实强化农业防治

对农业结构进行调整，实施水旱轮作，控制病虫害。实施蔬菜轮作，以“卡桥”的方法降低害虫基数。例如在对小菜蛾进行农业防治时可采取的措施为：铲草除残，清洁田园。净苗移栽，控制虫源。休耕轮作，世代隔断。诱集作物，减少虫卵。在对烟粉虱进行农业防治时采取的措施为：铲草除残，清洁田园，间作套种，减少蔓延。在以甜菜夜蛾进行农业防治时采取的措施为：除草去残，清洁田园，采虫摘卵，人工防范，适度中耕，合理浇灌，改变生境，减少虫源。

针对各地主要的病虫害种类，尽可能选用高抗多抗品种；培育无病虫的壮苗；优化蔬菜的群体结构；采用深沟高畦栽培，创造不利病害发生的小环境；合理调控设施微环境，优化保护地生态；清洁田园，减少病虫害发生基数和来源；选用早熟、晚熟品种避开病虫害高峰期等措施。

（二）积极开展物理防治，充分发挥物理防治作用

生产和育苗时使用银灰色遮阳网封闭式小拱棚，可明显改善环境条件，有利于蔬菜生产，增产增收可达20%以上，避蚜效果可达88%以上，对病毒病防效达95%以上，还可防止小菜蛾、甜菜夜蛾等多种害虫。目前我国有1亿多平方米的遮阳网和300多万平方米防虫网应用于生产。以烟粉虱物理防治为例：高温闷棚，7～10天。烟剂熏杀，防治扩散。外遮虫网，隔断虫源。悬挂黄板，减少蔓延。

温汤浸种、高温闷棚，夏季利用塑料薄膜进行土壤消毒。利用害虫对灯光、颜色和气味的趋向性诱杀或驱避害虫，如黄板诱杀蚜虫、斑潜蝇等；糖醋液、频振杀虫灯诱杀鳞翅目害虫；银灰色地膜、遮阳网避蚜等。

人为捕杀较为集中的害虫，如斜纹夜蛾幼虫与卵块等。以甜菜夜蛾物理防治为例：趋光趋化，杀爸杀妈。虫网防虫，无食无家。频振一灯，惊人一明，三顷一盏，害虫立轻。酒水糖醋，再把药加，一二三四，按比配搭。杨柳枝条，亩插十把，晨露未干，将蛾捕杀。

（三）加强生物防治，完善以生物防治为主导的防治体系

少用或不用广谱杀虫剂，保护生态环境；保护和释放捕食性天敌草蛉、食蚜蝇、瓢虫和蜘蛛以及寄生性天敌丽蚜小蜂、茧蜂、线虫等。其中，丽蚜小蜂是人工培养并可田间释放来控制烟粉虱的一类寄生性天敌，具有较好防治效果。以甜菜夜蛾生物防治为例：自然天敌，保护利用，生物防治，积极推行。白僵绿僵，姬蜂茧蜂，性引诱剂，病毒核型。

以国外研究结果说明天敌致死因子在烟粉虱自然死亡的作用，烟粉虱在田间天敌捕食率为35.3%，而寄生率为4.0%，最后存活率只有6.4%。还有37.5%属于落地或不确定死亡，说明天敌是烟粉虱在田间控制的最主要因素，保护天敌，维护田间生态多样性是十分重要的。

大力推广微生物农药苏云金杆菌、病毒、白僵菌等，其中苏云金杆菌在我国商品化程度最好，取得良好的效果。现中科院武汉病毒所研制的一种将赤眼蜂与病毒有机结合的复合“农药”（生物导弹）在防治蔬菜等害虫方面取得了较好的进展。性诱剂・病毒集成防控技术是由武汉市蔬菜科学研究所提出，其防治害虫原理是利用害虫性信息素来诱集害虫，使害虫雄虫携带、感染病毒，然后再通过与雌虫交尾将病毒传播给下一代，造成田间流行，以达到防治害虫的目的，目前该项技术在甜菜夜蛾的防治中取得了较好的防治效果。

源于微生物代谢产物的农用抗生素将越来越多地应用于蔬菜，继阿维菌素之后，又相继开发了依维菌素、埃玛菌素、埃珀利诺菌素、道拉菌素及菌虫霉素、虫螨霉素、敌贝特等杀虫剂。日本三菱公司开发的桔霉素对螨类有较好的效果，美国陶氏公司推广的乙基多杀菌素能有效地防治多种抗性害虫，十分安全，24小时即可采收。

植物源农药的品种也越来越多，目前，推广的品种有鱼藤、烟碱、茶皂素、藜芦碱、川楝、印

楝、茴蒿素、百部碱、苦皮藤、毛茛碱等。推广的昆虫生长调节剂主要有两类，一类为几丁质合成抑制剂，如定虫隆、灭幼脲、除虫脲、杀铃脲、伏虫隆、氟虫脲、氟酰脲、虱螨脲等；一类为脱皮激素类似物，如虫酰肼、抑食肼、甲氧虫酰肼等。

（四）合理运用化学防治，降低化学农药产生的副作用

在蔬菜害虫的防治中，应选用高效、低毒、低残留农药品种，保护地优先选择粉尘剂和烟剂，禁止使用高毒、高残留农药。在蔬菜害虫预测预报和正确诊断的基础上，适时对症下药。害虫应在低龄期或钻蛀前用药，病害应在始发期或发病前期用药。农药应对其他生物包括天敌低毒，避开其敏感期或活动高峰期施药。坚持多种农药合理轮用与混用，克服长期使用一种农药，禁止随意加大施用药量和多种同类农药混用。

以甜菜夜蛾化学防治为例，其化学防治口诀为：农药制剂，高效经济，选对品种，择对时期，初龄较好，早晚为宜。科学配药，合理喷施。常规农药，暂且放弃，新型品种，混用交替。甲胺阿维，昆调制剂，美除除尽，安打菜喜。

蔬菜是一类生鲜类食品，安全间隔期至关重要，特别是绿叶蔬菜、黄瓜、豇豆等，因此要严格农药的安全间隔期。

第四篇　武汉地区主要蔬菜平衡施肥技术

陈　钢
（武汉市农业科学技术研究院，武汉市农业科学研究所）

第一节　蔬菜平衡施肥原则

（一）有机肥和无机肥料（化肥）配合施用

有机肥料和化肥配合施用，可以充分发挥缓效与速效相结合特点，做到用地与养地相结合。

（二）正确合理施用化肥

化肥要深施盖土，一般施在10～15厘米土层中，避免挥发；生育期短的蔬菜如叶菜类要及早施用；不能直接接触根系；叶菜收获前15天就要停止叶面喷施化肥。

（三）根系施肥与叶面施肥相结合

叶面积大，叶片薄的蔬菜的追肥可以完全采用叶面喷施方式，配合根系施肥。

（四）避免撒施化肥

化肥直接撒在土壤上面会造成化肥损失，尤其是氮肥的挥发，同时也造成肥料随土体的流失，不仅造成肥料浪费，肥料效率下降，成本上升，而且造成土壤和水体的污染。

（五）有机肥要充分腐熟

禽畜粪便、作物秸秆等有机废弃物可能含有较多的病菌、虫卵等，容易引起蔬菜病虫害，也可以通过蔬菜传播一些有害的病菌，引起人们感染疾病；同时如果未腐熟好的禽畜粪便等有机废弃物直接进入田间，将会进一步发酵，产生大量热量，引起烧苗。

（六）适量使用

有机肥应作基肥施用，一般每亩控制在1 000千克以下，根据土壤状况，适当增减；在肥力较高的土壤上尽量减少化肥的施用。有条件最好进行土壤测试，根据检测情况确定施肥的方案。

（七）正确选择肥料

蔬菜普遍是喜硝态氮肥的，对于生育期长的蔬菜，可适量施用含硝态的水溶性配方肥。

（八）慎用含氯化肥

诸多蔬菜作物如西瓜和茄果类、莴苣、甘薯、白菜、草莓、马铃薯、辣椒、苋菜等蔬果是忌氯作物，所以选择肥料时，注意不要选择氯基的复合肥。

第二节　武汉地区主要种植蔬菜的平衡施肥措施

蔬菜主要分为叶菜类、茄果类、根茎类几大类型，是高集约型作物，复种指数高，养分需求量大；喜硝态氮肥；对钾有较大的需求量。但不同的类型，甚至不同品种之间对养分的需求特性是不同的，下面针对武汉市主要种植蔬菜种类，提出相应的施肥建议。

（一）叶菜类

叶菜类蔬菜包括两类，第一类是以嫩叶和茎供食用的蔬菜，如小白菜、芹菜、菠菜、苋菜、莴苣等，称绿叶菜类：第二类是以叶球供食用的蔬菜，如结球甘蓝、大白菜（结球白菜）、花椰菜等，称为结球叶菜类。它们之间对养分的需求存在明显的不同，因此施肥方面的要求就存在差异。

绿叶菜类蔬菜属于快生型蔬菜，生长期短，养分吸收速度的高峰在生育前期，所以施肥目标主要是前期重氮肥，促进营养生长，但氮肥施用要适量；结球蔬菜除了前期注意氮的供应外，在生长盛期和进入结球之前，要增进磷，尤其是钾肥的供应。

1. 菠菜的平衡施肥措施（表 1）　菠菜的营养特性：菠菜为速生叶菜，生长期短，生长速度快，产量高，需肥量大，与其他速生叶菜一样，对氮的需要较多的氮肥促进叶丛生长。因此在施用以有机肥为主的基肥外，需要追施速效的高氮型配方肥料（推荐推荐高氮型水溶性配方 22-13-17）。因此，生产 1 000千克菠菜，需要吸收氮素（N）2.5～3.6 千克，磷素（P_2O_5）0.9～1.8 千克，钾素（K_2O）5.2～5.5 千克。

表 1　菠菜的平衡施肥推荐

肥力等级	目标产量（千克/亩）	底肥推荐（千克/亩）					追肥推荐（千克/亩）（生长盛期）		
		有机肥	尿素	磷铵	硫酸钾	或 3×15 复合肥	尿素	磷铵	硫酸钾
低肥力	1 500～1 200	500	5	11	9	50	15	0	8
中肥力	2 000～2 500	400	5	9	8	40	14	0	7
高肥力	2 500～3 000	300	4	9	7	30	12	0	6

备注：追肥时期在生长盛期

2. 大白菜的平衡施肥措施（表 2）　大白菜的营养特性：大白菜生长期较长，产量高，养分需求量大，对钾素吸收多，其次为氮素，对钙敏感。

因此在施用以有机肥为主的基肥外，需要追施速效的高氮型配方肥料和高钾型水溶性肥料（推荐推荐高氮型水溶性配方 22-13-17；高钾型配方 15-10-25），保证养分的及时供应。

生产 1 000 千克白菜，需要吸收氮素（N）2.2 千克，磷素（P_2O_5）0.95 千克，钾素（K_2O）2.5 千克。

表 2　大白菜平衡施肥推荐

肥力等级	目标产量（千克/亩）	底肥推荐（千克/亩）					追肥推荐（千克/亩）（生长盛期）		
		有机肥	尿素	磷铵	硫酸钾		尿素	磷铵	硫酸钾
低肥力	4 000～4 500	500	5	20	9	莲座期	14	0	10
						结球初期	14		10
中肥力	45 00～5 500	400	5	16	8	莲座期	12	0	9
						结球初期	12		9
高肥力	5 500～7 000	300	4	15	7	莲座期	10	0	6
						结球初期	10		6

3. 结球生菜的平衡施肥措施（表3）　结球生菜的营养特性：结球生菜喜欢偏酸性土壤，最适宜 pH =6；与其他叶菜一样，生长初期需肥量小，随后进入迅速生长期，养分需求逐渐增大，进入结球期养分需求量急剧增长，在结球期一个月里，氮的吸收量占其吸收总量的80%以上，磷钾也是一样的趋势，尤其是对钾素的需求，一直持续到收获。

因此在施用以有机肥为主的基肥外，推荐追施速效的高氮型配方肥料和高钾型水溶性肥料（推荐推荐高氮型水溶性配方 22-13-17；高钾型配方：15-10-25），保证养分的及时供应。施用原则是在营养生长期，也就是前期用高氮配方，结球后用高钾配方。

生产 1 000 千克结球生菜，需要吸收氮素（N）3.7 千克，磷素（P_2O_5）1.5 千克，钾素（K_2O）3.3 千克。

表3　结球生菜平衡施肥推荐

肥力等级	目标产量（千克/亩）	底肥推荐（千克/亩）					追肥推荐（千克/亩）（生长盛期）		
		有机肥	尿素	磷铵	硫酸钾		尿素	磷铵	硫酸钾
低肥力	2 000～2 500	500	5	20	8	莲座期	12	0	10
						结球初期	12		10
中肥力	2 500～3 000	400	5	17	8	莲座期	11	0	9
						结球初期	11		9
高肥力	3 000～3 500	300	4	15	7	莲座期	10	0	8
						结球初期	10		8

4. 花菜的平衡施肥措施（表4）　花菜的营养特性：花菜喜欢偏酸性土壤，最适 pH =5.5～6.6；花菜生长期长，需求最多的是氮和钾，特别是生长的前期，叶簇生长的盛期，需要大量氮素，花球形成期对磷素需求增多，膨大期对钾素增多，因此在现蕾后至花球膨大期，要重视对磷钾的施用；同时花菜对硼、镁、钙、钼的需求也较多，因此要重视中微量元素的合理施用，施肥建议与施肥原则同结球生菜。

生产 1 000 千克花菜，需要吸收氮素（N）7.5～11 千克，磷素（P_2O_5）2.1～3.2 千克，钾素（K_2O）9.5～12 千克。

表4　花菜平衡施肥推荐

肥力等级	目标产量（千克/亩）	底肥推荐（千克/亩）					追肥推荐（千克/亩）（生长盛期）		
		有机肥	尿素	磷铵	硫酸钾		尿素	磷铵	硫酸钾
低肥力	1 500～2 000	500	7	21	8	莲座期	12	0	7
						结球初期	15		9
						花球中期	12		7
中肥力	2 000～2 500	400	6	16	8	莲座期	11	0	6
						结球初期	13		8
						花球中期	11		6
高肥力	2 500～3 000	300	5	14	7	莲座期	10	0	5
						结球初期	12		7
						花球中期	10		5

5. 菜心的平衡施肥措施（表5） 菜心的营养特性：适宜土壤pH值为5.8～6.5，幼苗期对氮磷钾的吸收量占总量的25%，叶片生长期占20%，苔期占55%左右。菜心缓苗快，生长迅速，施用以有机肥为主的基肥外，及时追肥，推荐追施速效的高氮型配方肥料和高钾型水溶性肥料（推荐推荐高氮型水溶性配方22-13-17；高钾型配方：15-10-25）。保证养分的及时供应。施用原则是在营养生长期，也就是前期用高氮配方，苔形成期用高钾配方。

因此，生产1 000千克菜心，需要吸收氮素（N）2～4千克，磷素（P_2O_5）0.5～1.0千克，钾素（K_2O）1.2～4.0千克。

表5 菜心平衡施肥推荐

肥力等级	目标产量（千克/亩）	底肥推荐（千克/亩）				追肥推荐（千克/亩）（抽薹期）		
		有机肥	尿素	磷铵	硫酸钾	尿素	磷铵	硫酸钾
低肥力	1 000～1 200	500	6	12	7	8	0	7
中肥力	1 200～1 800	400	5	10	6	7	0	6
高肥力	1 800～2 000	300	4	8	5	6	0	5

注：红菜苔可以参照菜心的施肥方法。

（二）茄果类

武汉地区种植的茄果类蔬菜主要有番茄、辣椒、茄子等，茄果类蔬菜，生长期较长，养分需求量大，对氮钾的需求量较大。

1. 茄子的平衡施肥措施（表6） 茄子的营养特性：茄子对土壤适应性较强，适宜的pH值是6.8～7.2，采摘期长，养分需求量大。开花后养分吸收逐渐增加，盛果期达到高峰，养分吸收占总量的90%。对氮磷钾三要素的需求，需要较多氮素和钾素，磷素最少，生产1 000千克茄子，需要吸收氮素（N）3～4千克，磷素（P_2O_5）0.7～1千克，钾素（K_2O）4.0～6.6千克。

施用以有机肥为主的基肥外，及时追肥，推荐追施速效的高氮型配方肥料和高钾型水溶性肥料（推荐推荐高氮型水溶性配方22-13-17；高钾型配方：15-10-25）。保证养分的及时供应。施用原则是在营养生长期用高氮配方，促进营养生长，果实形成期用高钾配方，促进生殖生长。

表6 茄子平衡施肥推荐

肥力等级	目标产量（千克/亩）	底肥推荐（千克/亩）					追肥推荐（千克/亩）		
		有机肥	尿素	磷铵	硫酸钾		尿素	磷铵	硫酸钾
低肥力	2 500～3 500	500	5	15	9	对茄膨大期	15	0	10
						四母斗膨大期	15		10
中肥力	3 500～4 500	400	5	13	8	对茄膨大期	14	0	9
						四母斗膨大期	14		9
高肥力	4 500～5 500	300	4	11	7	对茄膨大期	12	0	8
						四母斗膨大期	12		8

注：辣椒施肥可以参照茄子的施肥措施。

2. 番茄的平衡施肥措施（表7） 番茄的营养特性：番茄对养分的吸收量随着生长的推进而增加，前期少，从第一花序开始结果，养分吸收量迅速增加，到盛果期养分吸收占全期的80%左右，对钾的需求最大，几乎是氮的1倍，对钙的吸收量和对氮相当，所以如果缺钙一定要补充，否则会出现番茄的脐腐病。同时也需要较多的镁。生产1 000千克番茄，需要吸收氮素（N）2.1～3.5千克，磷素（P_2O_5）0.7～1.2千克，钾素（K_2O）4.0～5.5千克。平衡施肥建议和施肥原则同茄子。

表7　番茄平衡施肥推荐

肥力等级	目标产量（千克/亩）	底肥推荐（千克/亩）				追肥推荐（千克/亩）2次		
		有机肥	尿素	磷铵	硫酸钾	尿素	磷铵	硫酸钾
低肥力	3 000～4 000	500	8	20	11	第一次：10		第一次 6
						第二次：14		第二次：8
						第三次：10	0	第三次：6
中肥力	4 000～5 000	400	7	15	10	第一次：9		第一次：6
						第二次：13		第二次：8
						第三次：9		第三次：6
高肥力	5 000～6 000	300	5	13	9	第一次：8	0	第一次：5
						第二次：12		第二次：7
						第三次：8		第三次：5

注：第一次：第一穗果膨大期；第二次：第二穗果膨大期；第三次：第三穗果膨大期

（三）根茎类

萝卜的平衡施肥措施（表8）　萝卜的营养特性：萝卜生长初期对氮磷钾的吸收较慢，到肉质根生长盛期，对氮、磷、钾的吸收量最多，肉质根膨大盛期是养分吸收高峰期，此期吸收的氮占全生育期吸氮总量的76.6%，吸磷量占总吸磷量的82.9%，吸钾量占其吸收总量的76.6%。保证此时的营养充足是萝卜丰产的关键。

生产1 000千克萝卜，需要吸收氮素（N）2.2～3.1千克，磷素（P_2O_5）0.8～1.9千克，钾素（K_2O）3.5～5.6千克。

总施肥原则与其他作物一样，有机肥与无机肥料配合，基肥与追肥配合，最佳方法施用有机肥为基肥，追施速效的高氮型配方肥料和高钾型水溶性肥料（推荐推荐高氮型水溶性配方22-13-17；高钾型配方：15-10-25）。生长前期用高氮配方，促进营养生长，中后期用高钾配方，促进膨大。

表8　萝卜平衡施肥推荐

肥力等级	目标产量（千克/亩）	底肥推荐（千克/亩）				追肥推荐（千克/亩）2次			
		有机肥	尿素	磷铵	硫酸钾		尿素	磷铵	硫酸钾
低肥力	2 500～3 000	500	5	15	10	第一次：	9	0	7
						第二次：	7	0	7
中肥力	3 000～3 500	400	5	13	9	第一次：	9		7
						第二次：	7		7
高肥力	3 500～4 000	300	4	11	8	第一次：	8	0	6
						第二次：	6		6

注：第一次追肥：肉质根膨大初期，第一次在肉质根膨大中期

（四）瓜果类

瓜果类的作物需肥特性与茄果类作物比较相近，但又有不同。

1. 黄瓜的平衡施肥措施（表9）　黄瓜的营养特性：黄瓜的营养生长与生殖生长并进时间长，产量高，喜肥但不耐肥。生育前期养分需求量小，氮的吸收量只占全生育期的6.5%。随着生育期的推进，养分吸收量显著增加，坐果期达到吸收高峰。在坐果盛期的20多天，吸收的氮、磷、钾量分别占各自吸收总量的50%、47%、48%，到后期养分吸收量逐渐减少。

生产1 000千克黄瓜，需要吸收氮素（N）2.8~3.2千克，磷素（P_2O_5）1.2~1.8千克，钾素（K_2O）3.3~4.4千克。

除了以下表中推荐外，可以施用以有机肥为主的基肥，及时在不同的生长阶段进行追肥，推荐追施速效的高氮型配方肥料和高钾型水溶性肥料（推荐推荐高氮型水溶性配方22-13-17；高钾型配方：15-10-25）。保证养分的及时供应。施用原则是在营养生长期用高氮配方，促进营养生长，坐果期间用高钾配方，促进果实膨大。

表9　黄瓜平衡施肥推荐

肥力等级	目标产量（千克/亩）	底肥推荐（千克/亩）					追肥推荐（千克/亩）		
		有机肥	尿素	磷铵	硫酸钾		尿素	磷铵	硫酸钾
低肥力	3 000~3 500	500	7	20	7	伸蔓期	11	0	5
						结果期	15		7
						果实膨大期	11		5
中肥力	3 500~4 000	400	6	15	7	伸蔓期	10	0	5
						结果期	13		6
						果实膨大期	10		5
高肥力	4 000~4 500	300	6	13	5	伸蔓期	9	0	4
						结果期	12		6
						果实膨大期	9		4

2. 西瓜的平衡施肥措施（表10）　西瓜的营养特性：西瓜对土壤的适应性较广，pH值在5~7都可以正常生长，西瓜整个生育期对氮磷钾三要素的需求中，钾最多，其次为氮，磷最少。对养分的需求，结果期达到高峰，此时要保证3种养分的供应，尤其是氮钾的供应，此时钾的供应对果实膨大和品质均有好的作用，施肥建议和施肥原则同黄瓜。

生产1 000千克西瓜，需要吸收氮素（N）5.1千克，磷素（P_2O_5）1.6千克，钾素（K_2O）6.4千克。

表10　西瓜平衡施肥推荐

肥力等级	目标产量（千克/亩）	底肥推荐（千克/亩）					追肥推荐（千克/亩）3~4次		
		有机肥	尿素	磷铵	硫酸钾	或3×15复合肥	尿素	磷铵	硫酸钾
低肥力	2 500~3 500	500	6	20	5	60	9	0	8
								0	
中肥力	3 500~4 500	400	5	15	5	50	8		6
高肥力	4 500~5 500	300	5	12	4	40	8	0	5

注：全生育期追肥3~4次，第一次在根瓜收获后，以后每半月追施一次

3. 甜瓜的平衡施肥措施（表 11） 甜瓜的营养特性：甜瓜最适宜的土壤 pH 值是 6～6.8，开花对果实膨大末期的 1 个月时间里，是甜瓜吸收矿质养分最大的时期，也是肥料的最大效率期，这时一定要保证养分的供应，施肥建议和施肥原则同黄瓜。

生产 1 000 千克甜瓜，需要吸收氮素（N）3.5 千克，磷素（P_2O_5）1.7 千克，钾素（K_2O）6.8 千克。钙（CaO）5.0 千克。

表 11 甜瓜平衡施肥推荐

肥力等级	目标产量（千克/亩）	底肥推荐（千克/亩）					追肥推荐（千克/亩）		
		有机肥	尿素	磷铵	硫酸钾		尿素	磷铵	硫酸钾
低肥力	1 500～2 000	500	6	20	7	伸蔓期	10	0	5
						结果期	13		6
						果实膨大期	10		5
中肥力	2 000～2 500	400	5	16	6	伸蔓期	9	0	4
						结果期	12		6
						果实膨大期	9		4
高肥力	2 500～3 000	300	5	15	5	伸蔓期	8	0	4
						结果期	12		5
						果实膨大期	8		4

4. 菜豆的平衡施肥措施（表 12） 菜豆的营养特性：菜豆是豆科作物，最适宜的土壤 pH 值是 6～7，有根瘤共生，能够固氮，对于豆科作物在生长前期，由于根系没有发育，根瘤菌则不甚发达，所以前期适当施用氮肥，待根瘤发达后，减少或不施用氮肥，因为如果额外增加外源生物氮肥，根瘤本身就“偷懒”，不去固氮了。当然菜豆的根瘤较其它豆科作物的根瘤弱，因此，还是要酌情增施氮肥。

生产 1 000 千克菜豆，需要吸收氮素（N）3.4 千克，磷素（P2O5）2.3 千克，钾素（K2O）5.9 千克。

表 12 菜豆平衡施肥推荐

肥力等级	目标产量（千克/亩）	底肥推荐（千克/亩）					追肥推荐（千克/亩）2 次		
		有机肥	尿素	磷铵	硫酸钾		尿素	磷铵	硫酸钾
低肥力	1 000～1 500	500	4	15	9	抽蔓期	9	0	6
						开花结荚期	7		6
中肥力	1 500～2 000	400	3	13	8	抽蔓期	8	0	6
						开花结荚期	7		5
高肥力	2 000～2 500	300	3	11	7	抽蔓期	8	0	6
						开花结荚期	6		5

第五篇　土壤检测与蔬菜水肥一体化技术

洪　娟
（武汉市农业科学技术研究院，武汉市农业科学研究所）

第一节　土壤检测

（一）土壤样品的采集

1. 土样采集的原则　总的原则是按水田、旱地、菜地、林果茶地等不同利用方式和不同土壤类型分区取样。平地每200亩左右取一个样，山地每100亩左右取一个样。采集混合土样，按照一定的采样路线和“随机”多点混合的原则。

2. 土样采集的要求　以指导农业生产或进行田间试验为目的的土壤分析，一般都采集混合土样。每个采样单元的样点数，一般是5~10点或10~20点（视面积大小而定，但不宜少于5点）；土样采集深度一般为0~15厘米或0~20厘米（图1）；采集路线“梅花形”或“S形”或“Z形”(图2)。

采集混合土样的要求：

（1）每点采取的土样厚度、深度、宽狭应大体一致。

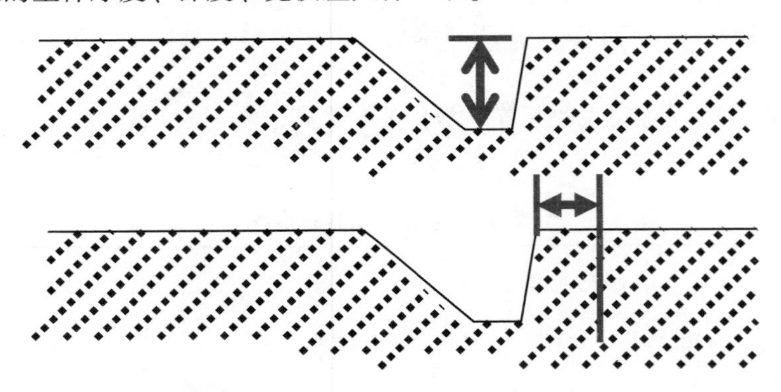

图1　采集厚度及深度

（2）各点都是随机决定的，一般按S形线路采集。

（3）采样点应避免田边、路边、沟边和特殊地形的部位以及堆过肥料的地方。

（4）一个混合样品是由均匀一致的许多点组成，各点的差异不能太大，不然就要根据土壤差异情况分别采集几个混合土样，使分析结果更能说明问题。

（5）一个混合样品重在1千克左右，如果重量超出很多，用四分法多次对角取两份混合放在布袋或塑料袋里（图3），其余弃去，附上标签，用铅笔注明采样的地点、深度、日期、采样人，标签一式两份，一份放在袋里，一份扣在袋上，同时做好采样笔记（图4）。

（6）测定微量元素的土样采集，采集工具要用不锈钢土钻、土刀、塑料布、塑料袋等，忌用报纸包土样，以防污染。采好的土壤样品用两层塑料袋包装，为确保样品标签无损请将标签放在两层塑料袋之间。

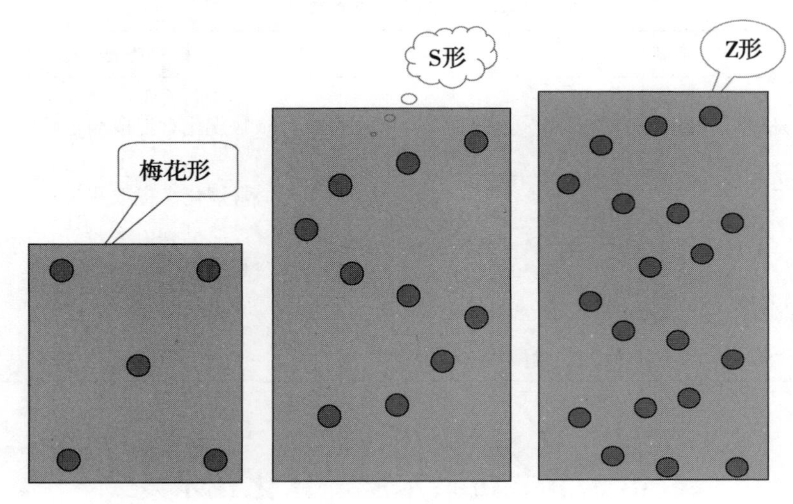

图 2　采集路线

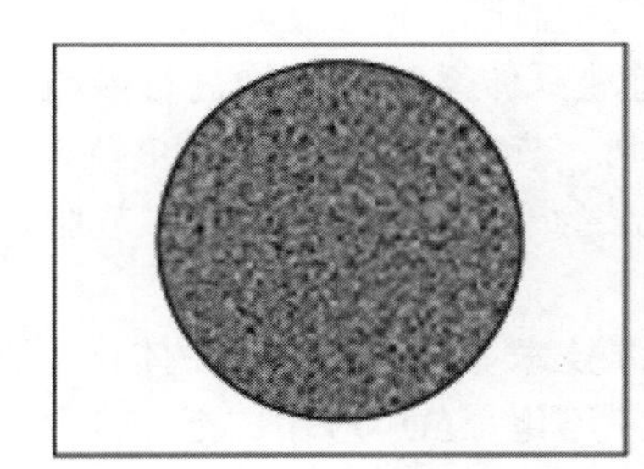
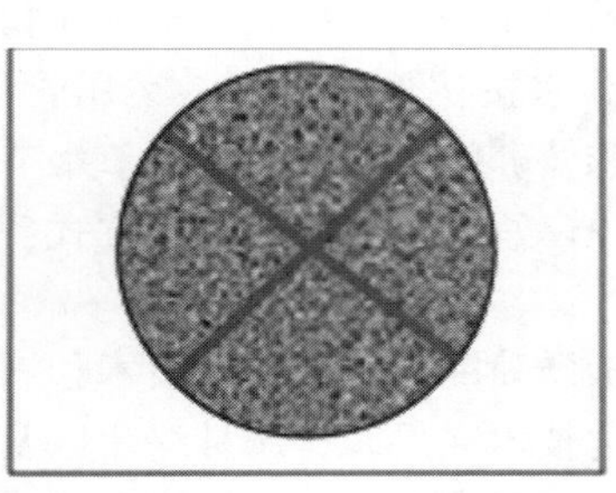
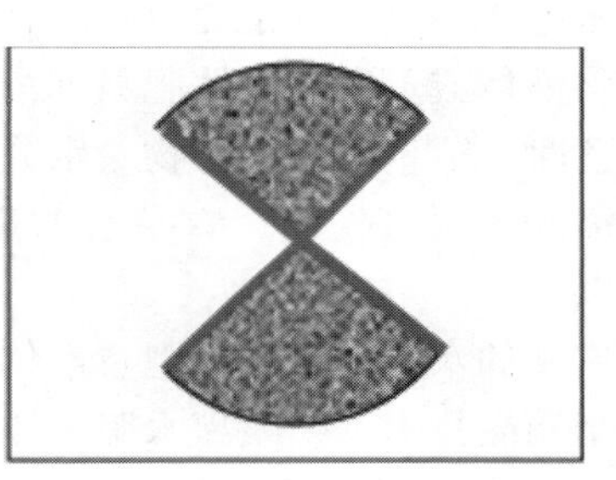

图 3　混合样四分法

采样地点：武汉市黄陂区武湖农场
采土深度：0～20cm
采样日期：2013.9.21
采 样 人：张艳玲

图 4　标签样式

3. 采样时间　土壤中有效养分的含量，随季节的改变而有很大的变化，主要是受温度和水分的影响，所以采样时间一般在晚秋和早春。

(二) 土壤样品制备

土壤样品的制备过程：风干、磨细、过筛、混匀、装瓶。

将采回的土样放在放在干净的地方，摊成薄层，置于室内通风阴干，在此过程中防治土样被污染，测定微量元素样品不能放在报纸上。风干后，拣去土壤中可能有的动植物残体（如根、茎、叶、虫体等）、石块、结核（石灰、铁、锰等的结核）。

风干的土样，用木棍研细（只能用木棍滚压，不能用榔头捶打）或用不锈钢土壤粉碎机磨碎，使之全部过筛。2 毫米孔径的土壤作为物理分析之用，1 毫米或 0.5 毫米孔径的土壤作为化学分析之用。

（三）土壤检测服务（表1）

表1　对外检测服务简介

检测项目	检测方法	检测周期
常规5项： pH、有机质、碱解氮、速效磷、速效钾	ASI法 常规化学提取测定法	1～2周 2～3周
中量元素：有效钙、有效镁、有效硫	ASI法 常规化学提取测定法	1～2周 3～4周
微量元素：有效铁、有效铜、有效锰、有效锌、有效硼、有效钼	ASI法 常规化学提取测定法	1～2周 5～6周
重金属：铬、镉、铅、汞、砷	原子吸收分光光度法	2～3周
微生物：真菌、细菌、放线菌等	培养法	2～3周

第二节　蔬菜水肥一体化技术

水肥一体化技术是养分资源高效利用的一种模式，根据作物需水需肥规律、土壤状况、气候条件，将液体或可溶性固体肥料和灌溉水按比例混合后，运用管道灌溉体系，对作物进行灌溉与施肥，适时、适量地满足作物对水分和营养的需要。它具有节水节肥、节省劳力、减轻病虫草害、提高品质和产量等作用。它是目前最有效的一种节水灌溉方式，水的利用率可达90%，节肥可达30%以上。

广义的水肥一体化施肥技术包括微喷灌水肥一体化技术和滴灌技术。狭义的水肥一体化施肥技术仅指滴灌技术。微喷灌水肥一体化技术在果园、园林绿化以及工厂化育苗中应用广泛，常见的微喷系统一般分为地面和悬空两种。滴灌技术包括膜上和膜下滴灌，膜下滴灌技术是把滴灌和覆膜技术相结合，即在滴灌带上面覆盖一层薄膜。快生菜或叶菜类可选择微喷灌技术，果菜类蔬菜应选择膜下滴灌技术。

（一）蔬菜水肥一体化技术要求

1. 灌溉水质要求　实施水肥一体化必须具备清洁、无污染的水源，灌溉水质应符合《GB 5084 农田灌溉水质标准》的生食类蔬菜、瓜类和草本水果中使用所要求的农田灌溉水质控制标准值。

2. 肥料选择要求

（1）溶解度高：适合水肥一体化的肥料要在田间温度及常温下能够完全溶解于水，溶解度高的肥料沉淀少，不易堵塞管道和出水口。目前，市场上常用的溶解性好的肥料有：尿素、硫酸铵、硝酸钙、硝酸钾、磷酸、磷酸二氢钾、磷酸一铵（工业级）、氯化钾、硫酸镁、螯合锌、螯合铁、滴灌专用肥、大量元素水溶肥、微量元素水溶肥、氨基酸类水溶肥等。

（2）养分含量高：选择的肥料养分含量要较高，如果肥料中养分含量较低，肥料用量就要增加，可能造成溶液中离子浓度过高，易发生堵塞现象。

（3）间容性好：由于水肥一体化灌溉肥料大部分是通过微灌系统随水施肥，如果肥料混合后产生沉淀物，就会堵塞微灌管道和出水口，缩短设备使用年限。

（4）对灌溉水影响小：灌溉水中通常含有各种离子和杂质，灌溉水中阳、阴离子和肥料可能会发生反应，产生沉淀，从而堵塞管道。因此，在选择肥料品种时要考虑灌溉水质、pH、电导率和灌溉水的可溶盐含量等，当灌溉水的pH较高时，应选用酸性肥料。

（5）对灌溉设备的腐蚀性小：水肥一体化的肥料要通过灌溉设备来使用，而有些肥料与灌溉设备接触时，易腐蚀灌溉设备。一般情况下，应用不锈钢或非金属材料的施肥罐。

（6）含氯肥料的选择：对某些氯敏感蔬菜（马铃薯、白菜、辣椒、莴笋、苋菜等）和盐渍化土壤要控制使用含有氯离子的肥料，以防发生氯害和加重盐化，一般根据作物耐氯程度合理选择。

（二）蔬菜水肥一体化技术实施

1. 灌水

（1）确定灌水定额：根据作物种类的需水量、降水量等确定灌溉定额。而后按作物不同生育阶段的需水规律，结合降水情况和土壤墒情确定灌水定额、灌水次数、灌水时期和每次的灌水量。

（2）灌水前准备：把水加到贮水罐或储水窖中，让其沉淀半小时以上再开始滴水，防止井沙等杂物进入滴灌设备。

（3）灌水具体实施：①叶菜类：生育前期，晴天 1 天滴 1 次，阴天或雨天不滴。每次滴灌时间控制在每个滴孔出水 200～400 毫升。生育后期，晴天 1 天滴 1 次，阴天 3 天滴 1 次，雨天不滴。每次滴灌时间控制在每个滴孔出水 400～600 毫升。

②果菜类：定植至开花，晴天 1 天滴 1 次，阴天或雨天不滴。每次滴灌时间控制在每个滴孔出水 200～400 毫升；开花至结果，晴天 1 天滴 1 次，阴天 3 天滴 1 次，雨天不滴。每次滴灌时间控制在每个滴孔出水 400～600 毫升；结果后，晴天 1 天 2～3 次，阴天 3 天 1 次，雨天不滴。每次滴灌时间控制在每个滴孔出水 600～800 毫升。

各时期滴灌时间应在上午 10：00 之前或下午 16：00 之后。

2. 施肥

（1）施肥原则：有机肥料和无机肥料配合施用，大量营养元素肥料与微量营养元素肥料的配合施用，基肥和追肥配合施用。化学肥料应符合《NY/T 496 肥料合理使用准则 通则》的规定，有机肥料应符合《NY 525 有机肥料》的规定。

（2）施肥方案：根据蔬菜生长特性、养分需求规律、土壤肥力状况、气候条件及目标产量确定总施肥量、各种养分配比、基肥与追肥的比例；进一步确定基肥的种类和用量，各个时期追肥的种类和用量、追肥时间、追肥次数等。

（3）施肥实施：①基肥：铺设管网前将全生育期施肥总量 20%～30% 的氮肥、80% 以上的磷肥、30%～40% 的钾肥以及其他等各种难溶性肥料和有机肥料等作基肥，结合整地全层施肥。铺设管网后用地膜、秸秆等覆盖畦面保墒、防杂草等。

②追肥：叶菜类：高氮型水溶性肥料，5～7 天追一次，每次用量 4～6 千克/666.7 平方米。果菜类：定植至开花，高氮型水溶性肥料，5～7 天追一次，每次用量 4～6 千克/666.7 平方米；开花后，高钾型水溶性肥料，7～10 天追一次，每次用量 6～9 千克/666.7 平方米（如使用低浓度滴灌专用肥，则肥料用量需要相应增加）。

追肥步骤：

第一，选择各种液态或固态水溶性肥料溶于水中，搅拌均匀，混合配制成一定浓度的肥料母液；对于混合会发生化学反应的肥料应采用分别单独注入的办法来解决，即第一种肥料注入完成后，用清水充分冲洗灌溉系统，然后再注入第二种肥料；

第二，调节施肥装置的水肥混合比例或调节肥料母液流量的阀门开关使肥料母液以一定比例与灌溉水混合（混合后肥料浓度 1.6～2.5 克/升），或直接将肥料溶解至浓度 1.6～2.5 克/升，施入田间；

第三，肥追完后用清水清洗滴灌系统 10 分钟以上。

3. 设施维护

（1）控制好系统压力，系统工作压力应控制在规定的标准范围内；

（2）定时查看、及时修理体系设备，避免漏水；

（3）及时清洁过滤器，定期拆出过滤器的滤盘进行清洗；

（4）作物生育期第一次灌溉前和最后一次灌溉后运用清水冲刷体系；

（5）冬天降临前应进行体系排水，避免结冰爆管，做好易损部件维护。

（三）智能灌溉施肥技术案例

2012 年，在武汉市农科院武湖基地实施了“智能灌溉施肥技术在茄子生产上的应用研究”。

实施系统通过微机控制机构自动定时地对田间布设的土壤水分传感器采集的土壤水分数据进行接收检查，然后根据预先设计的灌溉决策系统软件（制定的灌溉计划）对所采集的数据进行比较分析（图5），判断灌溉量，灌溉时间，向控制子系统发出是否灌水的指令，系统根据指令来启动对应的电磁阀和驱动设备，实现节水灌溉的自动运行。根据施肥决策系统软件自行设计的科学施肥计划，控制中心向控制子系统发出是否施肥的指令从而进行智能施肥（图6）。

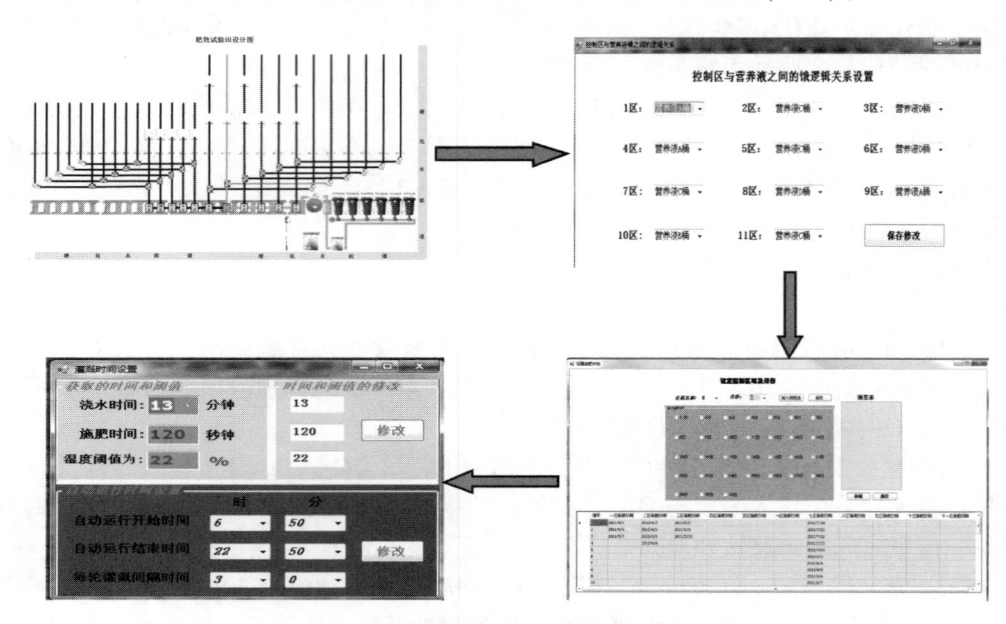

图5　智能灌溉施肥微机控制及修改界面

图6　智能灌溉施肥田间布置与实施

施肥则是采用开环控制，在施肥之前，设定施肥计划保存于数据库，采用水肥一体，肥随水走的施肥形式。当需要施肥时，打开营养液罐电磁阀，将混合好的肥料融入水中，再通过混合仓将水和肥混合均匀，通过滴灌带滴灌到指定的小区。在制定施肥计划时，施肥次数、施肥用量与不同作物不同生育阶段相关，尽量考虑作物对肥料的需求程度，少施多次，保证养分能被作物有效吸收利用，提高肥料利用率。

试验结果显示：与农民传统灌溉施肥相比，自动控制灌溉施肥处理明显提高了茄子的产量。在自动灌溉施肥处理的 N、P、K 肥的施用量分别是农民传统施用量的 77.1%、21.4% 和 80% 的前提下，自动控制灌溉施肥处理比农民传统施肥处理产量提高了 25.4%。在提高产量的同时，自动控制灌溉施肥比农民传统灌溉施肥节约了 58.73% 的灌溉水。在果实品质方面，自动控制灌溉处理硝酸盐的含量显著低于农民传统灌溉施肥；维生素 C 和可溶性糖含量显著高于农民传统灌溉施肥；可溶性蛋白含量虽然低于农民传统灌溉施肥，但是差异性不显著。在果实矿质养分含量方面，自动控制灌溉施肥的全 N 和全 K 含量显著高于农民传统施肥，全磷的含量显著低于传统施肥处理。在总成本每亩节约 200 元的前提下，自动控制灌溉施肥处理每亩地可以提高 1 700元的纯收入。

（四）蔬菜水肥一体化技术要点

1. 设施番茄水肥一体化技术要点（表 2）

表 2　设施番茄水肥一体化技术要点

茬口	秋冬茬、冬春茬	越冬长茬
目标产量	6 ~ 8 吨/亩	10 ~ 12 吨/亩
养分推荐量	N 17 ~ 23，P_2O_5 6 ~ 8，K_2O 20 ~ 26 千克/亩（中肥田）	N 28 ~ 34，P_2O_5 10 ~ 12，K_2O 33 ~ 39 千克/亩（中肥田）
肥料品种	完全水溶性专用肥，高/低浓度，高氮/高钾型	
定植前基肥	腐熟有机肥 3 ~ 4 立方米/亩	腐熟有机肥 4 ~ 5 立方米/亩
滴灌水量	12 立方米/（亩・次），根据不同生育阶段调节滴灌水量	
滴灌追肥	（1）定植至开花，高氮型滴灌专用肥，4 ~ 6 千克/（亩・次），5 ~ 7 天 1 次；（2）开花后，高钾型滴灌专用肥，6 ~ 9 千克/（亩・次），7 ~ 10 天 1 次（如使用低浓度滴灌专用肥，则肥料用量需要相应增加）	

2. 设施辣椒水肥一体化技术要点（表 3）

表 3　设施辣椒水肥一体化技术要点

茬口	秋冬茬、冬春茬	越冬长茬
目标产量	4 ~ 5 吨/亩	5 ~ 6 吨/亩
养分推荐量	N 18 ~ 22，P_2O_5 6 ~ 8，K_2O 16 ~ 20 千克/亩（中肥田）	N 24 ~ 28，P_2O_5 8 ~ 10，K_2O 26 ~ 30 千克/亩（中肥田）
肥料品种	完全水溶性专用肥，高/低浓度，高氮/高钾型	
定植前基肥	腐熟有机肥 2 ~ 3 立方米/亩	腐熟有机肥 3 ~ 4 立方米/亩
滴灌水量	12 立方米/（亩・次），根据不同生育阶段调节滴灌水量	
滴灌追肥	（1）定植至开花，高氮型滴灌专用肥，4 ~ 6 千克/（亩・次），5 ~ 7 天 1 次；（2）开花后，高钾型滴灌专用肥，6 ~ 9 千克/（亩・次），7 ~ 10 天 1 次（如使用低浓度滴灌专用肥，则肥料用量需要相应增加）	

3. 设施茄子水肥一体化技术要点（表4）

表4 设施茄子水肥一体化技术要点

茬口	秋冬茬、冬春茬	越冬长茬
目标产量	5～6 吨/亩	6～8 吨/亩
养分推荐量	N 20～24，P_2O_5 8～10，K_2O 26～30 千克/亩（中肥田）	N 28～34，P_2O_5 10～12，K_2O 33～39 千克/亩（中肥田）
肥料品种	完全水溶性专用肥，高/低浓度，高氮/高钾型	
定植前基肥	腐熟有机肥 3～4 立方米/亩	腐熟有机肥 4～5 立方米/亩
滴灌水量	12 立方米/（亩·次），根据不同生育阶段调节滴灌水量	
滴灌追肥	（1）定植至开花，高氮型滴灌专用肥，4～6 千克/（亩·次），5～7 天 1 次；（2）开花后，高钾型滴灌专用肥，6～9 千克/（亩·次），7～10 天 1 次（如使用低浓度滴灌专用肥，则肥料用量需要相应增加）	

4. 设施黄瓜水肥一体化技术要点（表5）

表5 设施黄瓜水肥一体化技术要点

茬口	秋冬茬、冬春茬	越冬长茬
目标产量	8～10 吨/亩	12～16 吨/亩
养分推荐量	N 23～29，P_2O_5 9～12，K_2O 23～28 千克/亩（中肥田）	N 34～46，$P_2O_5$14～19，K_2O 34～45 千克/亩（中肥田）
肥料品种	完全水溶性专用肥，高/低浓度，高氮/高钾型	
定植前基肥	腐熟有机肥 3～4 立方米/亩	腐熟有机肥 4～6 立方米/亩
滴灌水量	15 立方米/（亩·次），根据不同生育阶段调节滴灌水量	
滴灌追肥	（1）定植至开花，高氮型滴灌专用肥，3～5 千克/（亩·次），5～7 天 1 次；（2）开花后，高钾型滴灌专用肥，6～8 千克/（亩·次），5～7 天 1 次（如使用低浓度滴灌专用肥，则肥料用量需要相应增加）	

第六篇　绿色饲料添加剂专题

刘晓华
（武汉市农业科学技术研究院，武汉市畜牧兽医研究所）

第一章　养殖业面临的困惑

第一节　养殖业现状

（一）饲料价格上涨

2013 年由于鱼粉、豆粕和玉米等原料的价格上涨（玉米 2 362元/吨，接近历史高点；豆粕 4 158. 12元/吨，鱼粉 9 800元/吨），导致畜禽饲料价格也一直保持上涨趋势。育肥猪配合饲料、肉鸡配合饲料和蛋鸡配合饲料平均价格分别为 3. 27 元/千克、3. 36 元/千克和 3. 08 元/千克，同比分别上涨 7. 9%、7. 0% 和 6. 9%，均处于历史高位。

（二）动物疾病肆虐

据《每日邮报》报道，英国顶级病毒学家、伦敦大学玛丽皇后医院、世界权威流行病专家约翰·奥克斯福德教授发出警告说：我们认为未来 50 年内会有动物起源的全球性流行病大爆发，它可能会对人类造成巨大影响。人类对抗新出现的起源于动物的疾病只能获胜不能失败。流行性病毒只要胜利一次，人类就将走向灭亡。

（三）防疫、饲养管理成本加大

鉴于饲料成本的增加、动物疾病肆虐和饲养工人劳动成本的增加三座大山的重压，生猪生产者面临着防疫和饲养成本增加的现实。

（四）产品的价格波动大

由于受存栏量、养殖成本、流行疾病、养殖周期、市场行情的影响，畜禽产品的价格呈波浪曲线，市场很不稳定。

第二节　动物产品要求

（一）安全卫生

“民以食为天”，食品是人类赖以为生存的基本物质。食品安全已成为衡量人类生活质量，社会管理水平和国家法制建设的一个重要方面。食品安全与人民生命财产息息相关。与此同时，中国的食品安全问题也日益增加，频频出现的重大食品安全问题，一次次地伤害了民众的身体健康，也一次次地挫伤了公众对食品市场的信心。这严重制约了中国食品工业的发展，更对我国的食品资源造成了严重的浪费。因此，如何保障食品安全问题成为我们的当务之急。

（二）营养丰富

人们期望食品中蛋白质含量高、维生素丰富、氨基酸比例合理、矿物质和微量元素能满足人体需要，纤维素、脂肪含量适量，且脂肪酸比例黄金搭配，以及适中的能量水平。

（三）风味鲜美

随着人们生活水平的提高，除了卫生、安全和营养的需求外，还有色、香、味等的刚性需求。

（四）价格低廉

在保证食品的品质和产量的前提下，降低生产成本，减少产品能耗，节约社会资源，使贵族化产品平民化，做到减排低碳，使该产业做到可持续均衡发展，造福于人类。

第三节　应用绿色安全饲料是养殖业发展的必由之路

饲料是动物的食物，而动物产品是人类的食物和食品工业的原料，可见饲料就是人类的间接食品。所以，饲料质量和安全是食品质量和安全的大前提，与人民生活水平和身体健康息息相关。

综上所述，安全饲料和绿色（有机）动物产品成为养殖行业赢得市场的焦点，是养殖业发展的必然之路。

第二章　抗生素应用现状

第一节　抗生素的功

（一）对人而言

药到病除，起死回生。

（二）对动物而言

治疗、保健、防病治病和促生长。

第二节　抗生素的过

（一）抗生素在人类身上的过

1. 药物残留。
2. 耐药菌群。
3. 杀有益菌群。
4. 通过“二重感染间接杀人”。
5. 产生超级细菌，无药可治、死亡。

（二）抗生素在动物身上的过

1. 肠道内抗药病菌群数量增加。

2. 动物胴体内和表面被肠道内容物污染（美国市场上的肉鸡中，检出致病性弯曲杆菌达63%，沙门氏菌达16%）。

3. 免疫水平低下。

4. 细菌和病毒的侵染更加敏感（恶性循环）。

5. 细菌携带多种抗性基因。

6. 治疗成本提高。

第三节　抗生素的功过较量

1. 杀死有害菌同时也杀死有益菌。

2. 引起肠道菌群紊乱，造成肠道功能失调。

3. 细菌产生抗药性导致药物成本增加。

4. 畜产品抗生素残留直接损害人类健康。

5. 赖药因子扩散导致无药可治，威胁人类生存。

第三章　抗生素的替代品——绿色饲料添加剂

第一节　微生态制剂

（一）微生态制剂组成和分类

1. 益生菌　是指改善宿主微生态平衡而发挥有益作用，达到提高宿主健康水平和健康状态的活菌制剂及其代谢产物。人体、动物体内有益的细菌或真菌主要有：酪酸梭菌、乳酸菌、双歧杆菌、嗜酸乳杆菌、放线菌、酵母菌等。

2. 益生素（也叫益生元）　是指一种非消化性食物成分，能选择性促进肠道有益菌群的活性和生长繁殖，起到增进宿主健康和促进生长的作用。

3. 合生元　是把益生素（益生元）和益生菌依照协同和拮抗原理，按照合理比例有机结合在一起的制剂。它的特点是：能同时发挥益生素和益生菌的作用。

（二）微生态制剂的作用机理

1. 保持胃肠道微生态环境的相对稳定　益生菌如芽孢杆菌等好氧菌在肠道内的生长繁殖需要氧气，这样可以有助于畜禽肠道内的优势微生物种群—厌氧菌的繁殖，抑制病原微生物，使动物体内的微生物菌群重新处于平衡状态。

2. 定植抗力与生态占位　健康动物胃肠道的有益菌群能抑制其他外来微生物在肠道中定植，如果这些吸附位点被较多有益微生物所占据，病原微生物就会被排斥。

3. 产生抑菌物质　嗜酸乳杆菌和发酵乳杆菌产生的细菌素对乳杆菌、片球菌、明串珠菌、乳球菌和嗜热链球菌有抑制作用；枯草芽孢杆菌 BS23 株对大肠埃希氏菌等 6 种肠道致病菌具有抑菌作用。

4. 增强机体免疫功能　芽孢杆菌、乳酸杆菌、双歧杆菌可使动物肠道黏膜底层细胞增加，提高机体免疫功能特别是局部免疫功能。

(三) 益生菌与益生素的协同作用

益生素是不被人能体消化吸收，不能被肠道腐败菌利用，但是能选择性地被益生菌利用的功能性保健产品——低聚糖或称寡糖，如双歧因子可以增加杆菌数量，改善胃肠菌群，促进消化吸收，增强动物机体免疫功能。

(四) 微生态制剂对动物的作用

1. 生物屏障作用。

2. 提高机体的免疫机能。

3. 竞争营养物质——糖、矿物质等。

4. 提供营养物质，如产生酶、氨基酸、维生素等。

5. 产生乳酸、过氧化氢、细菌素等，抑制有害菌的繁殖。

(五) 微生态制剂的缺陷

1. 益生菌严格厌氧，易受氧气、光线、酸碱度、湿度等因素控制，菌种培养、保存相当困难。

2. 活菌剂易被胃酸杀死。

3. 地区、动物种类、年龄、生存环境不同，微生态结构不同，活菌剂即使到达肠道也不易定植，严重影响使用效果。

4. 抗生素的使用限制了益生素的作用。

(六) 微生态制剂在畜禽上的应用及其方法

1. 动物上应用的微生态制剂举例

(1) 乳酸菌类：嗜酸乳杆菌，嗜热乳杆菌，双歧杆菌，醋酸菌群。

(2) 杆菌类：枯草芽孢杆菌，纳豆芽孢杆菌，地衣芽孢杆菌，蜡状芽孢杆菌，放线菌群。

(3) 酵母菌：作为中国专业从事酵母及酵母衍生物产品的上市公司，其饲料酵母产品同样出色。

(4) 光合细菌：水产养殖中运用的光合细菌主要是光能异养型红螺菌科的，如沼泽红假单胞菌。

(5) 产酶益生菌：筛选的益生素可以产酶，促进消化。

(6) 复合菌类：发酵中药、专业发酵处理污水、垃圾、秸秆、生物肥料、生物饲料。

(7) 中药微生态饲料添加剂。

(8) 功能性低聚糖：低聚麦芽糖、果糖低聚糖?、半乳糖、壳质低聚糖、大豆低聚糖。

(9) 合生元：益生菌和低聚糖的按恰当的比例混合使用。

2. 微生态制剂的使用方法

(1) 活菌制剂的使用：将益生菌溶于温开水（不超过35℃），混匀后，加入已经用水混合均匀的不同的载体（手捏成团，松开后分散），进行固态发酵。根据载体不同，可分为微生态饲料添加剂、发酵蛋白原料，发酵全价饲料和微贮饲料等。也可以购买已经活化好后的液态发酵菌种，配好饲料，现配现用。

(2) 死菌制剂及代谢产物的使用：是发酵后的产品经过烘干、冻干、包被等技术制成的，含有大量的死的菌体、代谢产物、休眠的芽孢等，以延长产品的保质期，在饲料中作为添加剂添加，比例一般0.02% ~2%（参考厂家提供的说明书）。

第二节　酶制剂

（一）酶制剂的种类

1. 内源酶　与消化道分泌的消化酶相似（如淀粉酶、蛋白酶、脂肪酶等），直接消化水解饲料中的营养成分。

2. 外源酶　它是消化道不能分泌的类似酶，如纤维酶、果胶酶、半乳糖苷酶、β-葡聚糖酶、戊聚糖酶（阿拉伯木聚糖酶）和植酸酶。外源性酶水解饲料中的抗营养因子，间接促进营养物质的消化利用。

3. 我国商业饲用酶大多数为复合酶。

（二）酶制剂的作用

1. 分解植物细胞壁，使细胞内容物（淀粉、蛋白质、脂类）充分释放出来。

2. 将饲料中的纤维素分解为双糖和单糖，提高饲料利用率。

3. 水解半纤维素，降低饲料溶解后的食糜粘度，有利于动物消化道中内外源酶的扩散，加强营养同化，提高生长速度。

4. 瓦解植酸磷，提高总磷利用率，降低磷排泄量，减少污染。

5. 补充体内某些消化酶的不足，促进营养物质的消化吸收，促进动物的生长发育，防止疾病，尤其是胃肠道疾病的发生。

6. 某些酶具有较强的杀菌作用，如溶菌酶，可消灭进入体内的某些病原体，防止疾病的发生。

（三）酶制剂的使用方法

1. 不同的动物不同饲料用不同的酶　比如乳猪、仔猪对甘露聚糖较敏感，豆粕量大于10%的话最好用以甘露聚糖酶为主的复合酶或甘露聚糖酶；小麦多的日粮用木聚糖酶为主的复合酶或木聚糖酶；断奶期间可短期使用一点蛋白酶和淀粉酶；其他情况出于成本考虑可不用酶。植酸酶的使用可以提高钙磷的利用。

2. 使用时受环境条件限制（如温度，pH 等）　酶不耐高温，而且要在有水的条件下与底物接触才会起作用，可以在喂前以水湿拌一段时间后再喂。

（四）植酸磷的使用方法举例

1. 在蛋鸡上的应用

日粮1：玉米、豆粕、鱼粉、麦麸

	50周龄以前		50周龄以后	
	夏季	其他季节	夏季	其他季节
代谢能（MJ/千克）	11.0～11.20		11.00～11.20	
粗蛋白（%）	16～17		15.5～16.5	
钙（%）	3.5	3.4	3.6	3.5
非植酸磷（%）	0.21～0.22	0.19～0.20	0.20～0.21	0.20～0.21
总磷（%）	≥0.4	≥0.4	≥0.4	≥0.4
植酸酶5 000（g）	60	60	60	60

2. 在肉鸡上的应用

日粮1：玉米、豆粕、鱼粉、麦麸

	夏季	其他季节
代谢能（MJ/千克）	11.50～11.70	11.50～11.70
粗蛋白（%）	15.5～16.50	15.5～16.50
钙（%）	3.3	3.25
非植酸磷（%）	0.21～0.22	0.19～0.20
总磷（%）	≥0.4	≥0.4
植酸酶5 000（g）	60	60

3. 在猪上的应用

	小猪		中猪		大猪	
	夏季	其他	夏季	其他	夏季	其他
代谢能（MJ/千克）	13.5	13.6	13.3	13.4	13.0	13.1
粗蛋白（%）	18	19	17	18	15	16
钙（%）	0.80	0.85	0.75	0.80	0.65	0.70
非植酸磷（%）	0.29～0.30	0.28～0.29	0.22～0.23	0.21～0.22	0.19～0.20	0.18～0.19
总磷（>%）	0.4	0.4	0.4	0.4	0.4	0.4
植酸酶5 000（g）	110	110	110	110	110	110

第三节　酸化剂

（一）酸化剂的种类

1. 单一酸化剂　单一酸化剂包括无机酸和有机酸。无机酸最常用的有：盐酸、硫酸、磷酸。有机酸中最常用的有：柠檬酸、乳酸、延胡索酸（商品名叫富马酸）、甲酸、乙酸、丙酸。

2. 复合酸化剂　复合型酸化剂克服了单一型酸化剂功能单一、添加量大、腐蚀性强等缺点。由多种成分复配而成，相互间起协同增效作用，成为饲料酸化剂发展的趋势。复合型酸化剂，在饲料中添加量一般在0.2%～0.5%。

（二）酸化剂功能

1. 降低日粮和胃内pH值，提高酶的活性。

2. 改善胃肠道微生态环境。

3. 参与体内代谢，提高养分消化率。

4. 促进矿物质和维生素的吸收。

5. 可改善日粮适口性，提高采食量。

6. 杀菌抗菌。有机酸及其盐在维持和促进动物生产性能的效果方面，是这些禁用产品的理想替代物。有机酸通过进入微生物机体破坏细菌细胞的合成和繁殖，从而对饲料起到抑菌和杀菌作用。

（三）常用酸化剂的种类及添加量

公认效果好的主要有柠檬酸、延胡索酸和甲酸钙，从提高日增重和饲料效率来看，柠檬酸 > 延胡索酸 > 甲酸钙。

单一丙酸、丁酸、苹果酸、盐酸和硫酸等多数证明是无效甚至有负作用的。

一般认为，适量添加酸化剂才会有明显的促生长结果。酸化剂的添加量不足，起不到把消化道内 pH 降到适宜程度的效果；酸化剂过量，可能导致适口性降低和成本增加。目前酸制剂的添加量一般在 0.2%。

（四）常见产品及生产厂家

1. 速酸肥　辉瑞公司。
2. 得卡肥　西班牙埃特公司。
3. 乳酸宝　美国建明，广州天科，杭州民生，宜兴市天石饲料，河南峡威。
4. 猪宝 500　加拿大 JEFGRO 技术公司。
5. 得酸肥、比克酸 、乳酸肥　中山比克生物科技。
6. 康乐酸　深圳生物源。
7. 强酸灵　广东溢多利。
8. 益酸保灵　武汉新华扬。

第四节　生物活性肽

（一）蛋白质、肽和氨基酸的关系

1. 氨基酸　有氨基和羧基的一类有机化合物的通称如图 1。

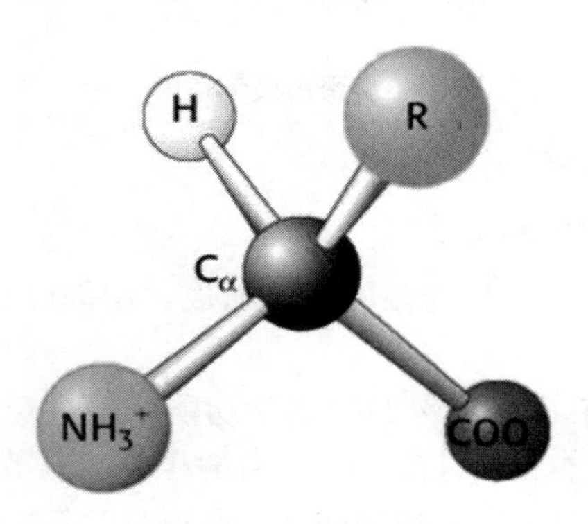

图 1　氨基酸结构示意图

2. 肽　是涉及生物体内多种细胞功能的生物活性物质。是由两个或多个氨基酸结合而成，如图 2。

3. 蛋白质　是各种肽由肽链结合在一起的生命活性物质，是生命的物质基础，没有蛋白质就没有生命，动物机体是由蛋白质组成的。如图 3。

（二）肽的分类

1. 小肽　由 10 个以下的氨基酸组成的肽。
2. 多肽　由 10 ~ 50 个氨基酸组成的肽。

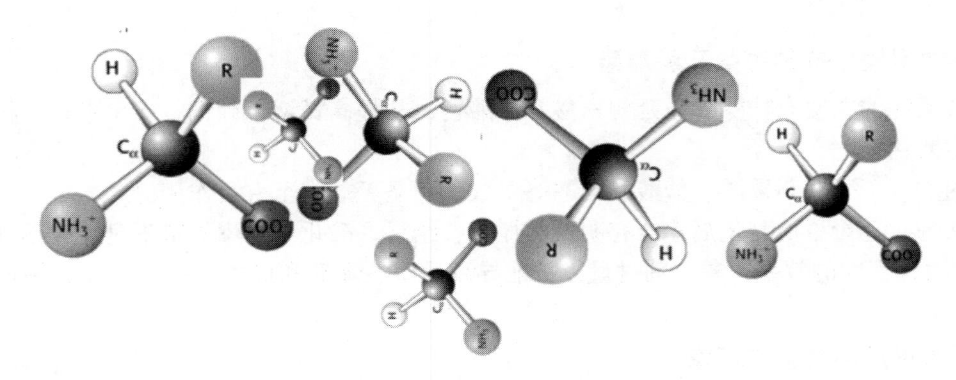

图2　肽链示意图

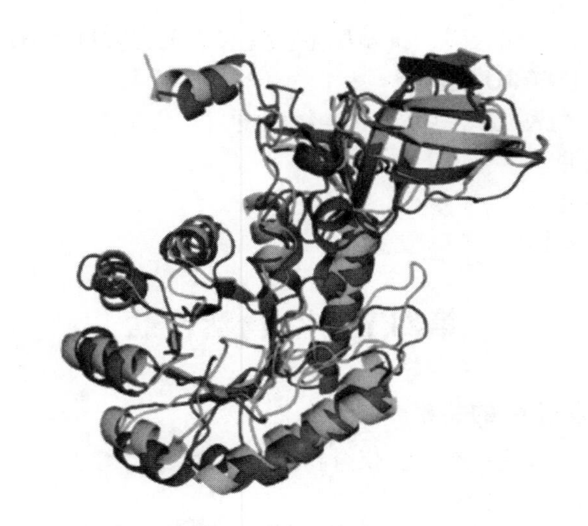

图3　蛋白质示意图

3. 蛋白质　由50个以上氨基酸组成。

（三）生物活性肽定义、作用和分类

1. 定义　是将大分子蛋白质应用生物技术切割而成，切割以后的小分子蛋白质片段，可以产生原蛋白质所没有生理调节功能。

2. 作用　除营养作用外，还具有特殊的生理学功能：促进免疫、抗病毒、抗细菌、降血脂、延缓衰老、抗氧化、促进造血功能、促进蛋白质、酶的合成、调节内分泌和神经系统、修复细胞、抗忧郁、抗疲劳、改善睡眠、增强记忆、抑制肿瘤、促进对营养物质的吸收。

3. 分类　按其功能可分为：抗菌活性肽、神经活性肽（脑肠肽、脑啡肽、生长激素抑制剂、舒缓激肽和促甲状腺释放激素）、免疫促进肽（大豆肽甘露聚糖肽、胸腺肽、白蛋白多肽）、抗肿瘤活性肽、抗氧化活性肽（肌肽、谷胱甘肽）、降血压肽、抗衰老肽（乳蛋白活性肽）、抗血栓肽、促进矿物离子吸收肽、味觉肽（ 甜味肽、酸味肽、苦味肽、咸味肽）、增强风味肽、表面活性肽、硬度调节肽等。

按来源分植物肽、动物肽。

第五节　植物天然提取物

（一）植物提取物作用和分类

1. 作用　兼有营养和药用双重作用，具备直接杀灭或抑制细菌和增强免疫能力的功能，且能促进营养物质消化吸收，无残留、无耐药性。

2. 分类　中草药添加剂含有生物碱、多糖、苷类、挥发油、鞣酸（单宁）、酚类、有机酸等生物活性物质，它既可以直接杀菌、抑菌，又可通过大量活性物质调节机体免疫功能和新陈代谢，提高畜禽健康水平。

（二）植物天然提取物的优点

1. 来源天然性
2. 功能多样性
3. 安全可靠性
4. 经济环保性
5. 无毒副作用
6. 无药物残留

（三）植物天然提取物的缺陷

1. 产品添加量大
2. 有效成分不明
3. 作用机理不清
4. 作用效果不稳定
5. 剂型单一
6. 缺乏毒理安全方面的研究

（四）植物提取物代表

1. 大豆异黄酮

（1）学名：4，7-二羟基异黄酮，存在于大豆和葛根（图4）中的天然活性成分。

图4　大豆和葛根

（2）功能：调节畜禽神经内分泌生长轴和繁殖功能，促生长，提高泌乳能力，改善仔猪成活率和母鸡产蛋性能。

（3）应用：添加5毫克/千克大豆黄酮，鸡产蛋率提高6%，鸭提高5%，鹌鹑提高7%，并延长产蛋期；妊娠母猪生长激素和催乳素水平分别提高90%和144%，泌乳量增加20%；此外，对公畜生长、胎儿发育和免疫功能均有调节作用。

1. 黄芪多糖

（1）组成和作用：黄芪多糖为豆科植物蒙古黄芪或膜荚黄芪（图5）提取物。由已糖醛酸、葡萄糖、果糖、鼠李糖、阿拉伯糖、半乳糖醛酸和葡萄糖醛酸等组成，可作为免疫促进剂或调节剂，同时具有抗病毒、抗肿瘤、抗衰老、抗辐射、抗应激、抗氧化等作用。

图5　黄芪

（2）性状：该品为棕黄色粉末，味微甜，具引湿性。

（3）功能主治：

①能提高未成年禽兽的抗病力，对幼、仔猪、幼畜经常添加可减少疾病，是促进增重，提高生活率，增加整齐度。

②使用于小牛、羊、猪的各种病毒性即细菌性病，如慢性猪瘟、病毒性肠炎、细小病毒、圆环病毒、兰儿病等毒性疾病。如结合抗菌素对细胞性的病也有很好的治疗作用。

③使用于禽的法氏囊、禽流感、支气管、新城疫、免疫抑制综合征、鸭瘟、鸭肝炎、鹅瘟等病毒性病。

④结合抗生毒物对容易复发以及易产生抗菌药性的细菌性疾病有特效，并解决了复发即耐药性的问题。如禽的大肠杆菌、鼻炎、鸭浆膜炎、巴氏杆菌病、坏死性肠炎、葡萄球菌等顽固及易发的疾病。

⑤作为免疫增强剂及激活剂，有效的治疗能引起免疫系统病的疾病。如免疫抑制综合征（又称贫血因子），法氏囊、禽流感、白血病、同时是一种很好的疫苗保护剂、并能迅速增加机体对疫苗的免疫应答，提高抗体水平。免疫后连用1～2天，效果更佳。

2. 大蒜素

（1）来源及有效成分：大蒜素是从葱科葱属植物大蒜的鳞茎（大蒜头，图6）中提取的一种有机硫化合物，也存在于洋葱和其他葱科植物中。大蒜素又名大蒜新素，化学名为二烯丙基三硫化物。

图6　大蒜

（2）功效和作用：抑菌杀菌、诱食增食、解毒保健、防霉驱虫、改善肉品质、降血脂和胆固醇、提高生产性能。

（3）在动物中应用：

①杀菌：大蒜素对奶牛及肉猪肠炎病、草鱼烂鳃病、赤皮病和鱼类暴发性传染病都特别有效，是广大农村节省投资发展养殖业，进行疫病防治的有效药物。

②改善饲料的适口性：添加大蒜素可明显改善饲料的适口性，提高采食量。大蒜素通过大蒜的气味吸引动物，使之产生食欲，从而提高采食量。绝大多数动物、特别是鱼类非常喜欢大蒜素的气味。

③提高生产性能：大蒜素不仅能增加动物的采食量，提高免疫机能，改善动物体内各系统组织功能，促进胃肠的蠕动和各种消化酶的分泌，提高饲料的消化利用，从而使生产性能提高，降低饲料成本。大蒜素在酶的作用下可变成大蒜瓣素，以粪尿的形式排出，能够阻止养殖中的害虫繁殖和生长，改善圈舍和池塘环境。

（4）大蒜素的使用方法和添加剂量：添加鲜大蒜，多采用捣烂、切碎或用绞肉机制成蒜泥，然后加入饲料中。或将新鲜大蒜与饲料原料混合，然后粉碎。鲜大蒜在饲料中的添加比例为1%～10%，按畜禽的大小分别添加，一般分小、中、大三种类型（即小1%～2%，中2%～6%，大8%～10%）。

（5）存在的问题：大蒜素的性质不稳定，易受多种因素影响，使其生物学功效和饲用价值下降。为更好地应用大蒜素，一般制成胶囊，将大蒜素保护起来，以提高其稳定性。

3. 茶多酚

（1）简介：是茶叶（图7）中多酚类物质的总称，常温下呈浅黄或浅绿色粉末。

图7

（2）药理作用：

①有很强的抗氧化和清除自由基的作用

②抗衰老作用

③抗辐射作用

④对癌细胞的抑制作用

⑤抗菌、杀菌作用

⑥对艾滋病病毒的抑制作用

⑦防治心血管疾病

⑧提高综合免疫能力

⑨其他保健治疗功效

（3）茶多酚的用法用量：茶多酚具有很强的抗氧化作用，其抗氧化能力是人工合成抗氧化剂BHT、BHA的4~6倍，维生素E的6~7倍，维生素C的5~10倍，且用量少：0.01%~0.03%即可起作用，而无合成物的潜在毒副作用。

1毫克茶多酚清除对人机体有害的过量自由基的效能相当于9微克超氧化物歧化酶（SOD），茶多酚的抗衰老效果要比维生素E强18倍。

第七篇 池塘水体溶解氧变化规律及调节方法

魏朝辉
（武汉市农业科学技术研究院，武汉市水产科学研究所）

池塘养殖的目的是追求单位面积渔产品产量的最大化和经济效益的最大化。影响养殖效益的因素很多，鱼种品质、饲料质量、天气变化、池塘水质、水源水质等都能影响最终的渔产量。当池塘其他影响因素不变的情况下，池塘水质的优劣是影响养殖池成败的关键因素。池塘水质受温度、溶解氧、盐度、酸碱度、透明度、氨氮、亚硝酸盐、硫化氢、重金属盐、水生生物、池塘底质等因子的影响。这些因子中，溶解氧直接或间接影响很多因子的变化过程，是池塘水质优劣的重要指标。因此了解水中溶氧及变化规律，是调节水质，保证池塘养殖成功的基础工作。

第一节 水中溶解氧的相关概念

溶解氧是指：分子状态溶存于水中的氧气单质，不是化合态的氧元素，也不是氧气气泡。

第二节 溶解氧的饱和含量及影响因子

（一）水体中溶解氧的饱和含量

当空气氧气溶入水中的速度与水中逸出的速度相等时，溶解即达到动态平衡。此时水中溶解氧的浓度，即为该条件下的饱和含量（CS）。

（二）影响水体溶解氧饱和含量的因子

1. 氧气在空气中的分压（P 分）　当温度、含盐量一定时，氧分压越高则饱和浓度越高

氧分压与溶解氧饱和度的关系可用亨利定律来表达，即：

$$CS = K \cdot P分$$

式中：K——气体的吸收常数（毫升/L・atm）

当 P 空 = 1atm 时，P 分 =0.21atm

2. 水体温度（T）

当 P 分、含盐量一定时，CS 随 T 升高而减少（因为 T 升高，吸收系数 K 减小）。

3. 水中的含盐量

当 T、P 分一定时，含盐量↗则 CS ↘ T、P 分一定时，海水及硬水中的 DO 比淡水、软水低（仅为淡水、软水的82%左右）。

（三）水中溶氧的实际含量

即饱和程度，表示水中溶解氧的实际含量溶解氧饱和度% =（溶解氧的实际含量 ÷ 实测条件下的溶解氧的饱和含量）×100%

（四）养殖生产对溶氧的要求

池塘养殖，溶氧是鱼类生长的主要限制因子。我国渔业水质标准规定，一昼夜16小时以上溶氧必须大于5毫克/千克，其余任何时候不得低于3毫克/千克。

第三节　池塘中溶解氧的来源与消耗

（一）来源

1. 空气中氧气的溶解　只要未达到饱和状态，溶解可持续进行不同的水体，氧气溶解的差异很大不是鱼池内部的主要增氧方式一般占总增氧量的7%～8%。

2. 植物光合作用　是养殖水体（特别是精养池）中溶氧的主要来源，有明显的日变化和水层差。增氧不稳定（受光照、PP数量、水温等影响），但一般占60%以上。

3. 随水源补给一般占全部增氧的2%。

（二）消耗（表1）

1. 水呼吸（Respiration）耗氧　指水中化学物质的氧化及ZP、PP和细菌等小型生物的呼吸耗氧。

2. 化学物质的氧化（oxidization）　指某些无机还原性物质和低分子的有机物的氧化——与细菌呼吸耗氧关系密切。ZP、PP、细菌等小型生物的耗氧是池水中主要的耗氧因子。原因是生物个体越小，呼吸耗氧强度（单位时间、单位体重的呼吸耗氧量）越大

例：在24℃，鲤鱼的呼吸强度为0.105克/（千克·小时），原生动物则为1.94克/（千克·小时）。微小生物增殖快、密度大，则消耗量大。

3. 养殖动物呼吸耗氧　鱼虾生理呼吸消耗的氧，一般占总耗氧量的28%～38%。

结论：生物耗氧中，浮游生物、细菌等小型生物耗氧最大，在各种耗氧中，水呼吸耗氧最大。

例：池鱼呼吸耗氧20%，水呼吸耗氧71%，底质耗氧9%，其余可忽略不计

表1　池塘中溶解氧的来源与消耗

池塘氧收入		池塘氧消耗	
来源	占比	消耗	占比
光合作用	60%	换水	2%
进水	2%	浮游生物呼吸	40%
增氧机	30%	微生物分解	20%～30%
空气溶入	8%	养殖动物呼吸作用	28%～38%

第四节　溶解氧的分布变化规律

溶氧分布是指：同一时刻，同一水体，不同水层、水区的溶氧差别变化。

溶氧变化是指：同一水体内，同一水层，同一水区不同时刻含氧量的差别。

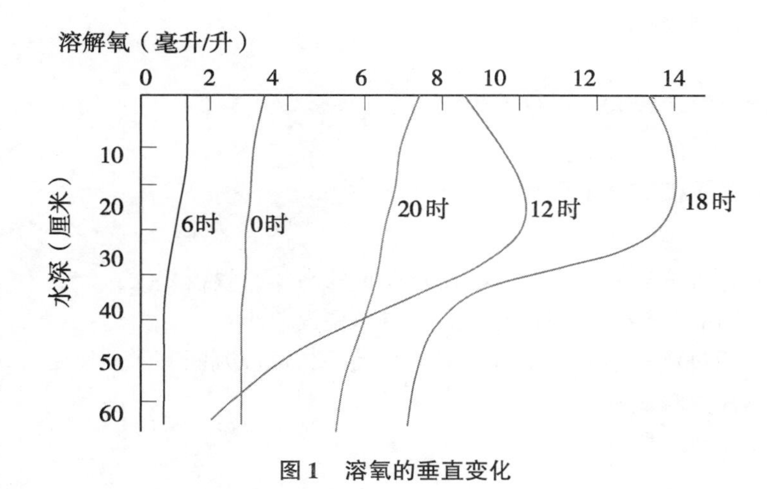

图1　溶氧的垂直变化

（一）溶氧的垂直变化（图1）

1. 白天的变化规律

（1）表层：由于光照强，浮游植物在表层的光合作用强，溶解氧在表层水中积累。生产氧 > 消耗氧。

（2）中层：跃变层溶解氧迅速降低。水温下降快，水的密度增加，浮力增大，有机物（碎屑）积累，细菌繁殖大量耗氧（明显大于表层）"跃变层"离表层较近，表层溶解氧可通过扩散补充，故此层不会严重缺氧，但也不易达到饱和度。生产≈消耗。

（3）底层：溶解氧低。表层水温高，底层水温度低，水体正分层，表层高浓度的溶解氧只能靠分子扩散缓慢向底层迁移，且底层光照较弱。消耗 > 生产。

（4）结论：白天溶解氧的水层差较大

表层	跃变层	底层
生产 > 消耗	生产≈消耗	消耗 > 生产

2. 夜晚溶解氧的变化规律

（1）特点：表层溶解氧大幅下降，上下水层溶解氧较均一。

（2）原因：光合作用停止，主要为呼吸耗氧，消耗 > 生产，表水层受温度影响密度变大，形成密度流，发生垂直流转；风力的影响，水陆散热程度不同，在水面形成风，促进上、下层的循环流转，打破分层。

3. 早晨溶解氧的变化规律　整个水体DO都低，经过一夜，溶解氧 > 消耗耗氧，溶解氧出现最低值

（二）溶解氧的水平变化规律

1. 无风时，水平分布大体均一。

2. 有风时，白天下风处溶氧高，上风处溶氧低。下面为某池塘溶解氧实测数据。

（1）早晨6：30　上风处3.33毫克/L，下风处3.33毫克/L；

（2）下午18：30　上风处12.2毫克/L，下风处16.9毫克/L。

3. 上下风处溶解氧水平分布不均，垂直分布不均是基本前提。

4. 表、底层的共同特点

（1）晨→傍晚，溶解氧升高。

（2）傍晚→夜间→晨　底层，氧的生产=0，消耗 > 生产。

（3）清晨溶解氧出现极小值。

5. 不同点

（1）表水层：溶解氧变幅大，昼夜差较大。

（2）底层：昼夜差较小。

（三）影响溶解氧昼夜变化的因素

1. 精养鱼池和水库、湖泊比较

（1）水质差异，有机营养和无机营养都比较充足的水体，昼夜差大；

（2）与光照和水温的关系，夏季昼夜差大；冬季昼夜差小；

2. 在同一季节，通过比较不同池塘溶解氧的昼夜差，可以判断其水质肥瘦

（1）较肥的水体，溶解氧昼夜差大；

（2）较瘦的水体，溶解氧昼夜差小。

第五节　溶解氧的养殖学意义

1. 鱼生存和活动的必要条件

（1）提高摄食率、提高生长速度、提升饲料利用率、高产的必要条件。

（2）降低发病率、减少用药量的必要条件。

（3）提高免疫力、提高存塘量的必要条件。

2. 对代谢产物和池塘环境等的影响

（1）氧是促进营养物质正常循环所必需。

（2）促进有益菌的繁殖。

（3）减少有害菌的繁殖。

（4）减少亚硝酸盐，硫化氢等有毒物质。

第六节　维持溶解氧的方法

（一）增加供给

1. 维持藻类平衡，增加光合作用溶解的氧

（1）图 2 为不同生物密度时，池塘的溶氧变化规律。

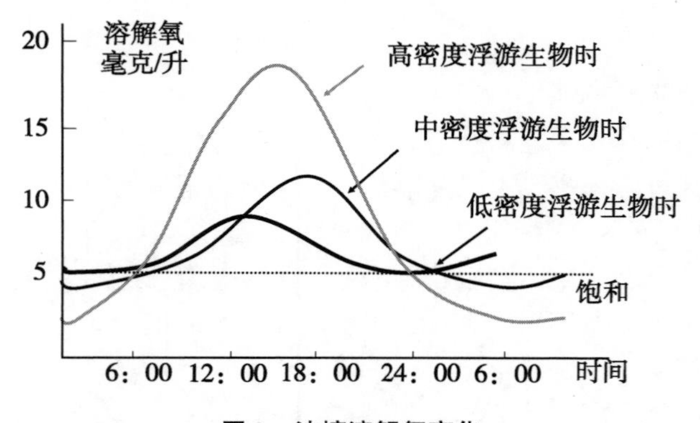

图 2　池塘溶解氧变化

(2) 维持藻类平衡的方法（图3），当藻类过多时，减少藻类可通过换水、控制藻类过度繁殖、沉淀过滤藻类、化学药品控制藻类；当藻类过少时，增加藻类可通过改良水质，消除抑制藻类因素、肥水、增加透明度提升光照等。

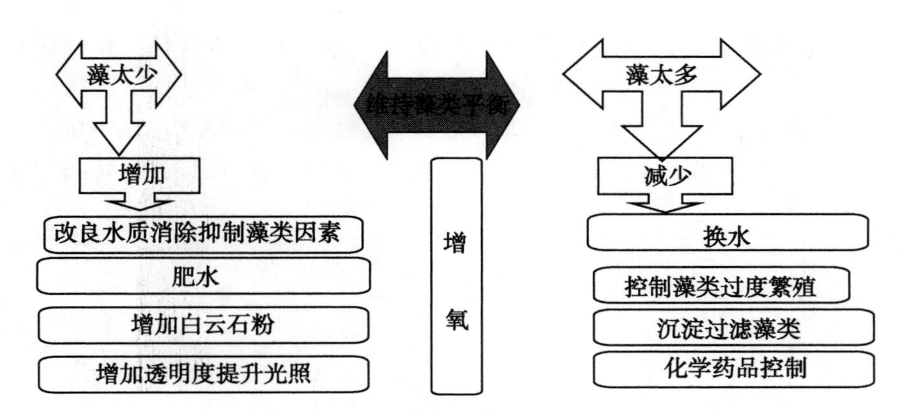

图3　维持藻类平衡过程

2. 增加空气中溶解的氧

(1) 白天池塘出现水温和溶氧分层情况，开动增氧机、增加对流破坏水体分层；

(2) 下半夜时池塘中出现水温、溶解氧上下一致的情况时，施用粒粒氧增加底层溶氧；施用解毒活水液，增加水体通透性，增加空气中氧气的溶解；

3. 通过加注新水补充溶解氧，但效果

(二) 减少消耗

就是减少水呼吸（图4）

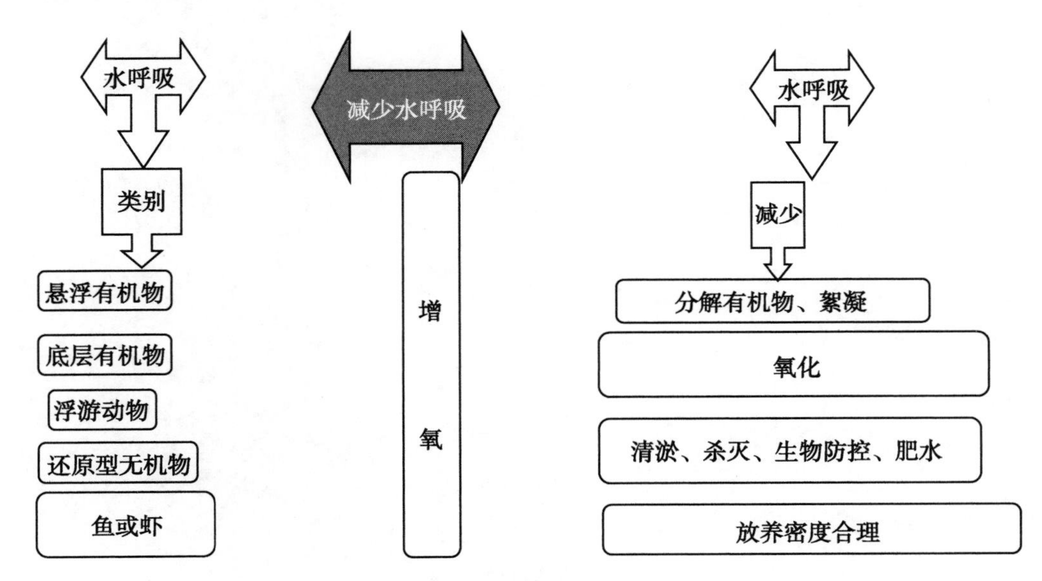

图4　减少水呼吸过程

1. 减少悬浮的有机质　有机悬浮物颗粒小，体表面积大，耗氧极其迅速。可通过使用净水宝等絮凝、吸附沉淀有机质减少耗氧，或通过活力六六等活菌生物分解，或通过中博膏等强氧化剂氧化等。

2. 改良底质　使用中博金珠等颗粒强氧化剂，氧化底层有机质；或粒粒底改素生物分解底层有机质。底层有机物，理论耗氧值极大，实际耗氧不大。但氧债极高，恶劣天气易造成泛塘。

3. 杀灭过多的浮游动物　过多的浮游动物不仅直接消耗水体溶氧，同时摄食浮游植物，降低水体造氧能力。

4. 合理放养，轮捕轮放　根据池塘条件、管理水平等合理放养鱼虾，轮捕轮放，控制合理密度。

在日常的养殖管理中，不出现浮头、泛塘，溶解氧往往是一个容易被忽略的因子。

通过了解和掌握养殖水体溶解氧的分布、变化规律，从而达到对因调理，科学养殖、病害防治意义重大。

第八篇　莲主要病虫草害的识别与防治

匡　晶
（武汉市农业科学技术研究院，武汉市蔬菜研究所）

莲（*Nelumbo nucifera* Gaertn.）又名藕、荷，属莲科（*Nelumbo leaceae*）莲属（*Nelumbo* Adans.），为多年生宿根草本植物。作为莲的起源中心之一，莲在我国的栽培具有悠久的历史，在长期的进化过程中莲分化为3个类型，即主要以采收肥大地下根状茎为目的的藕莲，亦称莲藕、莲等；主要一采收莲子为目的的子莲和以观赏为目的的子莲；主要以观赏为目的的花莲。莲的用途很广泛，可以作为蔬菜食用，并可加工制成各种副食品，莲子可鲜食或加工。莲藕产品在国内外具有广阔市场，是出口创汇的重要商品。藕节、莲根、莲芯、花瓣、雄蕊、莲叶等皆可入药。

第一节　我国莲的种植情况及病虫草害问题

莲藕在我国生产面积最广、分布最大、产量最高的水生蔬菜，长江流域、黄淮流域和珠江流域都有栽培，其中以长江中下游地区栽培面积最大。目前全国栽培面积50万～70万公顷，其中湖北省栽培面积10万公顷，居全国之首。

我国水生蔬菜栽培面积广泛，但总体研究还比较薄弱，而且大多处于粗放的半栽培状态。随着莲藕栽培面积的不断增大，病虫草害问题也日趋严重，已成为发展莲藕产业的一大障碍。

莲田本身情况复杂，连片种植，少则几亩，多则几十亩，封行后，漫天碧绿，密密麻麻，莲叶柄大多一人多高，再加上十几公分的水深，采用传统的施药方式，防治起来十分困难。

病虫害种类繁多，发生规律也比较复杂，许多莲农也未能正确识别莲的主要病虫害，要么是听之任之，靠天吃饭，要么是打“保险药”，长期依靠单纯的光谱性化学农药防治病虫害，导致病虫产生抗药性，杀伤天敌，污染环境，打破莲田生态平衡，容易导致病虫害的再猖獗，防治越来越困难。

许多莲农缺乏对防治适期的概念，往往凭经验用药，造成适期前或适期后用药的现象频繁发生，导致按常规用量难以控制病虫害，不得不增加用药量和用药次数，严重污染环境。

田间杂草管理过于粗放，严重影响莲藕的正常生长。田内杂草、浮萍、水绵得不到有效清除，消耗了水土中大量的养分，还遮掩水体，遮蔽阳光、阻碍藕田水温、低温的升高，影响莲的生长，减少产量。

第二节　莲田主要病害的识别及防治

莲藕在其生长发育过程中或其运输、贮藏过程中需要阳光、温度、水分、营养、空气等诸多的环境条件，如果这些条件不适宜，或是受到病原菌等有害生物的浸染，植株的生长势将受到抑制，根状茎等正常代谢作用也会受到干扰和破坏。当这种伤害超过植株自身的调节适应能力时，其生理上和外部形态上都发生一系列的病理变化，从而使细胞组织、器官受到破坏，根、茎、叶、花等各器官出现变色、变态、腐烂，局部或整株死亡，导致莲藕品质和产量下降。

莲藕受病原菌浸染后，或者是不良环境侵扰后，主要表现为坏死、腐烂、萎焉，畸形，变色五大病状。病原菌主要包括真菌、细菌、病毒等。环境因子则主要变现为营养失调，水分失调，温度不适宜，光照不适用，通风不良，土壤酸碱度不适宜和有毒物质。

由此，植物发生病害常以病害三角关系来说明，即作物、病原菌和环境三者之间的关系。环境因子对作物有利，则增强作物的抗病能力，作物不受影响或影响甚小；环境因子对作物不利，则减弱了作物本身的抗病能力，使作物容易感病或病害更严重。另外，若不利的环境因子超过一定强度，则对植物直接造成不利影响，使作物生理代谢紊乱。这种由环境中不利于植物生长发育的物理或化学因素等非生物因子所引起不具有传染性的非浸染性病害，亦称非传染性病害或生理病害，这类病害没有病原物的浸染，不能在植株个体间相互传染。这种生理性病害和由病原物引起的传染性病害一样，也会造成莲藕植株变色，萎焉，叶缘枯死。植株矮小等现象，因此在实际生产中，容易对两种病害产生混淆，一旦“误诊”，可能延误了最佳防治时间，造成无法挽回的损失，或者滥用农药，影响农产品的质量，对人畜带来残毒为害，造成环境污染。

准确、及时的诊断鉴定生理性病害和传染性病害是搞好植物病害防治工作的前提和保障。

（一）莲藕地下茎病害

莲藕腐败病俗称“莲瘟”，是为害莲藕的重要病害。可造成植株枯死，严重影响产量和品质。

1. 为害症状　该病主要为害地下茎和根部，并造成地上部叶片和叶柄枯萎。地下茎发病早期外表没有明显的症状，而近中心处的导管部分色泽呈现褐色和浅褐色，随后变色部分渐次扩展蔓延及至新生的地下茎。发病后期病茎上有褐色或紫黑色不规则病斑，重病茎腐烂或不腐烂。不腐烂的发病部位一般呈现出纵皱状。受害茎节部位着生的须根坏死，易脱落，病茎藕小。病茎初生的叶片叶色淡绿，并从整个叶缘或叶缘一边开始发生青枯状坏死，似开水烫过，最后整个叶片枯萎反卷。继之，叶柄的维管束组织变褐也随之枯死，并在叶蒂的中心区顶端向下弯曲，最后整个叶片死亡。发病严重时，全田一片枯黄。子莲受害时，叶片、茎杆症状同莲藕，从病茎抽出的花蕾廋小、慢慢从花瓣尖缘干枯，最后整个花蕾枯死。

2. 浸染循环　莲藕腐败病病原菌以菌丝体和小型分生孢子在种藕内越冬，或以菌丝体及厚垣孢子随病残体遗留在土壤中越冬。其初浸染源主要是带病种藕和带病土壤。已有研究表明，莲田冬季浸水后，腐败病病菌在莲田土壤中很难越冬，分生孢子存活率也很低或完全失去活力，很难形成厚垣孢子。并且深水莲田比浅水莲田，对病菌活性影响更大。

3. 发病条件 腐败病从5~6月份到收藕期均可发生，7~8月份为盛发期。日照少，阴雨天利于发病，田间湿润发病轻，田间断水干裂发病重。连作多年的莲田发病重。

4. 防治方法　农业防治：①选用抗病品种；②加强冬季水田的管理；③对于发病严重的田块，实行轮作；④肥水管理，促进植株生长，提高抗病性；⑤生石灰改良土壤。施生石灰100千克/亩，水位12~16厘米。化学防治：种藕消毒。50%多菌灵WP或70%甲基硫菌灵WP800倍液加75%百菌清WP800倍液喷雾。田间施用化学药剂认识控制莲藕腐败病的重要手段，但由于腐败病发生的环境特殊性及叶片显症的滞后性，当田间叶片腐败病普遍发生时，化学药剂的施用已不能起到明显的治疗作用，此时只能缓解病情的蔓延，因此，对该病的防治提倡早施药，早预防，如在田间立叶刚长出，立叶将要封行时伴随施肥撒施化学药剂。使用内吸性杀菌剂，如50%硫磺多菌灵WP，99%恶霉灵WP，70%甲基硫菌灵等。5~7d一次。追肥时，可拌撒99%恶霉灵WP。

（二）莲藕叶面真菌病害

1. 莲藕炭疽病　炭疽病是莲藕的一种普通病害，分布较广，发生普遍。通常发病较轻，病株率30%左右，对产量影响不明显；严重时病株率可达60%以上，明显影响莲藕产量。

为害症状：主要为害立叶。病斑多从叶缘开始，呈半圆形、近椭圆形至不规则形，褐色至红褐色小斑，病斑中部褐色至灰褐色稍下陷，多数具同心轮纹。发病严重时，病斑相互融合，叶片局部或全部枯死。叶柄受害，多表现近梭形或短条状的稍凹陷暗褐色至红褐色斑，也会出现许多小黑点。

浸染循环：病菌以菌丝体和分生孢子盘随病残体遗落在藕田中存活越冬，也可在田间病株上越冬。条件适宜时，病菌分生孢子盘上产生的分生孢子借助气流或风雨传播蔓延，进行初浸染和再浸染。

发病条件：高温高湿，雨水频发的年份和季节有利于发病；连作地或藕株过密通透性差的田块发病重；偏施过施氮肥，植株体内游离氨胎氮过多，抗病力降低，也易于感病、发病。

2. 莲藕褐斑病　为害症状：根据不同病原菌，又分多种褐斑病。主要为害症状表现为：发病初期叶片正面出现小黄褐色斑点，后期病斑融合成斑块，致病部变褐干枯。

浸染循环：病菌以菌丝体及分生孢子随病残体遗落在藕田中越冬，条件适宜时产生分生孢子随风雨传播，从伤口。自然孔口或直接侵入形成初侵染，发病后产生分生孢子再侵染。

发病条件：该病菌4~5月份开始发病，6~8月份为多发期，尤其在阴雨天，相对湿度大时较易发生。浮在水面上的浮叶发病重，离开水面的立叶发病轻。偏施过施氮肥，也易于感病、发病。

3. 莲藕叶腐病　为害症状：莲藕叶腐病主要文海伏贴水面的叶片，病斑形状不定形，有的呈“S”形，有的形如蚯蚓状，褐色或黑褐色，坏死部后期出现白色皱球状菌丝体，后生茶褐色球状的小菌核。发病严重的，也片变褐腐烂，难于抽离水面。

浸染循环：以菌核随残体遗落在土壤中越冬。翌年菌核漂浮水面，气温回升后菌核萌发产生菌丝侵害叶片。

发病条件：病菌发育适温25~30℃，高于39℃或低于15℃不利发病，夏秋高温多鱼季节易发病。

4. 莲藕斑枯病　莲藕斑枯病又叫莲藕叶点霉烂叶病。莲藕斑枯病为莲的普通病害，发生普遍，分布较广。通常病株率30%~50%，轻度影响生产，重病田病株80%以上，部分叶片因病坏死，明显影响莲藕生产。

为害症状：叶片染病，发病处呈暗绿色水渍状不规则斑，多从叶缘发生，后集中于叶脉间，颜色褐色，灰褐色至灰白色。有的病斑受叶脉限制呈扇形大斑，后病斑中部红褐色，有时具轮纹，上生无数小黑点，即病原分生孢子器。随着病情的发展，病斑常破裂或脱落，叶片穿孔，严重时仅留主叶脉，整个病叶烂叶如破伞状。

浸染循环：病原菌以分生孢子器在病残体上越冬，病菌生长适温20~25℃。条件适宜时产生分生孢子，借雨水、风和食叶害虫传播，发病后病部又产生分生孢子进行再侵染。

发病条件：发病时期一般为5~9月，进入8月份高温、多雨或暴风雨季节，植株长势弱的老叶易发病。浮叶受害程度重于立叶，偏施氮肥、长势茂盛的田块发生严重。

5. 莲藕褐纹病　莲藕褐纹病又叫莲藕叶斑病、黑斑病。

为害症状：褐纹病只在叶片上发病。发病初期叶片出现圆形、针尖大小、黄褐色小斑点，后逐渐扩大成圆形至不规则的褪绿色大黄斑或褐色枯死斑，叶背面尤为明显，叶背面病斑颜色较正面略浅，病斑边缘明显，四周具细窄的褪色黄晕。后期多个病斑相连融合，致叶片上现大块焦枯斑，严重时除叶脉外，整个叶片上布满病斑，致半叶或整叶干枯死亡。

浸染循环：病菌以菌丝体和分生孢子丛在病残体上或采种藕株上存活和越冬，翌年春季条件适宜时产生分生孢子，借风雨传播进行初侵染，经2~3天潜育发病，病部有产生分生孢子进行再侵染。

发病条件：7 月开始，高温多雨季节为病害的盛发期，温度越高，降雨越多，发病越严重。浮叶发病重于立叶。藕田水温高于 35℃或偏施氮肥、蚜虫为害猖獗发病重。

6. 莲藕叶面真菌病害的防治　莲藕叶面真菌类病害多从叶面开始发生，易于发现。一般在夏秋高湿多雨的季节发病严重。农业防治上，重点体现在选择高抗不带病品种；合理密植，通风透光；施肥以腐熟有机肥为主，增施磷肥和钾肥，避免偏施氮肥，提高植株抗病力；清楚田间残叶，枯叶及病叶，集中烧毁或深埋；控制水位，前期水温宜浅，夏季高温大风时，适当加深水位；对于发病较重田块，可选择与其他作物进行 2 ~ 3 年轮作。

化学防治方面，多采用内吸性和保护性杀菌剂混合使用。50% 甲基硫菌灵 WP800 倍液加 75% 多百菌清 WP800 倍液，或 50% 多菌灵 WP800 倍液加 75% 多百菌清 WP800 倍液混合喷洒。每隔 7 ~ 10 天喷 1 次，连续 2 ~ 3 次。三唑酮具有很好的内吸性，腐霉利则具有保护和治疗的双重作用。

（三）莲藕叶面病毒病

1. 莲藕病毒病　为害症状：病毒病病株叶片变小，有的病叶呈浓绿斑驳，皱缩；有的叶片局部褪绿黄化畸形皱缩；有的病叶包卷不易展开。患病植株地上、底下部分各器官均比正常植株明显减少，田间生长较弱，生育期明显缩短。与正常莲藕相比，萌芽期推迟 7 天，结藕期提早 15 天，多数立叶发黄期提早 18 天左右，整个生育期缩短 25 天。

浸染循环：病毒通过种藕、土壤和其他田间残留物带毒，由蚜虫进行传毒。

发病规律：传播途径主要靠虫传；与蚜虫发生情况关系密切，特别遇高温干旱天气，不仅可以促进蚜虫传毒，还会降低寄主的抗病性。

防治方法：选择高抗品种；不选用带病植株做藕种；合理施肥，改善土壤理化性状；合理轮作；清洁藕田，减少病原。蚜虫是病毒病传播的主要媒介，于蚜虫迁飞高峰期及时消灭蚜虫。

第三节　莲田主要虫害的识别与防治

莲田害虫的防治，遵循“预防为主，综合防治”方针，以农业防治为基础，因地、因时制宜，合理运用化学防治、生物防治、物理防治等措施，达到经济、安全、有效的控制虫害的目的。

在害虫的防治工作中，没必要彻底消灭害虫，只要还害虫控制在经济损失允许水平以下即可。残留少量害虫作为害虫天敌的食料，有助于维持生态的多样性和遗传的多样性，以达到利用自然因素调节虫害数量的目的。充分利用昆虫对光、性激素所产生的趋性，采用诱虫灯，性诱剂等措施，可达到安全，有效的控制虫量的目的。

（一）斜纹夜蛾（图 1）

莲斜纹夜蛾在我国长江流域一年发生 5 ~ 6 代，食性杂，发育参差不齐，造成世代重叠严重。

1. 危害特点　斜纹夜蛾以幼虫为害，晴天早晚为害最盛，中午常躲在作物下部或其他隐蔽处，阴天可整天为害。初孵幼虫群集为害，啃食叶肉留下表皮，呈纱窗透明装，也有吐丝下垂随风飘散的习性；3 龄幼虫以上具有明显的假死性；4 龄幼虫食量剧增，占全幼虫期总量的 90% 以上，严重时可把荷叶全片吃光，仅留叶脉。当食料不足时有成群迁移的习性。

2. 生活习性　斜纹夜蛾以蛹越冬，少数以老熟幼虫在土壤中越冬。成虫终日均可羽化，以傍晚 6：00 到夜间 21：00 为最多。羽化后白天潜伏于作物下部、枯叶或土壤间隙内，夜晚外出活动，取食花蜜。产卵前期 1 ~ 3 天，卵多产于高大，茂密。浓绿的边际作物上。每雌虫可产卵 8 ~ 17 块，1 000 ~ 2 000粒，最多可达 3 000粒以上。成虫对黑光灯具有很强的趋光性。该虫具有暴发性、食

图1 斜纹夜蛾

性杂、多发性、迁飞性、繁殖力强的特点，是莲上最主要的害虫。

斜纹夜蛾是喜温性又耐高温的间歇猖獗为害的害虫，最适宜温度为28～30℃，33～38℃的高温也能存活，最适相对湿度75%～85%。在长江流域，斜纹夜蛾为害盛期发生在7～9月。一般生长茂盛的田块，虫口密度也较大。

3. 防治方法　每30亩1台频振式杀虫灯，或每亩设置1个性引诱器（置诱芯1个），诱杀成虫；人工摘除卵块或捕杀3龄以前幼虫；转移后的幼虫每亩用2.5%溴氰菊酯乳油60毫升对水60千克；每亩用Bt粉剂40g对水喷雾防治，或5%定虫隆（抑太保）1 500倍液喷雾1次。

（二）食根金花虫（图2）

1. 危害特点　以幼虫为害莲藕的嫩茎和根须，为害极其隐蔽，此虫一年只发生1代，以幼虫在土中越冬。7月下旬卵开始孵化，幼虫孵化后2～3天，就沿植株的地下茎钻入泥土中，取食荷根难以防治，一般可使莲藕减产15%～20%。

图2 食根金花虫

2. 防治方法　每亩用5%辛硫磷颗粒剂3千克加入50千克细土内拌匀，施入莲藕植株根际。宜采用水旱轮作，清除田间和田边杂草；或放养泥鳅、黄鳝等捕食幼虫；或每亩田用15～20千克茶子饼，捣碎后用水浸泡24h，之后将浸泡后的茶子饼渣液施于田间。

（三）潜叶摇蚊（图3）

1. 危害特点　潜叶摇蚊以幼虫潜食叶肉危害莲藕的浮叶和实生苗叶，由叶背面侵入，开始时潜道呈线形，随着幼虫的取食，潜道成喇叭口状向前扩大，最终形成短粗状紫黑色或酱紫色蛀道。大龄幼虫将虫粪筑在虫道两侧，因而潜道内有一段形似“=”号深色平行线。受害严重时浮叶叶面布满虫斑，几乎没有绿色面积，终致浮叶腐烂、枯萎。

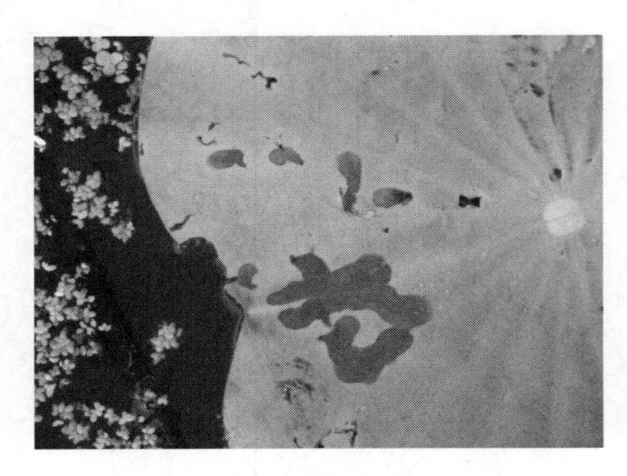

图3　潜叶摇蚊

2. 防治方法　农业防治：清除受害浮叶，消灭越冬虫源或通过排水晒田，控制其为害。缸栽切勿应用发生严重地块的莲田土壤，对已受害的缸栽莲，要彻底换土。化学防治：喷90%敌百虫晶体 1 000 ~1 500倍液或80%敌敌畏乳油2 000倍液，5 ~7 天防治一次，连续防治2 ~3 次。

（四）莲缢管蚜（图4）

1. 危害特点　莲缢管蚜从 5 月上旬莲叶出水开始，整个生长期均可为害，喜食嫩茎和嫩叶，大多数集中在心叶与倒 2 叶叶片和叶柄上，常布满嫩叶、叶柄和幼茎，甚至花蕾。造成生长不良，植株生长量减少，出叶速度缓慢。严重时能使新叶萎缩枯黄，甚至叶片难以展开，花蕾枯干，进而地下茎受抑，莲藕产量降低、品质变劣，严重田块减产50%以上。另外，莲缢管蚜也是病毒病的传播媒介。

图4　莲缢管蚜

2. 防治方法

农业防治：合理控制种植密度，减轻田间郁闭度，降低湿度。及时调节田间水层，看长势施用氮肥，适当多施磷钾肥。生物防治：利用天敌如瓢虫、草蛉、食蚜蝇、蚜茧峰等。蚜霉菌也在蚜虫体外寄生。化学防治：发生高峰期有蚜株率达15% ~20%，每株有蚜1 000头的田块应进行农药防治。可供选择农药有：70%吡虫啉水分散粒剂10 000倍液、10%吡虫啉可湿性粉剂2 500 ~4 000倍液、3%啶虫咪乳油1 500 ~2 000倍液、1%苦参碱水剂600 ~800 倍液、50%抗蚜威可湿性粉剂2 000 ~3 000倍液。

第四节　莲田主要草害的识别与防治

（一）浮萍（图5）

喜温气候和潮湿环境，宜在水田，沼泽、湖泊生长。降低水温，严重影响莲的初生幼苗。碳酸氢铵或尿素施撒在浮萍表面，可烧伤浮萍，抑制其生长。

图5　浮萍

（二）青泥苔（图6）

青泥苔，俗称水绵，是水生苔藓藻类植物，一般发生在冷浸田，发生严重的莲田如覆有一层绿色的藻丝地毯，阳光无法射入泥层，导致莲苗发育迟缓。用硫酸铜溶液浇泼，晴天防治，每7天一次，共2～3次。硫酸铜用量根据水深而定，每亩田的用量，按每10厘米水深0.5千克硫酸铜计算。

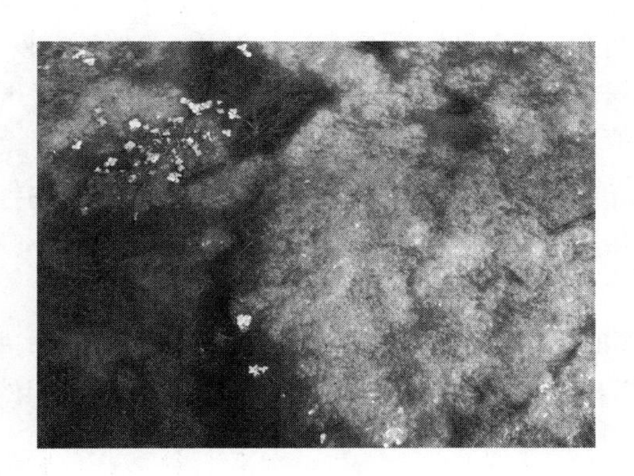

图6　青泥苔

其他杂草：眼子菜，雨久花，鸭舌草、空心莲子草，四叶萍，牛毛毡等。

莲田基本上都保持有一定水层，因此，需要谨慎使用茎叶除草剂，使用毒土法的除草剂时，田间一定要保持3.5厘米左右的水层，除草效果的好坏与田间水层深浅的控制关系较大。选择除莲田草剂，一定要注意药物的安全期，如新植莲田施用芽前除草剂后5～7天植莲比较安全，扑草净可湿性粉剂在立叶后和气温30℃以下使用比较安全。出苗后，谨慎安全正确的使用农药。

第五节　莲田的综合防控技术

莲藕整个生长期，田中病虫草害的发生常常是混合发生，复杂侵染的。所以在对病虫草害的防治时，有必要采取综合防治、联合施药的方法，尽量避免对单虫、单病单一用药。以减少化学农药对环境的污染，降低成本，提高防治效率。

1. 种植移栽前，结合整地，清除田间杂草，特别是眼子菜、鸭舌草等。可有效减少莲藕食根金花虫的有效卵量，降低虫口数。田间杂草发生较多时，除人工拔除外，还可于莲藕移栽后7～10（一般4月中下旬），每亩施50%扑草净可湿性粉剂100克，活用60%丁草胺水分散粒剂60毫升，用药土法或喷雾法将药剂均匀施于田中。施药时田间应维持5厘米左右的浅水层5～7天。

2. 对上一年腐败病发生的地区，整地后，覆水12～16厘米深，撒施生石灰，每亩100千克，待藕田水深度自然浸落至5厘米（时间间隔7天以上），撒施复合肥作基肥；立叶长齐整后，在结合撒施有机肥配加撒99%恶霉灵可湿性粉剂，田中水控制在2～3厘米；发病严重的藕田分别于立叶封行，田间初现花蕾时，再结合施肥，拌撒施99%恶霉灵可湿性粉剂3次。

3. 各种叶面真菌类病害常常混合发生，一般撒施恶霉灵的藕田，发生较轻。如果发生严重时，可再用硫黄多菌灵、甲基硫菌灵对水泼洒，安全间隔期10天。

4. 5月初，注意田间蚜虫发生情况，当蚜虫受害株率达到15%～20%，每株有蚜虫800头左右时，进行药剂防治。使用的药剂为吡虫啉和杀虫双混合施用，具体配制是：两种药剂按田间使用量减半后再按1：1比例混合，在添加少量敌敌畏进行喷雾，安全间隔期10天；如发生较重田块，还可以于吡蚜酮交替使用。

5. 在斜纹夜蛾低龄幼虫未分散钱施药防治，可选用甲氰菊酯、3.2%高效氯氰菊酯·甲氨基阿维菌素苯甲酸盐微乳剂，并添加少量乐果乳油，安全间隔期7天。同时，田间放置诱虫灯、性诱剂等，对虫量有很好的控制作用。

6. 在上一年食根金花虫发生较重的藕田，于莲藕发芽之前，即4月中下旬至5月上旬，用5%氟虫腈悬浮剂100～150毫升/亩，先用少量水稀释，在对水60毫升，拌入50～65克细土中，均匀撒施，或用15%毒死蜱颗粒剂65～85克伴细土50～65克，均匀撒施。

7. 整田时土壤撒施生石灰，可在很大程度上降低螺累的数量。一般不再需要药物灭螺。

8. 对于浮萍和水绵发生严重的藕田，可用硫酸铜混合洗洁精防除，使用剂量为每亩用800～100克硫酸铜加如500毫升洗洁精，最好在上午10：00左右与细土拌匀撒施，对水绵和浮萍具有较好的防效，但对浮叶有影响，会出现变黄的现象，对立叶影响较小，所以，施用时尽量避免撒到浮叶上。

对病虫草害进行防治的同时，藕田的肥水管理也要科学、合理的进行。在对莲藕病虫害进行化学防治的同时，还需要考虑到化学药剂对莲田水生生物的影响。尤其是实行了种养结合模式的藕田，在化学药剂的使用上，更应谨慎。

第九篇　畜禽免疫失败的原因与主要对策

金尔光，陈　洁，周木清
（武汉市农科院畜牧兽医科学研究所）

免疫接种是畜禽养殖健康管理的一项重要措施，是预防和控制畜禽传染病的有效方法之一，强有力地保障了畜禽的健康，促进了畜牧业的快速发展。但生产实践中由于多种因素影响，免疫失败的现象时有发生，甚至引起疫病的流行和传播，给畜牧生产造成损失。本文结合生产实际和相关研究资料对畜禽免疫失败的原因与主要对策进行分析与探讨。

第一节　免疫失败

1. 免疫失败　免疫失败是指用某种疫苗免疫过的动物在免疫保护期内又发生了该种疫病的现象。具体地说就是免疫后机体不能获得抵抗感染的足够保护力，仍然发生相应的亚临床型疾病或临床型疾病，或者说免疫后机体的抗体水平或细胞免疫水平不能达标，保持持续性感染带毒状态。

2. 免疫失败的主要临床表现[1]　一是注射疫苗后仍发生相应疾病；二是注射疫苗后虽不发生相应疾病，但引起机体抵抗力降低，导致混合感染疾病增加；三是注射疫苗后虽不发生明显的疾病，但引起免疫群体生产性能降低、生长缓慢或饲料转化率降低等；四是注射疫苗后发生相应疾病导致死亡，或虽不死亡，也不表现临床症状，但体内检测不到抗体；五是注射疫苗后出现隐性感染、持续感染和带毒动物垂直感染现象。

第二节　疫　　苗

1. 疫苗　疫苗是将病原微生物（如细菌、立克次氏体、病毒等）及其代谢产物，经过人工减毒、灭活或利用基因工程等方法制成的用于预防传染病的免疫制剂。

2. 疫苗的特性　保留了病原微生物刺激动物体免疫系统的免疫原性，当动物机体首次接触到无致病力的病原微生物后，免疫系统便会产生一定的保护物质，如免疫激素、活性生理物质、特殊抗体等；当机体再次接触到这种病原微生物时，免疫系统便会依循其原有的记忆，分泌更多的保护物质来阻止病原微生物的伤害。

3. 疫苗的分类　随着生物工程技术和生物化学、分子生物学的发展，动物疫苗种类、类型上取得了较大进展，各种新疫苗不断研制成功。疫苗按照病原是否有活性可以分为灭活疫苗和减毒活疫苗（弱毒疫苗），按照包含的病原数量可以分为单价疫苗、多联或多价疫苗，按照生产工艺不同又可分为全病毒/细菌疫苗和亚单位疫苗、基因工程疫苗。

第三节　免疫失败的原因

（一）疫苗因素

1. 疫苗质量　疫苗质量不合格，菌毒含量不足或灭活不彻底，佐剂不稳定，包装破损或已过有效期，以及疫苗取出时间过长、免疫接种前受到阳光的直接照射、稀释后未在规定时间内用完等都会影响疫苗的效价，甚至导致疫苗失效，免疫后造成免疫失败。

2. 疫苗间的干扰　两种或两种以上无交叉反应的抗原同时接种时，疫苗进入体内后在复制过程中相互干扰，可能导致机体对其中一种抗原的免疫应答显著降低，不能同时产生足够的抗体，从而影响疫苗的免疫效果。猪瘟苗与猪蓝耳病弱毒苗间的相互干扰。一般情况下，不同疫苗的免疫间隔时间约为7～14d。

3. 疫苗稀释不当　没有按使用说明书的稀释剂、稀释浓度和稀释方法稀释疫苗，或者使用未经消毒或受到污染的稀释剂，或直接使用井水或自来水稀释疫苗，或随疫苗提供的稀释剂存在质量问题，以及饮水免疫时没加脱脂乳，或饮水器中有残留的消毒药等都会引起免疫免疫效果降低或失败。

4. 疫苗运输储存不当　疫苗运输没配备冷链配送技术，没装入盛有冰块的密封保温瓶或保温箱内，没避免高温和阳光直射，整个过程没有在一定时间内完成。疫苗保存方法不当，需常温保存的疫苗低温保存，需冷冻保存的冻干疫苗常温保存；冻干苗反复冻融，灭活苗冷冻，易造成疫苗失活或油乳剂苗破乳，可能导致疫苗效价降低甚至失效。灭活苗一般保存在2～8℃，弱毒苗要求在－15℃温度下保存[2]。

5. 疫苗的选择不当　有些病原微生物有多个血清型，各血清型之间不具有交叉免疫保护，型内各亚型间仅有部分交叉保护，如口蹄疫病毒共分7血清型和80多个亚型[3]。选用疫苗毒株（或菌株）的血清型与当地流行病的血清型不相符，免疫接种后不能达到预期的免疫效果，导致免疫失败。

（二）畜禽自身因素

1. 母源抗体的影响　母源抗体对初生畜禽有保护作用，也会影响畜禽的免疫效果。在母源抗体处于高水平时接种弱毒疫苗，由于抗体的中和、吸附作用，不能诱发机体产生免疫应答，导致免疫失败。在母源抗体完全消失后再接种疫苗，又可能增加感染病原的风险。

2. 营养因素的影响　维生素和微量元素中的某些成分缺乏或过剩导致免疫功能受损，尤其是维生素A、维生素D、维生素B、维生素E和多种微量元素及蛋白质的缺乏，会影响机体免疫应答能力，从而影响疫苗免疫效果。

3. 免疫缺陷的影响　免疫器官先天性发育不完全，及营养不均衡造成免疫器官发育不成熟，降低机体的抗感染能力和免疫能力，接种疫苗后对抗原刺激不能长生良好的免疫应答。

4. 免疫抑制的影响　动物感染免疫抑制性疾病后，病原体主要侵袭、损害动物体液中的免疫细胞或免疫中枢器官，淋巴细胞生成受到破坏、降低或不能产生免疫球蛋白，导致免疫机能障碍，对疫苗接种的应答反应降低，出现免疫抑制现象[4]。近年来，病毒细菌病的混合感染和继发感染，特别是蓝耳病、伪狂犬病及圆环病毒病等免疫抑制病的发生，均造成了生猪疫病难防难控的局面。

霉菌毒素、重金属、工业化学物质和杀虫剂等可损害免疫系统，引起免疫抑制。如饲料中的黄曲霉毒素可降低猪对猪瘟的免疫力，并继发沙门氏菌而加重临床症状，增加猪痢疾密螺旋体的易感性。

5. 隐性感染的影响　预防接种时，部分动物亚临床感染（潜伏期）或在免疫阴性期感染强毒，虽然无发病症状，但接种后往往会诱发病情，造成免疫失败。

（三）环境因素

1. 卫生防疫体系不健全　平时不注重消毒、隔离、封锁，外来人员、车辆随意进出，造成环境中病原微生物的污染和病原的传播，使畜禽不断受到病毒和细菌的侵害，即使进行了免疫仍很容易感染发病，导致免疫失败。

2. 环境卫生条件差　粪污处理不当或不及时、高温高湿、通风不良、垫料霉变等不利的环境因素有利于病原微生物的生长繁殖，养殖环境中存在大量的病原微生物，导致畜禽对抗原的免疫应答减弱，影响疫苗接种的免疫效果，造成畜禽免疫失败。

3. 应激反应　接种疫苗前后受到强烈刺激，如突然更换饲料、混群、断奶、限饲、运输、保定、强光、噪声等应激因素均可使血浆皮质醇浓度显著升高，抑制机体的细胞免疫和体液免疫，从而抑制机体的免疫免疫机能。

（四）免疫程序因素

1. 免疫程序不适合　免疫程序受多方面因素的影响，即使同种疫苗，在不同畜禽场、不同饲养方式、不同区域等情况下使用，免疫程序也不可能完全一样。有的养殖厂没有根据实际情况与疫苗的特性制定免疫程序，生搬硬套教科书或其他场（户）的免疫程序而出现免疫失败。

2. 免疫时机不当　对免疫程序、免疫期不够重视，首次免疫后未产生保护性免疫力或抗体水平下降到临界值未进行及时加强免疫，造成免疫失败或免疫空白。过早免疫接种，母源抗体滴度高，有中和、吸附作用，不能诱发机体产生免疫应答；过迟免疫接种，母源体滴度低，造成免疫空白而引起发病；免疫接种频繁，疫苗接种间隔期不合理也会引起免疫失败。

（五）人为因素

1. 免疫剂量不当　注射器漏液或打飞针，随意增减说明书规定的免疫剂量，导致免疫剂量不足或超量。免疫剂量不足，不能有效激发机体的免疫反应，达不到应有的效价，机体免疫力低下，遇强毒攻击引起发病；免疫剂量过大，机体免疫应答受到抑制，发生免疫麻痹；超大剂量活疫苗接种甚至可导致动物发生临床疾病。

2. 免疫方法不当　滴鼻、滴眼免疫时，疫苗未能进入眼内、鼻腔；饮水免疫或气雾免疫时，疫苗分布不均；皮内注射改为肌肉注射；接种的部位发生了病变等因素均会导致免疫失败。

3. 免疫操作不当　免疫接种前器械没有彻底清洗消毒，免疫过程中选用的针头过大或过小，接种部位深度不够或过深，注射器不换针头一针到底，同一注射器混合注射多种疫苗等因素都会影响免疫效果。

4. 注射消毒不当　用碘酊或其他消毒剂消毒针头，残留的消毒剂会使弱毒疫苗灭活；注射部位涂擦的酒精、碘酊过多或使用5%以上的碘酊消毒皮肤，对弱毒疫苗有破坏作用。

（六）药物因素

1. 抗病毒或抗菌素药物的影响　免疫接种期间使用抗菌类药物（包括具有抗菌作用的中药）或抗病毒类药物会影响免疫效果。抗菌类药物青霉素、链霉素、卡那霉素、磺胺类药等对畜禽体内抗体的形成有一定的抑制作用，对T、B淋巴细胞转化也有明显抑制作用，而抗病毒药物会对疫苗造成直接破坏，从而影响免疫效果[5]。

2. 免疫抑制药物的影响　免疫接种期间使用具免疫抑制作用的药物或药物性饲料添加剂，如抗菌素、磺胺类、病毒唑、激素等药物，能抑制和损害机体免疫细胞形成，影响机体的免疫应答反应[6]。免疫病毒性活苗后使用抗病毒药物或干扰素，紧急免疫的同时用抗生素药物，免疫前后饮用消毒药等，使抗原遭到破坏，抗体生成受阻，导致免疫失败。

第四节　主要对策

（一）选择优质疫苗，严格保存运输

根据本地传染病实际情况，选用通过 GMP 认证的重点厂家生产或农业部批准进口的安全高效疫苗，疫苗株与当地传染病流行株的血清型或亚型一致，并根据疫苗的性质、特性、质量选用合适的种类。严格按照说明书的规定贮存与运输疫苗，疫苗的保存均按该种疫苗要求存入冰箱。

（二）强化相关监测，供应全价饲料

按照畜禽生长发育的需要，科学合理调配日粮，供应优质全价日粮，保障畜禽的健康，提高机体的抗病能力。免疫接种期间，适当增加蛋白质、氨基酸、维生素及微量元素等，同时还可添加一些免疫增效剂如左旋咪唑、黄芪多糖等，增强免疫效果。

加强饲料的监测，确保饲料中无霉菌毒素和其他有害化学物质。尤其是多雨季节和高湿季节，应在饲料中加入有降解吸附霉菌毒素作用的防霉剂。同时做好畜禽场主要病原微生物监测和抗体监测，为制定科学的免疫程序提供依据。

（三）改善生活环境，减少应激反应

切实控制好温度、湿度、通风、饲养密度，勤换垫料，做好粪便、病死畜禽的无害化处理，定期或不定期对圈舍、环境、饲养管理用具等进行消毒，提高畜禽机体的抗病力，保障机体产生免疫应答，达到免疫效果。

采取有效措施保持畜禽生活环境安静，尽量避免拥挤、高温、寒冷、饥饿、噪音、惊吓等因素的刺激，减少畜禽的应激反应。遇到不可避免的刺激时，尤其是免疫接种前后 3 ~5d 内在饮水中加入抗应激添加剂。如电解多维、维生素 C、维生素 E、杆菌肽锌等抗应激药物，可有效的缓解和降低各种应激反应。

（四）结合实际情况，制定免疫程序

根据该地区或该场疫病流行情况和规律、既往病史、品种、日龄、健康状况和饲养管理条件以及疫苗的种类、性质等因素，制定适合本场的免疫程序，免疫程序包括免疫项目、免疫疫苗、免疫时间、免疫次数、免疫间隔、免疫剂量和免疫途径等。免疫接种前后最好检测群体的抗体水平，依据检测结果评估畜禽机体内的母源抗体水平和整齐度，以确定免疫疫苗种类和最佳免疫接种时间。

（五）规范操作方法，确保免疫质量

采用规范与正确的操作方法 使用冻干苗时，有配套稀释液，必须使用配套的稀释液；没有配套的稀释液，一般使用生理盐水进行稀释。饮水免疫时，饮水器进行清洗消毒，饮用前适当限制，并设置足够的饮水器以保证每只动物都能同时饮到疫苗水。免疫接种前仔细检查疫苗标签、有效期、贮运方法、剂量规格、稀释浓度、用法用量和有关注意事项，观察疫苗瓶是否破损、封口是否严密等，特别要注意疫苗是否受到过高温、日晒、冻结、发霉等因素的影响，并记录疫苗批号、生产厂家。

选择正确的稀释液，严格按照使用说明书规定的稀释倍数、免疫剂量、免疫途径进行接种。疫苗稀释后要充分摇匀，并在 2 ~3h 内用完（饮水免疫疫苗在 1 h 内饮完）。注射免疫的器械应彻底消毒，接种过程中还要注意针头的选择与更换，最好选择 2% ~3% 浓度的碘酊作注射部位消毒剂。

（六）合理使用药物，保证免疫效果

实施免疫前后，慎用消毒药、抗菌素类和抗病毒药物，特别是有免疫抑制作用的药物，以免影响免疫效果。免疫接种前后3d内尽量避免使用肾上腺皮质激素、抗生素、驱虫药、抗病毒药或含有这些药物（包括中草药）的饲料添加剂，以免影响机体的免疫应答。

参考文献

[1] 王秀，孙富君．动物免疫失败的原因及预防措施［J］．兽医导刊，2011（8）：44－45.
[2] 王雪玲，原林，等．动物疫病免疫失败的原因及主要对策［J］．河南畜牧兽医（综合版），2012（9）：33－35.
[3] 奚增禄．畜禽免疫失败的原因及防范措施［J］．当代畜牧，2006（3）：20－23.
[4] 杨爱新．畜禽场疫苗免疫失败的原因及对策［J］．畜牧与饲料科学，2010，31（8）：185－186.
[5] 李莲．畜禽免疫失败的原因及免疫对策［J］．今日畜牧兽医，2011（1）：64－65.
[6] 李建彬，虞德良．浅谈畜禽免疫失败的原因及对策［J］．中国畜禽种业，2005（5）：51－52.

第十篇 草鱼传染性疾病综合症防治方法

艾桃山
（武汉市农业科学技术研究院，武汉市水产科学研究所）

第一节 草鱼传染性疾病综合症的流行状况

草鱼“四病”即细菌性赤皮、烂鳃、肠炎病和病毒性出血病是草鱼养殖过程中传统的、常见的传染性疾病，发病率高达90%以上，发病死亡率几乎高达100%。近些年，随着养殖单产的提高，养殖水环境的恶化，养殖品种种质的退化，草鱼传染性疾病的发生呈现复杂化、多发性、高死亡率、难以治愈的特点。其流行具有以下特点：

（一）复杂性

发生该病后往往是9～10种疾病同时发生，除草鱼“四病”外，往往伴随车轮虫的感染、指环虫的感染、鳃霉病、肝损伤综合症以及水质不良。

（二）多发性

凡是经过一次阴雨低温期该病都有可能发生，特别是春夏季节交替期（“桑尖瘟”期）以及夏秋季节交替期（“白露”期）极易发生，发病率几乎100%。

（三）高死亡率

一般气候条件下，死亡率通常达10%～30%，在“桑尖瘟”和“白露期”死亡率高达50%～100%。

（四）难治愈

因病因复杂、病原复杂，往往用药量大，用药品种多，疗程长，特别是同时发生病毒性出血病、肝损伤综合症，再加之水质不良、长期阴雨低温天气时，病程往往长达30～50天。

第二节 草鱼传染性疾病综合症的发病原因

（一）寄生虫继发感染

主要以原生动物类寄生虫（如车轮虫）和蠕虫类寄生虫（如指环虫）以及甲壳类寄生虫（如中华鳋和锚头鳋）为主。

（二）水质不良

主要表现为藻相不平衡，氨氮、亚硝酸氮、pH、硫化氢偏高，对鱼体长期形成的环境胁迫效应而发病。

（三）营养不合理

因投喂配合饲料养殖，使得草鱼生长速度快，其生理机能还不能适应其生长速度的需要，再加上一般配合饲料中维生素缺失、营养不全以及投喂不洁、霉变饲料都会引起肝损伤综合症，导致抗病力差。其中引起肝损伤综合症的因素还包括水质不良、病原性病因的感染、滥用药物等。

(四) 品质退化

主要与亲本选育有关。

第三节　草鱼传染性疾病综合症的临床症状

(一) 病毒性出血病

患病鱼体色发黑，离群独游水面，反应迟钝，摄食减少或停止。按病鱼的症状可分为三种类型：

1. “红鳍红鳃盖”型（图1）　以体表出血为主，口腔、下颌、鳃盖、眼眶四周以及鳍条基部明显充血和出血，一般在较大（13 厘米以上）的鱼种中出现。

2. “红肌肉”型（图2）　以肌肉出血为主而外表无明显的出血症状或仅表现为轻微出血，一般在较小（7 ~ 10 厘米）的鱼种中出现。

3. “肠炎”型（图3）　以肠道充血、出血为主，在大小草鱼中都可出现。以上3 种类型可能同时存在，也可能单独出现，它们相互之间可以混合发生。

现场诊断中，只要发现草鱼口腔充血和眼球突出（图4）即可诊断为该病。诊断时，要注意以肠道出血为主的草鱼出血病与细菌性肠炎病的区别，前者表现为肠道充血发红且无脓液或有琉晶样物质。

图1　鳃盖、胸鳍充血发红

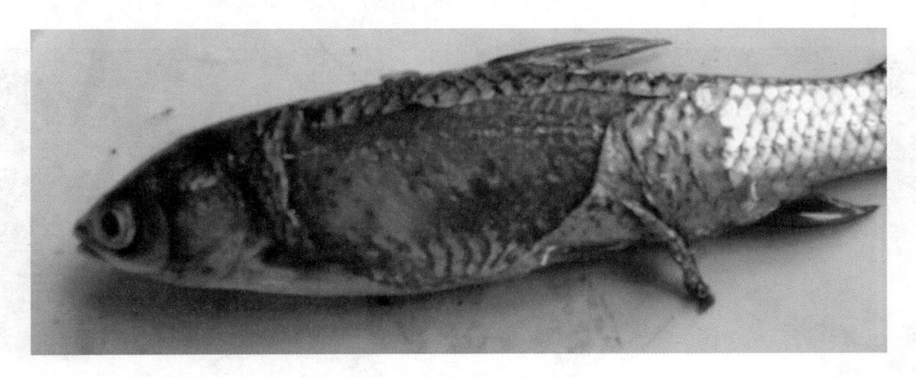

图2　肌肉充血发红

(二) 细菌性赤皮病

早期症状是尾鳍边缘白圈宽，鳞片不紧凑。鱼体两侧、腹部的局部或大面积（图5）鳞片脱

图3 肠道充血发红

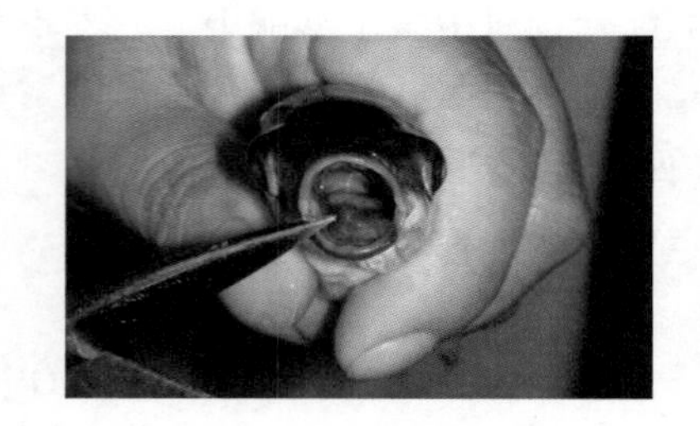

图4 口腔充血、眼球突出

落、充血、出血发炎，鳍条间的组织常被破坏而腐蚀呈“蛀鳍”现象（图6）。

图5 身体两侧鳞片脱落

图6 蛀鳍、尾鳍呈扫帚状

（三）细菌性烂鳃病

常见的症状是吃食不旺或停止吃食，身体变黑，尤其是头部变黑，离群独游。剪开鳃盖，有的呈块状烂鳃（图7）、有的沿鳃丝边缘有明显镶沙（泥）边缘带（图8）、有的鳃部呈紫色或白色，有的鳃盖表皮腐蚀而呈“开天窗”，更有甚者鳃丝末端溃烂，严重时鳃丝缺损。

图7 鳃丝溃烂呈斑块状

图8 鳃丝挂泥

（四）细菌性肠炎病

肛门红肿（图9），腹部膨大，挤压腹部有黄色黏液流出。剖开腹腔后，肠道膨胀（图10）、肠壁变薄、发炎，肠道无弹性，肠内容物稀松、发黄。

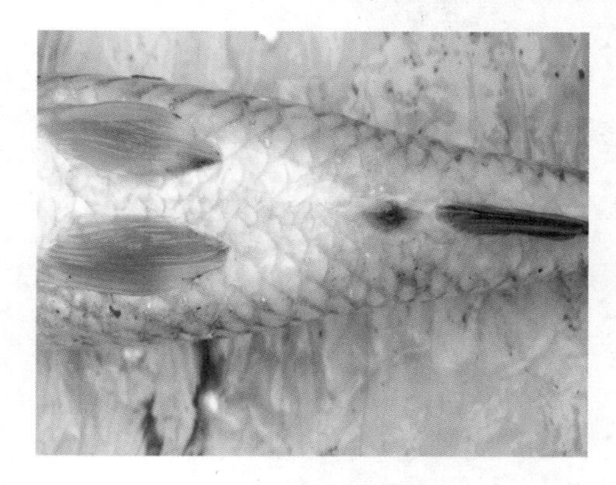

图9 肛门红肿

图10 肠道膨胀

（五）鳃霉病

患病鱼吃食量下降或停食，呼吸困难，游动缓慢，鳃上黏液增多，鳃上有出血、瘀血或缺血的斑点，呈现花鳃（图11）；病重时鱼高度贫血，整个鳃呈青灰色。显微镜下可见明显的霉菌菌丝寄生。寄生在草鱼鳃上的鳃霉，菌丝较粗直而少弯曲，分枝很少，通常是单枝延生生长，不进入血管和软骨，仅在鳃小片的组织生长，孢子较大。

图11 患鳃霉病的草鱼鳃丝呈花鳃状

（六）肝损伤综合症

患病草鱼摄食后半小时内烦燥不安，鳍条末端生长圈过大。典型症状为肝脏肿大、变色或色泽不均匀。肝脏明显肿大，颜色为淡土黄色（图12）、花斑色或绿色（图13），肝脏易碎或产生豆腐渣样病变。胆囊明显肿大或萎缩，有时导致胆汁溢出肠道或胆囊破裂。胆汁颜色变深绿或墨绿或变黄变白直到无色，重者胆囊充血发红，并使胆汁也成红色。

（七）车轮虫病

寄生鱼种的部位为体表、鳍条及鳃等处，寄生成鱼的常为鳃部；侵袭体表的车轮虫一般较大，寄生于鳃部的车轮虫一般较小。车轮虫常刺激鱼类分泌大量黏液，在体表、鳃部形成一层黏液层，

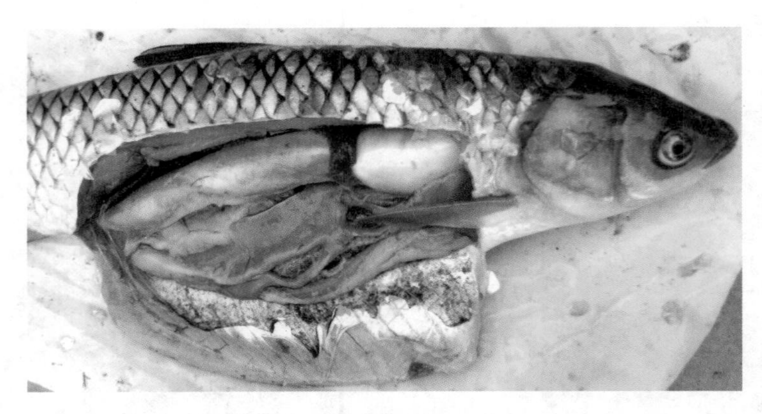

图 12　肝脏色泽为土黄色

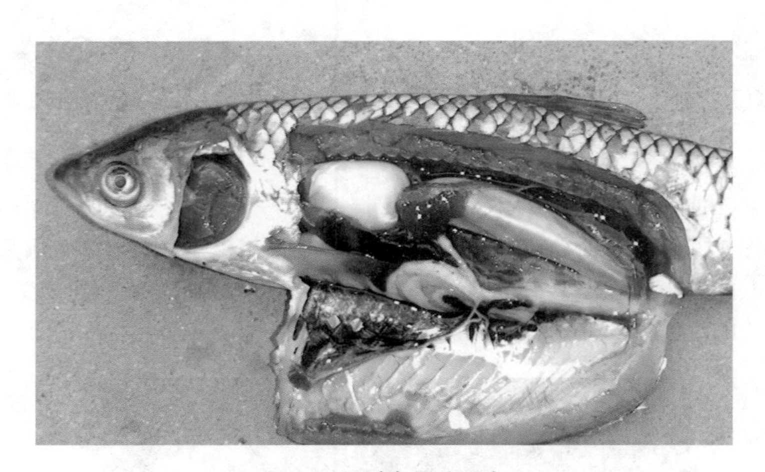

图 13　肝脏色泽为绿色

因而在鱼苗、鱼种时期可见体表、鳃部出现一层白翳，在水中尤为明显；或病鱼成群绕池边狂游，鱼体消瘦，不摄食，俗称“跑马病”。车轮虫（图 14）大量寄生鱼苗、鱼种时可直接引起鱼苗、鱼种的大量死亡；寄生于成鱼或大规格鱼种时，多表现为吃食不旺，游动缓慢，也常因继发或并发感染其它病原体而引起大量死亡。

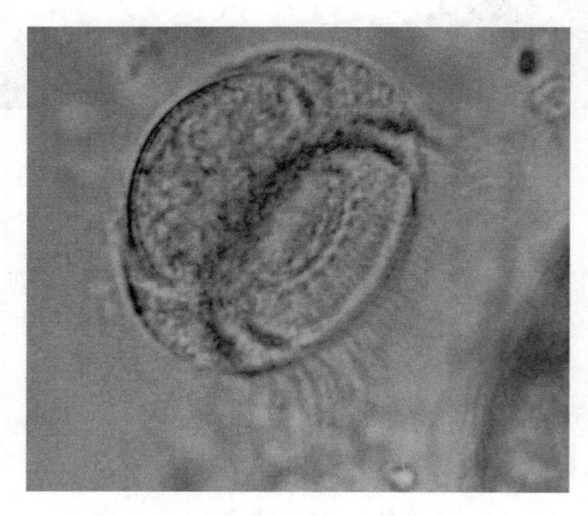

图 14　显微镜下的车轮虫

患病草鱼鳃部早期并不腐烂，但附着淤泥、多黏液，发病严重时鳃部腐烂部位以末端为准。显微镜确诊时一般0.25～0.4千克以下的草鱼特别是当年草鱼鱼种易感染该病。

（八）指环虫病

指环虫（图15）寄生于鱼类鳃部时表现出明显的“群居”现象，少量感染时养殖鱼类并没有明显的症状，多表现为吃食量下降或暗浮头现象。大量寄生时，病鱼呼吸困难，游动缓慢；夏花鱼种鳃部显著浮肿，鳃盖张开。

显微镜确诊。各种规格草鱼都可发生，一般鳃部腐烂且呈斑块状时可初步确诊，镜检时可检查同塘鱼的花鲢、鲫鱼等易感鱼类，以免漏诊。

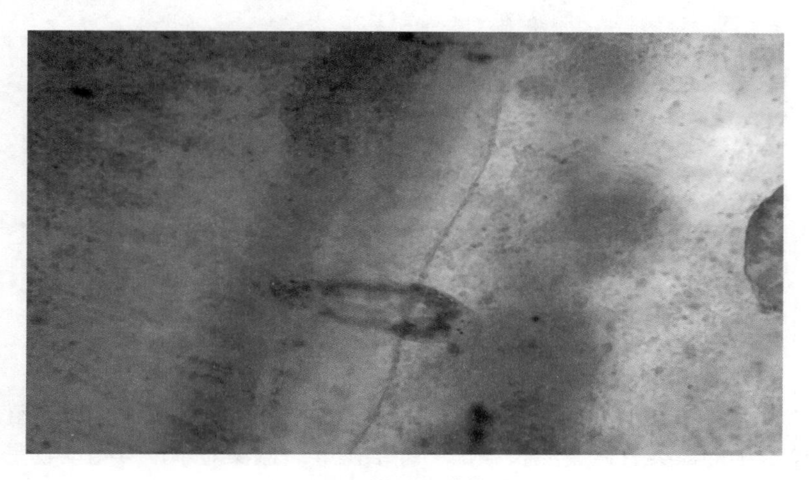

图15　显微镜下的指环虫

（九）不良水质

高密度养殖条件下，池塘水质因投饵过多、施入的肥料得不到有效转化、水产养殖动物的代谢产物过量积累以及自然因素如天气、水温等原因常引起各种不良水质的出现，究其形成的原因可分为三大类，第一是水体的有机物质过多而形成的不良水质如红水、黑水、蓝绿藻水华及氨氮、亚硝酸氮过高等，另一类是水体营养物质缺乏而形成的如浑浊水、澄清水、青苔水等，第三类是因为环境条件快速转变而引发的不良水质如倒藻现象等。

1. 黑色水质　养殖水体的水色呈黑色（图16）表明水体中含有大量未被氧化、分解与利用的有机质，常因使用过量的未发酵的有机粪肥（如猪、鸡粪等）或因淹青后遇连续的阴雨天气或池

图16　水体中大量有机质未被分解转化而使水色呈黑色

塘中的藻类（或水草）突然大量死亡等发生水色变黑的现象，有时池塘表面有大量的白色浮膜或泡沫出现，且下风区尤多。

2. 红色水质　因角甲藻、多甲藻、飞燕甲藻、裸甲藻等甲藻成为养殖水体优势种群而引起的水色发红（图 17），俗称“红水”。多发生在高温养殖期含有机质多、呈碱性的水体中，它们对环境变化非常敏感，如当水温和 pH 值突然改变时，就会大量死亡而使养殖水体中的有机质富集，从而使水体呈黑色，甲藻死亡后产生甲藻毒素会使鱼中毒死亡。

图 17　水色呈红色

3. 蓝藻水华　蓝藻水华（图 18）的水色多为蓝绿色或铜绿色等，是淡水养殖过程中常见的不良水质。引起蓝藻水华的藻类有微囊藻及颤藻、纤维藻等。蓝藻对水产养殖动物是有毒的，当蓝藻大量死亡后产生羟胺及硫化氢等有害物质，使水产养殖动物死亡；当蓝藻生长过盛时，水中溶氧不足而引起鱼类大量死亡。蓝藻水华常发生在高湿季节，特别是在水温 28～30℃、pH 值 8.0～9.5 时更易暴发。蓝藻水华不仅常规养殖池塘多见，在湖泊、水库等大水面也多见。

图 18　已形成蓝藻水华的池塘

4. 浑浊水质　当池水呈浑黄或土黄色（图 19）时，表明藻类数量不够即池水较瘦。引起浑浊水的原因较多，首先是养殖水体中泥浆悬浮物过多，其二是放养的底层鱼类过多或投饵量不够，其三是水体中的浮游动物过量繁殖而使浮游植物不能有效的生长与繁殖，其四是养殖水体中有机质末被分解转化或水体中缺乏藻类生长的限制性营养元素。

5. 从水化学指标分析　不良水质除表现为肉眼可见的水色不正常外，更常见的表现形式为非肉眼可见的水质不良，即通过水质检测养殖水体中的主要化学指标时其水化学常用指标通常过高。

图19　水色浑浊

主要有pH（>8.5）、氨氮（>0.8毫克/L）、亚硝酸氮（>0.1毫克/L）、硫化氢（>0.05毫克/L）偏高。

第四节　草鱼传染性疾病综合症的预防措施

（一）定期改良水质

定期使用芽胞杆菌等微生态制剂加磷肥改良水质。

（二）杀虫预防

分别选用硫酸铜和硫酸亚铁合剂或10%甲苯咪唑溶液、1%阿维菌素溶液等3种专用杀虫剂针对性的杀灭车轮虫或指环虫、中华鳋及锚头鳋。

（三）消毒预防

选用强氧化剂如30%强氯精或8%溴氯海因等每15～20天定期全塘消毒或在饵料台周边挂袋消毒。

（四）口服药物预防

选用中草药如穿梅三黄散等、多糖类物质如新肝宝等、多维添加剂等定期口服，提高非特异性免疫抗病力以及保肝护肝，在“桑尖瘟期”及“白露期”前加强口服药物预防，应杜绝使用抗生素进行药物预防。

（五）免疫预防

通过浸泡和注射方式对放养草鱼进行群体免疫，预防病毒性出血病的发生。

（六）其他预防措施

“四定”投饲，定期补充青饲料，避免投喂霉变饲料，避免有毒药物的使用，选用抗病力强的草鱼种，错开发病高峰期养殖法。追求合理的放养密度。

第五节　草鱼传染性疾病综合症的治疗措施

（一）基本原则

1. 根据病因确定治疗方案而非针对症状治疗。

2. 死亡量大时先改良水质，减食或停食2～3天，以消除应激。

3. 有病毒性出血病发生时，禁止使用杀虫剂。选择杀菌药物时可选择8%二氧化氯或10%聚维酮碘溶液，禁用强刺激性杀菌药物。

4. 水质良好、有寄生虫感染时，先使用杀虫剂，后使用杀菌消毒剂。

5. 确定处方时重视水质改良、病毒性疾病治疗、寄生虫杀灭、鳃霉病治疗以及保肝护肝，弱化草鱼老“三病”（细菌性赤皮、烂鳃、肠炎病）的治疗。

6. 500克以上草鱼一般只需杀灭指环虫，500克以下小规格草鱼一般需同时杀灭车轮虫、指环虫（以镜检结果确定选用的杀虫剂）。

7. 反复多次使用过杀虫、杀菌药物的池塘易产生耐药性的寄生虫和致病菌，在治疗时应选用不同的专用杀虫剂或交替使用杀菌制剂。

8. 病情严重时应将外用药物、口服药物、挂袋消毒药物同时进行。

9. 泼洒消毒药物与抛洒消毒颗粒药物同时进行，尤其是种青养殖塘以及淤泥深的老口塘。

10. 有病毒性出血病及鳃霉病发生时，必须使用中草药泼洒消毒剂如贵鱼康等，才有望治愈。

11. 治愈后或按用药程序用药完毕后，需加强水质及底质改良和投喂口服保肝护肝药物及提高免疫抗病力药物。

12. 使用消毒剂时，应视水质及天气情况酌情选用不同类型的杀菌剂，其中藻类丰富时选用非氧化剂如45%苯扎溴铵溶液等，有机质丰富时选用氧化剂如8%二氧化氯等。

13. 选用水质改良剂治疗时以化学水质改良剂为主，治愈后可选用微生物类水质改良剂。

（二）防治草鱼传染性疾病综合症的用药程序

1. 按病因　水质改良→病毒性出血病及肝损伤综合征的治疗→寄生车轮虫、指环虫杀灭→鳃霉病治疗→草鱼老“三病”的治疗。

2. 按药物　水质改良药物→内服药物→病毒性出血病专用消毒药物→杀车轮虫专用药物→杀指环虫专用药物→氧化性消毒剂→非氧化性消毒剂→中草药消毒剂。

（三）防治草鱼传染性疾病综合征的药物选用

1. 化学水质改良剂　大苏打、氨离子螯合剂、有机酸解毒剂、EDTA、维生素C、甜菜碱、葡萄糖等。

2. 化学消毒剂　氧化性消毒剂有：三氯异氰尿酸、溴氯海因、二氧化氯、聚维酮碘、过氧化氢、高铁酸钾、过硫酸氢钾复盐、部分过氧化物盐；非氧化性消毒剂有：苯扎溴铵，戊二醛等。

3. 中草药泼洒消毒剂　大黄、鱼腥草、乌梅、穿心莲等。

4. 专用杀虫剂　杀车轮虫专用药物有硫酸铜和硫酸亚铁合剂、有机硫化合物及高浓度弱刺激性氧化物；杀指环虫专用药物目前只有甲苯咪唑，作预防时，也可选用辛硫磷溶液；杀中华鳋、锚头鳋专用药物主要有阿（伊）维菌素溶液、高效氯氰菊酯溶液等。

5. 保肝护肝制剂　主要成份有中药提取物、胆碱、肌醇、葡萄糖、甜菜碱等。

6. 抗生素　恩诺沙星、氟苯尼考、硫酸新霉素等。

7. 免疫增强剂　植物多糖、维生素C等。

8. 微生物水质改良剂　芽孢杆菌、EM 菌、光合细菌、粪产碱杆菌等。

9. 磷肥　过磷酸钙、磷酸一铵、磷酸二氢钾、磷酸氢钙等。

（四）草鱼传染性疾病综合症具体治疗方案

1. 小规格草鱼大量死亡时，分两种情况：

（1）有病毒性出血病的发生

外用药物顺序：减食或停食→泼洒水质改良剂→泼洒专用氧性消毒剂 1 ~ 2 次→泼洒中草药消毒剂 1 次→杀虫→改毒→培育水质。

口服药物：保肝护肝制剂、免疫增强剂、复合多维 7 ~ 10 次，每天 1 次；抗生素 3 ~ 4 次，每天 1 次。

（2）无病毒性出血病发生时

外用药物顺序：减食或停食→泼洒水质改良剂→泼洒杀车轮虫、指环虫→泼洒化学消毒剂 1 ~ 2 次→泼洒中草药消毒剂 1 次→水质培育。

口服药物：抗生素 2 ~ 4 次，每天 1 次；保肝护肝制剂、复合多维、免疫增强剂 3 ~ 5 次，每天 1 次。

2. 大规格草鱼持续不间断死亡时

外用药物顺序：泼洒水质改良剂→杀指环虫→泼洒化学消毒剂 1 ~ 2 次→水质培育。

口服药物：抗生素 2 ~ 3 次，每天 1 次，保肝护肝制剂、免疫增强剂、复合多维 3 ~ 5 次，每天 1 次。

总之，充分了解草鱼传染性疾病综合症的发病原因，掌握基本的药物性能，遵从基本用药程序，草鱼传染性疾病综合症是不难防治的。

第五部分

农业气象灾害应对技术

第一篇　越冬作物冻害预防及灾后补救措施

丁　鸣
（武汉市农业科学技术研究院，武汉市农业科学研究所）

农业是受自然灾害影响最大的弱质产业，因此在农业生产特别是种植业生产过程中，需要时刻防范大自然突降的灾害。油菜、小麦都是秋播冬种的越冬作物，自身具有一定抵御严寒的能力，但由于越冬期间北方强冷空气南下侵袭、播栽期偏晚、施肥管理不当等原因，往往会引起冻害，造成不同程度的减产，甚至绝收。因此，应结合生产实际，及时采取相应栽培技术措施，预防或减轻冻害的发生，争取将冻、渍害损失减少到最低，确保油菜、小麦等作物安全越冬，夺得夏粮和夏油的双丰收。

第一节　越冬作物冻害产生的原因和表现

（一）冻害产生的原因

油菜、小麦等越冬作物都具有一定的抗寒性，其苗期也需要经过一段低温时期才能正常孕穗或现蕾，目前长江中游种植的油菜品种在5～15℃条件下大约需要经过20～30天、小麦在0～8℃温度下也需15～30天。正常年份下武汉市种植的越冬作物都能安全越冬，但在特殊情况下有可能产生冻害；比如：隆冬遭遇极端低温（－5℃以下），早春陡然强降温（寒潮）伴随雨雪天气，品种本身抗寒性差，播种时间过早或过迟，冬前苗势过旺等，都是越冬作物产生冻害的主要原因。

冬性较弱的品种其抗寒性本身就较差；有些品种因早播在年前就已抽薹或拔节；有的则因播种太迟或过密造成植株瘦小或苗黄体弱，抗寒能力差；有的则因栽培技术不当或苗期生长太旺造成叶片过绿过大；这些作物在一般年份也许能勉强越冬，一旦遇到强降温或冰冻雨雪天气，会引起不同程度的冻害而造成减产甚至绝收。

（二）冻害的表现

1. 油菜冻害　油菜冻害有冬冻和春冻两种，冬冻是越冬期低温引起的幼苗叶、根受冻；春冻是春季寒潮引起的叶、茎和蕾薹、幼果受冻，一般冬冻比较严重，冻害的表现主要有：

（1）叶片受冻：是油菜受冻最普遍的现象。当气温下降至－5～－3℃时，叶片因内部结冰而出现烫伤水渍状，温度回生后，叶片由白转黄枯死；当春季寒潮气温下降不大时，叶片部分受冻后仍能继续生长，则导致叶片出现凹凸不平的皱缩现象。

（2）根拔掀苗：当播种或移栽过迟、整地移栽质量差、且土壤水分较多时，瘦小或扎根不深的油菜苗若遇夜晚－7～－5℃的低温，土壤便会结冰膨胀，土层抬起并带起油菜根系；待白天气温上升，冻土融化下沉时根系便被扯断形成根拔外露，再遇冷风日晒，油菜倒苗死亡。

（3）蕾薹受冻：油菜抽薹后抗寒力下降，遇到0℃以下低温则易受冻。蕾受冻呈黄红色而后枯死；薹受冻初呈水烫状，嫩薹弯曲下垂，进而破裂；下垂的嫩薹，轻者可恢复生长，但花器发育迟缓，影响授粉结实，重则折断并逐渐枯死。

2. 小麦冻害　小麦的抗寒性较强，武汉市适时播种的冬小麦，经过秋冬低温锻炼后，一般能忍受 -5℃左右的低温，因此冻害比较少见。但如果栽培技术不当，或早冬气候温暖、麦苗生长旺盛、骤遇 -5℃以下低温、植株体内（尤以叶片）细胞间隙中的水分因结冰破坏细胞结构而产生冻害；主要表现为叶片出现部分或全部水渍状，严重时叶片逐渐干枯死亡。

第二节　冬作越冬前的防冻措施

（一）选择中晚熟品种、适时播种、培育壮苗

武汉市地处北纬30°左右，元月份平均气温为3.7℃，但平均每几年就会遇到 -5℃以下的极端低温天气，因此宜选用抗寒性较强的半冬性中晚熟油菜和小麦品种，具体可根据当地种植习惯并参考每年省农业厅、市农业局发布的主要农作物主导品种公告。

同时应适时播种，既要满足作物高产所需的基本营养生长期，又要保证作物能安全过冬。一般武汉市移栽油菜的适宜播种期为9月中旬，“一菜两用”油菜可提前至9月上中旬，直播油菜则要推迟10～15天；小麦的适宜播种期为10月底以前；而蚕豆、豌豆的适宜播种期在10月中旬。

培育壮苗是越冬作物高产、稳产栽培的关键措施之一。一般壮苗比弱苗能增产10%以上，表现为苗龄足够、植株健壮、叶片数多、根茎粗壮，目前很多地区对油菜壮苗的要求是：绿叶6～7片，苗高20～23厘米，根茎粗6～7毫米。这样的幼苗功能旺盛、耐寒性强，而且春发快，更容易实现稳产和高产。

（二）挖好“三沟”、取土壅根越冬

“三沟”的作用主要是排除田间渍水和降低地下水位，根据武汉市冬季特别是早春寒潮频发、降水较多和田间湿度大的特点，冬作田开挖好“三沟”可减少地表渍水和田间持水量，有利于作物安全越冬和减少病害发生，因此水稻田的“三沟”更显得格外重要。冬作整个生育期要经常清沟排渍，保持“三沟”畅通；达到沟沟相通，做到明水能排，暗水能滤的要求，及时排除田间积水，保证根系正常生长。对于土壤过于干燥的田块，寒潮来临前也可利用“三沟”适时灌水防冻，但灌后要注意及时松土、中耕，才能保温保湿，有利于防冻护苗。油菜的根颈是油菜冬季生命活动的中枢，培土壅根对保护根颈和防止冻害具有重大作用。入冬前，还可以结合清沟进行取土壅根，以保护主根，提高其抗寒性。

（三）增施有机腊肥、秸秆覆盖保温

越冬作物一般在冬至后应重施一次腊肥，这次施肥具有保冬壮、促春发的作用；腊肥以缓效性农家肥为主，配合一定数量的草木灰和过磷酸钙施用，可增强植株的抗寒能力。对于生长过旺的幼苗，腊肥可以少施或适当推迟施用；对于旱地小麦，可顺小麦厢沟撒施一层粪肥，也叫“暖沟粪”，可以避风保墒，增温防冻，并为麦苗返青后生长补充养分。盖粪的厚度以3～4厘米为宜。

在旱地油菜田行间每亩还可铺盖200～300千克稻草或其他作物秸秆来保温；小麦的行间每亩可撒施300～400千克麦糠、碎麦秆或其他植物性废弃物，既保墒又防冻，并且覆盖物腐化后还可以改良土壤，培肥地力，是冬作防冻、增产的有效措施。此外预报寒潮来临降温前在作物叶面上撒施草木灰或谷壳可避免冷空气对叶片直接伤害，也能起到防冻作用。

（四）控制旺长苗，及时摘薹

旺长植株叶片较大而薄，容易受冻害。因此越冬作物的底肥和冬前追肥应以有机肥和复合肥为主，追施尿素最好配合磷钾肥一起施用，以提高作物抗寒性。

对于移栽较早，施氮水平较高，出现旺长现象的油菜，可采取控旺措施。一是于6~8叶期每亩用15%的多效唑30~45克兑水50千克喷雾，可控制油菜旺长，使油菜基部根茎变粗，叶柄距变短，叶片变厚实，提高抗寒能力，还可防治将来倒伏；二是通过中耕松土，使土壤通气良好有利于油菜生长发育，同时因损伤部分根系，暂时控制生长，有缓和抽薹开花的作用；三是对已抽薹的油菜，在薹高30厘米以下时及时抢晴摘薹，不仅可以一菜两用，而且可适当延迟花期，避开低温冷害。摘薹后每亩追施尿素3~4千克，可促使植株分枝生长。瘦弱植株和田块若不及时追肥反而会造成损失。

第三节　冬作产生冻害后的补救措施

（一）改种和补种

主要针对油菜已大量死亡、濒临绝收的田块，建议及早毁茬改种其他作物，如大麦、早春马铃薯、速生性蔬菜和绿肥等等，以挽回部分损失；对点片死苗的田块可插花补种或移栽收获期相近的作物。

（二）补救和恢复生产

主要用于受害较轻、能较快恢复生长的田块，以尽快减轻雨雪冰冻等灾害性天气的不利影响和促进作物恢复生长。

1. 清沟沥水、培土壅根　雨雪天气后应及早排除田间积水，避免渍水妨碍作物根系生长、增强根系吸收养分的能力。但雪后结冰容易引起田埂倒塌和沟渠堵塞，因此化雪后要利用晴好天气彻底清理田内“三沟”，及时排明水、滤暗水，降低地下水位和土壤持水量，以降低田间湿度，促使地温回升；同时加深田外沟渠，预防渍害发生。

雨雪冰冻过后，要及时查苗补救。可利用清沟的土壤进行培土壅根，特别是对出现拔根现象的油菜，必须及时碎土培蔸8~10厘米，防止断根死苗，尽量减轻冷冻对根系的伤害。

2. 摘除冻苔、清理冻叶　对已经受冻的早苔油菜，融冻后应在晴天及时摘除冻苔，摘苔时基部要保留5~10厘米，以利基部的腋芽尽早形成分枝，弥补冻害损失，切忌雨天进行，以免造成伤口腐烂。

要及时清除呈明显水渍状的严重冻伤叶片，防止冻伤累及整个植株，对明显变白或干枯的叶片要及时摘除。

3. 补施追肥、喷施硼肥　油菜受冻后，叶片和根系受到损伤，必须及时补充养分。摘苔后的田块，要视情况适当施肥，每亩追施5~7千克尿素，以促进分枝生长。叶片受冻的油菜，要普遍追肥，每亩追施3~5千克尿素，长势较差的田块可适当增加用量，使其尽快恢复生长。在追施氮肥的基础上，要适量补施钾肥，每亩施氯化钾3~4千克或者根外喷施磷酸二氢钾100克，兑水50千克（0.2%溶液，下同），均匀地喷在叶面上，以增加细胞质浓度，增强植株的抗寒能力，促灌浆壮籽；另外，每亩叶面喷施0.1%~0.2%硼肥溶液50千克左右，以促进花芽分化。

小麦追肥主要促进小分蘖迅速生长。如果主茎和大分蘖已经冻死的麦田可分两次追肥，第1次在田间解冻后即每亩追施10千克尿素，开沟施入，缺磷的地块可将尿素和磷酸二铵混合施用；第2次在拔节期，结合浇拔节水施拔节肥，每亩10千克尿素。而一般受冻麦田，仅叶片冻枯、没有死蘖现象，早春应及早划锄、提高低温，促进麦苗返青；在起身期追肥浇水，提高分蘖成穗率。

4. 及时防治病虫害　油菜受冻后，较正常油菜更容易感病，要加强油菜病虫害的预测预报，密切注意发生发展动态。在初花期可以叶面喷施农药和肥料混合液防病一次，每亩用25%咪鲜胺乳油50毫升或50%腐霉利可湿粉60～100克或40%菌核净可湿粉100～150克等与30克硼肥(20%左右有效硼含量)、60克磷酸二氢钾、500克尿素，兑水25～30千克均匀喷施；对发生蚜虫为害的田块，要及时用蚜虱净、抗蚜威等喷雾防治。

小麦生长后期要做好纹枯病的检测和防治工作，尽量减轻病虫损失。

5. 田间覆盖、提高地温　冰雪融化后，有条件的地方可以在油菜田撒施1层草木灰或谷壳，或覆盖适量稻草或畜禽粪，可以保温防冻；并及时对叶面喷施清水，以缓和水分失调，防止失水死苗。

油菜抽薹期和小麦返青期如遇霜冻天气还可采取熏烟的方法来预防。熏烟防霜是一种古老的防霜技术，就是利用燃烧发烟的物体，在小范围内形成保温烟幕，减弱土壤的有效辐射，同时烟雾中亲水性微粒还吸附大气中的水分，一般能提高地温1～3℃，从而达到防霜冻危害的目的。烟雾剂的配方是：沥青45%、锯末48%、硝酸铵32%、柴油5%，碾碎混合后用牛皮纸封好，内放引火索，周围戳些小孔；在确保防火安全的前提下，亦可采取用木屑、谷壳、稻草等在田间多处进行熏烟防霜。熏烟时间不宜过早或过晚，一般在温度下降到1℃以下、0℃以上时开始。注意统一点火，保证烟幕质量，以收到良好的防霜效果。

附：早春西瓜苗床的防冻及补救措施

（1）瓜菜苗床应地势高、避风向阳：早春西瓜或蔬菜育苗，宜选择避风向阳、地势高燥、排灌方便、靠近电源的地块作苗床，育苗大棚最好采用多膜覆盖，电热线加温，营养钵育苗；苗床宽1.2米，挖成深5厘米的凹形槽，底垫稻壳或草木灰，上铺一层地膜，地膜上铺设电热线（电热线埋深8～10厘米，线间距4～10厘米，功率约100瓦/平方米）覆盖2厘米床土后再摆钵育苗。

育苗期间要注意保温、控湿、通风和防病，通过全程控水控氮，防止徒长和弱苗，培育壮苗供早熟栽培。其次注意调整品种结构。武汉市早熟

栽培的西瓜一般选用小型礼品西瓜品种，其抗寒性较

弱，可选用中果型、产量较高的品种，如大果型早春

红玉、早佳8424等。

（2）遇雪要及时清扫和修复苗棚：一是遭遇下雪时，应及时、迅速清扫苗棚膜面上的积雪，避免因积雪过厚而压塌棚架、造成损失；二是雪停后要及时检查大棚及幼苗受损情况，尽快修复棚膜、并用支架和压膜线加固大棚，防止雨雪再次侵袭造成2次危害。

（3）寒潮过后苗床的管理：西瓜苗床在雪后晴天及时通风透光、降低棚内湿度，但阴雨天仍要注重防寒保暖。

①分类管理在育西瓜苗：一是迅速处理死苗和病苗；二是分拣壮苗与弱苗，特别要将弱苗集中保温管理，使其尽快恢复生长，转化成壮苗；三是注意通风练苗，在中午阳光强烈时，避免短暂高温灼伤；四是喷施含钾叶面肥料，补充营养，提高抗寒性。

②控制湿度：早春棚内高湿是瓜苗万病之源，天气还未转晴前要在中午温度稍高时坚持揭膜通风散湿1～2小时，以降低苗床湿度。

③苗床加温：利用地热线进行苗床加温，或者用电热毯搭在小拱棚上补充加温，使苗床温度保持在18～20℃，防止因低温僵苗。

④人工补光：在连续阴雨天、光照不足时，可采用60～100瓦白炽灯泡灯光补充光照，每平方米苗床应用功率为120～300瓦，灯光与幼苗保持60～100厘米的间距，每天补光8～10小时。

⑤及时防病：苗床病害以防为主，如遇连阴天气就要考虑用药；一般防治猝倒病的常用药剂有72.2%普力克600倍液，25%甲霜灵锰锌800倍液等；防疫病的有72%克露可湿性粉剂800倍液，杀毒矾64%可湿性粉剂600倍液，58%雷多米尔750倍液等，喷雾。苗床上一旦发现病株，要立即

连钵一起清出，并及时用药防治，避免病害蔓延后，造成瓜苗损失惨重。

参考文献

[1] 科学技术部．南方地区雨雪冰冻灾后重建实用技术手册，2008.
[2] 倪晓燕．油菜冻害原因及预防措施［J］．安徽科技，1999（12）：32.
[3] 王维金．作物栽培学［M］．北京：科学技术文献出版社，1998：145，288.
[4] 丁鸣．减轻油菜冰雪灾害技术［M］．武汉市农业科技抗灾手册（种植业），2008：1－2.
[5] 汪新平．武汉市当前西甜瓜生产救灾主要技术措施．武汉农业信息网，2008.

第二篇　农业气象灾害对蔬菜生产的影响及预防措施

周国林
(武汉市蔬菜科学研究所)

第一节　农业气象灾害及其种类

农业气象灾害是指由于不利气象条件的出现，对农作物生长发育不利，而使农业生产遭受损失的自然灾害。常见农业气象灾害有寒潮、霜冻、冷害、冻害、倒春寒、干旱、热干风、涝害、湿害、大风、冰雹、雪害等。

寒潮是指强冷空气活动引起大范围剧烈降温的天气过程。寒潮有冬季寒潮和春季寒潮。冬季寒潮易形成早霜，对晚秋蔬菜造成伤害，影响蔬菜特别是果菜类的成熟；春季寒潮造成晚霜对早春蔬菜造成危害，冻伤蔬菜幼苗。冬季寒潮如果带来下雪则可冻死害虫，带来的雨雪能增加土壤中的水分，为来年春夏季蔬菜生产创造有利条件。

霜冻是指温度短时间降至0℃以下，足以引起蔬菜遭受伤害或死亡的一种低温灾害。气温降到0℃以下时，蔬菜植物体内水分结冰、叶片等器官受到损伤甚至死亡。特别是在霜冻过后气温突然回升时，造成尚未冻死植物枯萎死亡，危害很大。

冻害是指寒冷冬季蔬菜越冬时，因温度过低而引起的对农作物伤害的现象。在武汉地区部分年份遭受寒潮侵入，而使蔬菜发生冻害。

冷害是指蔬菜生育期间遭受到0℃以上（有时在20℃左右）的低温危害，引起蔬菜生育期延迟，或使生殖器官的生理活动受阻，造成减产。冷害直观上一般不易看出受伤的明显症状，当气温在某一时间降到蔬菜要求的温度以下时，就会形成冷害。

倒春寒是指在春季升温后对本应继续回暖时节，反而出现比常年温度明显偏低而对蔬菜造成冷害的天气现象。

热害是指高温对蔬菜生长发育和产量形成的危害。武汉地区7～8月份高温使叶菜、茄果类蔬菜等多种蔬菜生长不良，甚至不能越夏而死亡。

旱灾一般是指长期少雨或无雨，造成土壤水分不足，不能满足蔬菜生长的需要，造成较大的减产或绝产的灾害。有时因光照强、气温高、空气湿度低、风较大，造成蔬菜大量消耗水分，即使土壤并不干旱，根系吸收的水分不足以补偿失水也能造成旱灾。

第二节　武汉市主要气象灾害及其变化

湖北省武汉市是气象灾害多发区，经常发生暴雨、大风、冰雹、寒潮、连阴雨、高温等原生灾害，以及洪涝、干旱等次生灾害。武汉市地处长江中游，位于南北气候过渡带，气象灾害频繁发生。一年四季均可发生气象灾害。

根据武汉市气象局农业气象站统计，武汉市气象灾害按灾害的出现次数来分，近些年来主要气象灾害类型依次为：雷雨大风、暴雨、干旱、连阴雨、雾、高温等。近年来，武汉市雷雨大风和雾害明显增多或频率增大，暴雨、干旱、高温、龙卷风、雨淞和干热风的年际变化不显著。但暴雨、干旱和高温在短时段的分布次数和年频率上呈现不同的特点。连阴雨、冰雹、低温冻害、强冷空气、大雪这六类灾害都呈现明显减少的变化趋势。

近百年来武汉市平均气温总体经历了“暖～冷～暖”的变化过程。21 世纪前 10 年是武汉百余年最暖的 10 年。气温是影响病虫害发育速度的最重要的生态因素。可预见的未来几十年，本地区气温升高，特别是冬季明显变暖，将使病虫害的发育速度加快，越冬期缩短，害虫的繁殖世代数也能增加。如果积温的增幅超过害虫完成一个世代所需的有效积温，害虫危害的世代数就会增加。

第三节　蔬菜生产中的气象灾害及其防御措施

（一）春季寒冷天气灾害的防御措施

危害：武汉地区 3～4 月，如果发生持续低温并伴随连阴雨、光照不足，对春季茄果类、瓜类蔬菜育苗、早春大棚内茄果类蔬菜会造成不同程度的危害，如烂根、死苗、落花落果等。如 4 月中下旬如白天气温较高（15～20℃），夜间近地面气温突然降到 0℃以下，蔬菜植株表面结霜，使蔬菜受冻甚至死亡。

防御措施：（1）苗期低温锻炼。大棚内育苗，在幼苗出齐以后，苗床适当通风，随天气转暖逐渐加大通风量，使幼苗逐步接收低温锻炼，提高其抗寒能力，适应外界低温环境。（2）采用多层覆盖。深沟高畦，畦面覆盖地膜，定植后加盖小拱棚和中棚，必要时要加盖草帘。（3）临时加温。当气温下降时，在育苗棚或大棚内，搭建简易煤炉进行临时加温，以提高棚内温度，防止棚内蔬菜受冻。（4）灌水或喷水。随时关注气温变化，降温的前一天灌水可防霜。气温迅速下降，特别是当地表温度有可能降至 0℃以下时，及时灌水，以提高地温减轻霜冻危害。在霜冻发生前，用喷雾器对植株表面喷水，可使植物表面温度下降缓慢，而且可以增加空气中水汽含量，水汽凝结放热，可以缓和霜害。（5）熏烟法降低危害。燃烧干草或作物秸秆，使用发烟剂，放出烟雾，在农田上方形成一层烟雾，以减少夜间地面冷却作用，起到保温作用。在午夜零时至凌晨 2～3 时点燃，保证日出前仍有烟雾笼罩在田中，才能达到较好的防霜效果。（6）加强田间管理。霜冻前中耕，使地面土壤疏松，土壤放热速度缓慢，降温速度变慢，有利于提高低温。

（二）蔬菜冷害、冻害的防御措施

危害：冷害是 0℃以上低温对蔬菜的危害，冷害主要发生于喜温和耐热蔬菜，影响蔬菜的成熟、果菜类蔬菜授粉和花芽的正常分化，从而降低产量。冻害是 0℃以下低温对蔬菜的危害，冻害使蔬菜体内结冰，引起部分细胞死亡或全株死亡，或是由于土壤冻融交替，将根系从土壤中拔出。

预防措施：（1）选择合适的品种。选用或培育耐低温冷害、耐寒性强的蔬菜品种，以减轻冷害对蔬菜的危害。（2）加强大棚管理。塑料小棚早春栽培瓜果蔬菜，揭膜要在冷尾暖头（气温开始回升时）进行。茄果类、瓜类育苗期间夜间应加厚覆盖，增加加温设施，提高夜温。（3）调整种植时间。将部分不耐寒的蔬菜由秋育冬种改为冬育春种，减少低温冻害。（4）改善田间小气候。采用塑料薄膜覆盖、冻前灌水、设置风障等方法提高局部气温。

（三）蔬菜风害的防御措施

危害：强风对蔬菜的危害，可以使蔬菜发生机械损伤和生理损伤。

防御措施：（1）加固支架和大棚。对搭架的蔬菜和大棚设施要尽可能加固，及时培土护根，防止倒伏。（2）喷水降温。对于干热风的危害，可在干热风来临前喷水降温增湿。（3）及时调整植株。风后及时扶正吹歪的植株，修复受损的棚架。（4）及时防治病虫害。由于风后蔬菜植株有很多物理性损伤，伤口极易感染病菌，易发生大面积病害，要主要及时防治病虫害。

（四）干旱年份进行蔬菜栽培的措施

（1）品种选择。选择耐旱性强、适合当地水分条件的蔬菜品种。（2）合理灌溉。田间增加灌溉设施，采用滴灌、喷灌、微灌等可以极大的提高水分的利用率，大量减少用水量。茄果类蔬菜可以采用膜下滴灌。小白菜、芹菜等叶类蔬菜及蔬菜育苗采用微滴灌、喷灌。（3）覆盖保墒。采用地膜和秸秆覆盖技术，减少土壤水分的蒸发，提高土壤水分含量。（4）加强田间管理。施足有机肥以降低用水量。采用秸秆还田技术，提高土壤的抗旱能力。深耕增加土壤透水性和蓄水能力，促进蔬菜根系发育，有利于根系吸收土壤下层水分。（5）应用化学药剂。选用抗旱保水化学药剂，包括抗旱剂和保水剂，以增加土壤蓄积能力和保墒能力，减少作物蒸腾。

（五）热雷雨灾害的防御措施

危害：夏季，太阳照射强烈，中午前后常出现大雨或暴雨天气。对夏季蔬菜的生长产生影响。使菜地土壤板结。雨后猛晴，气温急剧回升，土壤蒸发和植物蒸腾旺盛，植物失水过多使植物萎蔫，同时引起病害。

防御措施：（1）及时灌水。热热雷雨后最好用深井水喷灌。（2）叶类快生菜分期播种，增加播种量。每隔 5 ~7 天播种 1 批，防止大批蔬菜遭受损失，同时做到分批上市。（3）选用耐湿抗病品种。（4）加强病害防御。

（六）暴雨灾害的防御措施

危害：蔬菜播种后遭遇暴雨，种子被冲出露于土表，造成缺苗。出苗后遇暴雨，根系露出土表，天晴后阳光暴晒，幼苗脱水死亡。造成机械损伤，产量降低，影响夏季蔬菜供应。

防御措施：（1）加强农田基本建设，疏通排水沟，准备排水设备，及时强排。（2）加强田间管理。深耕改土，增施有机肥，提高土壤渗水能力，减轻暴雨的危害。（3）加强病虫害防治。暴雨会造成蔬菜损伤，造成病虫害发生，要加强病虫害的防治。

（七）连阴雨天气低温寡照灾害的防御措施

危害：在武汉地区早春及春夏之交多发连阴雨天气，温度低、光照弱，大棚增温效果不明显，植株光合作用弱，生长缓慢，叶片黄化，对病虫害抵抗能力降低，蔬菜生长受到严重影响甚至死亡。

预防措施：（1）加强作物营养供给。适当增施磷、钾肥连阴天过后，增施叶面肥，促进植株尽快恢复生长。（2）加强病虫害防治。有针对性地喷施杀菌剂，预防病害发生，连天气可采用烟剂熏棚。（3）关注天气预报，在灾害发生之前，能采收的尽量采收，尤其处在结果初期的作物，不要因为期望高价而影响后期的产量。（4）及时揭膜。在保证棚内温度的同时，要适当通风换气，增强光照。（5）补充光照。在棚内挂灯泡，汞灯、日光灯最好，起到体温增光的双重效果。（6）加强田间管理。为避免造成阴冷沤根，尽量减少灌水。天气骤然转晴后，要适当遮阳，以防光照太强、棚内温度过高，造成植株萎蔫。

（八）雨雪冰冻灾害的防御措施

近年来我国南方出现特大雨雪冰冻灾害气候相对减少，但时有发生，对蔬菜生产造成很大影响。

预防措施：（1）加强覆盖，保温防冻。对保护地蔬菜采取“大棚 + 中棚 + 小棚”的多层覆盖方式，同时加盖草包、无纺布等保温增温。采取盆火或炉火临时性加温，但要防止烟害。茄果类育苗，可采取电热线加温、用灯泡人工补光增温。大棚内撒施草木灰，可以降低湿度。对露地种植的蔬菜，可浮面覆盖薄膜、稻草、遮阳网等保护植株，减轻霜冻。(2) 清除积雪，防止塌棚。应密切关注天气预报，遇强降雪时，大棚中间加设支柱，加固棚架，拉好大棚压膜线，做好大棚抗压加固措施，防止大雪压塌棚体。确保棚膜覆盖严实，避免大风吹开棚膜。及时清除大棚上的积雪。(3) 加强田间管理。露地蔬菜要开好围沟、腰沟和厢沟，以降低田间湿度，防止雨多导致田间渍害；棚内蔬菜要及时清除大棚棚顶及四周积雪，防止融化时吸收大量热量而降低棚内温度；增加光照，除暴风雪天气外尽可能早揭晚盖覆盖物，突遇晴天时，要逐步揭膜，防止出现萎蔫；必要时安装电灯，早晚开灯，每天给蔬菜补光 3 ~4 小时；喷施除滴剂，消除棚内雾滴；控制湿度，在不影响温度的情况下，于晴日中午揭膜通风，排出湿气；采用膜下滴灌、粉尘法施药等措施控制棚内湿度；增施二氧化碳；薄施速效氮肥和叶面肥等，恢复植株及秧苗生长势、增强抗性。(4) 防治病虫害。抢晴天选择对口药剂防止猝倒病、灰霉病等病害。(5) 及时采收，增加供应。露地蔬菜及时采收，避免受冻害和雪压；对已受冻、且达到上市要求的蔬菜也应及时采收。(6) 及时补播，调整茬口。对严重遭受冻害的蔬菜和秧苗，及时补播、或调换秧苗补种；调整茬口，大棚内改种苋菜、菠菜等速生叶菜，保障春季蔬菜供应。

参考文献

[1] 朱振全. 农业生产与气象 [M]. 北京：金盾出版社.
[2] 李萍. 农业气象灾害防御知识问答 [M]. 北京：金盾出版社.
[3] 朱林耀，姜正军. 设施蔬菜实用技术 [M]. 武汉：湖北科学技术出版社.

第三篇　气象灾害的林果业应变技术

李长林
（武汉市农业科学技术研究院，武汉市林业果树研究所）

第一节　林果气象灾害概述

林果气象灾害是指不利气象条件给林果造成的灾害。

危害林果的气象灾害，根据形成的气象要素的不同可分为以下几类：

1. 温度异常型：是指由于温度因子的变化而造成的气象灾害。包括高温热害、冻害、霜冻、寒害等。

2. 水分异常型：由水分因子引起的气象灾害。包括旱灾、洪涝、雪害和雹害等。

3. 辐射异常型：是由强烈太阳辐射引起的树木枝干和果实伤害。如日灼等。

4. 风异常型：主要表现为大风害，气象意义上的大风是指瞬间风力大于7级（17米/秒）的风。但林果种植中6级（12米/秒）以上的强风就可能对林果造成损失，形成大风害。包括寒潮大风、雷暴大风、台风、龙卷风等。

第二节　各季节主要气象灾害及应变技术

（一）春季

是林果生长的关键时期，也是林果最主要的营养生长期和生殖生长期。春季对林果造成危害的气象灾害主要有霜冻、寒害、旱灾，以及由寒潮引起的大风害。

1. 寒害　是指温度在0℃以上的低温，使植物遭受伤害。林果开花期抗低温的能力较差。

危害：开花时，如遇冷空气南下，使温度降至0～2℃或低于0℃时就会造成花器冻害，影响开花受精而不结实，发生大量落花，影响当年产量。

寒害的防御技术：在倒春寒来临前可以在沟内灌水，以提高抗寒力；如灌水困难可以改为浇肥水。同时，地面覆草或培土，均能起保温保湿作用。

2. 霜冻　是指温暖时期（日平均气温在0℃以上）地面和植物表面的温度突然下降到足以使植物遭受冻害或死亡的天气现象。有霜无霜均有可能发生霜冻现象。一般出现在寒流来临，天气晴朗，傍晚天晴无风，21：00左右，气温10℃以下，黎明前就极可能出现霜害。

危害：霜冻最严重的是危害林果的芽和花。在盛花期，如果雌蕊和子房低温几个小时后变黑即说明发生冻害。霜害虽然不能造成花芽死亡，但会影响花芽的发育，造成坐果不良，果实发育差。

防霜措施：熏烟法、灌水法等，但在大面积林果园难以应用。受霜害后的果园要增施1次速效性肥料，促使芽叶生长。

3. 低温阴雨寡照天气　林果植物属阳性作物，喜光，较高的光照强度是林果叶片进行光合作用和大量花芽形成的必要条件，充足的光照有利于林果生长和结果。冷空气南下势力强时可造成剧烈降温，并伴有连阴雨。

危害：长期低温阴雨寡照天气，一方面会使林业果树抗逆性降低，容易引发病虫害。另一方面光照不良时，树体同化产物显著减少，会导致林果花芽分化少、产量低、品质差。

低温连阴雨防御措施：采取集枝束叶：将每一花穗下部叶向上把花穗裹束，并将大枝间相互捆拢，可以减轻花穗及幼果冻害。也可以在盛花后将整个花穗套袋，但一定要在盛花后花瓣脱落再套，因很多品种要异花授粉，蕾期就套袋无法授粉。套袋可以增加袋中温度减轻冻害。

4. 旱灾：由于降水时段分布较为不均匀，容易发生干旱。

危害：在开花、结果期对缺水最为敏感。开花前遇旱，常常引起花蕾脱落；坐果期发生干旱会大量落果。因此，在春夏之际要特别加强水分管理，防止旱灾。

预防旱灾的措施：一是采用先进的喷灌、滴灌、地下水灌溉等节水灌溉技术；二是加强中耕除草，培土覆盖，以免杂 草与果树争抢水分；三是用地膜或作物秸秆、土杂肥等覆盖 农田土壤，抑制土壤蒸发。

（二）夏季

是果实发育成熟期，也是最重要的收获期。夏季天气复杂，常常是几种气象灾害同时或交替出现，对林果的危害尤为严重。主要气象灾害有高温热害、日灼、干热风、洪涝害、大风害、雹害及强对流天气等。

1. 高温热害、日灼、干热风　这 3 类气象灾害既有共性也有个性，它们的差异在于诱发灾害的气象因子不同。高温热害的诱发因子是园间的气温大于 32℃。日灼由强烈太阳辐射引起的枝干和果实伤害。干热风则是一种高温、低湿并伴有一定风力的农业灾害性天气。

共同点：这 3 类气象灾害的实质都是由于光、热交加导致蒸腾作用加剧，枝叶水分失衡，形成了生理性脱水。干旱失水和高温的综合危害，主要危及果实和枝条皮层。

危害：由于水分供应不足，在灼热的阳光下，果实和枝条都会因剧烈增温而遭受伤害。受害果实上出现淡紫色或淡褐色的干焰斑，严重时表现为果实开裂、枝条表面出现裂斑。

预防措施：因此，对于高温热害、日灼、干热风这 3 类气象灾害防范的重点就是要做好保湿降温工作。主要措施有挂设遮阳网、微喷灌、沟灌增湿等。

2. 洪涝害　由于湖北省雨热同季的特点，以及江南特有的梅雨季节，湖北省夏季降水频繁、集中，一年中的大雨暴雨基本都集中在夏季发生。

危害：林果的耐涝性一般，连续多日降雨林果果园极易产生涝害。果树受淹后，由于氧气减少，容易因缺氧而导致细根死亡，造成叶片失绿、干枯或脱落，果实失水或脱落、开裂等。

预防措施：对于洪涝灾害要及时清淤排水，防止果园积水泡坏树根。地势较低的地方要挖排水坑，低洼地必要时用抽水机排水。同时，应抓住雨停间歇，积极抢收果实，减轻灾害损失。对于倒伏的果树要及时扶正，培土护根。及时清除树体上的污物，以利于枝叶和果实进行正常的呼吸作用和光合作用，减少病菌源的侵蚀。同时，要结合中耕除草，在大雨后翻地，使土壤疏松，增加透气性，以利于根系正常生长。

3. 大风害　夏季由于局地强对流的增加以及台风的影响，最易发生大风害。

危害：大风会吹断树枝，吹落果实，影响和危害果树的开花、授粉和受精并传播病虫害。

预防措施：在大风来临之前，对结果幼龄树或果实还没成熟的林果树，应在迎风方向打桩，拉 2 ~ 3 条绳固定植株，以防吹倒吹断。灾害过后及时清理果园，扶正歪斜树木，剪除被风吹断的树枝，集中处理，喷洒杀虫剂、杀菌剂和营养剂等防治病虫害并保护伤口，减少病菌感染，促进林果树的正常生长。

4. 雹害　根据目前现有的气象观测数据显示，湖北省出 现冰雹的概率极低。但由于冰雹是一种小天气尺度系统，受地形影响较大。因此，局地出现冰雹的几率较大。

危害：对果树的破坏力很强，受害轻则茎叶破损；受害重则花、芽及果实被打落，枝条折断，产量受损严重。

防御措施：雹害过后可将折断的枝条剪去，同时加强肥水管理，使其迅速恢复生长。

（三）秋季

相比于其他3个季节，气象灾害发生频率最少。

秋季树体经前期展叶、抽梢、开花、结果等过程，已经消耗了树体内贮藏的大量营养，果实采收后进入光合作用的营养积累期，这一时期管理的好坏，直接影响翌年的产量。

因此，对秋季可能出现的秋旱及温度异常偏高的“秋老虎”等气象灾害不能麻痹大意，要采取有效的应对措施做好管理工作。

进入秋季，气温逐渐下降，此时如果遭遇秋季连阴雨，应及时排水，以防涝害。

秋末冬初是果园病虫寻找栖息地产卵繁殖的高峰时期。

因此，雨水过后要通过耕翻将土壤深层的害虫及病菌翻至地表使其冻死、干死或被天敌啄食，深埋地下的病虫不能羽化出土而被闷死，从而减少越冬基数。

同时，要注意11月的初霜冻对果树的影响。

（四）冬季

进入冬季，当气温降到5℃以下时，果树开始进入休眠期，活动很微弱，生长基本停止，这一时期气象灾害对林果的危害总体影响不大。

但由于冬季林果抗御灾害的能力大大减弱，当气象灾害的强度上升，就会对林果造成重大的影响。

主要危害雪灾和低温冻害。

冬季预防措施：

雪灾：当雪量较大或积雪时间较长时，积雪会压劈或压断树枝，对树体造成损伤。因此，防范雪害的关键就是要尽快采取措施清除树枝上的积雪，在清理积雪时，要注意避免对树体造成二次损伤。对受伤枝干支撑加固，受伤处涂保护剂，对受伤枝条及时修剪。同时，积雪融化后的林果园要及时进行中耕松土，以防土壤板结。

低温冻害：不仅使当年遭受灾害，还会影响往后多年，并易使树势减弱，病虫害蔓延，甚至造成毁灭性灾害。冻害预防措施：树干涂白或绑缚稻草、覆盖稻草、熏烟增温等，受冻后，及时剪除受冻枝条，刮除冻伤皮层，伤面较大时，可进行高接，同时加强水肥管理，减少果实负载量。

第三节 小　结

林果与气象关系极为密切，为减少栽培林果的盲目性，充分利用我国复杂而优越的气候资源，因地制宜地栽培林果，必须全面了解气象与林果的关系，以便为林果种植增产增效和果农增收发挥作用。

第四篇 低温冰冻灾害对畜牧业危害及对策

王定发
（武汉市农业科学技术研究院，武汉市畜牧兽医科研所）

第一章 低温冰冻对畜牧业的危害

第一节 低温冰冻灾害含义与例证

（一）含义

低温冰冻灾害是指气温低于0℃时造成的动植物冻害、霜冻。5℃以下低温造成的南亚热带寒害。

（二）例证

2008年的低温冰冻灾害，对武汉市畜牧业造成的直接损失7 455万元、隐形损失20 596万元。

1. 2008年冰冻灾害直接损失（表1）

表1 2008年低温冰冻灾害对畜牧业直接损失

种类	畜禽死亡（万头、万羽）					受灾种畜禽场（个）					种畜禽死亡（万头羽）	饲草损失（万吨）	直接损失（万元）	
		其中					其中							
	总计	生猪	牛	家禽	羊	合计	猪场	家禽场	牛场	羊场			全国	武汉
数量	7 455.2	444.7	43.5	6 738.5	168.3	2 028	1 200	665	43	106	907	301.7	986 000	3 636.4

2. 2008年冰冻灾害隐形损失（表2）

表2 低温冰冻灾害对武汉地区畜牧业经济的隐形损失（单位：万元）

品种	生猪	奶牛	蛋鸡	肉鸡	肉鸭	合计
隐形损失评估	13 886	2 710	2 119	750	1 131	20 596

2008 年雪灾武汉市蔡甸区洪北小区受灾牛舍和有机肥处理车间

第二节　低温冰冻灾害的危害

(一) 对生猪的影响

1. 低温冰冻灾害对仔猪生产性能的影响（表 3）

表 3　雪灾对仔猪生产性能的影响

分组	初生重（千克）	断奶重（千克）	日采食量（g）	日增重（g）	料肉比	发病率（%）	死亡率（%）
正常状况	1.34 ±0.277	7.21 ±0.93	140.45 ±10.87	209.63 ±34.12	0.67 ±0.03*	9.64 ±6.91	8.58 ±7.35
雪灾期间	1.27 ±0.259	7.13 ±0.83	169.51 ±11.83	208.28 ±12.54	0.81 ±0.01	11.02 ±8.30	14.73 ±14.11*
与正常相比（%）	-5.22	-1.11	+20.69	-0.64	+20.89	+14.68	+71.68

2. 低温冰冻灾害对仔猪发病种类的影响（表 4）

表 4　低温冰冻灾害对仔猪发病种类的影响

分组	发病种类
正常状况	仔猪红痢、白痢、水肿
雪灾期间	仔猪红痢、白痢、呼吸综合征、仔猪大肠杆菌、猪支原体肺炎、传染性肠胃炎、猪流感、仔猪副伤寒、轮状病毒病等

3. 低温冰冻灾害对生长肥育猪的影响（表 5）

表 5　低温冰冻灾害对生长肥育猪的影响

分组	日采食量（千克）	日增重（g）	料肉比	发病率（%）	死亡率（%）
正常状况	2.37 ±0.57	758.56 ±12.40	3.12 ±0.071	5.00 ±1.24	3.83 ±1.37
雪灾期间	2.85 ±0.94*	744.11 ±21.79	3.30 ±0.244 *	9.1 ±3.94*	5.97 ±3.09*
与正常相比（%）	+20.25	-1.90	+5.77	+82.00	55.87

4. 低温冰冻灾害对育肥猪疾病的影响（表6）

表6　雪灾对育肥猪疾病的影响

分组	育肥猪发病种类
正常状况	流行性腹泻、传染性胃肠炎、喘气病、蓝耳病、附红细胞体等病单一感染为主
雪灾期间	流行性腹泻、传染性胃肠炎、喘气病、蓝耳病、附红细胞体、大肠杆菌病、链球菌病、口啼疫、猪繁殖呼吸道综合征、流行性感冒、伪狂犬病。以及各种疾病的混合感染。如：大肠杆菌病与肺病、猪流行性腹泻、传染性胃肠炎或轮状病毒性腹泻共同发生；猪瘟与副伤寒或弓浆虫病并发；猪气喘病、巴氏杆菌病或猪传染性胸膜肺炎混合感染，猪瘟与附红细胞体病混合感染；附红细胞体与蓝耳病混合感染，或与流感并发

5. 低温冰冻灾害对公猪生产性能的影响（表7）

表7　雪灾对公猪生产性能的影响

分组	精液量（毫升）	精子密度（108/毫升）	精子活力	有效精子数（108）	死亡率（%）	畸形率（%）
正常状况	228 ±12. 42	3. 78 ±2. 37	0. 80 ±0. 01	737. 18 ±13. 97	0. 72 ±0. 01	13. 84 ±2. 33
雪灾期间	225 ±10. 08	3. 69 ±1. 05	0. 74 ±0. 03	713. 08 ±21. 59	1. 02 ±0. 07*	15. 70 ±5. 09*
与正常相比（%）	-1. 33	-2. 44	-7. 50	-3. 27	+41. 67	+13. 44

6. 低温冰冻灾害对母猪生产性能的影响（表8）

表8　雪灾对公猪疾病的影响

分组	窝产仔数	初生窝重	断奶窝重	合格率	发病率	死亡率
正常状况	11. 04 ±0. 95	15. 93 ±4. 37	76. 51 ±4. 96	96. 12 ±12. 57	2. 1 ±0. 45	0. 91 ±0. 78
雪灾期间	10. 77 ±1. 21	14. 39 ±2. 7	70. 08 ±2. 90*	93. 74 ±10. 85	2. 3 ±0. 18	1. 24 ±0. 08*
与正常相比（%）	-2. 44	-9. 66	-8. 40	-2. 47	+9. 52	+36. 26

7. 低温冰冻灾害对母猪疾病的影响（表9）

表9　雪灾对母猪疾病的影响

分组	母猪发病种类
正常状况	口蹄疫、猪瘟、蓝耳病、气喘病、猪流感
雪灾期间	木乃伊、流产、死胎或者产出弱仔、口蹄疫、猪瘟、蓝耳病、传染性胃肠炎、猪流感等

（二）对奶牛的影响

1. 雪灾对奶牛产奶量的影响（表10）

表10　雪灾对奶牛产奶量的影响

分组	产奶量/头
正常状况	22. 83 ±0. 24
雪灾期间	22. 17 ±0. 85
与正常相比（%）	- 3. 17

2. 雪灾对奶牛繁殖性状的影响（表11）

表11 雪灾对奶牛繁殖性状的影响

分组	发情率	受胎率	发情天数
正常状况	0.46 ±0.009	0.45 ±0.017	21.67 ±0.47
雪灾期间	0.29 ±0.033*	0.36 ±0.005*	21.67 ±0.47
与正常相比（%）	-36.96	-20	0

3. 雪灾对奶牛健康状况的影响（表12）

表12 雪灾对奶牛健康状况的影响

分组	成牛死亡头数	小牛死亡头数	防疫费用（元/头月）	治疗费用（元/头月）
正常状况	1	0	2.5	12.00 ±0.00
雪灾期间	3	14	2.5	13.17 ±0.24*
与正常相比（%）	+200	/	0	9.72

（三）对鸡的影响

1. 低温天气对武汉地区蛋鸡开产日龄、初产重、产蛋量、蛋重的影响（表13）

表13 低温天气对武汉地区蛋鸡开产日龄、初产重、产蛋量、蛋重的影响

分组	50%产蛋日龄/天	母鸡开产体重/千克	80周龄产蛋量/千克	产蛋率/%	蛋重/g/枚
正常状况	156.5 ±6.69	1.47 ±0.51	21.191.08	77.98 ±18.12	57.15 ±3.24
雪灾期间	158.87 ±8.07	1.46 ±0.12	20.60 ±1.25	72.03 ±20.64	55.90 ±5.33
与正常相比/%	+15.14	-0.68	-2.78	-7.63	-2.19

2. 低温天气对武汉地区蛋鸡采食量、饲料转化效率、饲料价格的影响（表14）

表14 低温天气对武汉地区蛋鸡采食量、饲料转化效率、饲料价格的影响

分组	每羽鸡日采食量/g	料蛋比	饲料价格/元/千克
正常状况	105.32 ±14.33	2.26 ±0.03	1.98 ±0.08
雪灾期间	110.48 ±23.01	2.31 ±0.38	2.05 ±0.05
与正常相比/%	+4.90	+2.21	+3.54

3. 低温天气对武汉地区蛋鸡发病类型、发病率、药品费用、死亡率的影响（表15）

表15 低温天气对武汉地区蛋鸡发病类型、发病率、药品费用、死亡率的影响

分组	发病率/%	死亡率/%	药品费用/元/羽
正常状况	1.07 ±0.13	0.41 ±0.22	0.18 ±0.16
雪灾期间	3.56 ±1.14	0.96 ±0.01	0.47 ±0.02
与正常相比/%	+232.71	+134.15	+161.11

4. 低温天气对武汉地区种蛋鸡种蛋破损率、受精率、孵化率的影响（表 16）

表 16 低温天气对武汉地区种蛋鸡种蛋破损率、受精率、孵化率的影响

分组	破损率/%	受精率/%	孵化率/%
正常状况	0.46 ±0.01	85.69 ±1.75	81.23 ±2.90
雪灾期间	0.89 ±0.01 *	84.83 ±9.59	79.37 ±1.64
与正常相比/%	+93.48	-1.00	-2.29

5. 低温冰冻天气对蛋鸡鸡苗价格、鸡蛋单价、管理费用和经济效益的影响（表 17）

表 17 低温冰冻天气对蛋鸡鸡苗价格、鸡蛋单价、管理费用和经济效益的影响

分组	鸡苗价格/元/羽	鸡蛋单价/元/千克	管理费用/元/羽	羽均盈利/元/羽
正常状况	3.16	6.23	1.23	21.52
雪灾期间	3.17	6.14	2.34	6.39
与正常相比/%	+0.32	-1.44	+90.24	-70.31

6. 低温冰冻天气对肉鸡全期生产性能的影响（表 18）

表 18 低温冰冻天气对肉鸡全期生产性能的影响

分组	日增重/%	平均日饲料消耗/g	料肉比	发病率%
正常状况	46.47 ±20.01	90.15 ±1.75	1.94 ±0.91	0.94 ±1.90
雪灾期间	44.87 ±12.01	97.19 ±9.59	2.16 ±1.02	1.14 ±1.64
与正常相比/%	-3.44	+7.81	+11.34	+21.27*

（四）对肉鸭的影响

1. 低温冰冻天气对武汉地区肉鸭生产成绩的影响（表 19）

表 19 低温冰冻天气对武汉地区肉鸭生产成绩的影响

分组	每羽鸭日增重（克）	料重比	每羽鸭日采食量（克）	成活率（%）
正常状况	74.28 +2.72**	2.28 ±0.20	156.63 ±15.83	96.01 ±2.86
雪灾期间	67.41 +2.83	2.34 ±0.13	166.72 ±6.80	97.99 ±0.43
与正常相比（%）	-9.25	2.63	6.44	2.06

2. 低温冰冻天气对武汉地区肉鸭饲养成本的影响（表 20）

表 20 低温冰冻天气对武汉地区肉鸭饲养成本的影响

分组	每羽鸭饲养天数（天）	鸭苗单价（元/羽）	每羽鸭出栏体重（千克）	每羽鸭饲料成本（元）
正常状况	36.00 ±1.63	4.13 ±0.31	2.71 ±0.01	11.18 ±1.07
雪灾期间	39.40 ±1.67	3.63 ±0.12	2.66 ±0.05	12.08 ±2.26
与正常相比（%）	9.44	-12.11	-1.85	8.05

3. 低温、冰冻天气对武汉地区肉鸭经济效益的影响（表21）

表21 低温、冰冻天气对武汉地区肉鸭经济效益的影响

分组	肉鸭价格（元/千克）	药费（元/羽）	管理费用（元/羽）	羽均盈利（元/羽）
正常状况	4.89 ±1.95	0.17 ±0.03	0.69 ±0.10	1.42 ±7.85
雪灾期间	5.02 ±2.43	0.25 ±0.07	0.75 ±0.14	－1.30 ±12.76
与正常相比（%）	2.66	47.06	8.70	－191.55

第二章　低温冰冻灾害对策

第一节　灾害发生前预警方案

（一）关注天气，早作准备

1. 低温季节，随时关注天气预报，做好应急准备
2. 通过各种信息平台学习防雪抗寒知识，应对低温冰冻气候

（二）做好养殖场的房屋修缮工作

1. 冬季到来之前，做好畜禽栏舍水、电设施检修和栏圈的修整、防寒和保暖工作。
2. 牲猪防寒保暖：重点是母猪产房和仔猪保育舍。
3. 家禽的防寒：重点是育雏舍的保暖和通风。
4. 牛羊的栏圈要加固。

（三）做好饲料原料储备工作

1. 冬季要多贮备能量饲料和蛋白饲料，防止因为原料准备不足出现断粮断水现象。
2. 适当提高冬季日粮的能量浓度，不限制采食，促进动物脂肪沉积来应对寒冷刺激。

（四）加强畜禽综合管理，提高动物抗病抗逆能力

1. 加强防寒保暖工作，防止畜禽受寒和外感疾病的发生
2. 适当加大饲养密度
3. 增加垫草、防止潮湿
4. 增加采光、控制通风
5. 注意饲料和饮水的供应
6. 延长人工光照的时间
7. 强化免疫

第二节　低温冰冻灾害应对策略

（一）迅速开展消毒工作

1. 组织相关部门科技人员，深入养殖小区、指导养殖户进行消毒工作。

2. 重点对受灾农户、规模养殖场进行消毒。

3. 确保受灾地区畜禽饮用水、养殖圈舍及其相关区域的消毒面达100%。

(二) 加强动物栏舍的保暖性能

1. 生猪

(1) 敞开式猪舍:

①用塑料薄膜将敞开部分封闭，特别是猪舍的北侧。

②白天有太阳时，适当打开南侧窗户通风。

(2) 封闭式猪舍

①封闭北侧窗户，防止寒风进入猪舍。

②南侧窗户也封闭，但要留出一些通风孔。

2. 家禽

(1) 增加饲养密度。

(2) 关闭门窗。

(3) 加挂草帘。

(4) 饮用温水。

(5) 火炉取暖。

(6) 禽舍温度不低于3℃

3. 牛羊

(1) 封闭圈舍窗户，堵塞漏洞，防贼风。

(2) 窗户玻璃应擦干净，以利采光。

(3) 加盖避风板。

(4) 犊牛、羊羔及分娩牛羊在圈舍内生火炉或安装红外取暖灯。

(三) 加强饲养管理

1. 生猪

(1) 加强乳仔猪的管理，防冻僵、冻死乳仔猪，乳猪吃好初乳，加强乳猪补料。

(2) 加强猪舍粪尿清理，控制有害气体的浓度。

(3) 做好免疫工作，要强化传染性胃肠炎、流行性腹泻、口蹄疫等疾病防控。

(4) 加强消毒和隔离工作，严防传染病进入猪场。

2. 家禽

(1) 做好禽舍的通风工作，防止氨气等有害气体聚集，诱发家禽的呼 吸道等疾病。

(2) 中午天气较好时，开窗通风，处理好通风与保暖的关系。

(3) 及时清除舍内粪便和杂物，使舍内空气清新，氧气充足。

3. 牛羊

(1) 牛羊的圈舍勤垫草、勤换草、勤打扫、勤除粪

(2) 保持适中的饲养密度

(3) 保持空气流畅。

(四) 保持卫生清洁，防好疫病

1. 生猪

(1) 冬季气温低空气干燥，易发生消化道疾病、呼吸道疾病、传染性疾病，及仔猪水肿病、白痢等。

（2）“以防为主，防重于治”，加强疫病防控，勤于观察，及时处理。

2. 家禽

（1）气候寒冷，家禽抵抗力减弱，极易导致疫病暴发流行。

（2）坚持定期消毒，加强疫病防控，定期进行预防接种。

（3）增加饲料中维生素和微量元素含量，增强体质。

3. 牛羊

（1）每周用0.2%新洁尔灭等消毒剂消毒牛舍一次，牛槽每天消毒一次。

（2）保持乳房卫生，挤奶时用温水刷洗乳房及后躯，保持清洁，防止细菌侵入。

（3）刷拭牛体，勤打扫牛圈并及时清理粪便到指定场所。

（4）按防疫程序进行疫苗注射，发现疾病早治疗，确保奶牛健康。

（五）加强营养，注重营养的充足和均衡

1. 生猪

（1）仔猪：

①做好补铁、补硒、补水。

②开食补料和断乳仔猪的饲料。

③增加体力和免疫力。

（2）母猪：

①确保蛋白质、微量元素和维生素的供应，最好配合饲喂青绿多汁饲料。

②加强母猪产后的饲养管理。

③妊娠母猪后期及时调整饲料结构。

（3）公猪：

①确保蛋白质、微量元素和维生素的供应，最好配合饲喂青绿多汁饲料。

②加强母猪产后的饲养管理。

③妊娠母猪后期及时调整饲料结构。

2. 家禽

（1）肉鸭：

①及时清扫运动场积雪，防止鸭吃雪和饮雪水，尽量让鸭群饮用温水。

②适当补充精饲料。加喂玉米、谷物、麦类等能量高、营养全面饲料。

（2）蛋鸡：

①补充足够维生素、微量元素和氨基酸。

②添加抗寒冷、抗应激的添加剂。

3. 牛

（1）母牛每日要补喂1~2千克精料。

（2）蛋白质饲料不变，玉米用量增加20%。

（3）粗饲料方面，最好饲喂青贮、微贮饲料或啤酒糟等。

第三节　低温冰冻灾害补救措施

（一）抓好免疫防疫工作，强化生物安全措施

1. 加强防疫注射　按防疫要求，加大对补栏畜禽开展禽流感、口蹄疫、猪瘟、高致病性猪蓝耳病、鸡新城疫疫苗防疫补针工作，确保疫苗注射免疫率100%。

2. 加强检疫监督　严密注视疫情动态，加强畜禽运输、加工、储藏环节检疫监督，确保灾后不发生动物疫情。

3. 严防疾病传播　及时淘汰处理受冻和伤残畜禽。死畜禽可采用洒生石灰深坑填埋或焚烧等方式及时处理，防止疾病传播。

（二）重建灾区畜禽场，加固修缮畜禽栏舍

1. 猪舍重建

（1）采用水泥结构，增加屋顶人字架密度和强度，少用平顶或圆顶，减少冰雪积压。

（2）采用纵向通风技术，猪舍进出风口可自动或人工调节，防止猪舍透风。

（3）做好猪舍保温设计，尤其产房、保育舍，便于选用火炉、红外线保温灯、保温板等各种保温方式。

（4）敞开式猪舍，可用编织布或编织袋作挡风布帘，遮挡风向位置，减少透风、防止贼风。

（5）运动场可采用弹簧门，家畜出入可自行关闭。

2. 加固鸡舍

（1）加固鸡舍，清除顶棚积雪。

（2）对水电等基础设施全面巡查、加固，防止事故。

（3）抢修损毁鸡舍，挖好并加固排水沟。

3. 修复牛舍

（1）特别注意畜舍顶棚的坚固性，防止再遇大雪压塌顶棚而造成人畜事故。

（2）畜舍可设置易拆卸的挡风保暖材料，如草帘、塑料布帘或帆布帘。

（三）加强灾后畜禽饲养管理

1. 生猪

（1）抓好种猪春季配种工作：

①增加母猪发情检查频率，准确掌握发情、配种时间。

②准确鉴别未受孕母猪（超声波妊娠诊断仪）

③提高后备母猪选留比例，及时补充。

④推广人工授精，提高优良种公猪使用效率。

（2）加强饲养管理：

①及时治疗母猪乳房炎和子宫内膜炎其他慢性病。

②仔猪出生后应尽快按体质强弱固定乳头；寻找保姆代乳猪或进行人工哺乳。

③做好仔猪保温工作，尤其对3日龄内乳猪及病猪。

④公猪饲养在隔热性能良好、铺设垫料、无贼风的环境下。

（3）加强牲猪疫病综合防控：

①严格生物安全制度，进出人员全面消毒。

②添加预防呼吸道疾病药物添加剂。

③加强猪群健康水平监测，出现异常立即处理，防止疫情扩散。

④做好猪群保健，重点母猪产前一周和仔猪断奶前后一周的护理。

⑤保持猪舍清洁、干燥、舒适。

2. 家禽

（1）严格按照要求满足雏鸡所需温度、湿度、空气、光照、营养及卫生等条件，特别是10日龄前的雏鸡要增加保温灯或煤炉数量。

（2）减少育成鸡室外运动量

（3）增加种鸡饲养密度

（4）增加垫料厚度，保持干燥，一周更换一次垫料。

（5）注意通风换气，保持空气新鲜。

（6）饮用温水，避免饮用冻水。

3. 牛

（1）饲料：

①增加牛的精饲料 15% ~20%。

②充分利用作物秸秆，特别是青贮或微贮秸秆，增加秸秆的适口性。

（2）饮水：

给畜禽饮 10 ~15℃的温水

（3）防寒保暖：

①重点母畜和幼畜。

②保持舍内干燥卫生。

③保护经产奶牛乳房，乳头上涂擦凡士林，防止乳头冻裂或冻伤。

④防止牛睡在冰面、冰水或雪地上。

（4）繁殖：

①抓住春季配种时机，遗漏的尽快补配

②有繁殖障碍的，尽快治疗。

（四）抓住春季配种时机，遗漏的尽快补配；有繁殖障碍的，尽快治疗

1. 调整日粮

（1）增加能量饲料 10% ~30%。

（2）添加 2% ~3% 动植物油。

（3）增加饲喂量。

（4）销售受阻的肉鸡调低日粮营养浓度，满足基础代谢，降低损失。

2. 补充低聚糖氨基酸

（1）增加能量饲料 10% ~30%。

（2）添加 2% ~3% 动植物油。

（3）增加饲喂量。

（4）销售受阻的肉鸡调低日粮营养浓度，满足基础代谢，降低损失。

3. 添加维生素

（1）维生素参与体内氧化还原反应，有解毒功能，增强畜禽免疫力。

（2）补充多维、电解质等，增强鸡抵抗力。

（3）维生素 C 和维生素 E 的添加量，可达到平常需要量的 2 ~6 倍。

（4）补充维生素 B_2 增强机体冷适应能力。

4. 添加抗寒和抗应激物质

（1）在犊牛乳中添加乳酸菌素防消化道疾病。

（2）维持酸碱平衡：（小苏打、KCl NH_4Cl）及微量元素（I、Co、Fe、Zn 和 Se）。

（3）参与糖类代谢：琥珀酸、苹果酸、延胡索酸、柠檬酸等，增强体温调节能力。

第五篇　雨雪冰冻灾害水产应急处理及补救措施

朱思华
（武汉市农业科学技术研究院，武汉市水产科研所）

第一节　持续低温雨雪天气成因分析

在全球气候变暖的大背景下，年初长时期的大气环流异常是造成这场大范同低温雨雪冰冻灾害的根本原因，其主要表现在4个方面：

1. 首先年初中高纬度欧亚地区大气环流形势呈西高东低型分布，且持续时间长，有利于冷空气自西北路沿河西走廊连续不断侵入我国。

2. 其次西太平洋副高位置稳定维持在我国东南侧的洋面上，并多次西伸加强，使冷暖空气在长江中下游以南地区频繁交汇。

3. 青藏高原南缘的南支低槽异常活跃、促使暖湿空气沿云贵高原不断东输。

4. 在冷暖空气交汇的主要区域，由于暖空气位于上层、大气层结上下冷、中层暖，对流层中低层形成了稳定的逆温层，是大范围冻雨出现的主要条件。这些稳定的大气环流异常形势的有利结合，再加上年初“拉尼娜”事件的发生发展起到了推动助澜的作用，也是影响这次气象灾害的重要原因。

案例：2008年，我国发生了50年来之罕见重大冰雪灾害发生了历史上罕见低温冰冻灾害，给全市人民的生命财产造成了重大损失，渔业生产也同样遭受了严重影响，海、淡水水产养殖遭受了空前的毁灭性打击。全国水产养殖业的损失达到68亿元，其中广东省的渔业损失超过56亿元。灾害使大部分地区的养殖水产品遭受灭顶之灾，损失90%以上，相当部分的养殖种类连亲本、鱼苗和商品鱼全军覆没。

第二节　雨雪冰冻灾害对水产的影响特点

1. 降温急剧、冰冻严重。气温骤降至0℃以下，最低气温－3.8℃。

2. 持续时间长，影响范围广。零下冰冻持续24天 、水产养殖设施1 485万平方米。

3. 降雪量之大，冰层之厚。降雪量平均在86.2毫米 以上，结冰厚度在20厘米，稻田中连同田泥全部冻成冰块。

4. 品种多。冻灾发生后，首当其冲受到冲击的是淡水鱼虾。其主要品种有罗非鱼、鲮鱼、罗氏沼虾、南美白对虾、淡水白鲳等热带、亚热带品种。这些品种耐低温的能力差，鲮鱼6～7℃就会冻死，罗非鱼10～12 ℃就开始死亡。

5. 受灾范围广、程度大。截至1月30日，湖北、湖南、广东、广西、山东、四川、江苏、河南、浙江、江西、重庆12省（区、市）渔业受灾面积达900多万亩，鱼种和商品鱼损失50多万吨。

截至2月12日，全国19个省（区、市）受灾养殖面积（包括设施渔业等）1 455万亩，损失水产品 87 万吨，直接经济损失 68 亿元。

倒塌生产用房 57 万平方米，损毁温室大棚和苗种孵化车间 836 万平方米、网箱 592 万平方米，死亡亲本 340 万组、鱼种 42 万吨和成鱼 45 万吨。

6. 渔业发达地区受灾最重

（1）广东，全省大部分池塘水温降至 8℃，北部山区低至 3℃。全省水产养殖受灾面积 180.49 万亩，损失水产品产量 25.4 万吨，种苗 50.58 亿尾，渔业直接经济损失达 24.15 亿元。全省大面积罗非鱼和南美白对虾死亡。受灾最严重粤西南地区。湛江市受灾面积达 37.37 万亩，损失产量 6.75 万吨，茂名市受灾面积达 23.79 万亩，损失产量 3.2 万吨。

（2）广西，截至 1 月 31 日，全区已被冻死 4.5 万吨罗非鱼，损失 3.3 亿元；2 月 2 日直接经济损失已达 6.06 亿元。

（3）江西，全省冻死的草鱼种达到 710 多吨，白鲢鱼种近 500 吨，花鲢鱼种 670 多吨，斑点叉尾鮰鱼种 34 吨，其他品种鱼种 200 多吨；冻死草鱼亲本 8 900多组，白鲢亲本 6 900多组，花鲢亲本 6 600多组，斑点叉尾鮰亲鱼 8 万多组，其他品种亲鱼 1 500多组。

（4）阳江，受灾面积 32 638 亩，损失产量 5 540吨，种苗损失 1 140万尾，经济损失 2.62 亿元。

（5）海南，受持续低温天气影响，北部、西北部和东北部地区水产养殖受灾较严重。受灾较为严重的养殖品种主要是热带、亚热带品种，包括石斑鱼、军曹鱼、南美白对虾、东风螺等。

（6）台湾，渔业损失较严重，损失金额约 8 543.3万元（新台币），受寒流损害最大的地区为澎湖，当地大量海鲡、青嘴、石斑鱼等受害，损失金额约 8 481万元。

（7）香港，截至 2 月 15 日，南丫岛、大屿山、大埔逾 200 养鱼户受影响，估计死鱼高达 60 吨。大屿山长沙湾死鱼高达 13.5 吨，该养鱼区差不多全军覆没。

第三节 受灾原因

（一）低估了低温天气的严重性和危害性。

一般情况下，寒潮的持续时间不太长（约 10 天），一般是低温霜冻，很少有如此大面积的低温冰冻天气，因此渔业受灾情况只是个别现象，大多鱼类不会超过低温极限。2008 年，突如其来的低温雨雪冰冻天气及其危害的严重性难以预料，令所有人都措手不及。

（二）对低温灾害麻痹大意或心存侥幸

1. 历年寒潮对大多数鱼类越冬影响不大，渔农逐渐放松了御寒越冬的防范意识，常常侥幸让各种暖水性鱼类自然越冬。低温天气刚开始时，都无一例外认为“没事，这鱼不怕冷，不需要越冬”，结果，最后全军覆没，连深水网箱养殖的都不能幸免。而对于军曹鱼、千年笛鲷、紫红笛鲷、尖吻鲈等鱼类，应该说大部分养殖户都知道其“怕冻”，但由于往年越冬损失不大，所以都心存侥幸。

2. 池塘和海区的水温比气温变化慢，降温和升温都需要一定的过程，若寒潮持续时间短，水温还未降到极限温度就开始回暖，鱼即使受低温的影响，时间也较短，所以往年冬季死亡不严重。

3. 每谈到海水鱼类的越冬，都有这样一句话：“广东、海南及福建南部沿海，水温终年偏高，都是鱼类生长的适温范围，所以不存在越冬渡寒的问题”。

（三）防寒设施不足

1. 海水养殖基本上长期不准备越冬设施，海上网箱的放置主要考虑防台风；

2. 池塘养殖没有搭保温大棚、没有越冬用的鱼沟、养殖水位一般不超过 2 米深；有相当多的育苗室和室内养殖场条件简陋，加温设备不足，屋顶和四边是简易的搭配或黑布，可遮光但不保温。

3. 广东、福建等主要养殖省份气候长期温和，水产养殖防冻害意识不强，大部分养殖户没有有效的防寒设备。

（四）应急防寒成本高

水产养殖户习惯长期蓄养规模化的商品鱼、亲鱼和越冬鱼苗，以期翌年卖出更好的价钱。如此高密度、大规模的养殖量，要在寒潮发生后的短时间内全部做好防寒措施，其成本之人令许多渔户无法接受，同时，在人力、物力等方面也难以做到。

（五）鱼类低温致死的原因

导致角类低温致死的原因主要有：

1. 气温持续下降令水温降低到鱼类可忍受的极限温度以下。

2. 鱼处于低温和极低温度的时间过长。

3. 大量死鱼令水质污染、缺氧和致病菌繁殖过快。

4. 死鱼现象在天气回暖后大幅度增加，这是因为部分龟被冻伤后，未立即死亡，但器官和功能已受损，难以恢复，因此过一段时间后仍然死亡，加上在极低温度下被抑制的病菌，温度回暖后大量繁殖使受伤鱼感染；其次是一些未受冻灾影响的鱼类，由于在极低温度下抵抗力下降、停止摄食，当处于被污染的水质中时，极易被病菌感染，因此天气回暖后一段时间，这些鱼反而开始出现病症和逐渐死亡。

5. 气温缓慢回暖后，水温回升慢，这样就出现了下层水温低 r 层水温的现象。虽然水表温度略有升高，但生活于水中的鱼类仍处于低温环境中，随着低温时间的延长，鱼的死亡越来越严重。

6. 冻死下沉的鱼，一段时间后或水温回升后变质、上浮，也是令死鱼数据大增的原因之一。

（六）人为因子

1. 区域规划严格执行不够；

2. 主推品种措施落实不够；

3. 标准化生产技术到位不够。标准化生产是发展现代农业的关键措施；

4. 常规技术掌握不够；

5. 基层农技推广人员不够。

第四节　应急处理对策

1. 气象部门准确预测，及时预报。

2. 指导水产养殖户及时清除养殖水体和管理设施上的积雪和结冰，尽快修复受损设施，加强巡查和病害监测，及时处理死鱼，避免污染水质，发生病害。

3. 采取畅通绿色通道、临时价格干预、免收场地仓储费用、启动补贴机制、简化准入手续、减免进场费、加强信息采集发布、严厉打击囤积居奇等多种措施，保证水产品市场供应和价格保持总体平稳。

4. 政府高度重视，水产科技人员指导养殖户及时加固养殖设施和落实保温措施，做好水产亲本和鱼种的安全越冬工作；及时发布水产品市场供给信息，指导养殖户合理安排生产和产品出塘上市；组织技术力量深入一线，加强技术指导和服务。

第五节　防范措施

（一）提早防范措施

1. 随着全球气候变暖，生态环境破坏等人为因素，今后极端雨雪冰冻灾害会呈现多发、灾重态势，各级领导部门应建立此类灾害的预警、应急处置常设机构。

2. 国家出台相关政策、推行政策性水产保险专项工作，减少受害损失，保护水产健康发展。

3. 国家、地方政府加大水产基础性投入，对规模养殖场、基地、园区进行资金投入，建设好水、电、路等配套设施，同时对鱼池进行加固，提档升级改造。提高其抗灾能力。

（二）应急处理措施

当灾害来临时，各级政府应及早行动，组织社会力量多方支持水产养殖户和水产养殖企业，分门别类开始各项应急救灾。

1. 苗种场　在灾害来临前，完成各品种分类进池，降低苗种放养密度。灾害发生时，对池塘进行补水作业，提高水位，保持水位1.5～2.0米，有条件的地方，从地下抽起高温水，保证池塘内有微流水，防止苗种冻伤、冻死。

2. 繁殖场

（1）在灾害来临前，完成亲本的分池工作，降低亲本的放养密度，提高池塘水位至2.0～2.5米。

（2）加强种质资源保护，尤其是对小龙虾种质资源要高度重视，采取稻草覆盖、进温棚，增加地下水等方式保证亲本不受损失。

（3）对工厂化养殖等室内养殖设施，应及时清除厂房积雪和杂物。防止冰雪压塌房屋。对室内水管、开关应进行防冰保护处置，防止水管破裂，保证供水供热系统通畅。

3. 成鱼养殖场

（1）对网箱养殖户，灾害来临时，要将网箱移至避风深水区，同时降低网箱，清除网箱内的杂物，有条件的可以在网箱内放置水草，并对网箱四周进行加固处理。

（2）对成鱼养殖户，在 灾害来临前，加紧对池塘进行补水作业，提高水位，保持水位在2.0～2.5米，条件具备时，可从地下井抽起高温水，保证池塘微流水，对于冰封严重的水面，要及时破冰增氧，清除水面的积雪和杂物，保持冰层透光性，保持浮游生物的光合作用，避免缺氧造成鱼类窒息死亡。成鱼密度过高时，应开封卖鱼，保持池塘合理的成鱼存塘量。

第六节　应对建议

1. 冻灾充分暴露了南方水产养殖业防寒抗灾措施的脆弱，也使我们能够有机会重视和思考水产养殖业。

2. 被长期忽视的潜在问题，增强政府和从业人员对大的冰雪灾害及其他灾害的预防意识和应急处置措施。

3. 灾后重建复产工作任务艰巨、复杂，除了要迅速恢复养殖生产、供应水产品市场需要、补偿渔户经济损失的收入外，重建受灾种类生殖群体（亲鱼）、强化苗种培育技术。

4. 长期性规模化人工繁殖、苗种培育和养殖产业技术体系打好物质基础是不可或缺的必要措施。

5. 调整养殖品种和养殖方法。不宜因为这次冻灾而因噎废食、不再养殖非耐寒品种，应根据不同种类的特点选择在不同季节进行养殖生产和上市时间，不能赶在冬季前上市的鱼，应提前做好御寒措施。

6. 筛选重要经济性状和抗寒性状，研究抗寒品种的选育技术。

7. 建立灾害监测预报预警系统和应急处置措施，充分发挥涉渔科研部门的技术支撑作用。

图书在版编目（CIP）数据

武汉现代都市农业实用技术 / 吴大志主编 . —北京：中国农业科学技术出版社，2014. 11

ISBN 978 – 7 – 5116 – 1851 – 1

Ⅰ. ①武…　Ⅱ. ①吴…　Ⅲ. ①都市农业 – 农业技术 – 研究 – 武汉市
Ⅳ. ①S

中国版本图书馆 CIP 数据核字（2014）第 239108 号

责任编辑　朱　绯　李　雪
责任校对　贾晓红

出 版 者　中国农业科学技术出版社
北京市中关村南大街 12 号　邮编：100081
电　　话　(010)82106626(编辑室)　(010)82109702(发行部)
(010)82109709(读者服务部)
传　　真　(010)82106626
网　　址　http://www. castp. cn
经 销 者　新华书店北京发行所
印 刷 者　北京富泰印刷有限责任公司
开　　本　880 mm×1 230 mm　1/16
印　　张　25. 75　　**插页**　44 面
字　　数　693 千字
版　　次　2014 年 11 月第 1 版　2014 年 11 月第 1 次印刷
定　　价　98. 00 元